新能源科技译丛

太阳能能源工程
工艺与系统（第2版）
（下册）

（塞浦路斯）　索特里斯 A. 卡鲁赫罗　编著

鞠成涛　译

中国三峡出版传媒

中国三峡出版社

图书在版编目（CIP）数据

太阳能能源工程工艺与系统：全2册：第2版/
（塞浦）索特里斯 A. 卡鲁赫罗编著；鞠成涛译. —北京：
中国三峡出版社，2018.1
　　书名原文：Solay energy engineering processes
and systems（second edition）
　　ISBN 978 - 7 - 5206 - 0002 - 6

　　Ⅰ. ①太… 　Ⅱ. ①索… ②鞠… 　Ⅲ. ①太阳能技术 -
研究 　Ⅳ. ①TK51

　　中国版本图书馆 CIP 数据核字（2017）第 217792 号

This edition of *Solar Energy Engineering：Processes and Systems* by *SoterisA. Kalogirou* is published by arrangement with *ELSEVIER INC.*，*of* 360 *Park Avenue South*，*New York*，*NY*10010，*USA*
由 **SoterisA**. **Kalogirou** 创作的版本 **Solar Energy Engineering：Processes and Systems** 由位于美国纽约派克大街南 360 号，邮编 10010 的爱思唯尔公司授权出版
北京市版权局著作权合同登记图字：01 - 2017 - 7288 号

责任编辑：赵静蕊

中国三峡出版社出版发行
（北京市西城区西廊下胡同 51 号　100034）
电话：（010）57082645　57082655
http：//www. zgsxcbs. cn
E - mail：sanxiaz@ sina. com

北京环球画中画印刷有限公司印刷　新华书店经销
2018 年 1 月第 1 版　2018 年 1 月第 1 次印刷
开本：787×1092 毫米　1/16　印张：27
字数：512 千字
ISBN 978 - 7 - 5206 - 0002 - 6　定价：168. 00 元（上、下册）

目 录

下 册

第7章 工业热过程，化学应用及太阳能干燥器

7.1 工业过程热：一般的设计考虑

除了低温应用之外，在中等及中高温水平（80~240℃）内，还有许多潜在的太阳能热能的应用领域。其中最重要的是工业生产过程中产生的热量，其占热量的比例很大。例如，在欧洲南部国家，工业用热的需求占约总体最终能源需求的15%。2000年，欧盟对中等及中高温的需求估计约300TWh/a（schweiger 等人，2000年）。

根据工业用热需求量的研究，已有好几类工业部门被认定为在太阳能的应用领域具备良好的条件。其中，在中等温度条件下使用热能的最重要的工业过程包括消毒、杀菌、干燥、水解、蒸馏、蒸发、洗涤和清洁，以及聚合。每一项中最重要的过程和所需的温度范围如表7.1所示（Kalogirou，2003）。

用于过程热的大型太阳能应用得益于规模效应。因此，即使集热器的成本较高，但投资成本相对较低。为确保太阳能应用的经济性，还有一种方法是设计一种没有热存储的系统，就是说，将太阳热量直接供给到一个合适的过程（燃料节省装置）。在这种情况下，太阳能系统提供能量的最大速率不能明显大于过程中所使用的能量速率。然而，在一天中较早的时候或夜间，此系统无法实现成本效益。

通常，大部分使用能量的行业类型是食品工业和非金属矿物制品制造业。具体采用太阳能热的食品行业为牛奶（乳制品）和肉类（猪肉香肠、意大利腊肠等）加工厂和啤酒厂。在食品和纺织工业中，大多数的太阳能热处理被用于干燥、烹饪、清洗和提取等多种用途。食品工业中存在的有利条件是因为食品的处理和储存需要较高的能耗以及较长的运行时间。这类应用的温度可能会随着环境温度与低压蒸汽相应的温度而有所不同，并且可以通过平板集热器或低聚光比集中式集热器提供能量。

在前面的章节中概述的集热器及其他太阳能系统组件的操作原理也适用于工业过程中的热应用。但是，这些应用程序具备一些特点；其中最主要的是它们的应用

太阳能能源工程工艺与系统（第二版）

规模及太阳能辅助能源供应和工业过程一体化。

表 7.1　各种工业应用的温度范围

工业	过程	温度（℃）
奶制品	加压	60～80
	灭菌	100～120
	干燥	120～180
	浓缩	60～80
	锅炉给水	60～90
罐头食品	灭菌	110～120
	巴氏杀菌	60～80
	烹饪	60～90
	漂白	60～90
纺织	漂白、染色	60～90
	干燥、脱脂	100～130
	染色	70～90
	固定	160～180
	压熨	80～100
造纸	蒸煮、干燥	60～80
	锅炉给水	60～90
	漂白	130～150
化学	肥皂	200～260
	合成橡胶	150～200
	热处理	120～180
	水预热	60～90
肉类	洗涤、消毒	60～90
	烹饪	90～100
饮料	洗涤、消毒	60～80
	巴氏杀菌	60～70
面粉及副产品	灭菌	60～80
木材副产品	热扩散光束	80～100
	干燥	60～100
	水预热	60～90
	制备纸浆	120～170
砖和砌块	固化	60～140

续表

工业	过程	温度（℃）
塑料	制备	120~140
	蒸馏	140~150
	分离	200~220
	延伸	140~160
	干燥	180~200
	混合	120~140

　　一般来说，当设计一个工业热处理应用时，需要考虑两个主要问题，即使用的能量类型及热量被传递时的温度。例如，食品加工过程中的清洗环节需要热水，此时太阳能应当充当液体加热器的角色，如果某过程需要热空气进行烘干，那么太阳能系统最适宜作为一个空气加热系统。如果蒸汽机需要启动消毒器系统，太阳能系统或许会被设计成可以产生蒸汽的聚光式集热器。

　　为了在特定的应用中确定最合适的系统，不可或缺的另一个重要因素就是在流体被输送到集热器阵列时的温度。其他要求是必须满足在特定的温度下或在一定范围内的温度下，可能需要的能量及可能的设备卫生要求，例如食品加工应用。

　　工业太阳能应用的投资一般都是巨额的，且设计太阳能供电系统的最佳途径可以通过考虑太阳能资源的瞬态和间歇性特性建模的方法（见第11章）完成。采用此方法，设计者可以以远远小于投资额的成本，对太阳能工业应用的各种选择进行研究。前面的章节中提到的简单的建模方法也同样适用于设计的初级阶段。

　　另一个要考虑的重要的因素是指在许多工业过程中，即使是较小的空间也会需要大量的能源，因此，集热器的安装位置也是一个问题。如果需要，可以在邻近的建筑物或场地内，安装大批的集热器。然而，将集热器放置在这样的位置，就会产生管道或槽管输送距离过长的问题，并导致热量损失，故必须在系统设计中考虑到这一点。如果没有合适的可用土地，在可行的情况下，可以将集热器安装在工厂的屋顶上。在这种情况下，应避免相邻集热器之间发生遮挡。然而，集热器面积受到屋顶面积、形状和方向等因素的影响。此外，现有建筑物的屋顶在设计及用途上不适用于集热器阵列，且在很多情况下，是要求原有建筑物的屋顶必须具备用于支撑集热器阵列的建筑结构。一般来说，如果可以容易地设计出便于集热器安装及使用的新的建筑物，将更具有成本效益。

在太阳能工业热处理系统中，具有常规能源供应的集热器接口连接必须与该过程相兼容。实现这一目的最简单的方法就是利用热量储存，它能够使系统在低辐射和夜间条件下正常运转的。

大多数工厂中供热的中央系统在压力下使用热水或蒸汽，其压力与不同过程中所需要的最高温度的压力一致。热水或低压蒸汽在中等温度（< 150 ℃）下，可用于（洗涤，染色等）过程的预热水（或其他液体），或者太阳能系统直接耦合到一个单独的工作过程，且其温度低于中央蒸汽供应的温度。如图 7.1 所示，列出了各种可能性。在预热水的情况下，由于对太阳能系统输入的温度较低，因此获得了更高的效率。所以技术含量不高的集热器可以有效地运行，且所需的负载供给温度对太阳能系统的性能没有影响或影响较小。

Norton（1999）提出了太阳能工业和农业过程应用的历史。工业热处理和实际应用中最常见的应用程序如图 7.1 所示。

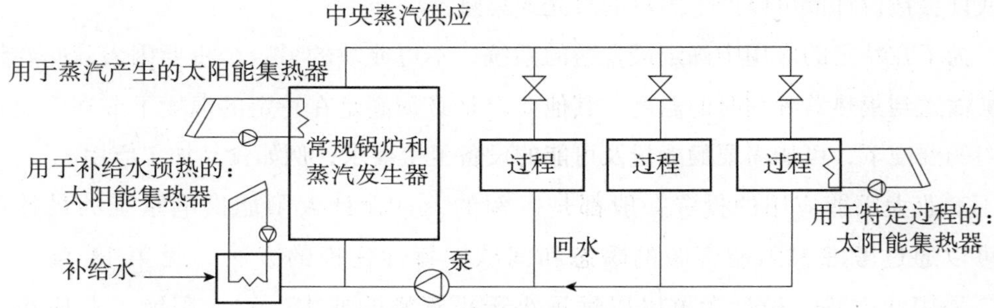

图 7.1　太阳能系统与现有供热系统相结合的可能性

Spate 等人（1999）提出了关于发展中国家的分散式应用的太阳能热处理系统。该系统适用于社区厨房，烘焙，以及采后处理等。该系统采用了一个固定的聚焦抛物面集热器，一个高温平板集热器和一个卵石床储油装置。

Benz 等人于（1998）提出了一项计划，在德国的酿酒厂和乳品厂应用双太阳能热系统生产过程热处理。通过这两个工业过程不难发现，太阳能发电量可以与家用太阳能加热或空间加热的太阳能系统发电量相媲美。Benz 等人于（1999）还提出了关于非聚光集热器在德国食品工业中的应用研究。他还特别提出了应用于一大一小的啤酒厂、一个麦芽厂和一个乳品厂的 4 个太阳能热系统生产热处理的规划。啤酒厂通过太阳能，以一种合理的方式为清洗回收的瓶子的机器提供能量。在乳制品厂，太阳能为用于牛奶和乳清粉产品的喷雾干燥机提供能量，而在麦芽厂，太阳能则被用于麦芽的凋萎及干燥工艺。某些类型的集热器，可传递高达

$400~\text{kWh/m}^2/\text{a}$ 的热量。

7.1.1　工业太阳能空气和水系统

采用太阳能空气集热器的两类应用分别为开路和再循环。在开路中，加热的环境空气用于工业应用，因为在这一过程中不会产生污染物和循环风。例如喷漆、烘干以及向医院供应新鲜空气等。值得注意的是，外部热空气是空气集热器最理想的操作条件，因为它的温度非常接近环境温度，这样操作效率更高。

在空气再循环系统中，烘干机中的再循环空气和周围空气相结合被运送至太阳能集热器中。运送至干燥室中的太阳能加热的空气可应用于多种材料，如木材和粮食作物等。在这种情况下，通过调整供应空气的温度和湿度从而控制干燥速度，可提高产品质量。

同样地，采用太阳能热水集热器的两种类应用分别为直流排放系统和循环水加热器。后者与第 5 章中介绍的家用热水系统相似。本案例中的直流排放系统使用的水在食品工业中用于清洁。由于在清洁过程中，水会携带污染物，因此，循环利用使用过的水是不切实际的。

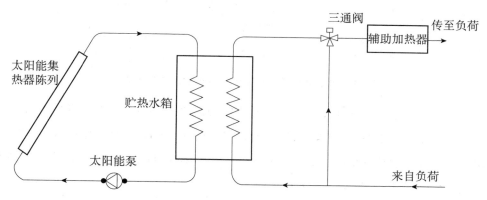

图 7.2　串联辅助加热器的工业过程加热系统简图

太阳能系统与辅助加热器串联或并联将能量传送至负荷中。在图 7.2 的串联系统中，太阳能用于预热负荷传热流体，如有需要，可通过辅助加热器加热更多的传热流体，从而达到所需温度。若贮水箱中的液体温度高于负荷所需温度，三通阀（也称为调温阀）可将其与冷却的补给水回流液体混合起来。图 7.3 中所示的是并联系统。由于温度低于负载温度时，能量无法传输给负荷，所以，太阳能系统必须要在能量传输之前达到所需温度。因此，串联结构要优于并联结构。串联时集热器的工作温度低于平均温度，效率更高。然而，并联馈电在蒸汽产生系统中较为普遍

（如图 7.4 所示）。下一小节将介绍并联馈电有关内容。

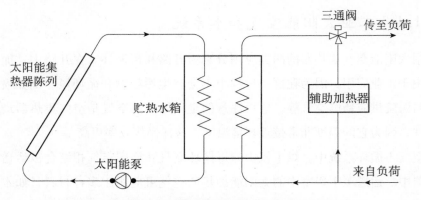

图 7.3　并联辅助加热器的工业过程加热系统简图

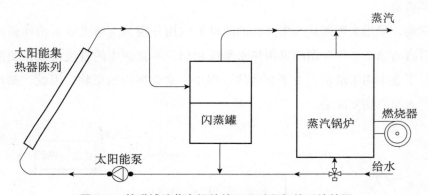

图 7.4　并联辅助蒸汽锅炉的工业过程加热系统简图

　　设计太阳能工业过程加热系统时，要考虑的最重要的设计特征是负荷与太阳能源的时间匹配度。正如上一章中所描述的，热负荷和冷负荷每天都有所不同。然而，太阳能工业过程加热系统中，负荷非常恒定。由于补充水温度的季节性变化，负荷会发生微小的变动。

　　对于太阳能热水系统，太阳能工业过程加热系统空气和水的热分析类似于第 5 章中的描述，在此不再赘述。其主要区别在于决定负荷所需的能量。

7.2　太阳能蒸汽产生系统

　　抛物面槽式集热器常用于太阳能蒸汽的产生，在不严重降低集热器效率的情况下可以收集相对较高的温度。低温蒸汽可用于工业用途、消毒，并为海水淡化蒸发器提供动力。

　　使用抛物面槽式集热器产生蒸汽有三种方法（Kalogirou 等人，1997）。

（1）闪蒸蒸汽，是指加压水在集热器中加热后在另一个的容器中急骤蒸发成蒸汽。

（2）直接或原位产生蒸汽，是指集热器接收器中存在两相流从而直接产生蒸汽。

（3）免烧锅炉，是指传热流体通过集热器循环并且蒸汽通过免烧锅炉的热交换产生。

这三种蒸汽产生系统各有利弊。为此，我们将在下一节对其进行检验。

7.2.1　蒸汽产生方法

图7.5为闪蒸系统的示意图。在此系统中，水被加压以避免沸腾并在集热器中循环通过一个节流阀而进入闪蒸器发生闪蒸。经处理的给水流入以保持闪蒸水平，而过冷却液通过集热器再次循环。

如图7.6所示，原位沸腾是指没有使用闪蒸阀的类似系统配置，其中过冷水加热至沸腾使得蒸汽在接收管中直接形成。根据 Hurtado 和 Kast（1984），直接蒸汽和闪蒸系统的相关投资费用基本一致。

尽管以上两个系统都使用水这一优质的传热流体，但是原位沸腾系统更具优势。闪蒸系统在工质中使用了显热交换，使得水在经过集热器的温差相对较高。水蒸气压随温度的快速上升，为防止温度达到沸点需要增加相应的系统运行压力。

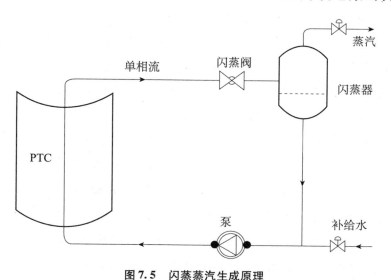

图7.5　闪蒸蒸汽生成原理

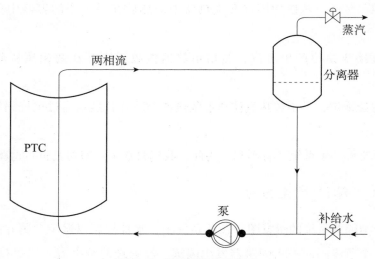

图 7.6　直接蒸汽产生原理

　　提高操作温度的同时降低了太阳能集热器的热效率。增加系统压力需要设计更加强大的集热器组件，比如接收器和管路。防止沸腾所需的传输蒸汽压差由循环泵提供，经过闪蒸阀后直接消散。当集热器里的水沸腾，如在原位锅炉里，系统压力将下降，由此一来耗电量可大大降低。此外，潜热传递过程使太阳能集热器的温升最小化。原位沸腾的劣势在于可能出现许多稳定性问题（Peterson 和 Keneth，1982），并且事实上，即使用了很好的补给水处理系统，接收器的结垢仍不可避免。在多排集热器阵列中，流动不稳定性会导致受影响的集热器发生流动损失。反过来会导致管道蒸干，从而损坏接收器的选择性涂层。然而，根据 Hurtado 和 Kast（1984）的单排 36m 系统的实验检测结果来看，并没有报告严重不稳定的情况。最近，为了直接产生蒸汽，研究人员研制出一种直流系统并进行规模试点，其中抛物槽集热器的倾斜度为 2° ~4°（Zarza 等人，1999）。

　　图 7.7 为免烧锅炉系统示意图。在此系统中，传热流体在集热器中循环，该系统耐冻结耐腐蚀且系统压力低、操作简单。这些因素不仅大大克服了供水系统的不足而且解释了如今工业蒸汽产生太阳能系统中广泛使用导热油系统的原因。

　　免烧锅炉系统的主要不足在于传热流体的特征。这些流体不易盛纳且大多数传热流体都是易燃的。流体暴露在空气中分解后可大大降低燃点温度，若渗漏到某些保温箱中会导致燃烧温度远低于已测的自燃温度。传热流体相对昂贵且存在潜在的污染问题故而不适合食品工业应用（Murphy 和 Kenedh，1982）。传热流体相对水而言其传热特性较差。它在环境温度中黏度更高但不浓稠，且比热容和导热系数都低于水。这些特性意味着相对于水系统而言，要实现等量的能量传输，免烧锅炉系统需要更快的流速、更高的集热器温差以及更大的泵功率。此外，由于传热系数更低，所以接收管和集热器的液体温差更大。实现具有成本效益的热交换也需要更高的温度，这些方面的影响降低了集热器的效率。

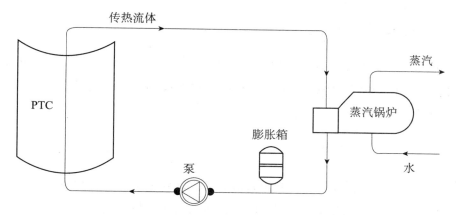

图7.7　免烧锅炉蒸汽产生原理图

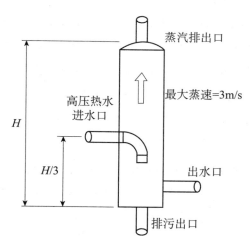

图7.8　闪蒸器原理图

需要注意的是，无论是什么应用，在选择相匹配的系统时应考虑这些因素和局限性。

7.2.2　闪蒸器设计

闪蒸器被用来隔开气压较低的蒸汽。图7.8所示的是一个立式容器，高压高温水的入口大约位于容器高度的三分之一处。闪蒸器的标准设计要求容器的直径应根据蒸汽流在顶部出口接头的流速不超过 3m/s 的条件进行选择。这样可以确保任何水滴可以对流形式通过蒸汽滴入容器底部。为确保隔离，高度需高于入口。入口向下伸入容器亦有助于隔离。水管接头尺寸固定以使容器到泵入口的气压最小化，从而避免出现空穴现象。

7.3 太阳能化学应用

太阳能化学应用包括多个领域；一些主要领域为能源载体的产生（如氢气），也称为燃料重整；燃料电池；材料加工和解毒以及废物的循环利用。本节会对上述领域进行检验。

7.3.1 燃料重整

事实上，太阳能是无限的，利用太阳能不会造成生态问题。然而，到达地面的太阳辐射具有间歇性且分布不均衡。因此，我们需要收集和储存能量并将其从沙漠等太阳充足且无人居住的地区运输到人口稠密、能量需求大的工业化地区。实现这一过程的一个有效的方法是通过热化学反应，将太阳能转换为化学燃料。该方法为太阳能的储存和运输开辟了一条高效的热化学途径。为此，我们需要和发电所用集热器（见第 10 章）类似的高聚光比集热器。通过将太阳辐射集中到接收器和反应堆中，人们可将太阳能供应给高温过程，以驱动吸热反应。

氢气是燃料电池中使用的主要燃料（载能体）（见下一小节）。然而，目前并没有分布广泛的氢气来源传输设施。这个问题可通过化石燃料产生所需的氢气加以解决。化石燃料转变为氢通常被称为燃料重整。蒸汽重整就是一个例子。在蒸汽重整中，蒸汽在大约 760 ℃下与化石燃料混合。通过燃烧常规燃料或高聚光比的强化太阳能集热器，可达到这一温度。由甲烷（CH_4）构成的天然气的重整反应的化学方程式为：

$$CH_4 + 2H_2O \rightarrow CO_2 + 4H_2 \tag{7.1}$$

燃料重整过程既可以在大规模的化学厂的设备中心完成（该化学厂可产生高压气体或液体的纯氢），也可在中等规模的不同设施中完成，如加油站。在此情况下，则需要精制汽油或柴油，这些汽油和柴油与它们的装置会一同运送到加油站。现场设备将化石燃料重整为主要由氢和其他分子组成的混合物，如 CO_2 和 N_2。该氢气很有可能作为高压气体输送至用户。

根据要求，在转化为燃料电池前，燃料重整过程也可在小规模的设施中完成。

例如，以燃料电池为动力的交通工具有一个油箱和机载的燃料处理器，该交通工具可使用现有的汽油传输设施并将汽油重整为燃料电池所需的富氢气流。

据预测，在未来驱动燃料电池的氢气大部分都来自可再生能源，例如，风力发电厂或光伏系统发出的电力可通过电解作用，将水分离成氢气和氧气。电解作用可产生纯氢和纯氧。因此，产生的氢气可通过管道运送到终端用户。

化学应用也包括轻烃燃料的太阳能重整，如液化石油气（LPG）和天然气，并将它们升级成用于燃气轮机的合成气。因此，用二氧化碳稀释的烟气资源可直接用作转化过程的组分。由于目前 CO_2 含量较高，因此，天然气领域有可能向市场开放。此外，以非常规燃料为驱动力的气化产品，如生物燃料、油页岩和沥青质等也可在太阳能升级过程中提供原料（Grasse，1998）。

Yehesket 等人（2000）介绍了高温工作温度下氢碳化合物的太阳能体积反应器模型和压强。该系统是在两项成果的基础上实现的，体积接收器的开发在 5,000～10,000suns，出口温度为 1,200℃，压力为 20atm 条件下测试，以及实验规模的氢碳化合物重整的化学动力学研究。其他相关设施为以太阳能为驱动力、以氨为基础的热化学储能系统和太阳能热化学储能系统（Lovegrove 等人，1999）的氨合成反应器（Kreetz 和 Lovegrove，1999）。

另一个引人关注的应用是太阳能锌和合成气生产，二者均为非常有价值的商品。锌可应用于锌空气燃料电池（ZAFC）和蓄电池中，并可以和水发生反应形成氢，氢可进一步处理产生热量和电流。合成气可为高效的联合循环供给燃料或作为各种合成燃料的基础材料，例如燃料汽车汽油的替代品——甲醇（Grasse，1998）。

7.3.2　燃料电池

燃料电池是指一种电化学装置，可将氢气、天然气、甲醇或汽油以及诸如空气和氧气类的氧化剂等燃料的化学能转换成电能。电化学装置可以在不消耗燃料和氧化剂的情况下发电，这与传统的发电方式恰恰相反。原则上，燃料电池运作起来似蓄电池又非蓄电池，因为燃料电池既不会耗尽也无需充电。事实上，只要供应燃料和氧化剂，燃料电池就会产生电流和热量。燃料电池像蓄电池一样，带有正电荷的阳极和负电荷的阴极以及一种名为电解质的离子导电材料。氢气是燃料电池中使用的主要燃料。第 1 章介绍了氢气的产生和使用。

电化学反应是还原剂被氧化（失去电子），氧化剂被还原（得到电子）的一种反应。

化学能直接转换为电能比依赖于燃烧的传统发电方式更高效、产生的污染物更少。因此，在燃料数量相同的情况下，燃料电池可以产生更多的电。此外，通过避免传统发电方式中的燃烧过程，发电中产生的污染物会降至最小。使用燃料电池产生的污染物明显减少，这些污染物均为有毒气体，分别为氮氧化物、未燃的碳氢化合物和一氧化碳。

7.3.2.1　基本特征

燃料电池构造一般包括一个燃料电极（阳极）和一个氧化电极（电极），二者由离子导电膜隔开。在基本燃料电池中，氧气流经一个电极而氢气则流经另一个电极；这样，就产生了电流、水和热量。在化学反应中，燃料和氧化剂分子的结合不发生燃烧，不会像传统燃烧产生污染物，且没有效率低下问题。

燃料电池的其他一些主要特征如下：

（1）电荷载子。电荷载子是指通过电解质的离子，不同种类的燃料电池中电荷载子各不相同。然而，对于大部分燃料电池而言，电荷载子是仅有一个质子的氢离子 H^+。

（2）污染。燃料电池会受到不同种类分子的污染。该污染会导致燃料电池的性能严重降低。由于电解质、催化剂、操作温度和其他因素的不同，不同的分子在不同的燃料电池中反应各异。所有燃料电池的主要污染源是诸如硫化氢（H_2S）和硫化羰（COS）等含硫的化合物。

（3）燃料。氢气目前是燃料电池最常用的燃料。根据燃料电池的不同，一氧化碳和甲烷等一些气体会对燃料电池产生不同的影响。例如，一氧化碳对在相对较低的温度下运行的燃料电池具有污染性，如质子交换膜燃料电池（PEMFC）。然而，一氧化碳可直接用作高温下运行的燃料电池的燃料，如固态氧化物型燃料电池（SOFC）。

（4）性能因素。燃料电池的性能受众多因素的影响，如电解质组成、燃料电池的几何形状、运行温度和气压等因素。燃料电池的几何形状主要受阳极和阴极的表面积影响。

美国能源部出版的《燃料电池手册》是获得有关不同种类的燃料电池高科技信息的一个重要来源。这些信息在互联网（美国能源部，2000）或美国国防部燃料电池的实测和评价中心（FCTec，2008）均可以免费获得。

7.3.2.2　燃料电池的化学过程

燃料电池从简单的电化学反应中可以产生电流，在该反应中氧化物（通常是空气中的氧气）和燃料（通常是氢气）相结合产生水。燃料电池运行的基本原理是将氧化还原分成阳极和阴极两个隔间（中间用膜隔开），因此迫使在两个半反应之间交换的电子流向负载。氧气（空气）和氢气分别持续地流向阴极和阳极，从而产生电流，其伴生物为热量和水分。燃料电池本身没有移动部件，因此是既安静又可靠的电源。图 7.9 是反应物为产品气的燃料电池和导电离子经过电池的流向的示意图。燃料电池基本的物理结构或组成部分包含一个与多孔阳极和阴极相连的电解质层。

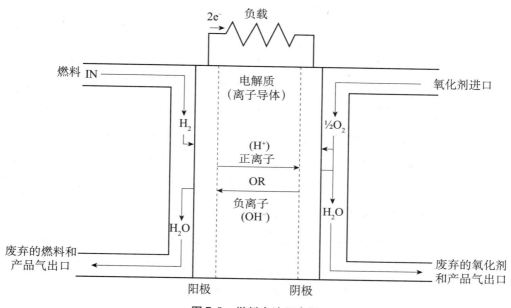

图 7.9 燃料电池示意图

图 7.9 是一个简化的示意图，演示了燃料电池的工作过程。在典型的燃料电池中，气态燃料源源不断地向阳极（负极）区供应，氧化剂（即空气中的氧）源源不断地向阴极（正极）供应。电化学反应在电极处发生并产生电流。燃料电池是一种能源转换装置，理论上只要向电极源源不断地供应燃料和氧化剂就能够产生电能。实际上，元器件的劣化、腐蚀和故障会限制燃料电池的实际工作寿命（美国能源部，2000）。

将阳极和阴极分开的电解质是一种离子导电材料。在阳极，一般通过能将直流电转换为交流电的逆变器，氢及其电子被分开，使得氢离子（质子）流经电解液，同时电子作为直流电流经外部电路从而为有用的装置供电。氢离子在阴极结合氧，又和电子结合形成水。燃料电池中的此类反应如下所示。

阳极半反应（氧化）

$$2H_2 \rightarrow 4H^+ + 4e^-$$ (7.2)

阴极半反应（还原）

$$O_2 + 4H^+ + 4e^- \rightarrow 2H_2O \tag{7.3}$$

总电解反应

$$2H_2 + O_2 \rightarrow 2H_2O \tag{7.4}$$

为获得所需电力，个别燃料电池被组合到燃料电池堆。燃料电池堆中燃料电池的数量决定了总电压的强度，每个电池的表面积决定了总电流的强度（FCTec，2008）。电流乘以电压，产生的总功率为：

$$功率（瓦特）= 电压（伏特）\times 电流（安培） \tag{7.5}$$

之前提到的多孔电极对于良好的电极性能至关重要。燃料电池中使用的多孔电极可以获得极高的电流密度，因为相对于几何板面积，多孔电极板的表面积较高，这大大增加了反应位置的数量；优化的电极结构有着有利的传质特性。在理想的多空孔燃料电池电极中，当电极表面的液体（电解质）层足够稀薄时，可在合理的极限达到高电流密度。这样就不会严重阻碍将反应物运送到活性位点以及建立稳定的三相界面（气体电解质电极表面）（美国能源部，2000）。

7.3.2.3 燃料电池的种类

燃料电池是按其电解质材料划分的。目前，已经研制出适用于不同要求的多种燃料电池，燃料电池的型号从手机电池（功率低于1W）到工业设施或一个小城镇的小型发电站（兆瓦内）。现有燃料电池的主要种类如下：

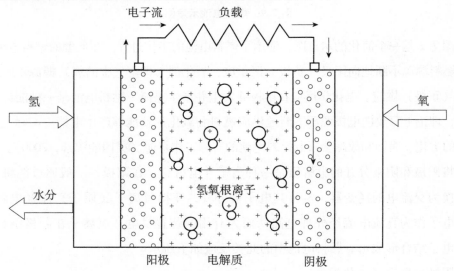

图7.10 碱性染料电池（AFC）的示意图

碱性燃料电池（AFC）

碱性燃料电池（AFC）是当今最发达的技术之一，自 20 世纪 60 年代中期，美国国家航空与航天局在阿波罗和航天飞机项目中就已使用该电池。这些宇宙飞船的燃料电池为机载系统提供电力和饮用水。碱性燃料电池（AFC）的工作原理如图 7.70 所示。碱性燃料电池是最为高效的发电电池之一（近 70%）。该燃料电池的电解质是氢氧化钾（KOH）的水溶液（水性的），电池在高温下工作时（~250 ℃），该电解质浓度可高达（85 wt%），在低温下工作时（<120 ℃），浓度可低至（35~50 wt%）。电解质通常保存在由石棉构成的隔膜中，也可采用诸如镍、银、金属氧化物、贵金属等各种各样的电催化剂。碱性燃料电池的一个特征是其对二氧化碳（CO_2）极其敏感，因为二氧化碳和氢氧化钾（KOH）反应可形成碳酸钾（K_2CO_3）从而改变电解质。因此，二氧化碳和电解质反应后，会很快将电解质污染，并严重降低燃料电池的性能。即使空气中二氧化碳的含量最少，也要考虑其对碱性燃料电池的影响。因此，碱性燃料电池必须采用纯氢和纯氧作为燃料和氧化剂。

碱性燃料电池生产成本最低的燃料电池，这是因为电极所需的催化剂可从大量的材料中选择。此外，与其他类型的燃料电池所需的催化剂相比，该催化剂相对便宜一些。（美国能源部，2000）。

碱性燃料电池的电荷载流子是从阴极转移到阳极的氢氧根离子（OH^-），在阳极处，电荷载流子与氢气发生反应，产生水分和电子。在阳极形成的水分再被转移到阴极，并再次产生氢氧氧根离子。碱性燃料电池在这一过程中产生电流，其伴生物是水分。

磷酸燃料电池（PAFC）

磷酸燃料电池（PAFC）是首个商品化的燃料电池。该电池诞生于 20 世纪 60 年代中期，自 20 世纪 70 年代以来，就已经过现场测试，并在稳定性、性能和成本上有了极大提高。磷酸燃料电池的工作原理如图 7.11 所示。与其他电池相比，该燃料电池的发电率提高了 40%，并具有构造简单、低电解质挥发性和长期稳定性等其他优势。浓度达到 100% 的磷酸（H_3PO_4）被用作磷酸燃料电池中的电解质，磷酸的工作温度为 150~220 ℃，因为在低温下，磷酸离子导电性较低。与其他普通硫酸相比，浓硫酸的相对稳定性较高。此外，使用浓硫酸可使水蒸气压力降到最低，因此，在磷酸燃料电池中对水分进行管理并非难事。一般情况下，用于保留酸的隔膜是碳化硅，用于阳极和阴极中的电催化剂是铂（Pt）。

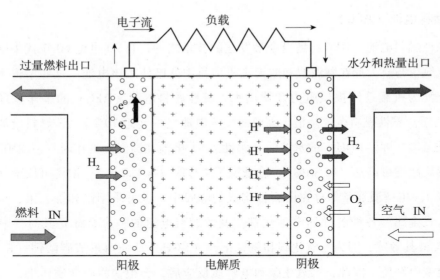

图 7.11　磷酸燃料电池（PAFC）示意图

磷酸燃料电池中的电荷载流子是氢离子（H^+，质子）阳极处的氢离子分裂成质子和电子。质子通常与空气中的氧结合，通过电解质在阴极转变为水分。此外，二氧化碳并不影响电解质和电池的性能，因此，使用重整的化石燃料，可以容易地操作磷酸燃料电池。

发电容量大约为 75MW 的磷酸燃料电池已经安装并正在使用。该电池通常安装在包括日本、欧洲和美国的宾馆、医院和电力公司。

熔融碳酸盐燃料电池（MCFC）

熔融碳酸盐燃料电池属于高温燃料电池。该电池较高的温度下工作时，无需使用燃料处理器，便可直接使用天然气。熔融碳酸盐燃料电池工作原理如图 7.12 所示。可以看出其工作原理与其他燃料电池的工作原理大相径庭。该燃料电池的电解质的工作温度为 600 ~ 700 ℃，在此温度下，碱性碳酸盐形成导电性很高的熔盐，碳酸离子产生离子导电。目前使用两种混合物，分别是碳化锂和碳酸钾或碳酸锂和碳酸钠。这些离子从阴极流向阳极，并在阳极与氢结合产生水分、二氧化碳和电子。这些电子通过外部电路返回阴极，产生电流和伴生物。熔融碳酸盐燃料电池在高温下工作时，镍（阳极）和氧化镍（阴极）能充分促进反应，即不需要贵金属的参与。

与低温下的磷燃料电池和质子交换膜燃料电池相比，熔融碳酸盐燃料电池较高的工作温度既有利也有弊（FCTec，2008）。其优点包括：

（1）在工作温度较高时，天然气可在内部进行燃料重整，无需外部燃料处理器。

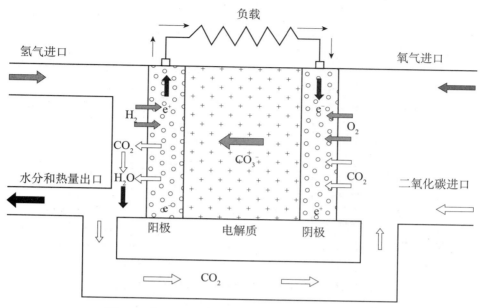

图7.12　为熔融碳酸盐燃料电池（MCFC）示意图

（2）可使用标准的建筑材料，如不锈钢板等，并可在电极处使用镍系催化剂。

（3）熔融碳酸盐燃料电池的余热可用于产生高压蒸汽，该高压蒸汽具有多种工业和商业用途。

劣势主要是源于高温，还包括：

（1）高温需要耗费大量的时间以达到工作条件，且对于不断变化的电力需求响应较慢。这些特点使得熔融碳酸盐燃料电池更加适应恒功率设施。

（2）碳酸盐电解质会引发电极腐蚀问题。

（3）随着 CO_2 在阳极的消耗并转移到阴极，CO_2 进入气流和其控制力使得性能最优化的实现困难重重。

固体氢氧化物燃料电池（SOFC）

固体氢氧化物燃料电池（SOFC）可在 $600 \sim 1,000℃$ 各种温度范围内工作。自20世纪50年代后期以来，人们就开始研制固体氢氧化物燃料电池，它是目前温度最高的燃料电池，可以为人们提供大量的燃料。SOFC 的工作原理如图 7.13 所示。

为了在如此高的温度下工作，固体氢氧化物燃料电池的电解质是一种薄而坚硬并对阳离子（O_2^-）具有导电作用的陶瓷原料（固体氧化物），它是一种电荷载流子。在阴极，空气中的氧分子可分裂成氧离子和4个电子。氧离子通过电解质并在阳极结合，释放出4个电子。电子经过外部电路，提供电流并产生余热。固体氢氧化物燃料

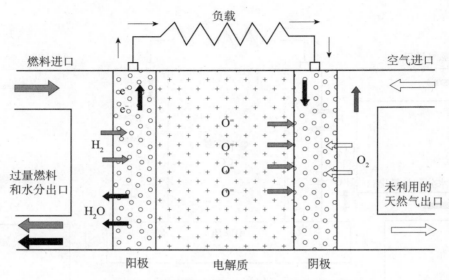

图 7.13　固体氢氧化物燃料电池（SOFC）示意图

电池的发电率约为 60%，是燃料电池中发电率最高的电池（FCTec，2008）。

固体电解质使得气体无法从这个电极渗入到另一电极，相反，液体电解质则存在于疏松多孔的结构中。

由于固体氢氧化物燃料电池的工作温度极高，所以需要耗费大量的时间以达到工作温度。此外，固体氢氧化物燃料电池对不断变化的电力需求反应较慢；因此它们适合高功率的应用，包括工业及大型中央发电站。

固体氢氧化物燃料电池高温工作的优势体现在高温可让电池接纳相对不纯的燃料，如工业生产过程中获得的气化煤炭或天然气，也可以使用热电联合应用，比如产生多种用途需要的高压蒸汽等。此外，高温燃料电池和涡轮机相结合形成混合燃料电池，这进一步提高了该电池整体的发电率，发电率有望超过 70%（FCTec，2008）。固体氢氧化物燃料电池的劣势体现在高温需要更为昂贵的制作材料。

质子交换膜燃料电池（PEMFC）

质子交换膜燃料电池（PEMFC）又以高分子电解质膜燃料电池著称，它被视为自动应用的最佳电池，可最终取代汽油和柴油内燃机引擎。该电池于 20 世纪 60 年代首先应用于美国国家航空和航天局的"双子星"计划。目前，该燃料电池正处于发展之中并被用于 1W 到 2kW 的系统（FCTec，2008）。质子交换膜燃料电池的原理图可参考碳酸型燃料电池的原理图，二者非常相似。

质子交换膜燃料电池采用塑料薄膜高分子分离膜作为电解质。当高分子和水饱和时，质子便可通过高分子，但不能传递电子。质子交换膜燃料电池的燃料为氢，电荷载流子为氢离子（质子）。在阳极，氢分子分裂成氢离子（质子）和电子。氢离子从电解质流向阴极，而电子则流经外部电路产生电流。氧通常以空气的形式供应到阴极，并与电子和氢离子结合产生热量（FCTec，2008）。

这些燃料电池中的电解质为离子交换膜（含氟的碳酸聚合物或其他类似的聚合物），该离子交换膜是很强的质子导体。该燃料电池中使用的唯一液体为水；因此，其产生腐蚀问题的概率最低。因为燃料电池必须在一定的条件下工作，而在该条件中，由于薄膜必须保持水分，因此伴生物 – 水的蒸发速度不能超过其产生的蒸汽速度。所以要保持燃料电池的高性能，薄膜中的水管理至关重要。由于薄膜对工作温度的限制（通常低于120 ℃）和水平衡问题，需要使用一氧化碳含量最低或不含一氧化碳的富氢气体，而该气体在低温下是有毒气体。阴阳极均需要较高的催化剂负荷量（多数情况下为铂）。（美国能源部，2000）

对于一定体积和重量的燃料电池来说，质子交换膜燃料电池的优势体现在其产生的功率要大于其他电池。这一特征使其结构紧凑、小巧轻盈。因为工作温度低于100 ℃时，电池可以快速启动。

与液体材料相比，由于电解质是种固体材料，阴阳极气体的密封更为容易。因此，生产电池的成本较低。同许多其他电解质相比，固体电解质对方向的敏感度较低、引发腐蚀问题的概率较小，这样可以延长电池的寿命。

质子交换膜燃料电池的一个主要优势为电解质必须与水饱和以达到最佳操作；因此，必须审慎控制阴阳极电子流的水分。该电池的另一个劣势是铂的成本较高。本书中未提到的其他种类的电池，包括直接甲醇燃料电池（DMFC）、再生燃料电池（RFC）、锌空气燃料电池（ZAFC）、中温固体氧化物燃电池（ITSOFC）和管式固体氧化物燃电池（TSOFC）。读者可在有关本课题的其他出版物中找到关于这些电池的信息。

7.3.3　材料加工

太阳能材料加工涉及通过将材料直接暴露于聚焦的太阳能，从而影响材料的化学转化。因此，太阳炉用于制造高聚光度和高温的抛物面碟式集热器或定日镜装置。太阳能也可辅助加工能源密集型的高温材料，如太阳能铝，制造太阳能铝是能源消耗最大的过程之一。这也包括与高附加值产品生产相关的设施，从富洛仑尼斯（在半导体和超导体的商业应用中有巨大潜能）到水泥等商品产品（Norton，2001）。然而，这些加工均未实现大规模的商业应用。此处会对试验系统进行简单的介绍。

Steinfeld 等人（1996）研制的太阳能热化学加工将氧化锌的还原和天然气重整相结合，可现实锌、氢和一氧化碳的合作生产。均衡状态下，在温度为 1000℃ 左右、大气压强和太阳聚光度为 2000、效率在 0.4~0.65 的运行条件下，可以获得黑体太阳能化学反应器的化学成分，这也取决于产品的热回收。在高通量太阳炉中采用 5KW 的太阳能化学反应器对该技术进行证明。氧化锌颗粒连续不断地以漩涡流的形式输入，太阳腔体式吸收器内的天然气被直接暴露于定日镜场的高聚焦太阳光下。氧化锌颗粒被直接暴露于高辐射通量中，以避免产生效率损失和热交换器成本。

2KW 的聚焦型太阳炉用于二氧化钛在 2000~2500℃ 条件下的氩气中进行热分解（Palumbo 等人，1995）。分解率受一定速率的限制，在该速率下，氧气从液体气体界面处扩散。研究表明数值模型可精确预测出该速率，并将化学平衡方程和稳态质量传递方程相结合。

7.3.4　太阳能解毒

另一个太阳能化学的应用领域是太阳能光化学。太阳能光化学过程利用入射的光谱特性影响选择性催化转化，该转化已应用于空气和水的解毒以及精细化学商品中。

太阳解毒已实现了对不能进行生物降解且顽固的含氯水污染物进行光催化处理，该污染物一般存在于化学生产过程中。为此，人们通常采用带有玻璃吸收器的抛物面槽型集热器，利用高密集度的太阳辐射对有机污染物进行光催化分解。Goswami（1999）提出了光催化解毒的研制和对空气和水进行消毒。该过程采用太阳光下的紫外线能量和光催化剂，将有机化学物分解成无毒的化合物（Mehos 等人，1992）。另一应用是有关标准的发展，采用的是低聚焦化合物的抛物线形集热器（Grasse，1998）。

Blanco 等人（1999）提出在商业太阳解毒应用中使用混合物抛物线形聚光器技术。其目标是开发简单、高效和具有商业竞争力的水处理技术。分解设备就设置在西班牙南部的太阳能发电站（Plataforma Solar de Almeria）。

7.4　太阳能干燥机

一般来说，干燥（或脱水）是一个简单的过程，即脱去天然产品或工业产品中多余的水分，以便使储存（食品）或产品达到规定的含水率。干燥是一个能量密集型的过程，特别是在干燥食品时，由于食品中的含水量一般要高于（25%~80%）适于存储的状态。因此，干燥农业产品的目的是减少其水分，以防农产品变质。减少食品中的水分含量是很有必要的，当食品中的水分下降到一定程度时，可以降低酶、细菌、酵母和霉菌的作用，从而使食品可在长时间内存储而不变质。此外，干燥过程可以完全脱去食物中的水分，即食品或脱水食品在重新接触水后，基本上可以回到原来的状态。一般来说，作物对干燥情况特别敏感。干燥的方法不能严重地影响到产品的颜色、味道、质地或营养价值。因此选择干燥方法，尤其是温度，是最重要的。

太阳能干燥是太阳能一种非常重要的应用。太阳能干燥机利用空气集热器收集太阳能。干燥机主要用于农业产业。干燥中有两个过程：一是，产品的热交换器使用的能量来自加热源，另一个是大量的水分转移，从产品内部的水分到其表面，再以蒸汽形式从表面到周围的空气中。

传统上，农民利用太阳晾干或自然干燥技术，通过利用太阳辐射、环境温度、空气的相对湿度、自然风来实现干燥。

这种用来保存食物的干燥方法已经使用了几千年。人们将需要干燥的谷物晾在户外脱谷场的地面或是混凝土地板上，然后等待其脱掉水分。在晾晒的过程中时不时地将谷物翻动来加速脱水。一般来说，干燥产品的地面是混凝土质地，且需要铺上一层聚乙烯薄膜。此外，敏感的谷物可以放置在多孔盘上。很明显，这种干燥方法是非常缓慢的。所以农作物必须放在户外很长一段时间，通常为期 10 ~ 30 天，这取决于谷物和当地的天气条件。

在干燥中，太阳辐射照射在作物表面，同时作物中的水分转移到周围环境空气中。太阳辐射的一部分被大气和土壤所吸收。自然对流扩散使热量和水分分别发生转移，这主要取决于天气条件和太阳辐射强度以及风速。根据 Ramana（2009），超过 80% 的发展中国家的小农户用自然晒干的方式来干燥作物。

虽然这是一种非常原始的自然过程，但是自然干燥仍然是最常见的太阳能干燥方法。这是由于干燥的能源需求来自太阳辐射和空气焓，而且它们本来就存在于周围环境中，且不需要任何资本设备的投资。然而，自然干燥具有一些局限性。使用这种方式干燥的作物通常需要长时间地留在户外。在干燥期间，农作物可能受到天气变化和自然灾害的破坏。尤其是受到尘埃、污垢、大气污染的不良影响，以及被昆虫和啮齿动物食用。由于这些限制，作物最终的质量会受到影响，有时候可能变得不能再食用。还可能由于暴风雨、冰雹对覆盖作物的塑料层（如果使用）造成破坏，导致作物全部或部分变坏。非常敏感的作物要在覆盖透明塑料的托盘上干燥，通过太阳辐射和自然空气循环可干燥作物。使用太阳能干燥器可以避免所有的这些缺点。

自然晒干法从史前开始使用后基本上没有发生什么改变。即使太阳能能源是可以免费获得的，也无法掩盖这种方法所具有的缺点，它不仅会造成最终农作物数量的减少还会导致质量的下降。最主要的是，整个过程由非技术人员的经验决定。最终质量缺乏任何的科学控制，且水分含量只取决于观察和经验。根据产品的性质和天气的状况，干燥过程速率的下降可以发生在几天内甚至是 1 个月。产品直接暴露在各种各样的天气变化下，如雨、冰雹、大风，可以完全使产品腐烂和变质。在各种天气和自然破坏的情况下，大部分质量和数量的损失与露天过程有关（Belessiotis 和 Delyannis，2011）。

　　如果不考虑这些缺点，太阳晒干是一种很经济的干燥过程，它不需要任何的初始资本。在好天气的条件下，对干燥过程展开持续观察，特别干燥时间短的食品，最终的产品可能是很好的。

　　太阳热能形式的太阳辐射是一种用于干燥的可替代能源，特别是干燥水果、蔬菜、谷物和其他材料，如木料。据估计，在发展中国家，由于缺乏存储的方法，收获的农产品在储存中会发生严重的损失，太阳能干燥机可以解决这一问题。就太阳能干燥而言，许多产品需要提前进行处理，以促进干燥过程或保持其味道和质地。水果中含有高糖和酸，直接进行晒干是安全的。相反，蔬菜中的糖和酸含量较低，将其直接进行露天干燥会增加它们变质的风险（Belessiotis 和 Delyannis，2011）。

　　与自然条件下获得的热量相比，干燥机旨在给产品提供更多的热量，从而增加作物水分的蒸汽压效率。因此，改善了作物中水分的迁移。干燥机也可明显地降低干燥空气的相对湿度，通过这种方法，水分迁移能力将提高，从而确保作物具有较低的平衡水分含量。

　　太阳能干燥机有两种类型：一种是将太阳能作为唯一的加热热源类型，另一种是将太阳能作为补充能源。风扇产生的气流可以是自然对流或是强制对流。在干燥机中，产品通过加热的气流进行干燥，在干燥过程中产品可直接暴露在太阳辐射下，或是气流和太阳辐射结合的环境下。

　　潮湿产品中的热量传递是通过空气对流的方式进行，直接太阳辐射或是与产品接触的热表面传热导体的温度都要高于潮湿产品的温度。

　　产品吸收的热量为蒸发产品中的水分提供必需的能量。产品表面的水分可以通过蒸发消除。当吸收的能量温度足够且作物水分的蒸汽压力超过周围空气的蒸汽压力时，产品表面的水分开始蒸发。根据产品的性质和水分含量，其内部的扩散产生了产品表面的水分置换。如果扩散速度慢，它会成为干燥过程的限制因素，但是如果扩散很快，控制因素是表面的蒸发率，这些都发生在干燥过程的开始阶段。

在直接辐射的干燥过程中，部分的太阳辐射可以穿透物质，并被产品内部吸收，这时产品的表面和内部同时产生了热量。因此，在直接太阳辐射干燥过程中，产品的太阳能吸收率是干燥过程中的一个重要因素。由于它们颜色和质地，大多数农业材料具有较高的吸收率。考虑到产品的质量，传热和蒸发率必须密切地控制，以保证最佳的烘干率和产品的质量。要实现干燥过程的经济性，要求具有最高的干燥率。

太阳能干燥机一般被认为是简单的设备。在一些小地方、沙漠或偏远地区使用较为原始的小型干燥机，在一些工业设施中会使用到更为复杂的干燥机，虽然后者目前尚处于开发阶段。根据加热模式、太阳热能的利用方法以及机器的构造，太阳能干燥器可以分为几类。根据加热模式的不同，太阳能干燥机主要分为两类：自动式和被动式干燥机。在自动式系统中，使用一个风扇使空气在空气集热器和产品间循环，然而在被动式或自然循环的太阳能干燥机中，通过风压产生的浮力，被太阳能加热的空气可以穿过作物进行空气循环。因此，除了太阳能外，主动式的系统还需要其他不可再生能源，通常是电，用于驱动风扇，来强迫空气进行循环或进行辅助加热。

就太阳能利用模式和构造安排而言，干燥机可以分为三个类别：分布式、整体式和混合模型式干燥机。这三大子类属于主动式和被动式太阳能干燥机。在分布式干燥机中，太阳能集热器和干燥室是独立的元件。在整体式的太阳能干燥机中，同一块设备同时用于太阳能集热和干燥，即干燥机具备直接收集太阳能的能力，不需要配置太阳能集热器。在混合式的干燥机中，两个系统结合起来使用，即干燥机可以直接吸收热，但是通过使用太阳能集热器，整个过程的效率可以得到提高。关于这些干燥机的更多详细解释见以下部分。

7.4.1　主动式太阳能干燥机

主动式太阳能干燥机通常适用于干燥较大批量的材料。这类燥机往往是混合式机组，在多云或夜晚利用辅助能源作为传统燃料运行。被动式系统只需要风扇，与之相比，主动式太阳能干燥机更为复杂且更昂贵。

分布式

一台典型的分布型主动式太阳能干燥机如图 7.14 所示。它包括四个部分：干燥室、太阳能空气加热器、风扇以及管道，其中管道用于转移从集热器到干燥器的热空气。在这种设计中，作物被置于不透明的内部干燥室的托盘上或货架上，这样太阳辐射就无法直接到达产品。通过风扇的运转，空气在经过太阳空气集热器的通道中被加热，加热后的空气通过管道到达干燥室从而干燥产品。太阳辐射无法直接接触产品的优点在被动式部分进行阐述。

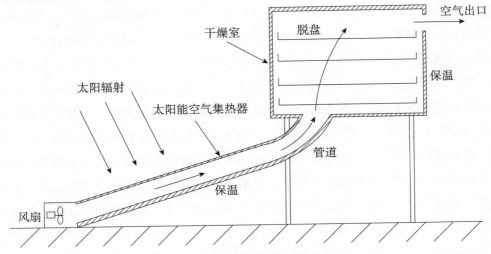

图 7.14 分布型主动式太阳干燥机原理图

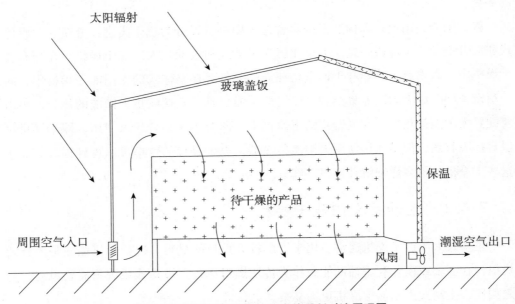

图 7.15 透明屋顶太阳能谷仓的强制对流原理图

整体式

　　大规模的商用强制对流温室型干燥机类似于带有透明屋顶的太阳能谷仓，它主要用于太阳能木材干燥（见图 7.15）。小规模类型的干燥机通常配有辅助加热设备。

　　这种设计的一个变体如图 7.15 所示，该设计是主动式温室型干燥机，内置半圆柱形外壳。这种半圆柱形构造作为太阳加热器，它包括一个外部透明盖板，充当集热器的玻璃盖板，另一个是内置半圆柱型黑色吸收片。风扇由两个半圆形的板材组成，使热空气穿过空气管道循环，潮湿空气最终从透明盖板顶部排出。

这种类型干燥机的另一种变体是太阳能屋顶/墙壁，即太阳能集热器作为完整干燥室的屋顶或墙壁。太阳能干燥机屋顶如图7.16所示。一个集热器壁系统类似于特朗伯墙（参见第6章），即一段有外部装有玻璃的黑色混凝土砖墙，组成了太阳能集热器并且也可作为蓄热器使用。

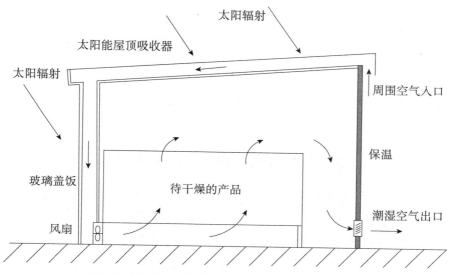

图7.16　主动式集热器屋顶太阳能蓄热干燥机原理图

混合模式

混合模型干燥机类似于分布式类型的干燥机，二者不同是，混合模型式干燥机的墙壁和屋顶是由玻璃制造的，太阳能可直接加热产品，如图7.17所示。

应注意的是，由于干燥效率会随着温度的升高而增加，所以在传统的干燥机中，将使用最高可能的干燥温度，但是又不会破坏被干燥物的质量。然而在太阳能干燥机中，最高的干燥温度是由太阳能集热器决定的，因为随着运行的高温度，会导致干燥效率的下降，这种设计可能并不是最好的。虽然可以在一些设计中使用黑色聚乙烯吸收减少成本，但大多数的空气加热器使用金属或木材材质的吸收器。

7.4.2　被动式太阳能干燥机

被动式或直接干燥作物的做法在地中海、热带和亚热带的很多地区仍然很常见，

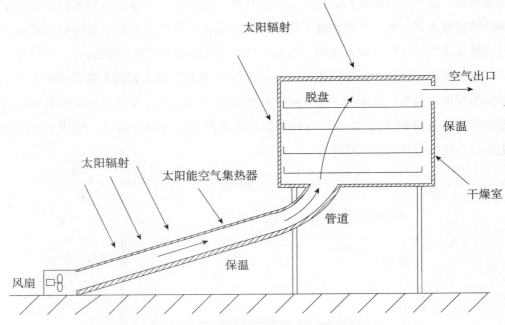

图 7.17　混合模型主动式太阳能干燥机原理图

特别是在非洲和亚洲或是在小型农业社会。被动式太阳能干燥机是"热箱"组件，"热箱"中的产品通过透明的覆盖层直接暴露在太阳辐射下。通过透明的干燥机覆盖层或是在太阳能空气加热器中发生的自然对流产生了热量。

被动式的太阳能干燥机是比较简单便宜类型的结构，且易于安装和操作，特别是在没有通电的地方。被动式或自然循环的太阳能干燥机通过使用可再生能源如太阳能和风能进行运作。

分布式类型

分布式自然循环太阳能干燥机也被称之为间接被动式干燥机。一个典型的分布式自然循环太阳能干燥机包括空气加热器、太阳能集热器、合适的绝缘管道、一个干燥室和一个烟囱，如图 7.18 所示。在这个设计中，作物置于不透明的内部干燥室的托盘上或货架上，太阳辐射无法直接到达产品。通过风扇的运转，空气在经过太阳空气集热器的通道中被加热，然后加热后的空气通过管道到达干燥室从而干燥产品。由于作物不直接接受阳光直射，则不会出现焦糖化（作物表面出现糖晶体）和局部热损耗。因此，间接干燥机通常用于干燥一些易腐的物品和水果，直接接触阳光会减少干燥物品中的维生素含量。对于一些需要保留高度色素的商品来说，直接接触到太阳辐射会造成不良影响（Norton，1992）。

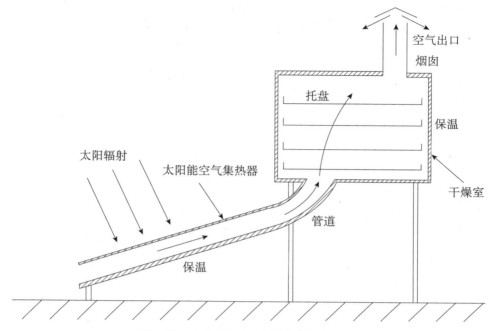

图 7.18　分布式被动太阳能干燥机原理图

与直接式干燥机相比，分布式自然循环干燥机的操作温度更高。它们一般会产生更高质量的产品，并用于深层干燥。它们的缺点是，离开太阳能集热器的空气温度波动给维持干燥室内稳定的运行条件带来了困难。此外，它们的结构相对复杂，在设备上需要更多的成本投资，与整体式干燥机相比，它们的维护成本更高。分布式干燥机的效率很容易提高，因为其组件经过设计可以优化效率。

整体式

整体式自然循环太阳能干燥机也被称为间接被动式太阳能干燥机。在该系统中，作物置于由透明墙壁制造的干燥室。因此，产品直接吸收从干燥室内表面发射的太阳辐射，以及由于干燥室内部大量热空气产生的对流，它们一起组成了干燥所必要的热量。热量蒸发了产品中的水分，且同时降低了气团的相对湿度，从而增加移除水分的能力。干燥室内空气也会膨胀，由于热空气的密度低于冷空气，从而产生自然循环，伴随着温暖的空气，有助于去除水分。通过对流和辐射，热量转移到作物，直接干燥机的干燥率要大于间接干燥机的干燥率。

整体式自然循环太阳能干燥机的结构可以是非常简单的，如图 7.19 所示，该系统包括侧面的一个保温容器，并用一块单层玻璃或屋顶覆盖。内墙为黑色的，因此穿过盖板的太阳辐射被黑色的内表面和被干燥的产品吸收，从而容器的内部温度升高。在前端，特殊的开口用来通风，在浮力动作的情况下，暖空气从上部开口排出。需要干燥的产品置于容器内部的多孔脱盘上。这种类型干燥机的优点是，廉价的制作材料可从本地获取，可经常用来保存水果、蔬菜、鱼和肉。而缺点是空气循环效果差，由于需去除糟糕的潮湿空气，且处在高气温（70～100℃）下干燥，这对大多数产品来说温度过高，尤其是对于易腐烂的产品。

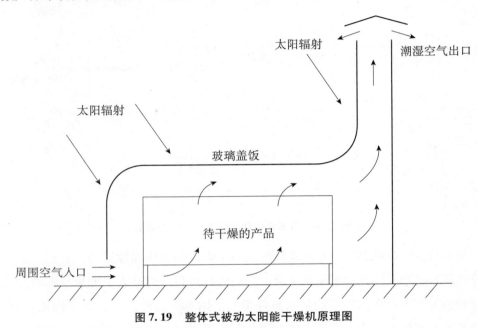

图 7.19　整体式被动太阳能干燥机原理图

如图 7.19 所示，厢式干燥机是干燥机的另一种变体，它类似于一个非对称的太阳能装置（参见图 8.1（b），第 8 章 8.3 节），该装置朝向南北方向。需要被干燥的材料置于多孔板上，通过自然对流产生了空气循环，空气最后从干燥室北侧的上方开口排出。底部和侧壁都是不透明且保温的材料。厢式干燥机很简单且成本很低，它们适合用于干燥农产品。通常它们用于干燥的区域为 1～2m²，容量为 10～20kg。

混合模式型

自然循环混合模式太阳能干燥机包括了整体型和分布型自然循环干燥机的特点。在这种情况下，照射至待干燥产品的太阳辐射和太阳能空气集热器中的热空气联合为整个干燥过程提供了所需的热量。自然循环混合模式型太阳能干燥机有着与分布式干燥机一样的结构特点，也就是说，它拥有一个独立的干燥室和烟囱。此外，干燥室的墙壁装有玻璃，因此太阳辐射可以直接到达被干燥的产品，其原理类似于整体式干燥机，如图 7.20 所示。

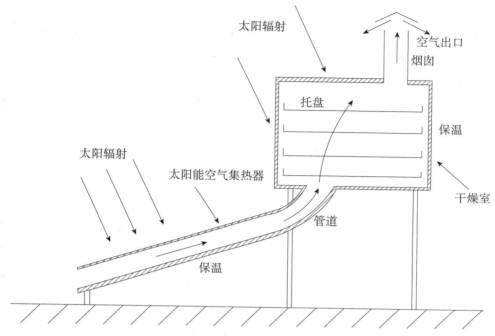

图 7.20　自然循环混合模式太阳能干燥机原理图

7.4.3　总评

太阳能干燥机的经济性取决于整个干燥系统的成本及其取代传统能源的太阳能利用率。选择太阳能干燥机的主要原因是，太阳能干燥机可以节能，而且在一些缺乏传统能源的偏远农村地区或运输燃料成本较高的地区也可以使用。

最近，研究人员考虑通过太阳能间接加热干燥机。这是一个相当新的技术，还没有达到广泛的商业化，其中包括太阳能集热器设备和柜式干燥机，它们可用的类型和大小有很多种。间接太阳干燥技术的缺点是：干燥机、太阳能集热器和必要的辅助设备，如导管、管道、泵、鼓风机、控制器和测量仪器等成本较高。并且需要较为熟练的人员来操作系统。同时，间接太阳干燥技术也有很多优点，包括高干燥率（15～30h）；对干燥过程的适当控制，可以确保最终的产品有适当的水分，因此，经过干燥的产品可以储存更长的时间；当产品不受制于任何自然现象时，可以避免产品的损失；同等质量的材料需要的托盘面积较小，以适应干燥机内的管组；干燥机可在几个小时内再次加载，从而提高生产力；干燥机可接受同季节作物的灵活性，因此扩大了系统的运作时间，甚至是在全年时间范围内运行（Belessiotis 和 Delyannis，2011）。

太阳能能源工程工艺与系统（第二版）

不论是对于高辐射强度还是低辐射强度的地区而言，存储能量是必不可少的。在作物大丰收情况下，在收获后应该持续将作物干燥。存储设备增加了初始的成本和运行的成本，为了避免不必要的储存作物成本，在出现下列情况时必须应用存储能量设备（Belessiotis 和 Delyannis，2011）：

（1）当太阳辐射强度较高时，必须将能源存储起来，从而避免产品在较高温度下发生过度干燥。

（2）在农产品对温度非常敏感的情况下，通过存储多余的太阳能，可以更容易地控制和规范干燥作物的温度。

（3）当干燥操作必须在夜间持续进行时，那些需要在收获后立即进行干燥的敏感作物会受到影响。

由于农业生产力的显著增加，混合太阳能干燥机在近些年来也取得了发展。混合太阳能干燥机结合了太阳能辐射能源和辅助的传统能源。混合太阳能干燥机可以由单一的太阳能驱动，也可由单一的传统能源驱动，或是二者皆可。在大多数的情况下，混合太阳能干燥系统是中等至大容量的安装，其太阳能保证率在50%～60%的范围内。因此对于干燥作业，特别是对于干燥大量的材料，可采用大型主动式的混合太阳能干燥系统。

所有这些采用太阳能集热的干燥机都使用了平板型太阳能空气集热器。对于被动式太阳能干燥机，简单的空气加热器由透明的塑料薄膜制成就足够了。这些都是便宜，容易构造和运行的加热系统。在干燥系统中，合适的空气集热器设计是影响整个系统成本最重要的因素之一。对于大多数情况下干燥食品的低温应用，第3章3.1.1节中介绍的单层玻璃集热器就能够充分胜任这一任务。

农产品是有机物质并且依赖于几个参数，干燥的过程是非常复杂的。即使是同样的产品，干燥过程不仅取决于需干燥的类型，还包括作物的物理情况、当地的文化和作物初始的含水量。两个最重要的干燥条件是干燥温度和预处理过程。为了营造合适的干燥条件，通常要对干燥机使用进行相关的实验。

对于农产品而言，最重要的是要保持农产品中的营养价值，维生素对热很敏感，保持其颜色和味道的关键是干燥温度。干燥温度从30℃开始，但是低温度情况下的干燥率也非常低，而且还存在损耗或成型的风险。一般来说，大多数食品的干燥的平均温度在60℃。一些产品在开始的时候需要降低干燥温度，在半干燥后温度开始升高到某个合适的点。这种技术有助于保持作物表层的柔软。在太阳晒干的情况下，温度取决于太阳辐射的强度，这不是容易控制的，温度范围在40～80℃。在主动式太阳干燥机中，倘若在太阳辐射高强度的情况下，可以通过混合大气中新鲜空气与热空气从而达到控制干燥温度的目的。

许多作物、水果和蔬菜生长在土壤里，它们更易受到各种微生物活性的影响。因此在收获作物后，如果可能，应该立即使用干燥方法将作物干燥。预先处理有助于减缓微生物的活性并使作物表层变软。通常在干燥时，每种作物都有自己最佳的预先处理条件，这些简单的方法基于经验。农产品的主要预先处理步骤有（Jayara-man 和 Das Gupta，1998）：

（1）在收获后选择质量最好的作物。这些作物必须是成熟，坚硬的，且没有任何的划痕。

（2）当作物暴露在大气中时，它们的成长变快，必须彻底地清洗从而将微生物降到最低。

（3）根据作物的类型，采取去壳、去皮或切片等不同的处理方法。

（4）漂白产品以破坏作物中的酶并保持其颜色。漂白包括将作物浸入沸水或用蒸汽处理。

（5）用硫作为消毒剂处理作物有助于防止其颜色、味道和营养（维生素）受到影响。使用硫是一种古老的作物处理方式，通常通过燃烧硫磺和使用硫磺的烟气处理作物。

（6）抗坏血酸溶液可以防止水果或水果片的褐变。

El - Paso 太阳能协会（EPSEA，2012）发布了关于太阳能干燥的有用指南，包括上述预处理过程和其他实用的指南，如在作物干燥后储存前，降低作物温度的必要性。其中建议托盘采用不锈钢材料，带有粗麻布覆盖的木条、聚四氟乙烯、聚四氟乙烯涂层的玻璃纤维、尼龙和食品级塑料。

7.5 温室

另一种用于农业的应用是温室。一个温室的最基本功能是为植物提供一个可以促进光合作用的环境条件。光合作用是植物生长的驱动力，在光合作用的过程中，通过利用太阳能，二氧化碳转化为水、碳水化合物和氧气。光合作用对环境因素是高度敏感的。

温室的内部微小气候的要求根据特定植物种类及其发展阶段而变化。它具有的特点是温度、照明和室内气氛，也就是说，是指水蒸气、二氧化碳和污染物（氮氧化合物和硫）。

　　创建一个具体环境需要的特殊方法和其经济可行性取决于当时环境的条件和温室中的作物在收获后的价值。应注意的是，为特定的气候设计的温室可以产生一个适合于特定作物类型生长的环境，然而相同类型的温室在不同的地理位置或在一年中的不同时间里，可能并不适合同样类型的作物。因此，在温室内植物的品种选择应该适合人工创造的环境，才能实现温室内的经济。

　　覆盖作物的区域主要是为了防冰冻，热量通常来自于太阳辐射和辅助能源。正如我们在第 2 章中看到的，根据温室效应的表述，短波太阳辐射穿过覆盖层并被温室的内表面吸收，从而加热内部环境空间。这些表面再将热辐射发射，这样的辐射为长波辐射且无法穿过覆盖层，在这种情况下，热量就会保留在室内。

　　在夏季一些很热的地方，温室需要经常降温。在一些夏季不是很炎热的地方，温室环境的最高温度仍要低于 33℃，通风和遮阳技术工作也要做好。然而在较高环境温度下，夏季周围环境温度一般都会超过 40℃，通常会采用蒸发降温，这是温室降温最有效的方法。蒸发降温可以明显地降低温室内空气的温度，且低于外界空气的温度，可以使用风机或在温室内造雾，或使用冷却降温系统。除了这些系统，两种复合系统可以用于加热或冷却温室：土壤－空气热交换器和含水层空穴流热交换器。Sethi 和 Sharma（2007）对这些系统进行过调查。

7.5.1　温室材料

　　传统上，温室大棚的首选材料是玻璃。作为可以替代玻璃的棚面材料，在 18 世纪晚期的荷兰，人们已经尝试使用过油纸，进入 20 世纪后，油纸已经在日本普遍使用（Norton，1992）。第二次世界大战以后，塑料材料变得更容易获得。从透明塑料材料开始大规模地进入商业生产开始，塑料在农业设施中可以取代玻璃的潜力已经被人们认可。如今，聚氯乙烯和聚乙烯薄膜可以在温室框架内部连接起来，因此在外层棚面和受保护的人工环境之间可以创建一个保温的空气间隙。在农业应用中聚乙烯材料很受欢迎，尽管当它暴露在典型的天气条件下时，其寿命周期较短（大概一年左右）。但与其他薄膜相比，它的应用更广泛，而且成本更低。此外，由于聚乙烯是最常用的塑料薄膜，太阳光透射的数据是可以容易获得的。

　　一般来说，与玻璃相比，塑料材料具有较低的光透射率。此外，当暴露在高温和紫外线下时，它们的使用寿命会变得更短，但玻璃的寿命一般要长达几十年。在白天，如果温室处在某些持续的条件下，棚面的内表面会发生冷凝，从而减少光透射。由于水泡和塑料间角度更高，塑料比玻璃更能明显地减少光透射，并导致高比例的反射光。但塑料材料具有低密度和高强度等优势，只要求轻量级的结构和较低的成本，从而降低初始的投资成本。

尽管在农业中聚乙烯是使用最广泛的塑料薄膜，其他的材料也是可用，如含氟化合物的聚合物，其辐射传输特性和持久耐用性要优于聚乙薄膜。然而，这些材料的薄膜比聚乙烯更贵。

练习

7.1　一个工业热处理过程利用太阳能和辅助能源加热空气。在 37℃ 时，加热的空气可以进入管道为该过程供应空气。太阳能热量的供应来自储水箱和通过水－空气热交换器转移的热量，其中水－空气热交换器的效率等于 0.95。由辅助能源加热的空气温度最高为 60 ℃。集热器的面积为 70 m^2，FR（$\tau\alpha$）= 0.82，$F_R U_L$ = 6.15 W/m^2℃。完全混合储罐的容量为 4.5m^3，它的 UA 值为 195 W/℃，完全混合储罐所处环境的温度为 18 ℃。集热器侧的热交换器的电容为 1150W/℃，储箱侧的电容为 910W/℃。所需负荷为 1 天 8h，从早上 8 点到下午 4 点，空气的恒定流速为 0.25 kg/s。空气热容是 1012 J/kg ℃，水通过负荷热交换的流速为 0.07 kg/s。在调查期间，辐射和环境温度见下表。如果在白天调查期间，储罐的初始温度为 42℃，试估计供应给负荷所需的能量，以及所需的辅助能量。

时间	环境温度（℃）	I_t（MJ/m^2）
6～7	10	0
7～8	11	0
8～9	12	1.12
9～10	14	1.67
10～11	16	2.56
11～12	17	3.67
12～13	18	3.97
13～14	16	3.29
14～15	15	2.87
15～16	14	1.78
16～17	12	1.26
17～18	11	0

7.2 在练习7.1中，使用温度为80℃的水代替空气。如果需要负荷的时段相同，水的流速为0.123 kg/s，水的热容为4180 J/kg ℃，试估计供应负荷所需的能量和所需的辅助能量。

7.3 重复练习7.1，若负荷热交换器的效率为0.66，试比较二者的结果。

7.4 重复练习7.2，但是每小时的操作中，需要负荷的时间只有30min。

参考文献

［1］ Belessiotis, V., Delyannis, E., 2011. Solar drying. Sol. Energy 85 （8），1665－1691.

［2］ Benz, N., Gut, M., Rub, W., 1998. Solar process heat in breweries and dairies. In：Proceedings of EuroSun 98 on CD ROM, Portoroz, Slovenia.

［3］ Benz, N., Gut, M., Beikircher, T., 1999. Solar process heat with non-concentrating collectors for food industry. In：Proceedings of ISES Solar World Congress on CD ROM, Jerusalem, Israel.

［4］ Blanco, J., Malato, S., Fernandez, P., Vidal, A., Morales, A., Trincado, P., et al., 1999. Compound parabolic concentrator technology development to commercial solar detoxification applications. In：Proceedings of ISES Solar World Congress on CD ROM, Jerusalem, Israel.

［5］ EPSEA, 2012. El-Paso Solar Energy Association. Available from：www. epsea. org/dry. html.

［6］ FCTec, 2008. Fuel Cell Test and Evaluation Center, U. S. Ministry of Defense. Available from：http：//energy. nstl. gov. cn/MirrorResources/1922/.

［7］ Goswami, D. Y., 1999. Recent developments in photocatalytic detoxification and disinfection of water and air. In：Proceedings of ISES Solar World Congress on CD ROM, Jerusalem, Israel.

［8］ Grasse, W., 1998. Solar PACES Annual Report, DLR, Cologne, Germany.

［9］ Hurtado, P., Kast, M., 1984. Experimental Study of Direct In-situ Generation of Steam in a Line Focus Solar Collector. SERI, Golden, CO.

［10］ Jayaraman, K. S., Das Gupta, D. K., 1998. Drying of fruits and vegetables. In：Mujumdar, A. E. （Ed.），Handbook of Industrial Drying, second ed., vol. 1. Marcel Dekker, Inc., pp. 643－690.

[11] Kalogirou, S. A., 2003. The potential of solar industrial process heat applications. Appl. Energy 76 (4), 337 – 361.

[12] Kalogirou, S. A., Lloyd, S., Ward, J., 1997. Modelling, optimization and performance evaluation of a parabolic trough collector steam generation system. Sol. Energy 60 (1), 49 – 59.

[13] Kreetz, H., Lovegrove, K., 1999. Theoretical analysis and experimental results of a 1 kW_{chem} ammonia synthesis reactor for a solar thermochemical energy storage system. In: Proceedings of ISES Solar World Congress on CD ROM, Jerusalem, Israel.

[14] Lovegrove, K., Luzzi, A., Kreetz, H., 1999. A solar driven ammonia based thermochemical energy storage system. In: Proceedings of ISES Solar World Congress on CD ROM, Jerusalem, Israel.

[15] Mehos, M., Turchi, C., Pacheco, J., Boegel, A. J., Merrill, T., Stanley, R., 1992. Pilot-Scale Study of the Solar Detoxification of VOC-contaminated Groundwater. NREL/TP-432-4981, Golden, CO.

[16] Murphy, L. M., Keneth, E., 1982. Steam Generation in Line-Focus Solar Collectors: A Comparative Assessment of Thermal Performance, Operating Stability, and Cost Issues. SERI/TR-1311, Golden, CO.

[17] Norton, B., 1992. Solar Energy Thermal Technology. Springer-Verlag, London.

[18] Norton, B., 1999. Solar process heat: distillation, drying, agricultural and industrial uses. In: Proceedings of ISES Solar World Congress on CD ROM, Jerusalem, Israel.

[19] Norton, B., 2001. Solar process heat. In: Gordon, J. (Ed.), Solar Energy: The State of the Art. James and James, London, pp. 477 – 496.

[20] Palumbo, R., Rouanet, A., Pichelin, G., 1995. Solar thermal decomposition of TK > 2 at temperatures above 2200 K and its use in the production of Zn and ZnO. Energy 20 (9), 857 – 868.

[21] Peterson, R. J., Keneth, E., 1982. Flow Instability during Direct Steam Generation in Line-Focus Solar Collector System. SERI/TR-1354, Golden CO.

[22] Ramana. M. V., 2009. A review of new technologies, modes and experimental

investigations of solar dryers. Renewable Sustainable Energy Rev. 13, 835 - 844.

[23] Schweiger. H. , Mendes, J. F. , Benz, N. , Hennecke, K. , Prieto, G. , Gusi, M. , Goncalves, H. , 2000. The potential of solar heat in industrial processes. A state of the art review for Spain and Portugal. In: Proceedings of EuroSun 2000. Copenhagen, Denmark on CD ROM.

[24] Sethi. V. P. , Sharma, S. K. , 2007. Survey of cooling technologies for world-wide agricultural greenhouse applications. Sol. Energy 81 (12), 1447 - 1459.

[25] Spate. F. , Hafner, B. , Schwarzer, K. , 1999. A system for solar process heat for decentralized applications in developing countries. In: Proceedings of ISES Solar World Congress on CD ROM, Jerusalem, Israel.

[26] Steinfeldi. A. , Larson, C. , Palumbo, R. , Foley, M. , 1996. Thermodynamic analysis of the co-production of zinc and synthesis gas using solar process heat. Energy 21 (3), 205 - 222.

[27] US. Department of Energy, 2000. Fuel Cell Handbook, fifth ed. Available from: http://www. netl. doe. gov/technologies/coalpower/fuelcells/seca/pubs/fchandbook7. pdf.

[28] Yehesket, J. , Rubin, R. , Berman, A. , Kami, J. , 2000. Chemical kinetics of high temperature hydrocarbons reforming using a solar reactor. In: Proceedings of EuroSun 2000 on CD ROM, Copenhagen, Denmark.

[29] Zarza. E. , Hennecke, K. , Coebel, O. , 1999. Project DISS (direct solar steam) update on project status and future planning. In: Proceedings of ISES Solar World Congress on CD ROM, Jerusalem, Israel.

第8章 太阳能海水淡化系统

8.1 简介

淡水供应成为世界许多地区日益重要的问题。在干旱区域，饮用水非常稀缺，而这些地区人类生活环境的建立则主要取决于能获得多少水资源。

水是生命维系不可缺少的物质，饮用水供应的重要性不言而喻。水是地球上最丰富的资源之一，覆盖了地球表面四分之三的面积。但是地球上的水97%是海洋中的海水，只有3%（约为$3600 \times 10^4 km^3$）的淡水资源，即两极地区（以冰的形式存在）的淡水、地表水、湖水和河水。这些资源满足了大部分人类生活和动物饮水所需。而这3%的淡水中几乎70%以冰川、永久积雪、冰和永久冻土的形式存在。30%的淡水为地下水，大部分位于难以企及的深含水层。湖水和河水加起来仅占淡水总量的0.25%多一点，而绝大部分的淡水则是来自于湖水。

8.1.1 水与能源

水与能源是控制人类生活和促进人类文明进步不可分割的日用品。人类的历史证明水与人类文明的发展是不可分割的。水是生命之源，河流、海域、绿洲和海洋将人类不断吸引至海滨地区。所有伟大的文明都发源于临近水资源丰富的地区。而最能体现这一影响的例子就是埃及的尼罗河。尼罗河为人们提供灌溉用水，且河泥满含丰富的营养物质。埃及作为一个农业国家，成为整个地中海盆地最重要的小麦出口国（Delyannis，2003）。正是由于埃及具有丰富的河流资源，埃及人创造了多种科学学科，如天文学、数学、法律、司法、货币和治安保护，而此时其他人类社会还未具有相关知识或成熟度。

能源与水一样重要，能够为人类创造美好生活，其原因在于能源是所有人类活动驱动力。水本身也是一种发电资源。人类在2000年前首次尝试控制水能，并将其用于研磨谷物（Major，1990）。

希腊人率先提出了关于水与能源本质的哲学思想。生活在米利都的泰利斯（公元前 640 年—公元前 546 年）是古希腊七贤之一。他写道（Delyannis，1960）水资源是丰富的、可塑型的（水能够根据盛载容器的形状而改变其自身的形状）。泰利斯说过，海水广袤无边，是孕育一切生命的源头。此后，Embedokles（公元前 495—公元前 435）提出了基本元素理论（Delyannis，1960），表示世界由四种主要元素构成，即火、空气、水和土。用现在的说法，这些元素可解释为能源、大气、水和土壤，它们是影响我们生活品质的四种基本成分（Delyannis 和 Belessiotis，2000 年）。

亚里士多德（公元前 384—公元前 322）是古希腊最伟大的哲学家和科学家之一，他非常准确地描述了天然水、苦咸水和海水的起源与特性，以及自然界中的水循环，他的有些理论现在仍在沿用。事实上，水循环是一个永久循环的大型开放式太阳能蒸馏器。

亚里士多德写道，海水变成蒸汽时，味道变成甜的。而蒸汽再次冷凝后却并未形成盐水。事实上，亚里士多德用实验证实了他的这一论点。

8.1.2　水资源需求与消耗

人类在日常生活、农业生产和工业生产过程中离不开河流、湖泊和地下水提供的淡水。但是，工业的急速发展和全球人口大爆炸导致对淡水需求的大幅增加，包括家庭日常用水需求，以及生产足够的食品所必须满足的农业灌溉用水需求。除此以外，还存在工业废物和大量污水排放导致河流与湖泊污染。在全球范围内，人为污染自然水资源是导致淡水短缺的最重要的原因。而另一个问题则是水资源分布不均。例如，加拿大的人口数仅占全球人口总数的 1%，但却拥有全球地表淡水总量的 10%。

全球水资源总消耗量中，70% 用于农业灌溉，20% 用于工业生产，仅有 10% 用于家庭日常生活。应注意的是，在选择海水淡化方法之前，我们必须要考虑节约用水措施。例如，滴灌，即利用带孔塑料管将水运送至农田用于浇灌农作物。这种方法比传统灌溉方法节水 30% ~ 70%，并能够增加农作物产量。这种滴灌系统于 20 世纪 60 年代初期就已经成功开发出来，但时至今日也只用于不足 1% 的灌溉土地上。在大多数国家，由于政府为农业灌溉用水提供巨额补贴，农民没有投资滴灌系统或采用其他节水方法的动力。

8.1.3　海水淡化与能源

唯一近乎取之不竭的水资源便是海洋。而海洋的主要缺点在于海水的含盐量高，因此通过海水淡化而解决淡水资源短缺的问题是非常有吸引力的。一般来说，海水淡化是指去除海水中的盐分，或从广义上来说，就是去除盐水中的盐分。

根据世界卫生组织（简称 WHO）的规定，淡水的盐度容许极限为 500ppm，特殊情况下，容许极限为 1000ppm。地球上大多数可用水的盐度均达到 10,000ppm，而通常海水的盐度范围在 35,000ppm ~ 45,000ppm 之间，以全溶解盐的形式存在。过度的微咸性导致海水具有较差的口感，会使人胃疼、腹泻。海水淡化系统的目的是清洁或净化苦咸水或海水，提供总溶解度在 500ppm 或小于 500ppm 的容许极限范围内的水。本章将介绍并分析几种海水淡化的方法从而实现这一目的。

海水淡化过程需要大量的能源，以便将盐与海水分离。这一点是非常重要的，而且能源的消耗是一种经常性的支出，但世界上淡水资源短缺的国家和地区几乎无法负担这样的费用支出。中东地区的许多国家，由于得天独厚的石油收入使其拥有足够的资金用于购买、运行海水淡化设备。但是，世界上许多其他地区的人们，他们既没有现金，也没有石油资源能够使他们购买和运行海水淡化设备。2012 年淡化水系统的装机容量约为每天 $7500 \times 10^4 \mathrm{m}^3$。今后的十年，装机容量预期会大幅提高。淡化水供应的大幅增加将带来一系列的问题，而其中最重要的是与能源消耗和使用化石燃料导致环境污染相关的问题。每天生产 $7500 \times 10^4 \mathrm{m}^3$ 淡化水需要消耗大量能源。那么如果广泛地使用石油，我们是否能够负担得起生产淡水所需的石油量还是个问题。考虑到当前人们对温室效应和 CO_2 水平重要性的认识，是否使用石油仍是个悬而未决的问题。因此，除了满足额外的能源需求外，环境污染也是要考虑的重要问题。如果利用传统技术进行海水淡化，那么就必定会燃烧大量的化石燃料。传统能源具有污染性，因此必须要开发更清洁的能源。所幸，世界上许多缺水的地区均具有可开发利用的可再生能源，从而推动海水淡化的进程（Kalogirou，2005）。

本质上，太阳能海水淡化是用于产生雨，而雨水则是淡水供应的主要来源。海平面吸收太阳辐射热量，使海水蒸发。水蒸气上升到海面以上，在风力作用下移动。当蒸汽冷却至露点时，发生冷凝，淡水则冷凝成为雨。所有现有可用的人造海水淡化系统均为这一自然过程的复制。

苦咸水和海水的淡化是满足淡水需求的一种方法。可再生能源系统（简称 RES）利用自然界中可随时获得的资源来生产能源。它们的主要特征是环保，也就是说不产生有害废水。根据 RES 推行的脱盐技术淡化海水被认为是解决偏远地区水资源缺乏的可行方法。偏远地区往往缺少饮用水和传统能源，如热能和电网。在世界范围内，已有数台可再生能源海水淡化试验设备，其中大多数已成功运行了多年。

事实上，所有设备均为特定位置定制，利用太阳能、风能或地热能生产淡水。利用这些设备的运行数据和经验的可靠性更高且成本最低。虽然以可再生能源为动力的海水淡化系统在淡水生产成本方面无法与传统海水淡化系统一较高下，但是它们适用于某些区域，并有可能成为未来更加广泛可行的解决方案。

本章内容介绍了海水淡化的不同方法，仅包括在工业上成熟的方法。其他方法，如冷冻方法和加湿－除湿方法，并未包含在本章内容中，原因是这些方法仅处在实验室开发阶段，并未大规模地用于实际海水淡化作业。本章还介绍了不同可再生能源系统中已被用于海水淡化或能够被用于海水淡化的可再生能源系统，包括太阳能集热器、太阳能池、太阳能光伏、风力涡轮机和地热能。

8.2　海水淡化工艺

实现海水淡化的技术有许多。工业海水淡化采用相变或半渗透膜分离技术，因此，海水淡化技术可分为相变或热过程、薄膜工艺或单相工艺。

所有海水淡化工艺均必须对未经处理的海水进行化学预处理，防止结垢、发泡、腐蚀、生物滋长和污染，此外，还须进行化学后处理。

表 8.1 中列出了几种最重要的技术。在相变或热工过程中，利用热能实现海水蒸馏。而热能可从传统的化石燃料源、核能或非传统的太阳能或地热能获得。而在薄膜工艺中，利用电力驱动高压泵或将海水中所含盐离子化。

基于热能的商业海水淡化工艺为多级闪蒸（MSF）、多效沸腾（MEB）和蒸汽压缩（VC）。蒸汽压缩可为热蒸汽压缩（TVC）或机械蒸汽压缩（MVC）。多级闪蒸淡化工艺是指海水或卤水在进入真空容器时，压力突然下降，海水急剧蒸发的现象。在先后压力下降的条件下逐级地重复这一过程。这一过程必须有外部蒸汽供给，一般在 100 ℃左右温度条件下。最高温度受限于盐浓度，以避免出现结垢，而最高温度则限制了海水淡化工艺的效率。在多效沸腾中，海水吸收热能，继而产生蒸汽。一级中产生的蒸汽可作为下一级中加热盐溶液的热源。多效沸腾与多级闪蒸工艺的效率与级数成正比。一般情况下，多效沸腾设备利用的外部蒸汽温度约为 70 ℃。在热蒸汽压缩和机械蒸汽压缩中，最初的蒸汽来自于盐溶液，之后，以热方式或机械方式将蒸汽压缩，产生额外的蒸汽。关于相关工艺的详细内容，见 8.4 小节。

不仅蒸馏工艺包含相变，冻结过程和加湿－除湿过程也包含相变。通过冷冻的方式将海水转换为淡水的做法一直存在于自然界中，而这也是数千年来人类所熟知的一种方法。在采用冷冻方法进行海水淡化的过程中，去除淡水，留下浓缩卤水。

这是一个与固－液相变现象相关的分离过程。海水温度为盐度的函数，当海水温度降至冰点时，盐溶液内便可形成纯净水冰晶。利用机械设备将这些冰晶从浓缩液中分离出来，清洗，并重新溶解，可获得纯净水。因此这种方法的基本能量输入适用于制冷系统（Tleimat，1980）。加湿－除湿方法也适用该制冷系统，但是工作原理却不同。加湿－除湿基于空气能够与大量水蒸气混合。此外，空气携带蒸汽的能力随着空气温度的升高而增加（Parekh 等人，2003）。在这个过程中，将海水加入气流中，增加空气湿度。然后将湿润的空气导向表冷器，使空气中所含的水蒸气冷凝并得到淡水。但是这些过程中出现的技术问题使其发展受到了限制。由于这些技术在工业应用方面仍不成熟，因此本章节并未对其进行介绍。

表 8.1　海水淡化工艺

相变过程	薄膜工艺
1. 多级闪蒸（MSF）	
2. 多效沸腾（MEB）	1. 反渗透（RO）
3. 蒸汽压缩（VC）	无能量回收的反渗透
4. 冻结	有能量回收的反渗透（ER－RO）
5. 加湿－除湿	
6. 太阳能蒸馏器	2. 电渗析（ED）
传统蒸馏器	
特殊蒸馏器	
级联式太阳能蒸馏器	
芯型太阳能蒸馏器	
多芯式太阳能蒸馏器	

其他类型的工业淡化过程中并不包含相位变化，但是包含薄膜变化，为反渗透（简称 RO）和电渗析（简称 ED）。反渗透要求利用电或轴功率驱动泵，将盐溶液的压力增至所需压力。所需压力取决于盐溶液中的盐浓度，一般海水淡化的盐浓度约为 70 bar。

电渗析需要使用电力对水进行离子化处理，利用位于两个反向充电电极处的适当薄膜进行清洁。反渗透和电渗析均用于盐水淡化，但只有反渗透技术能够与海水淡化中的蒸馏工艺相比较。海水淡化主要采用的处理过程是多级闪蒸和反渗透，分别占全球海水淡化工艺的 44% 和 42%（Garcia-Rodriguez，2003）。多级闪蒸工艺代表超过 93% 热工过程，而反渗透工艺则代表超过 88% 薄膜工艺（El-Dessouky 和 Et-touney，2000）。

太阳能既能够产生驱动相变过程所需的热能，也能够产生驱动薄膜工艺的电力。因此，太阳能海水淡化系统可分为两类，即直接集热系统和间接集热系统。顾名思义，直接集热系统利用太阳能在太阳能集热器上产生馏出物；而间接集热系统则具有两个子系统（分别用于太阳能集热和海水淡化）。由于采用相同类型的设备，因此传统的海水淡化系统与太阳能系统相似。而他们的主要区别在于，传统的海水淡化系统可利用传统锅炉提供所需热量，或利用公共电网提供电力；而太阳能系统则利用太阳能。表 8.2 介绍了最具发展前景和最适用的 RES 海水淡化组合方法，而这些方法来自于一个欧洲研究项目所做的调查（THERMIE 项目，1998）。

从 1990 年至 2010 年，人们建设了许多利用可再生能源的海水淡化系统，而其中大多数仅作为研究项目或示范项目，因此容量较小。关于目前还有多少设备仍在运行并不清楚，但是很可能仅有几台设备仍在运行。Tzen 和 Morris（2003）编制了一张表格，上面列举了利用可再生能源的海水淡化设备。

表 8.2 RES 海水淡化组合方法

RES 技术	给水盐度	海水淡化技术
太阳热能	海水	多效沸腾（MEB）
	海水	多级闪蒸（MSF）
太阳能光伏	海水	反渗透（RO）
	苦咸水	反渗透（RO）
	苦咸水	电渗析（ED）
风能	海水	反渗透（RO）
	苦咸水	反渗透（RO）
	海水	机械蒸汽压缩（MVC）
地热能	海水	多效沸腾（MEB）

8.2.1 海水淡化系统火用分析

虽然热力学第一定律是评估海水淡化设备整体性能的重要工具，但是此类分析并未考虑转移能量的质量。当采用热能和机械能两种能量时，这一点是特别重要的。第一定律分析无法得出可用能量发生最大损耗的位置，这会让人们认为向周围环境损失和排放的热量是唯一的重要损耗。利用第二定律（火用）分析将所有能力交互处于相同基础上，并指导工艺改进。

从热力学角度看，为确定具有最大损耗的观测点并提高海水淡化工艺的效率，应用火用分析变得日益重要。在许多工程决策中，分析海水淡化工艺时必须考虑其他因素，如对环境和社会的影响。近年来，随着火用分析使用率的增加，第二定律分析也变得更加普遍。而这一分析包含了不同海水淡化过程中出现的火用输入与火用损失之间的对比。在本小节中，首先介绍海水热力学、混合物以及分离过程，然后分析多级热过程。前者也适用于反渗透分析，这是一个非热分离过程。

海水是纯净水和盐的混合物。海水淡化设备实际上是分离海水中的盐和水分。海水淡化过程中产生的水含有低浓度的溶解盐，而盐水中包含了剩余的高浓度溶解盐。因此，分析海水淡化过程时，必须考虑盐和纯净水的特性。这类分析中最重要的参数之一是盐度，通常表示为百万分之一（即 ppm），盐度 = 质量分数（mf_s）× 10^6。所以，2000ppm 盐度相当于 0.2% 盐度，或盐质量分数 $mf_s = 0.002$。盐的摩尔分数（Cengel 等人，1999）为：

$$mf_s = \frac{m_s}{m_{sw}} = \frac{N_S M_S}{N_{SW} M_{SW}} = x_s \frac{M_S}{M_{SW}} \tag{8.1}$$

同样地，

$$mf_w = x_w \frac{M_W}{M_{SW}} \tag{8.2}$$

方程中，

m = 质量（kg）；

M = 摩尔质量（kg/kmol）；

N = 摩尔数量；

x = 摩尔分数。

在方程（8.1）和（8.2）中，下标 s、w 和 sw 分别代表盐、水和盐水。盐水的表面表观摩尔质量方程（Cerci，2002）为：

$$M_{SW} = \frac{m_{sw}}{N_{SW}} = \frac{N_S M_S + N_W M_W}{N_{SW}} = x_S M_S + x_W M_W \tag{8.3}$$

氯化钠的摩尔质量是 58.5kg/kmol，而水的摩尔质量则为 18.0 kg/kmol。盐度通常用质量分数表示，但常常也要用到摩尔分数。因此，合并方程（8.1）、（8.2）和（8.3），$x_s + X_w = 1$，以下关系式用于将质量分数转换为摩尔分数：

$$x_s = \frac{M_W}{M_S\left(\frac{1}{mf_S} - 1\right) + M_W} \tag{8.4}$$

和

$$x_w = \frac{M_S}{M_W\left(\frac{1}{mf_W} - 1\right) + M_S} \tag{8.5}$$

浓度小于5%的溶液为稀溶液，近似于理想溶液性能，因此不同分子之间的相互影响是可以忽略的。含盐地下水和海水是理想溶液，因为它们的盐度最多约为

4%（Cerci，2002）。

例 8.1

地中海的海水盐度为 35,000ppm。试估计盐度和水的摩尔分数和质量分数。

解答

根据海水盐度，可得，

$$mf_S = \frac{salinity(ppm)}{10^6} = \frac{35,000}{10^6} = 0.035$$

由方程（8.4），可得，

$$x_S = \frac{M_W}{M_S\left(\frac{1}{mf_S} - 1\right) + M_W} = \frac{18}{58.5\left(\frac{1}{0.035} - 1\right) + 18} = 0.011$$

As $x_S + x_W = 1, x_W = 1 - x_S = 1 - 0.011 = 0.989$

由方程（8.3）可得，

$$M_{sw} = x_s M_s + x_w M_w = 0.011 \times 58.5 + 0.989 \times 18 = 18.45 kg/kmol$$

最后，由方程（8.2），可得，

$$mf_W = x_W \frac{M_W}{M_{sw}} = 0.989 \frac{18}{18.45} = 0.965$$

混合物的广延性质是其各自成分广延性质之和，混合物的焓和熵分别为：

$$H = \sum m_i h_i = m_S h_S + m_W h_W \tag{8.6}$$

和

$$S = \sum m_i s_i = m_S s_S + m_W s_W \tag{8.7}$$

除以混合物总质量可得（每单位质量的）特性量，

$$h = \sum mf_i h_i = mf_S h_S + mf_W h_W \tag{8.8}$$

和

$$s = \sum mf_i s_i = mf_S s_S + mf_W s_W \tag{8.9}$$

由于理想气体混合物在混合的过程中未释放或吸收任何热量，因此其混合热焓为零。所以，混合物的焓及其各自成分的焓在混合过程中并未改变，这样，理想混合物的焓在规定温度和压力条件下是其各自成分在相同温度和压力条件下的焓的总合（Klotze 和 Rosenberg，1994）。这一结论也适用于盐溶液。

用于海水淡化的苦咸水或海水的温度约为 15 ℃（288.15 K），压力为 1atm（101.325 kPa），而盐度则为 35,000ppm。可将这些条件作为环境条件（在热力学条件下为停滞状态）。

在水与蒸汽特性表格中可查到关于纯净水特性的内容。利用固体热力学关系计算盐的特性，必须设置盐的参比状态，以便确定规定状态下的属性值。为此，当取0 ℃时的盐参比状态，盐的焓和熵值在该指定状态下为0。则在温度 T 时，盐的焓和熵值为：

$$h_s = h_{so} + c_{ps}(T - T_o) \tag{8.10}$$

和

$$S_S = S_{SO} + c_{ps}\ln\left(\frac{T}{T_0}\right) \tag{8.11}$$

盐比热 $c_{ps} = 0.8368$ kJ/kg K。$T_o = 288.15$ K 时，盐的焓和熵可分别为 $h_{so} = 12.552$ kJ/kg 和 $S_{SO} = 0.04473$ kJ/kg K。必须注意的是，对于不能压缩的物质来说，焓和熵并不取决于压力（Cerci，2002）。

例8.2

求 40 ℃时海水的焓和熵。

解答

由方程（8.10）可得，

$$h_s = h_{so} + c_{ps}(T - T_o) = 12.552 + 0.8368(313.15 - 288.15) = 33.472 \text{ kJ/kg}$$

由方程（8.11）可得，

$$S_S = S_{so} + c_{ps}\ln\left(\frac{T}{T_0}\right) = 0.04473 + 0.8368 \times \ln\left(\frac{313.15}{288.15}\right) = 0.11435 \text{kJ/kgK}$$

混合是一个不可逆的过程，因此混合物在规定温度和压力条件下的熵大于混合前相同温度和压力条件下混合物各组分的焓的总和。因此，由于混合物熵等于其各组分的焓的总和，混合物组分的熵大于相同温度和压力条件下纯净成分的熵。规定压力 P 和温度 T 条件下，理想溶液中每单位摩尔成分的熵（Cengel 和 Boles，1998）为：

$$S_i = S_{i,\text{pure}}(T,P) - R\ln(x_i) \tag{8.12}$$

其中，

$R =$ 气体常数 $= 8.3145$ kJ/kmol K。

必须注意的是，$\ln(x_i)$ 为负量。由于 $x_i < 1$，因此 $-R\ln(x_i)$ 始终为正。方程（8.12）证明了早前所做的结论，即相同的温度和压力条件下，混合物的一个组分的熵始终大于单独存在于混合物的成分的熵。最终，盐溶液的熵是盐溶液中盐和水的熵之和（Cerci，2002），

$$S = x_s S_s + x_w S_w = x_s [S_{s,pure}(T,P) - R\ln(x_s)] + x_w [S_{w,pure}(T,P) - R\ln(x_w)]$$
$$= x_s s_{s,pure}(T,P) + x_w S_{w,pure}(T,P) - R[x_s \ln(x_s) + x_w \ln(x_w)] \tag{8.13}$$

除以上述的数值，从而确定每单位质量盐水的熵，这是通过盐水摩尔质量获得每单位摩尔，因此，

$$s = mf_s s_{s,pure}(T,P) + mf_w s_{w,pure}(T,P) - R[x_s \ln(x_s) + x_w \ln(x_w)] \, [kJ/kg\,K] \tag{8.14}$$

流体的火用（Cengel 和 Boles，1998）为：

$$e = h - h_o - T_o(s - s_o) \tag{8.15}$$

最后，液流相关的火用流速为：

$$E = \dot{m}e = \dot{m}[h - h_o - T_o(s - s_o)] \tag{8.16}$$

利用本小节中介绍的关系式能够评估不同反渗透系统点上的特定火用和火用流速。根据火用流速能够从火用平衡中确定任何系统成分内的火用损失。必须注意的是，未经处理的苦咸水或海水的火用为 0，因为可以将它们的状态视为停滞状态。此外，由于卤水流火用的盐度超过停滞状态水平，因此其为负。

8.2.2 热海水淡化系统的火用分析

根据热力学第一定律，能量平衡方程为：

$$\sum_{in} E_j + Q = \sum_{out} E_j + W \tag{8.17}$$

所有设备子系统的质量、种类和能量平衡方程，以及少数几个相应的与状态和效应函数产生了一组独立方程。假设所有效应均具有相同的温度间隔，且所有效应均具有绝热墙，利用矩阵代数解出这组联立方程。边界条件为特定的海水供应条件（流速、盐度和温度）、期望的馏出物生产速度和规定的最大卤水盐度和最高温度。得出的矩阵解可以确定个体效应的蒸馏速度、蒸汽要求及效能比（PR）（Hamed 等人，1996）。

稳态火用平衡方程可表示为：

迁移入系统的总火用 = 从系统迁出的总火用 + 系统内的能量损失（或总不可逆性）。

因此，

$$\sum E_{in} = \sum E_{out} + I_T \tag{8.18}$$

其中：

$$\sum E_{\text{in}} = \sum E_{\text{sw,in}} + \sum E_{\text{steam}} + \sum E_{\text{pumps}} \qquad (8.19)$$

且

$$\sum E_{\text{out}} = \sum E_{\text{cond}} + \sum E_{\text{br}} \qquad (8.20)$$

系统总不可逆性变化率可表示为子系统不可逆性变化率之和，即

$$I_{\text{T}} = \sum_{j} I_{i} \qquad (8.21)$$

其中 J 代表分析中子系统的数量，而 I_i 则代表子系统 i 的不可逆性变化率，（第二定律）效率 η_{II} 为：

$$\eta_{\text{II}} = \frac{\sum E_{\text{out}}}{\sum E_{\text{in}}} \qquad (8.22)$$

效率 η_{II} 是性能标准。其中 E_{in} 和 E_{out} 分别根据方程（8.19）和（8.20）确定。火用总损耗根据设备子系统各自火用得出。每个子系统的火用效率缺陷 δ_{i}（Hamed 等人，1996）为：

$$\delta_{\text{i}} = \frac{I_{i}}{\sum E_{\text{in}}} \qquad (8.23)$$

合并方程（8.22）和（8.23），可得，

$$\eta_{\text{II}} + \delta_1 + \delta_2 + \cdots + \delta_j = 1 \qquad (8.24)$$

根据流体的特性计算每个点的工作流体的火用

$$E = M[(h - h_{\text{o}}) - T_{\text{o}}(s - s_{\text{o}})] \qquad (8.25)$$

其中下标 o 表示停滞状态或前一小节内容中定义的环境。

8.3　直接集热系统

苦咸水或海水淡化的非传统方法之一是太阳能蒸馏法。这种方法对技术的要求相对简单，且非熟练工人也能够操作。由于维护费用低、出现的技术问题较少，太阳能蒸馏法可用于任何地方。

直接集热系统的典型实例是具有代表性的太阳能蒸馏器。太阳能蒸馏器利用温室效应使盐水蒸发。该装置包含一个水池，水池中有固定量的海水位于倒立的 V 形玻璃罩内，详见图 8.1（a）。太阳的光线穿过玻璃罩的顶盖，被漆黑的水池底吸收。随着玻璃罩内的水温升高，其蒸气压力也增加。由此产生的水蒸气在玻璃罩顶盖表面冷凝，向下流入水槽。水槽将蒸馏水导向蓄水池。玻璃罩顶盖阻挡蒸汽散发并出现损耗，而且还能防止空调风接触盐水，使其冷却。另一种典型的太阳能蒸馏器为

南北朝向的非对称太阳能蒸馏器，详见图 8.1（b）。

图 8.1（a）介绍了传统双斜面对称太阳能蒸馏设备（也被称为屋顶型或温室型太阳能蒸馏器）。该蒸馏器种有一个密闭的水池，水池一般由混凝土镀锌铁皮或纤维增强塑料制成，顶盖为透明材料，如玻璃或塑料。水池的内表面为黑色，是为了有效吸收入射的太阳辐射。蒸馏器还包含一台设备，用于流向收集顺着顶盖流下的馏出物。

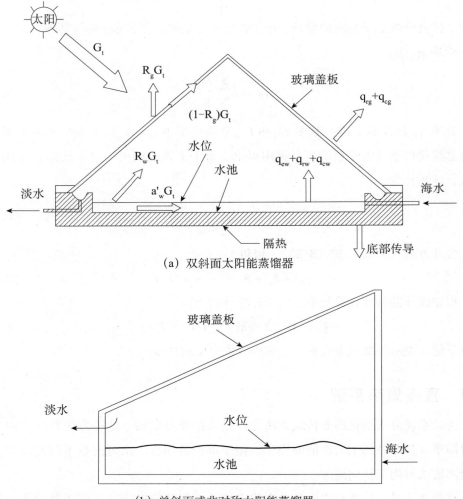

(a) 双斜面太阳能蒸馏器

(b) 单斜面或非对称太阳能蒸馏器

图 8.1 为太阳能蒸馏器基本设计示意图

太阳能蒸馏器必须经常冲洗。冲洗一般在晚上，而冲洗的目的是防止出现盐沉淀。太阳能蒸馏器的设计过程中遇到的问题包括：卤水深度、外壳的蒸汽密闭性、馏出物泄漏、隔热方法以及外罩的倾斜度、形状和材质（Eibling 等人，1971）。标准的蒸馏效率指的是蒸馏器中的水蒸发所需能量与入射至玻璃罩上的太阳能之间的比（最大值为 35%），且日蒸馏量约为 3～41/m² （Daniels，1974）。

　　Talbert 等人（1970）对太阳能蒸馏的历史进行了回顾。Delyannis 和 Delyannis （1973）回顾了世界范围内的主要太阳能蒸馏设备，以及 Delyannis （1965）、Delyannis 和 Piperoglou （1968），以及 Delyannis 和 Delyannis （1970）所做的研究工作。Malik 等人（1982）回顾了 1982 年以前被动式太阳能蒸馏系统的相关工作。Tiwari （1992）充实了 Malik 等人（1982）所做的回顾工作，添加了 1992 年的历史情况。Tiwari 也介绍了主动式太阳能蒸馏的情况。Kalogirou （1997a）也回顾了不同种类的太阳能蒸馏。

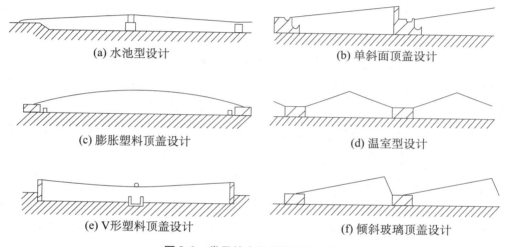

(a) 水池型设计　　　　　　　　　　(b) 单斜面顶盖设计

(c) 膨胀塑料顶盖设计　　　　　　　(d) 温室型设计

(e) V 形塑料顶盖设计　　　　　　　(f) 倾斜玻璃顶盖设计

图 8.2　常见的太阳能蒸馏器设计

　　我们已经多次尝试选用价格更便宜的材料，如塑料。这些材料不易碎，重量轻且便于运输，同时易于组装和安装；但使用寿命较短。图 8.1 展示了几种不同形状的蒸馏器，这些设计旨在增加太阳能蒸馏器的生产率（Eibling 等人，1971；Tleimat，1978；Kreider 和 Kreith，1981）。其中最常见的形状如图 8.2 所示。其中，大多数的设计还考虑了降雨收集。

8.3.1　太阳能蒸馏系统的分类

　　根据各种改进以及传统太阳能蒸馏器的操作模式，可将太阳能蒸馏系统分为两类，即被动式太阳能蒸馏系统和主动式太阳能蒸馏系统。在主动式太阳能蒸馏器中，将外部设备提供的外部热能馈入被动式太阳能蒸馏器的水池内，从而加快蒸发速度。外部设备可能是太阳能集热聚光板、来自工业厂房的废热能或是传统形式的锅炉。未使用此类外部设备的太阳能蒸馏器被称为被动式太阳能蒸馏器。

文献中介绍的太阳能蒸馏器为传统形式太阳能蒸馏器，包括装有被动式冷凝器的单斜面太阳能蒸馏器、双冷凝室太阳能蒸馏器、立式太阳能蒸馏器（Kiatsiriroat，1989）、圆锥式太阳能蒸馏器（Tleimat 和 Howe，1967）、倒置吸收器太阳能蒸馏器（Suneja 和 Tiwari，1999）和多功能太阳能蒸馏器（Adhikari 等人，1995 年；Tanaka 等人，2000a，b）。

其他研究人员利用不同技术提高太阳能蒸馏器的生产率。Rajvanshi（1981）利用多种染料提高太阳能蒸馏器的效率。这些染料使水的颜色变深，提高太阳能辐射吸收率。通过使用浓度为 172.5 ppm 的黑色萘胺，太阳能蒸馏器的生产率增加了 29%。由于蒸馏器内的蒸发过程在 60 ℃ 温度条件下才会发生，而染料的沸点是 180 ℃，因此使用这些染料是安全的。

Akinsete 和 Duru（1979）将木炭排列在蒸馏器的底部，从而提高了蒸馏器的生产率。木炭的存在显著地缩短了蒸馏器的启动时间。部分浸入液体中的木炭产生了毛细管作用，加上适度的黑色和粗糙表面减少了系统的热惯性。

Lobo 和 Araujo（1978）研发出了双水池太阳能蒸馏器。根据太阳辐射强度，与标准太阳能蒸馏器相比，双水池太阳能蒸馏器可将淡水产量提高 40% ~ 55%。双水池太阳能蒸馏器的原理是利用两台蒸馏器，一台位于另一台之上。位于顶部的蒸馏器完全由玻璃或塑料制成，分成小的隔断。Al-Karaghouli 和 Alnaser（2004a，b）也研发出了类似的蒸馏器。他们比较了单水池和双水池太阳能蒸馏器的性能。

Frick 和 von Sommerfeld（1973）、Sodha 等人（1981）以及 Tiwari（1984）研发出了简易的多芯式太阳能蒸馏器。在该蒸馏器内，黑黄麻布形成了吸热面。使用加长的黄麻布片，利用泡沫绝缘材料上的黑色薄聚乙烯板将其隔开。黄麻布片的上边浸入盐水槽内，对黄麻布上的薄液层产生毛细水吸力，经太阳能蒸发。结果表明，多芯式蒸馏器的效率比传统蒸馏器高 4%。

显然，蒸发器盘与冷凝面（玻璃罩）对太阳能蒸馏器的性能有重要影响，而这种影响随着间隙距离的减小而增加。于是，人们开发了一种不同的太阳能蒸馏器，即级联式太阳能蒸馏器（Satcunanathan 和 Hanses，1973）。级联式太阳能蒸馏器主要包括级联型的浅水池，如图 8.3 所示，该蒸馏器外覆盖着倾斜式透明外壳，蒸发器盘通常由波纹铝片（类似于屋顶所用的铝片）制成，用油漆涂成哑黑色。

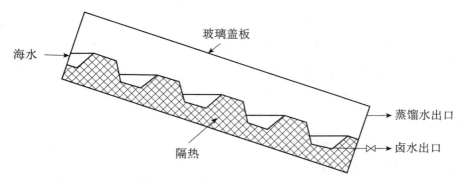

图 8.3 级联式太阳能蒸馏器示意图

Goosen 等人（2000）对太阳能蒸馏器进行了热力学分析和经济分析。Boeher（1989）报告了利用热回收方法对湿空气进行高效水蒸馏的方法，其容量范围为每天 $2 \sim 20 m^3$。Hussain 与 Rahim（2001）、El-Bahi 与 Inan（1999）介绍了太阳能蒸馏器的设计，其中蒸发区和冷凝区是分离的。此外，Bouchekima 等人（2001）应用了一台利用毛细管薄膜蒸馏器的设备。而 Chaibi 则（2000）报告了集成于温室屋顶上的太阳能蒸馏器。Kumar 与 Tiwari（1998）、Sodha 与 Adhikari（1990）、Voropoulos 等人（2001）介绍了一款主动式太阳能蒸馏器，其中，与蒸馏器相连的平板集热器提高了蒸馏温度。

8.3.2 太阳能蒸馏器的性能

太阳能蒸馏器是经最广泛分析研究的海水淡化系统。利用不同的方法能够预测传统太阳能蒸馏系统的性能，如计算机模拟法、周期分析与瞬态分析法、迭代法、数值法。大多数方法均采用了 Dunkle（1961）的基本的内热与质量传递关系。

Tiwari 等人（2003）对 Dunkle（1961）提出的程序进行了总结。根据 Dunkle 提出的程序，太阳能蒸馏器每平方米的小时蒸发量计算公式为

$$q_{ew} = 0.0163 h_{cw}(P_w - P_g) \left[W/m^2 \right] \tag{8.26}$$

其中，

$P_w =$ 水温条件下的分蒸汽压（N/m^2）；

$P_g =$ 玻璃化温度条件下的分蒸汽压（N/m^2）；

$h_{cw} =$ 从水表面到玻璃的对流换热系数（$W/m^2 \,℃$）。

根据方程（5.21）可得出水温条件下和玻璃化温度条件下的分蒸汽压。对流换热系数：

$$Nu = \frac{h_{cw}d}{k} = C (Gr \times Pr)^n \tag{8.27}$$

太阳能能源工程工艺与系统（第二版）

其中，

d = 水面与玻璃表面之间的平均间距（m）；

k = 湿空气的导热系数（W/m ℃）；

C = 常数；

n = 常数；

Gr = 格拉斯霍夫数（无量纲）；

Pr = 普特朗数（无量纲）。

无量纲量的计算公式为：

$$\text{Gr} = \frac{g\beta\rho^2(\Delta T)d^3}{\mu^2} = \frac{g\beta(\Delta T)d^3}{v^2} \tag{8.28}$$

$$\text{Pr} = \frac{c_p\mu}{k} \tag{8.29}$$

其中，

g = 万有引力常数 = 9.81 m/s²；

β = 流体体积膨胀系数（1/K）；

ρ = 流体密度（kg/m³）；

ΔT = 表面与流体之间的温差（K）；

μ = 流体的动态粘度（kg/m s）；

v = 流体的动力粘度（m²/s）；

c_p = 流体比热（J/kg K）。

由方程（8.26）和（8.27）可得，蒸馏器每平方米小时的馏出物产量（$\dot{m}_w$）为：

$$\dot{m}_W = 3600\frac{q_{ew}}{L_V} = 0.0163(P_W - P_g)\left(\frac{k}{d}\right)\left(\frac{3600}{L_V}\right)C(Gr \times \text{Pr})^n \tag{8.30}$$

或

$$\frac{\dot{m}_W}{R} = C(Gr \times \text{Pr})^n \tag{8.31}$$

其中，

$$R = 0.0163(P_W - P_g)\left(\frac{k}{d}\right)\left(\frac{3600}{L_V}\right) \tag{8.32}$$

L_v = 汽化潜热（单位为 kJ/kg）。

必须注意的是，在之前的方程中，GrPr 的乘积被称为瑞利数，即 Ra。根据已知小时馏出物产量的回归分析法（Dunkle，1961）、水温和冷凝罩温度以及任意形状与大小太阳能蒸馏器的设计参数（Kumar 和 Tiwari，1996）计算出常数 C 和 n。

根据 Tiwari（于 2002）的理论，蒸馏器的瞬时效率可表示为：

$$\eta_{i} = \frac{q_{ew}}{G_{t}} = \frac{h_{cw}(T_{w} - T_{g})}{G_{t}} \tag{8.33}$$

该公式可简化为：

$$\eta_{i} = F'\left[(\alpha\tau)'_{eff} + U_{L}\left(\frac{T_{w0} - T_{a}}{G_{t}}\right) \right] \tag{8.34}$$

其中，

T_{w0} = 温度；

t = 0（℃）时的池水温度。

前述的方程描述了太阳能蒸馏器在太阳能蒸馏效率因数（F'）、有效穿透系数 – 吸收系数（$\tau\alpha$）$'_{eff}$ 以及总热损耗系数（U_{L}）这三方面的特性曲线（*Tiwari* 和 *Noor*，1996）。

经过对 η_{i} 方程的详细分析可以证明，顶部总损耗系数（U_{L}）必须为最大值，从而加快蒸发速度，而这则导致了更高的馏出物产量。

气象参数（包括风速、太阳辐射、太空温度、环境温度）、盐浓度、水面藻类形成以及水池内衬上的矿物层均会极大地影响太阳能蒸馏器的性能（*Garg* 和 *Mann*，1976）。为了提高传统太阳能蒸馏器的性能，研究人员建议采取以下修正措施：

（1）减小底部损耗系数。

（2）降低多芯式太阳能蒸馏器内的水深。

（3）使用反射器。

（4）使用内部冷凝器和外部冷凝器。

（5）使用带棉布的后壁。

（6）使用染料。

（7）使用木炭。

（8）使用蓄能元件。

（9）使用海绵体。

（10）使用多芯太阳能蒸馏器。

（11）顶盖冷却。

（12）使用倾斜式太阳能蒸馏器。

（13）增加蒸发面积。

由于气候参数和操作参数的变化均在预期范围内，因此太阳能蒸馏器的总日产

太阳能能源工程工艺与系统（第二版）

量变化约为 10% ~ 15%。

例 8.3

太阳能蒸馏器的水温和玻璃化温度分别等于 55 ℃ 和 45 ℃。通过实验确定常数 C 和 n 分别为 0.032 和 0.41。如果从水面到玻璃的对流换热系数为 2.48 W/m²K，试估计太阳能蒸馏器每平方米小时的馏出物产量。

解答

根据方程 5.21 以及水温和玻璃化温度可得，

$$P_w = 100(0.004516 + 0.0007178t_w - 2.649 \times 10^{-6}t_w^2 + 6.944 \times 10^{-7}t_w^3)$$
$$= 100(0.004516 + 0.0007178 \times 55 - 2.649 \times 10^{-6} \times 55^2 + 6.944 \times 10^{-7} \times 55^3)$$
$$= 15.15 \text{ kPa}$$

$$P_g = 100(0.004516 + 0.0007178t_g - 2.649 \times 10^{-6}t_g^2 + 6.944 \times 10^{-7}t_g^3)$$
$$= 100(0.004516 + 0.0007178 \times 45 - 2.649 \times 10^{-6} \times 45^2 + 6.944 \times 10^{-7} \times 45^3)$$
$$= 9.47 \text{ kPa}$$

由方程（8.26）可得，

$$q_{ew} = 0.0163h_{cw}(P_w - P_g) = 0.0163 \times 2.48(15.15 - 9.47) \times 10^3 = 229.6 \text{ W/m}^2$$

根据蒸汽表，55 ℃ 水温条件下的汽化潜热为 2370.1 kJ/kg。

由方程（8.30）可得，

$$\dot{m}_w = 3600\frac{q_{ew}}{L_v} = 3600\frac{229.6}{2370.1 \times 1000} = 0.349 \text{kg/m}^2$$

8.3.3 总评

通常，太阳能蒸馏系统产出水的成本取决于设备的投资资本、维保要求以及产出水量。除了用水泵从海洋中调水以外，太阳能蒸馏器的运行无需其他能源驱动。因此，太阳能整流系统主要的水成本是分期偿还的资本成本。生产率与太阳能蒸馏器的面积成正比，也就是说无论设备尺寸是多少，每单位产出水的成本几乎相同。这是它与其他淡水供应及大部分海水淡化方法主要的不同点。每单位容量的设备资本成本随着容量的增加而减少。这就意味着太阳能蒸馏可能比其他小型设备海水淡化方法更加具有吸引力。Howe 和 Tleimat（1974）的报告表示每天容量少于 200m³ 的太阳能蒸馏设备比其他设备更加经济。

Kudish 与 Gale（1986）假设系统的维护费用为不变的常数，对以色列的太阳能蒸馏设备进行了经济性分析。几个科学家（Delyannis 和 Delyannis，1985；Tiwari 和

Yadav，1985；Mukherjee 和 Tiwari，1986）对多芯式太阳能蒸馏器进行了经济性分析，包括补助金的影响、降雨量收集、设备残值和系统维护费用。

Zein 和 Al-Dallal（1984）对太阳能蒸馏器的馏出物进行了化学分析，发现可将馏出物用作饮用水，并与自来水进行比较。两人得出结论，即冷凝水可与井水混合产生饮用水，而这种水的品质可与工业蒸馏设备中获得的馏出物相媲美。测试还表明，太阳能蒸馏器能够彻底除去水中的杂质，如硝酸盐、氯化物、溶解性固体。

虽然太阳能蒸馏器的馏出物产量很低，但是如果所需水量少且为干旱地区提供自然淡水所需管道工程与其他设备的成本很高，那么便可证明太阳能蒸馏器馏出物的使用是经济可行的。

在盐水是唯一可用水资源、电能稀缺、淡水需求少于每日 200m³ 的偏远地区，可以利用太阳能蒸馏器淡化海水（Howe 和 Tleimat，1974）。此外，如果在这种偏远地区铺设输水管道的成本很高，而且不能用卡车运水或用卡车运水的成本也很高，那么使用太阳能蒸馏器是非常可行的办法。由于在淡水需求量低的情况下使用其他海水淡化设备并不经济，因此太阳能蒸馏器可以实现淡水的自给自足并且能够保持持续的淡水供应。

总之，除最初成本，太阳能蒸馏器是目前使用的所有海水淡化系统中价格最便宜的。太阳能蒸馏器是直接集热系统，其施工建造与操作均非常简单。但是它的淡水产量非常低，这意味着设备要求的占地面积大。如果海洋附近没有可用的低成本用地，那么太阳能蒸馏器是否可行还是个问题。但是，对于无法获得经济的淡水供应的干旱偏远地区来说，利用太阳能蒸馏器从盐水或苦咸水中获得淡水是一种非常有效的方法。

8.4　间接集热系统

间接集热系统的工作原理涉及执行两个独立的子系统，即可再生能源收集系统（如太阳能集热器、压力容器（PV）、风力涡轮机等）和一台将收集到的能量转化为淡水的设备。本小节介绍了一些利用可再生能源为海水淡化设备提供动力的实例。8.5 小节中对这些实例进行了更为广泛深入的评论。设备子系统以下列两种工作原理之一为基础：

（1）相变过程，适用于多级闪蒸（MSF）、多效沸腾（MEB）或蒸汽压缩（VC）。

（2）薄膜工艺，适用于反渗透（RO）或电渗析（ED）。

相变过程的工作原理必须重新利用蒸发潜热对给水预热，而与此同时，将蒸汽冷凝，制成淡水。习惯上，这些系统的能量要求是根据每单位质量（kg 或 lb）蒸汽

太阳能能源工程工艺与系统 (第二版)

或每 2326 kJ (1000 Btu) 热量输入产生的馏出物定义下来的,这相当于 73 ℃ 温度条件下铁的潜热。kg/2326kJ 或 lb/1000Btu 的维比值被称为性能比 (PR) (El-Sayed和 Silver,1980)。薄膜工艺的工作原理则是从太阳能或风能中直接产生电,从而驱动设备。能量损耗的单位为 kWh_e/m^3 (Kalogirou,1997b)。

8.4.1 多级闪蒸工艺

多级闪蒸 (MSF) 工艺包含一系列元素,被称为级。在每一级中,冷凝蒸汽用于预热馈入的海水。通过将温暖源和海水之间的总温差分为许多级,系统达到了一个理想的总潜热回收水平。该系统的运行要求设备中必须具有压力梯度,如图 8.4所示。当前的工业设备设计具有 10 ~ 30 级 (每级的温降为 2 ℃)。

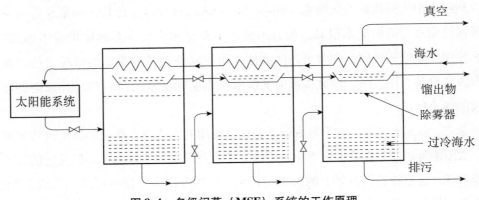

图 8.4 多级闪蒸 (MSF) 系统的工作原理

图 8.5 为多级闪蒸工艺的实际循环情况。该系统分为热回收和排放两个部分。海水通过排放部分送入系统中,排放部分可以将热能从设备中排放出去,并在最低温度条件下排出产物和卤水。然后,将馈入的海水与大量水混合,使其在设备周围循环。然后水流过一系列换热器,使其温度升高。水进入太阳能集热器阵列或传统的卤水加热器中,为的是将其温度增加至接近最大系统压力条件下的饱和温度。随后,水通过一个小孔进入第一级内,并降低压力。由于水处于较高压力条件下的饱和温度,因此变得过热,从而闪急蒸发。产生的蒸汽穿过一个金属丝网 (除雾器),去除夹带的卤水滴,然后进入换热器中。在换热器中,蒸汽冷凝,滴入馏出物浅盘内。随着卤水和馏出物蒸汽进入压力依次降低的下一级中,二者发生闪蒸,因此利用设备重复这一过程。在多级闪蒸中,级数并非严格取决于设备的性能比。在实际操作中,最小一级的必须稍大于性能比,而最大一级则取决于沸点升高。最小级间的温降必须超过有限速率条件下的闪蒸沸点升高。随着级数增加,换热器的末端温差也增加,因此所需传热

面积减少，这样就显著节省了设备的资本成本（Morris 和 Hanbury，1991）。

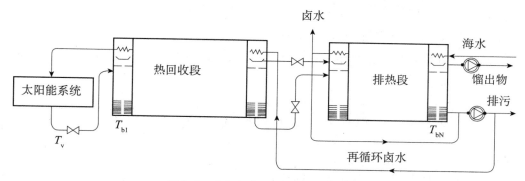

图 8.5　多级闪蒸（MSF）工艺装置

根据容量方面的考虑，多级闪蒸是应用范围最广的海水淡化工艺。这也是由该工艺的简单性、性能特性及规模控制所决定的（Kalogirou，1997b）。多级闪蒸的缺点在于不同级要求精确的压力级，因此要求具有过渡时间，以便使设备正常运转。除非利用储罐进行热缓冲，否则这一特点使多级闪蒸相对不适合太阳能应用。

多级闪蒸系统的公式为（El-Sayed 和 Silver，1980）：

$$\frac{M_{\rm f}}{M_{\rm d}} = \frac{L_{\rm v}}{c_{\rm p}\Delta F} + \frac{N-1}{2N} \tag{8.35}$$

其中，

$M_{\rm d}$ = 馏出物的质量比率（kg/h）；

$M_{\rm f}$ = 供给水的质量比率（kg/h）；

$L_{\rm v}$ = 平均汽化潜热（kJ/kg）；

$c_{\rm p}$ = 所有液体流恒压条件下的平均比热（kJ/kg K）；

N = 总级数。

根据图 8.5 中所示的温度，闪蒸温度范围 ΔF 为：

$$\Delta F = T_{\rm h} - T_{\rm bN} = (T_{\rm b1} - T_{\rm bN})\frac{N}{N-1} \tag{8.36}$$

其中，

$T_{\rm h}$ = 最高卤水温度（K）；

$T_{\rm bN}$ = 最后一级的卤水温度（K）；

$T_{\rm b1}$ = 第一级的卤水温度（K）。

应注意的是，每单位 $M_{\rm f}/M_{\rm d}$ 的外部给水速度取决于最大盐水浓度：

$$\frac{M_{\rm f}}{M_{\rm d}} = \frac{y_{\rm bN}}{y_{\rm bN} - y_{\rm f}} \tag{8.37}$$

太阳能能源工程工艺与系统（第二版）

其中，

y_{bN} = 最后一级中卤水内盐类的质量分数（无量纲）；

y_f = 给水中盐类的质量分数（无量纲）。

将所有负荷 Q 相加，并使 $(N-1)/N = 1$，每单位产物的总热负荷（El-Sayed 和 Silver, 1980）为：

$$\frac{\sum Q}{M_d} = \frac{M_r}{M_d}c_p(T_h - T_o) = L_v\frac{T_h - T_o}{\Delta F} \tag{8.38}$$

其中，

M_r = 再循环卤水的质量比率（kg/h）；

T_o = 环境温度（K）。

例 8.4

有一台 35 级闪蒸设备，第一级的卤水温度为 71℃，而最后一级的卤水温度为 35℃。平均潜热为 2310 kJ/kg，平均比热为 4.21 kJ/kg K，试估计该设备的 M_f/M_d 比率。

解答

由方程（8.36）可得，

$$\Delta F = (T_{b1} - T_{bN})\frac{N}{N-1} = (71 - 35)\frac{35}{34} = 37.1℃$$

由方程（8.35）可得，

$$\frac{M_f}{M_d} = \frac{L_v}{c_p\Delta F} + \frac{N-1}{2N} = \frac{2310}{4.21 \times 37.1} + \frac{(35-1)}{2 \times 35} = 15.3$$

根据卤水加热器能量平衡可得出卤水再循环流量。加热蒸汽（下标 s）提供的能力为：

$$M_s L_s = M_r c_p(T_v - T_{fl}) \tag{8.39}$$

用方程（8.39）除以馏出物质量比率（M_d），并重新组合公式：

$$\frac{M_r}{M_d} = \frac{(M_s/M_d)L_s}{c_p(T_v - T_{fl})} \tag{8.40}$$

方程内的 M_d/M_r 项表示系统性能比（PR）。根据图 8.5 中所示通过整个系统的能量平衡获得的冷却水流量（下标 cw）为：

$$M_{cw} = \frac{M_S L_S - M_f c_p(T_{bN} - T_{cw})}{c_p(T_{bN} - T_{cw})} \tag{8.41}$$

方程（8.41）除以馏出物质量比率（M_d）：

$$\frac{M_{cw}}{M_d} = \frac{(M_S/M_d)L_S - (M_f/M_d)c_p(T_{bN} - T_{cw})}{c_p(T_{bN} - T_{cw})} \tag{8.42}$$

其中，M_d/M_r 仍旧为系统性能比率，M_d/M_f 比被称为系统转换比率（简称 CR）。因此方程（8.42）可表示为：

$$\frac{M_{cw}}{M_d} = \frac{(L_S/PR) - (1/CR)c_p(T_{bN} - T_{cw})}{c_p(T_{bN} - T_{cw})} \tag{8.43}$$

应注意的是，方程（8.37）中给定的 1/CR 项。

Moustafa 等人（1985）报告了科威特测试的性能为每日 $10m^3$ 的太阳能多级闪蒸海水淡化系统。该系统包含 $220m^2$ 槽形抛物面集热器（PTC）、容量为 70,001 的蓄热器、12 级闪蒸海水淡化系统。该系统通过蓄热系统使热能供给呈平稳状态，并可以在低太阳辐射和夜间继续生产淡水。根据相关报告，该系统的产量是相同太阳集热区内太阳能蒸馏器产量的 10 倍以上。

8.4.2　多效沸腾工艺

图 8.6 所示的多效沸腾（MEB）工艺也包含了许多部分，被称为级。一级产生的蒸汽用作另一级的加热流体。在冷凝时，部分盐溶液蒸发。产生的蒸汽通过下一级冷凝，其他一些溶液发生蒸发。为实现这一过程，加热级的压力必须低于产生加热蒸汽的加热级的压力。经所有级冷却的溶液用于预热给水。在这个过程中，闪蒸和沸腾产生了蒸汽，但是大多数馏出物由沸腾产生。与多级闪蒸设备不同，多效沸腾过程通常由单程系统运行，无大量卤水在设备周围再循环。这种设计降低了泵送要求，也减少了结垢（Kalogirou，1997b）。

与多级闪蒸设备一样，进入多效沸腾过程中的卤水通过一系列集热器，但是通过最后一个加热器之后，盐水进入了最上级，而非进入卤水加热器。在最上级，加热蒸汽温度升高至该级压力的饱和温度。太阳能集热系统或传统加热器用于该级的蒸汽生成。一部分蒸汽对给水进行加热，而另一部分蒸汽则为另一级供热，这一级的压力较低，并从第一级中接收卤水给水。设备始终重复这一过程。馏出物也在设备中流动。由于压力逐渐降低，盐水和馏出物在设备中流动而发生闪蒸（Kalogirou，1997b）。

多效沸腾设备可能有多种配置，这取决于所采用的传热配置和流程安排组合。早期设备为潜管式设计，仅有两级或三级。在现代系统中，薄膜设计解决了蒸发率低的问题。这种薄膜设计是供给液体以薄膜而非深水池的形式分布于加热表面。此

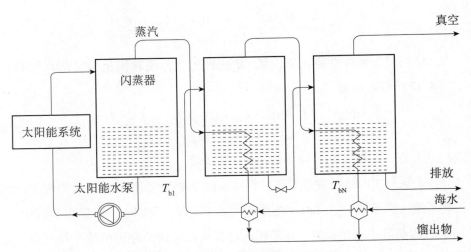

图8.6　多效沸腾（MEB）系统的工作原理

类设备可能含有垂直管或水平管。垂直管的设计有两种类型，即升膜自然强制循环型垂直管（LTV）或立式降膜垂直长管。如图8.7所示，在垂直长管中，卤水在直流管内沸腾，而蒸汽在外部冷凝。在降膜设计的水平管中，蒸汽在管内冷凝，而卤水在管外蒸发。

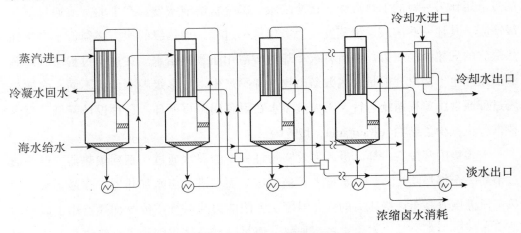

图8.7　垂直长管多效沸腾设备

随着多次蒸发，这种设计的基本原理是利用单次蒸发过程的残余蒸汽的可用能量生产出更多的馏出物。

在多效沸腾系统中，最大允许卤水浓度条件下，M_f/M_d的比值约为2（El-Sayed和Silver，1980），M_f/M_d的比值为：

$$\frac{M_{\mathrm{f}}}{M_{\mathrm{d}}} = \frac{\sum\limits_{1}^{N} f_{\mathrm{n}}}{M_{\mathrm{d}}} - \frac{L_{\mathrm{V}}}{c_{\mathrm{p}} N \Delta t_{\mathrm{n}}} + \frac{N-1}{2N} \tag{8.44}$$

其中,

f_{n} = 每一级闪蒸获得的馏出物的质量比率 (kg/h);

Δt_{n} = 包含传热温差与增加沸点升高在内的两级之间的温降 (K)。

将所有负荷 Q 相加,除以 M_{d},然后得出每单位产物的总热负荷 (El-Sayed 和 Silver,1980) 为:

$$\frac{\sum Q}{M_{\mathrm{d}}} = L_{\mathrm{V}} + \frac{L_{\mathrm{V}}}{N} + \frac{M_{\mathrm{f}}}{M_{\mathrm{d}}} c_{\mathrm{p}} (\Delta t_{\mathrm{t}} + \varepsilon) + \frac{1}{2} c_{\mathrm{p}} (T_{\mathrm{b1}} - T_{\mathrm{b}N}) \tag{8.45}$$

其中,

ε = 蒸汽摩擦损失增加的沸点升高 (K);

Δt_{t} = 给水加热冷凝器的末端温差 (K)。

Al-Sahali 和 Ettouney 对 Geankoplis (2003) 的理论进行了改进分析。根据他们 (2007) 的分析,所有级的温降为:

$$\Delta T_{\mathrm{t}} = T_{\mathrm{s}} - (N-1) \Delta T_{\ell} - T_{\mathrm{b}N} \tag{8.46}$$

其中下标 t 表示总数,ΔT_{ℓ} 则表示每个蒸发级的温度损失。第一级的温降为:

$$\Delta T_{1} = \frac{\Delta T_{\mathrm{t}}}{U_{1} \sum\limits_{i=1}^{N} \frac{1}{U_{i}}} \tag{8.47}$$

第二至 N 级的温降为:

$$\Delta T_{i} = \Delta T_{1} \frac{U_{1}}{U_{i}} \tag{8.48}$$

第一级的卤水温度为:

$$T_{\mathrm{b1}} = T_{S} - \Delta T_{1} \tag{8.49}$$

第二至 N 级的卤水温度:

$$T_{\mathrm{b}i} = T_{\mathrm{b}i-1} - \Delta T_{1} \frac{U_{1}}{U_{i}} - \Delta T_{\ell} \tag{8.50}$$

第一级中馏出物流量为:

$$D_{1} = \frac{M_{\mathrm{d}}}{L_{\mathrm{v1}} (1/L_{\mathrm{v1}} + 1/L_{\mathrm{v2}} + \cdots + 1/L_{\mathrm{v}N-1} + 1/L_{\mathrm{v}N})} \tag{8.51}$$

第二至 N 级中的馏出物流量为:

$$D_i = D_1 \frac{L_{v1}}{L_{vi}} \tag{8.52}$$

不同级中的卤水流量为：

$$B_i = D_i \frac{y_{cw}}{y_{bi} - y_{cw}} \tag{8.53}$$

其中，

y_{cw} = 冷却海水中盐类质量分数（无量纲）。

不同级的给水速率为：

$$F_i = D_i + B_i \tag{8.54}$$

加热蒸汽流量为：

$$M_S = D_1 \frac{L_{v1}}{L_S} \tag{8.55}$$

冷却海水的流量为：

$$M_{cw} = \frac{D_N L_{vN}}{c_p (T_f - T_{cw})} - M_f \tag{8.56}$$

不同尺寸设备第一级的传热面积为：

$$A_1 = \frac{D_1 L_{v1}}{U_1 (T_S - T_{b1})} \tag{8.57}$$

第二至 N 级的传热面积为：

$$A_i = \frac{D_i L_i}{U_i (T_{V_1-1} - T_{b_i})} \tag{8.58}$$

冷凝器（下标 c）的传热面积为：

$$A_c = \frac{D_N L_{vN}}{U_C (LMTD)_C} \tag{8.59a}$$

其中，

LMTD = 对数平均温差，即：

$$LMTD = \frac{\Delta T_1 - \Delta T_2}{\ln(\Delta T_1 / \Delta T_2)} \tag{8.59b}$$

其中，ΔT_1 和 ΔT_2 表示冷凝器入口和出口两种流体之间的温差。冷凝器的哪一侧指定为入口或出口并没有差别。

多效沸腾蒸发器的另一种类型是多级堆栈（MES）。该蒸发器是最适合太阳能应用的类型，且兼具有许多优点，其中最重要的优点包括，一方面是几乎 0% 与 100% 产量之间的稳定运行，即使发生突变，依然能够稳定运行；而另一方面则是能够有条不紊地提供不同的蒸汽供应量。图 8.8 为一台四级多级堆栈蒸发器。将海水喷淋在蒸发器的顶部，海水滑落在每一级中水平布置的管束上形成一层液膜。在最上级（即最热级），蒸汽锅炉或太阳能集热系统产生的蒸汽在管内冷凝。由于通风喷射系统给设备造成的低压，液膜在管外沸腾，因此在低于冷凝蒸汽温度的条件下形成新的蒸汽。

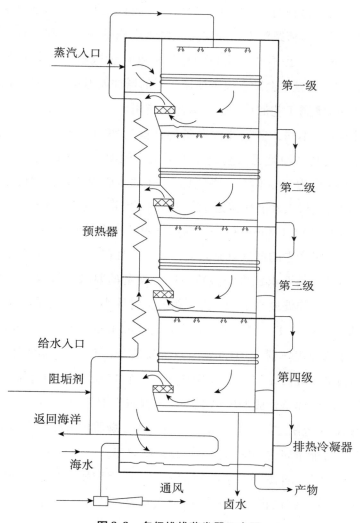

图 8.8　多级堆栈蒸发器示意图

落入第一级平台上的海水经闪蒸冷却后经喷嘴进入压力较低的第二级。第一级中产生的蒸汽经管道输入至第二级的管道内，然后冷凝形成部分淡水。此外，冷凝的热蒸汽使外部冷却器液膜在压力下降的情况下沸腾。

蒸发－冷凝过程在设备中逐级重复，在每一级的管道内部产生了几乎相同量的

太阳能能源工程工艺与系统（第二版）

产物。最后一级中产生的蒸汽由未经处理的海水冷却，在管束外冷凝。大部分温度较高的海水返回到海洋内，但是小部分用作设备的给水。给水经过酸处理后，其中的结垢化合物被破坏，然后流经一系列预热器，被喷淋到设备的顶部。其中，预热器利用每一级中产生的少量蒸汽逐渐升温。每一级中产生的水在设备下面的阶式蒸发器闪蒸，这样便能够在低温条件下，从堆栈底部排出。浓缩卤水也能够从堆栈的底部排出。多级堆栈过程的运行操作非常稳定，而且能够自动调整至变化的蒸汽工况，因此该过程适合负荷跟踪方面的应用。多级堆栈是一个单程过程，它能够最大限度地减少结垢风险，且不产生很高的化学标度计量成本。标准的产物纯度小于5ppm 总溶解固体，而且不会随着设备使用年限的增加而退化。因此，配备有多级堆栈型蒸发器的多效沸腾工艺似乎最适合太阳能应用。

与多级闪蒸设备不同，多效沸腾设备的性能比率与极限值（由设备的级数确定）的联系更加密切，而且无法超过该极限值。例如，一般情况下，一台具有 13 级的设备，其性能比为 10。但是，性能比为 10 的多级闪蒸设备却可能会有 13～35 级。多级闪蒸设备的最大性能比接近 13，通常情况下，为 6～10。多效沸腾设备的性能比一般高达 12～14（Morris 和 Hanbury，1991）。多效沸腾与多级闪蒸之间的主要区别在于，每一级产生的蒸汽只流向下一级，并且在下一级中立即用于预热给水。多效沸腾对电路设备的要求比多级闪蒸对电路设备的要求更加复杂。而另一方面，它的优点是由于其工作温度水平和压力平衡的关键性小，因此适合用于太阳能。

Zarza 等人（1991a，b）报告了标称产量为 3m³/h 的一台 14 级多效沸腾设备和 2672m² 的槽形抛物面集热器（PTC）。该系统安装于西班牙南部的太阳能研究中心（Plataforma Solar de Almeria，PSA），系统包含一个 155m³ 的温跃层蓄热槽。通过太阳能集热器的循环流体是合成油传热工质。根据蒸发器管束表面的情况，系统的性能比在 9.3 到 10.7 范围之间。据估计，当最后的冷凝器排出部分冷却水时，利用双级吸收式热泵进行能量回收，能够大幅提高系统效率。

El-Nashar（1992）详细介绍了由 1862m² 真空管太阳能集热器驱动的多级堆栈系统。该系统安装于阿联酋的阿布扎比。研究人员开发出了一款计算机程序，用于优化影响设备性能的操作参数，如运行中的集热区、高温集热器设定点和加热水流量。与最佳工作条件相对应的最大日馏出物产量为每日 120m³，一年中有 8 个月的产量都保持在这一水平。

El-Nashar 和 Al-Baghdadi（1998）根据安装于阿布扎比附近太阳能发电厂的多级堆栈设备实测数据进行了火用分析。计算了每一种不可逆源的火用损耗。主要的火

466

用损耗是由各个水泵的不可逆性导致的，而真空水泵则是导致火用损耗的主因。

　　主要火用损耗与馏出物外排流、卤水排污和海水有关。因不同级中的热传递和压降、预热器、最终冷凝器、卤水闪蒸和连续级之间的馏出物导致的火用损耗占蒸发器中火用损耗总量的很大一部分比例。

8.4.3　蒸汽压缩工艺

　　在蒸汽压缩（VC）设备中，热回收建立在利用压缩机增加一级中产生的压力的基础上（详见图 8.9）。因此，冷凝温度升高，蒸汽用于为其所在级或其他级提供能量（Mustacchi 和 Cena，1978）。与在传统的多效沸腾系统中一样，蒸汽压缩设备第一级产生的蒸汽用于压力较低的第二级的供热。而最后一级产生的蒸汽传到蒸汽压缩机中。蒸汽在蒸汽压缩机中被压缩，并在蒸汽返回到第一级之前升高其饱和温度。压缩机是系统的主要能量输入。由于有效地回收利用了设备周围的潜热，因此蒸汽压缩工艺可能会产生高性能比值（Morris 和 Hanbury，1991）。

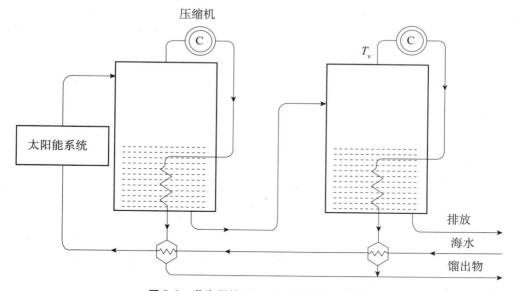

图 8.9　蒸汽压缩（VC）系统的工作原理

　　参数成本估算和工艺流程设计表明，除非与多效沸腾系统相结合，否则蒸汽压缩设备并不是一种便利的选择。此外，似乎必须提供主驱动器才能满足机械能的要求，如柴油机。冷却柴油机的散热器能够提供满足过程所需的热量，使太阳能集热系统的能量过剩（Eggers-Lura，1979），因此蒸汽压缩系统可与多效沸腾系统联合使用，并在太阳辐射低的时段或是夜晚运行蒸汽压缩系统。

太阳能能源工程工艺与系统（第二版）

蒸汽压缩系统被细分为两大类，即机械蒸汽压缩机（MVC）和热蒸汽压缩机（TVC）。机械蒸汽压缩机系统采用机械压缩机压缩蒸汽，而热蒸汽压缩机则利用蒸汽喷射压缩机。机械蒸汽压缩系统相关的主要问题如下（Morris 和 Hanbury，1991 年）：

（1）含有蒸汽的卤水进入压缩机中，腐蚀压缩机叶片。

（2）由于压缩机容量有限，因此对设备尺寸也有限制。

热蒸汽系统被设计用于可获得蒸汽的项目。该系统需要的压力范围为 2～10bar，由于蒸汽的成本相当高，大量的蒸发式冷凝器的热回收效果都得到了证明。

每单位馏出物的总热负荷为蒸发潜热和给水热量，范围为 T_v 至 T_o（El-Sayed 和 Silver，1980）：

$$\frac{\sum Q}{M_d} = L_V + \frac{M_f}{M_d} c_p (T_V - T_O) \tag{8.60}$$

其中，

T_v = 进入压缩机的蒸汽的温度（K），如图 8.9；

T_o = 环境温度（K）。

Al-Sahali 和 Ettouney（2007）也对机械蒸汽压缩进行了分析。蒸汽压缩机效率 η 和压缩因子 r 之间的关系式为：

$$W = \frac{\gamma}{\eta(\gamma - 1)} P_V V_V \left(\left(\frac{P_S}{P_V} \right)^{\left(\frac{\gamma - 1}{\gamma} \right)} - 1 \right) \tag{8.61}$$

其中，

V_v = 蒸汽比容（m³/kg）。

蒸发器质量和盐类平衡：

$$M_f = M_d + M_b \tag{8.62a}$$

$$M_b y_b = M_f y_f \quad \text{或} \quad \frac{M_b}{M_f} = \frac{y_f}{y_b} \tag{8.62b}$$

蒸发器的能量平衡实际上等同于加热给水的显热和蒸发馏出物的潜热。压缩蒸汽冷凝潜热和过热显热的关系式为，

$$M_f c_{pf}(T_b - T_f) + M_d L_v = M_d L_d + M_d c_{pv}(T_s - T_d) \tag{8.63}$$

最后，根据冷凝蒸汽显热和潜热，蒸发器的传热面积为，

$$A_e = \frac{M_d L_d + M_d c_{pv}(T_s - T_d)}{U_e(T_d - T_b)} \tag{8.64}$$

Hamed 等人（1996）对热蒸汽压缩系统进行了热性能分析和火用分析，结论如下：

（1）一台四级低温热蒸汽压缩海水淡化设备的工作数据表明，其性能比为 6.5 ～ 6.8，几乎两倍于传统四级沸腾式海水淡化设备性能比。

（2）热蒸汽压缩系统的性能比随着级数和热力压缩机引射比的增加而增加，并随着最高卤水温度而降低。

（3）火用分析表明，与机械蒸汽压缩海水淡化设备和多效沸腾海水淡化设备相比，热蒸汽压缩海水淡化设备最具火用效能。

（4）在调查的三种海水淡化系统中，主要发生火用损耗的子系统是第一级，原因是第一级的热量输入温度高。在热蒸汽压缩系统中，火用损耗总计为 39%，而第二大火用损耗是热力压缩机的火用损耗，等于 17%。

（5）增加级数、提高引射比（蒸汽取自蒸发器，后经喷射器压缩）或是减少顶部卤水温度、降低第一级热量输入温度，从而大幅减少火用损耗。

8.4.4　反渗透

反渗透（RO）系统取决于半渗透膜的性质。当半渗透膜用于将水与盐溶液分开时，在渗透压的影响下，使淡水进入卤水隔室。如果盐溶液的渗透压超过该值，则淡水将从卤水隔室进入淡水隔室。理论上，唯一需要能量的时候是在大于渗透压的压力条件下泵送给水。实际上，必须采用较高的压力（一般为 50 ～ 80 atm）才能有足够量的水穿过薄膜的单位面积（Dresner 和 Johnson，1980）。根据图 8.10，利用高压泵增加给水的压力，并使其流过薄膜表面。一部分给水穿过薄膜，滤除大部分溶解性固体，剩余部分水和盐在高压下排放出去。在较大型工厂中，利用合适的卤水涡轮机回收排放出的卤水能量是经济可行的。这样的系统被称为能量回收反渗透（ER-RO）系统。

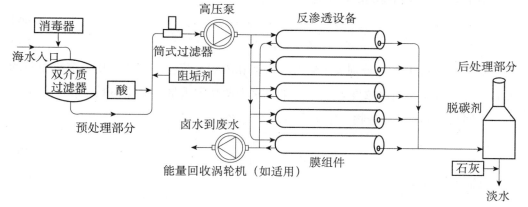

图 8.10　反渗透（RO）系统的工作原理

太阳能能源工程工艺与系统（第二版）

太阳能可与反渗透系统一起使用，并作为驱动水泵的原始动力（Luft，1982），或是通过利用光伏板直接发电（Grutcher，1983）。风能也可以作为一种原动力。由于利用光伏电池发电的单位成本很高，因此能量回收涡轮机配备了光伏反渗透设备。反渗透系统的产量约为每平方米薄膜每日 500 ~ 1500L，实际情况取决于原材料中盐类含量和薄膜情况。事实上，薄膜是非常好的过滤器，对于生物污垢和非生物污垢均非常敏感。为了避免出现污垢，在给水与薄膜表面接触之前，必须仔细对给水进行预处理。

近来，在海水导入反渗透模块之前对其进行预处理所采取的方法是纳滤法（NF）。纳滤法主要作为一种薄膜软化法开发而成，为化学软化提供了另一种选择。纳滤法预处理的主要目标如下（Adam 等人，2003）：

（1）通过除浊和除菌，最大限度地减少反渗透膜的微粒污垢和微生物污垢。

（2）除去硬度离子，从而防止结垢。

（3）减少给水的总溶解固体含量，而从降低反渗透工艺的工作压力。

下面的反渗透工艺模型基于 Kimura 和 Sourirajan（1968）的双参数薄膜模型。该模型是根据 Vince 等人（2008）的薄膜构建实践修改而成的。该模型并未考虑硼的存在，薄膜被视为等温的，并且与海水中水的质量相比，盐类的质量忽略不计。因此，海水密度 ρ 被视为常数 1000kg/m^3。

如果 J_w 表示通过薄膜的渗透物质量流量（单位为 kg/m^{2}s），那么 J_s 则表示通过薄膜的盐类质量流量（单位为 kg/m^{2}s），S_m 表示薄膜有效面积（单位为 m^2），则薄膜渗透物质量流率（kg/s）等于：

$$\dot{m}_p = (J_W + J_s)S_M \tag{8.65}$$

整个薄膜的水和盐类质量平衡方程为：

$$\dot{m}_f = \dot{m}_p + \dot{m}_c \tag{8.66}$$

$$\dot{m}_f C_f = \dot{m}_p C_p + \dot{m}_c C_c \tag{8.67}$$

其中下标 f、p 和 c 分别表示给水、渗透和浓缩水流。所有的水质量流率单位均为 kg/s。水流盐类质量浓度 C 表示每千克水中的盐类重量，单位为 kg。

水回收率 r 表示渗透物与给水质量流率之比：

$$r = \frac{\dot{m}_p}{\dot{m}_f} \tag{8.68}$$

薄膜脱盐率 R 为：

$$R = 1 - \frac{C_P}{C_f} \tag{8.69}$$

根据菲克定律方程，穿过薄膜的渗透物质量流量 J_w（kg/m^2s）为：

$$J_w = A(\Delta P - \Delta\pi) \qquad (8.70)$$

其中，

A = 薄膜的纯水渗透率（$kg/m^2s\ Pa$）；

ΔP = 跨膜压力（Pa）；

$\Delta\pi$ = 跨膜渗透压力（Pa）。

同样地，由方程（8.71）可得，穿过薄膜的盐类质量流量 J_s（kg/m^2s）：

$$J_s = B(C_w - C_p) \qquad (8.71)$$

其中，

B = 薄膜的盐类渗透率（kg/m^2s）；

C_w = 薄膜壁厚盐浓度（每千克水中盐类的重量，kg）。

方程（8.71）中的插值被称为浓差极化因子。

假设通过薄膜的溶解物的质量流量（kg/m^2s）等于渗透物质量流量乘以渗透物质量盐类浓度：

$$J_s = J_w C_p \qquad (8.72)$$

利用 Taylor 等人（1994）建立的关联性评估浓差极化因子，并利用 DOW（2006）粗略估计螺旋卷式薄膜的浓差极化因子：

$$C_W - C_P = \left(\frac{C_f + C_c}{2} - C_P\right)e^{0.7r} \qquad (8.73)$$

其中，

C_c = 浓缩质量盐浓度（表示每千克水中盐类的重量，kg）；

r = 薄膜的水回收率。

由方程（8.68）可得，跨膜压力 ΔP（Pa）为：

$$\Delta P = P_f - P_p - \frac{\Delta p_{drop}}{2} \qquad (8.74)$$

其中，

P_f = 给水压力（Pa）；

P_p = 最终渗透压力（Pa）；

Δp_{drop} = 沿薄膜通道的压降（Pa）。

根据 Schock 和 Miquel（1987）定义的相关性以及 DOW（2006）的调整，压降 Δp_{drop} 近似于：

$$\Delta p_{\text{drop}} = \lambda \left(\frac{\dot{m}_{\text{f}} + \dot{m}_{\text{c}}}{2\rho} \right)^{\alpha} \tag{8.75}$$

其中常数 $\alpha = 1.7$，$\lambda = 9.5 \times 10^{8}$。

考虑到海水中仅含有氯化钠盐，根据 Van't Hoff 提出的关系式，跨膜渗透压（Pa）为：

$$\Delta \pi = \frac{2RT\rho}{M_{\text{NaCl}}}(C_{\text{W}} - C_{\text{P}}) \tag{8.76}$$

其中，

$R = $ 通用气体常数（8.3145 J/mol K）；

$T = $ 水温（K）；

$M_{\text{NaCl}} = $ 氯化钠的摩尔质量（0.0585 kg/mol）。

薄膜透水性 A 近似为给水温度 T、跨膜渗透压 Δp 和污垢系数 FF 的函数

$$A = A_{\text{ref}}(\Delta \pi) \text{FF} \cdot \text{TCF} \tag{8.77}$$

其中，

$A_{\text{ref}}(\Delta \pi)$ 为当 $T_{\text{o}} = 298$ K 且无污垢情况下的基准渗透率（kg/m²s Pa）；

TCF 为给水温度 T 条件下的温度校正系数；

FF 为污垢系数。该系数表示薄膜透性条件下的薄膜积垢影响；在新薄膜的污垢系数（100%）和已使用 4 年的薄膜的污垢系数（80%）之间变化（DOW，2006）。

温度校正系数 TCF，表示薄膜透性条件下的温度影响，根据阿伦尼乌斯关系式（Mehdizadeh 等人，1989 的），TCF 的计算公式为：

$$\text{TCF} = \exp\left[\frac{e}{R} \left(\frac{1}{T_0} - \frac{1}{T} \right) \right] \tag{8.78}$$

其中，T 表示水温（K），T_{o} 表示基准水温（298K），而 e 则表示薄膜活化能（J/mol）。$K \leqslant 298$ K 时，所有反渗透膜的活化能估算为 25,000 J/mol；而当 $T > 298$ K 时，所有反渗透膜的活化能估算为 22,000 J/mol（DOW，2006）。

通常，在 $T_{\text{o}} = 298$ K 和 FF = 1 的条件下，薄膜制造商通过实验判断渗透压 $\Delta \pi$ 对基准纯水渗透率 $A_{\text{ref}}(\Delta \pi)$ 的影响。由于大多数情况下未给出该关系式，因此，$A_{\text{ref}}(\Delta \pi)$ 被视为常数，且等于 A_{ref}。而 B 盐的薄膜渗透率也被视为常数（Kimura 和 Sourirajan，1968）。

一般情况下，若干薄膜元件 n 安装在同一个压力容器（PV）内，相当于具有 n 个按顺序排列的薄膜。因此，压力容器渗透物是 n 个薄膜组件渗透物的混合物，压力容器回收率为（Vince 等人，2008）：

$$\bar{r} = r_1 + \sum_{k=2}^{n} \left[r_k \prod_{l=1}^{k-1} (1 - r_l) \right] \tag{8.79}$$

其中 r_k 表示 $k = 1 \ldots n$ 时薄膜 k 的水回收率。

根据方程（8.65）—（8.78）的定义，将压力容器建模为 n 个连续薄膜。

$k = 2 \ldots n$ 时，浓缩流量、盐度和薄膜 $k - 1$ 分别为给水流量、盐度和薄膜 k 的压力：

$$J_{\mathrm{w}}^k = \frac{J_{\mathrm{w}}^{k-1} (1 - r_{k-1})}{r_{k-1}}, k = 2, \ldots n \tag{8.80}$$

$$C_{\mathrm{f}}^k = C_{\mathrm{b}}^{k-1}, k = 2, \ldots n \tag{8.81}$$

$$P_{\mathrm{f}}^k = P_{\mathrm{b}}^{k-1}, k = 2, \ldots n \tag{8.82}$$

Tabor（1990）利用光伏（PV）板驱动的反渗透海水淡化设备或利用太阳能热电厂的反渗透海水淡化设备对一个系统进行了分析。他总结道，由于太阳能设备的成本很高，因此淡水的成本大约与主电源驱动的反渗透系统的成本相同。

Cerci（2002）对位于加利福尼亚的反渗透海水淡化设备（每日产量为 7,250m³）进行了火用分析。他利用实际的设备运行数据对系统进行分析，详细介绍了反渗透设备，并试图利用火用流程图计算主要设备元件的火用，从而评估火用损耗的分布情况。他发现，火用损耗主要出现在薄膜组件（在薄膜组件中，盐水被分成卤水和渗透物）、节流阀（在节流阀所处的位置，液体压力降低，不同的工艺部件出现压降）和混合室（在混合室内，渗透物与掺和物混合）中。最多的火用损耗出现在薄膜组件中，为总火用输入的 74.1%。而最少的火用损耗则出现在混合室内，仅为总火用输入的 0.67%。设备的第二定律效率计算为 4.3%，似乎有些低。他表示，在卤水流上安装一台带有两个节流阀的压力交换器，则第二定律效率可提高至 4.9%；降低进入设备的海水的泵送功率可节省 19.8 kW 的电力。

8.4.5　电渗析

如图 8.11 所示，电渗析（ED）系统的工作原理是，通过电位差的影响，穿过薄膜将给水室的离子转移出去，从而降低盐度。该工艺利用直流电场除去苦咸水中的盐离子。含盐给水含有溶解盐，分为带正电荷的钠离子和带负电荷的氯离子。这两种离子朝着溶液中的带相反电荷的电极移动。也就是说，阳离子（即正离子）移向负电极（即阴极），而阴离子（即负离子）则移向正电极（即阳极）。如果是特殊薄膜，则不是正离子渗透就是负离子渗透，那么将电极分开，薄膜之间的中缝几乎没有盐类（Shaffer 和 Mintz，1980）。在实际的过程中，大量正离子薄膜和负离子薄膜交替地堆叠在一起，用塑型流垫片分开，允许水通过。交替苏醒流垫片的水流是一系列的稀释水和浓缩水，彼此平行流动。为防止结垢，利用逆变器每隔 20min 左右逆转一次电场的极性。

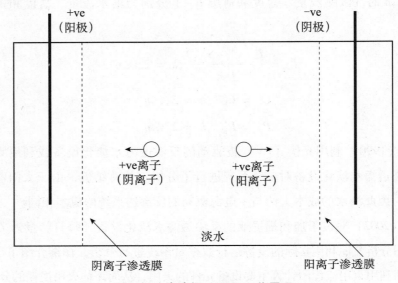

图 8.11　电渗析（ED）工作原理

　　由于系统的能量要求与水的盐度成正比，因此当给水盐度不超过 6000ppm 的溶解性固体盐度时，更适合采用电渗析方法。同样地，由于低导电率增加了极纯水的能量要求，因此该工艺不适合盐度小于 400ppm 的溶解性固体。

　　电渗析工艺由直流电源提供动力，所以利用光伏面板直接产生所需的电压差，使太阳能可与电渗析一起使用。

8.5　可再生能源海水淡化系统评述

　　可再生能源系统（RES）为减少人们对化石燃料的依赖性，提供了一个替代解决方案。全球范围内可再生能源海水淡化设备的装机容量小于传统化石燃料海水淡化设备装机容量的 1%（Delyannis，2003）。这主要归因于可再生能源较高的成本和维护费用，使得可再生能源海水淡化设备与传统燃料海水淡化设备相比不具备竞争性。

　　世界上有许多地方既安装了太阳能海水淡化设备，也安装了传统的海水淡化系统。而这些设备中的大多数仅为实验室规模或用作展示。笔者（2005）在 Kalogirou

全面地评述了可再生能源海水淡化系统。

本小节列举了由可再生能源提供动力的海水淡化设备,包括本书中未介绍的系统,如风能系统和地热能系统。

8.5.1 太阳热能

第 3 章内容详细介绍了当前使用的不同类型的太阳能集热器。8.4 小节中的图片展示了由太阳能集热器阵列、储罐和必要的控制装置组成的太阳能系统。图 8.12 为该系统的详细图解。在储罐内,海水流过一台换热器,以防止集热器内结垢。如第 5 章第 5.5 小节内容所述,利用一台差动恒温器(未显示)操作太阳能集热器的电路。三通阀(如图 8.12 所示)将海水引入热水储罐换热器中,或当储罐排空时将海水引入锅炉内。

在一些海水淡化系统中,如 MEB,太阳能系统必须能够提供低压蒸汽。为此,通常采用槽形抛物面集热器,还可以采用第 7 章中所述的三种太阳能蒸汽发电方法中的任何一种。

太阳热能是海水淡化中最具前景的可再生能源应用之一。一个太阳能蒸馏过程可能包含两台独立的设备,即太阳能集热器和传统的蒸馏器(间接太阳能海水淡化)。间接太阳能海水淡化系统通常包含一台商业海水淡化装置,与商业太阳能集热器或特种太阳能集热器相连。Rajvanshi(1980 年)设计了一种特种太阳能集热器,与一台多级闪蒸蒸馏装置相连。Hermann 等人(2000 年)报告中描述了一台防腐蚀太阳能集热器的设计和测试情况。该集热器用于驱动多级增湿工艺。实验设备安装于西班牙大加纳利岛(Rommel 等人,2000 年)。

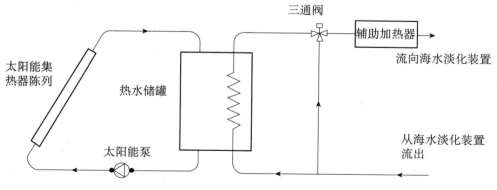

图 8.12 太阳能系统与海水淡化系统相连

8.5.2　太阳能水池

第 10 章详细介绍了太阳能水池。太阳能水池主要用于发电，而盐梯度太阳能水池产生的电能是低温蒸馏装置（脱盐）的驱动力。这类系统适用于海洋附近的沙漠地区使用。太阳能水池与海水淡化相结合，利用水池内流出热卤水作为热源，使水在多效沸腾蒸发器内蒸发，在低压条件下除去水中的盐类物质。

Matz 和 Feist（1967）提议将太阳能水池作为内陆电渗析设备卤水处理的一种解决方案，也作为加热电渗析设备给水的热能，从而提高太阳能水池的性能。

8.5.3　太阳能光伏技术

第 9 章详细介绍了光伏系统。光伏技术能够直接与反渗透系统相连，但是主要的问题是目前光伏电池的成本较高。光伏能源与传统能源之间的竞争性取决于设备容量、与电网的距离以及给水的盐浓度。Kalogirou（2001）和 Tzen 等人（1998）分析了光伏 – 反渗透海水淡化系统的成本。Al-Suleimani 和 Nair（2000）对安装于阿曼的系统进行了详细的成本分析。Thomson 和 Infield（2003）利用变流速对厄立特里亚的一台光伏驱动反渗透设备进行模拟和启用，该设备能够在没有电池的情况下运行。该系统的产能为每日 $3m^3$，光伏阵列为 2.4 kWp。根据实验室测试对模型进行了验证。加那利群岛技术学院（ITC）开发出了一款单机系统（DESSOL），其额定功率条件下的产能为每日 $1 \sim 5 \ m^3$。

利用光伏的另一种方式是与电渗析相结合。电渗析工艺比反渗透工艺更加适合偏远地区的苦咸水淡化作业。电渗析系统的几个试点设备已通过电池与光伏电池相连。（Gomkale，1988）分析了印度乡村的太阳能海水淡化情况，并总结道，太阳能电池驱动的电渗析设备似乎比传统的太阳能蒸馏器更适用于苦咸水淡化。美国垦务局（Maurel，1991）研发出了一台光伏驱动的电渗析设备，并将其安装在新墨西哥州的斯宾塞峡谷。同时，迈阿密大学的水研究实验室（Kvajic，1981）和巴林大学（Al-Madani，2003）对光伏 – 电渗析进行了实验性研究。

8.5.4　风能

第 1 章 1.6.1 小节中简要介绍了风能的应用历史，第 13 章则对其进行了详细介绍。由于反渗透是对能量要求最低的海水淡化工艺（详见 8.6 小节），而且沿海地区极易获得风能资源（Doucet，2001），因此风能驱动的海水淡化是可再生能源海水淡化最有前景的可选方案之一。Garcia-Rodriguez 等人（2001）对风能驱动反渗透的成本进行了初步的评估，还分析了气候条件和设备生产能力对于风能驱动的海水反渗透设备成本的影响。此外，还评估了因风能与反渗透技术未来可能出现的变化而导致的产品成本可能出现的变化。最后，指出了金融参数和传统能源成本的变化对风能反渗透设备与传统反渗透设备竞争性的影响。

人们关注的另一个领域是通过轴功率联合使用风能系统和反渗透设备。加那利群岛技术学院（TTC，2001）对这一领域进行了研究。在位于夏威夷欧胡岛北部海岸，安装了一台苦咸水淡化风能反渗透设备。该系统直接利用带有高压泵和反渗透的风车的轴功率进行生产。尤其是当风速为 5m/s 时，恒定淡水产量可维持在每分钟 13L（Lui 等人，2002）。

经调查后，另一种可能的方法是直接将风能用于机械蒸汽压缩工艺。（Karamel-din 等人，2003）详细分析了此类系统主要参数的影响。在北海的博尔库姆岛上，建立了一座淡水产能约为 $0.3 \sim 2 \ m^3/h$ 的试验工厂（Bier 等人，1991）。在德国的吕根岛，另外一座试验工厂安装了一台 300 kW 风能转换器，每日的淡水产量为 $120 \sim 300m^3$（Plantikow，1999）。

最后，还有一种可能的方法是将风能用于电渗析工艺。Veza 等人（2001）报告了该类系统（日产量为 $72 \sim 192m^3$）的建模和实验测试结果。该系统安装于西班牙大加纳利岛加那利群岛技术学院。

8.5.5　混合太阳能光伏 - 风能

风能资源与太阳能资源具有互补的特点，因此，利用混合风能 - 太阳能系统驱动海水淡化设备是一种十分有前景的备选方案。通常情况下没有太阳时，风力比较强，反之亦然。位于法国的卡达拉什中心设计了一台实验性设备。该设备于 1980 年安装于突尼斯的塞德里亚堡（Maurel，1991）。系统由一台日产量为 $0.1m^3$ 的紧凑型太阳能蒸馏器、一台每小时产量为 $0.25m^3$ 的反渗透设备和一台用于 4000ppm 苦咸水的电渗析设备。能源供应系统则包括一个容量为 4kW 的光伏电场和两台风力涡轮机。

8.5.6　地热能

测量数据显示，对于浅层地热系统来说，一定深度以下的地温在全年范围内保持相对不变。这是因为随着土壤较高的热惯性导致随着土层深度的增加，地表的温度波动减弱。

根据 Popiel 等人（2001）提出的理论，从温度分布的角度看，三种地表区域的差别为：

（1）表层区，深度约为 1m 的地表区域。在该区域中，地温对于短期天气状况的变化非常敏感。

（2）浅层区，深度约 1～8m（在干土和轻质土区）或 20m（在湿润土、粘重土、沙壤土区）。在该区域内，地温几乎恒定不变，且接近平均年气温，地温分布主要取决于季节周期性天气条件。

（3）深层区，位于浅层区深度以下。在该区域内，地温实际上是恒定不变的（根据地温梯度，地温也会随着深度的增加而极其缓慢地升高）。

深层地热系统具有不同的地热能资源，其实测温度可分为低温（<100 ℃）、中温（100～150 ℃）和高温（>150 ℃）。地球的热梯度在每千米深度 15～75 ℃ 之前变化；但是，不同地区的热通量是不规则的。此外，放射性元素分裂造成了一个局部热量中心（6～10km）。Barbier（1997，2002）对地热能技术进行了完整的概述。Baldacci 等人（1998）的报告称，电能的成本一般情况下是具有竞争性的，即每兆焦为 0.6～2.8 美分（即每千瓦时 2～10 美分），而且 2000 年生产的全球总电能的 0.3%（即 1775×10^8 MJ/a，合 493×10^8 kWh/a）源自于地热能资源。地热能可作为海水淡化的电源输入。

通常利用地面换热器提取来自地球的能源，如来自浅层地热系统的能源。此处所述的地面换热器均由非常耐用的材料制成，但热量可以高效通过。地面换热器制造商通常利用高密度聚乙烯作为材料。这是一种坚固的塑料，带有热熔接缝。一般的使用寿命多达 50 年。管道内的流体为水或是一种相对环保的防冻溶液。其他类型换热器则利用安装于地下的铜管。管道的长度根据若干因素确定，如管道配置类型、热负荷、土壤条件和当地气候。Florides 和 Kalogirou（2004）对地面换热器进行了评述。

在上部 100m 的低温地热水或许可用作海水淡化（Rodriguez 等人，1996）。Ophir（1982）对地热海水淡化进行了经济性分析。地热资源的温度为 110～130 ℃。他总结道，地热海水淡化的价格与大型多级两用设备一样低。

最早有关地热能海水淡化设备的报告可能是由 Awerbuch 等人（1976）撰写的。他们在文章中指出，美国内政部垦务局对位于加利福尼亚州豪特维尔附近的地热能海水淡化试验设备进行了调查。美国内政部的 Boegli 等人（1977）报告了东梅萨

（East Mesa）试验区地热流体海水淡化的实验结果。其中的分析过程包括多级闪蒸蒸馏、高温电渗析以及不同的蒸发管和蒸发薄膜。

经调查后，另一种可能的方法是将高压地热能直接用作海水淡化的轴功率。此外，能够经受 60 ℃高温的商业用薄膜，可直接利用地热卤水进行淡化（Houcine 等人，1999）。

8.6 工艺的选择

在可再生能源海水淡化系统的设计阶段，设计人员必须选择适合特殊应用的工艺。选择工艺必须考虑的因素如下（Kalogirou，2005）：

（1）工艺与可再生能源应用的适配性。

（2）在能量消耗方面，工艺的有效性。

（3）根据不同淡化工艺的适用范围，特殊应用中所需的淡水量。

（4）海水处理要求。

（5）设备资本成本。

（6）所需陆地面积，或设备安装可用的陆地面积。

在选择海水淡化工艺之前，必须调查若干基本参数。第一个参数就是从质和量（对于苦咸水资源）两个方面对水资源的整体进行评估。由于苦咸水的盐度一般低得多（＜10,000 ppm）因此苦咸水的淡化应该是更具吸引力的选择。而在海岛地区，苦咸水可能是唯一的选择。而在沿海地区，海水一般均可用。对地区内的可再生能源资源进行识别与评估是可再生能源驱动的海水淡化系统的基本设计步骤。可再生能源海水淡化技术主要分为两类。第一类包括蒸馏海水淡化技术，由可再生能源系统产生的热量驱动；而另一类则包括薄膜海水淡化技术和蒸馏海水淡化技术，由可再生能源系统产生的电能或机械能驱动。此类系统的特点是稳健、操作简单、维护费用低、结构紧凑、便于运输至现场、预处理简单、吸入系统可确保正确操作，且在偏远地区常遇到困难条件下依然耐用。关于这两类的组合，现有的应用经验未发现存在任何重大的技术问题（Tzen 和 Morris，2003）。

水生产成本一般包括以下项目（Fiorenza 等人，2003）：

（1）固定支出，取决于资本成本和折旧率（根据设备使用寿命和金融参数确定，所以每个国家各不相同）。

（2）可变费用，取决于能量消耗与成本（与所用资源和所选位置有关）、运行（人力）费用与维护费用（各国均不相同）、水预处理和后处理所需化学品的消耗与成本（尤其是反渗透设备）以及反渗透设备中薄膜的替换率（这两个因素均与设备所在位置有关）。

一般情况下，海水中的总溶解固体百分比实际上对热过程没有影响，但是对反渗透有显著影响。在反渗透中，能量需求以超过每 10,000ppm 1kWh/m³ 的速度线性增加（Fiorenza 等人，2003）。但是如果输入压力不变，则水中盐类物质的百分比可能会非常高。正常情况下反渗透工艺的盐类含量预计约为 300ppm。虽然该值在 500ppm（世界卫生组织对饮用水中盐类物质含量的规定值）的范围内，但是仍旧比热过程产水的盐度至少高出一个数量级。此外，如果水中的盐度较高，则利用反渗透技术会遇到很多问题。

可再生能源资源能够提供热能（太阳能集热器、地热能）、电能（太阳能光伏、风能、太阳热能系统）或机械能（风能）。所有这些形式的能源能够为海水淡化设备提供动力。

太阳能一般能够转化为有用能，热能（利用太阳能集热器或太阳能水池）或电能（利用光伏电池和太阳热能系统）。直接集热系统只能在获得太阳能时才可用，而这种集热方式效率低。在间接集热系统中，以热水或蒸汽的形式，采用更加有效的太阳能集热器收集太阳能。应要注意的是，每天几乎只有半天的时间才能获得太阳能。这意味着除非有储存设备，否则该系统只能运行半天。储存设备通常比较昂贵，因此可在低太阳辐射时段和夜间使用备用锅炉或电网发电代替。当此类系统在没有热缓冲的情况下运行时，海水淡化子系统必须能够在不出现混乱的情况下由可变能源驱动运行。在所有太阳能海水淡化系统中，根据太阳能集热器的成本、储存设备的成本（如使用储存设备）以及海水淡化设备的成本计算最佳性能比（Kalogirou，2005）。或许唯一稳定的能源供应是太阳能水池。由于大小的原因，太阳能水池不易于充电或放电，因此对天气变化的敏感度低。

由于风速和风频两方面原因，风能也是极度可变的资源。当利用风能发电时，可通过增加电池组平衡风能资源的变化。电池组的作用方式与太阳热能系统中储罐的作用方式相似，也就是说，当风能可用时，电池充电；而当有需要时，电池放电至所需负荷（海水淡化设备）。如果将风能转化成机械能，那么只有当有风时才能运行海水淡化设备。在这种情况下，海水淡化设备的水需求量通常极大；并且将有风条件下产生的水储存起来，而非储存能量。

技术选择中另一个需要考虑的参数是两种技术的结合形式。一台反渗透可再生能源海水淡化设备可与电网联合运行或不与电网联合运行（即独立运行系统）。当系统与电网连接时，海水淡化设备可作为传统设备连续运行，而可再生能源仅仅是燃料代替品。如没有电网可用，则必须开发利用可再生能源的自主系统。传统上，海水淡化系统的设计旨在让该装置以恒定的功率输入运行（Tzen 等人，1998）。在不定的功率输入和动力不足的条件下，可能会导致海水淡化设备的运行出现问题（Tzen 和 Morris，2003）。当与可变动力系统结合时，每一个海水淡化系统都会产生特定的问题。例如，反渗透系统必须解决薄膜的污染、结垢，以及在电源供应发生波动的过程中，起止循环和部分负荷运行导致的不可预测状况。另一方面，蒸汽压缩系统具有相当大的热惯性，需要非常大的能量才能达到标称工作点。因此，对于自主系统而言，应增加小型储能系统、电池或储热系统，以便为海水淡化装置提供稳定的动力。应根据现场特征（可用性、地形等）等限制条件以及资金需求进一步筛选之前的参数造成的任何其他选择（Tzen 和 Morris，2003）。

表 8.3　海水淡化系统的能源消耗情况

工艺	热输入（kJ/kg）	机械功率输入（kWh/m³）	主要能源消耗（kJ/kg）
多级闪蒸	294	2.5~4（3.7）[b]	338.4
多效沸腾	123	2.2	149.4
蒸汽压缩	—	8~16（16）	192
反渗透	—	5~13（10）	120
能量回收反渗透	—	4~6（5）	60
电渗析	—	12	144
太阳能蒸馏器	2330	0.3	2333.6

a. 假设发电的能源转换效率为 30%；
b. 最后一列的数值可用于估计主要能源消耗。

　　根据对制造商数据的调查，不同海水淡化工艺所需的能量如表 8.3 所示。从表中可以看出，对能量要求最小的工艺是带有能量回收功能的反渗透工艺。但是，由于能量回收涡轮机的成本很高，因此该工艺仅适用于超大型系统。其次对能量要求较小的工艺是无能量回收功能的反渗透工艺和多效沸腾工艺。根据对制造商数据的调查，海水淡化设备成本与海水处理要求之间的对比如表 8.4 所示。经研究，成本最低的系统是太阳能蒸馏器。它是一种直接集热系统，便于安装和操作。但缺点是产量非常低，这意味着要获得较高的产量，则需要较高的用地面积。如果海洋附近没有可用的便宜的荒漠，那么太阳能蒸馏器是否可行还是个问题。多效沸腾工艺是所有间接集热系统中成本最低的，它仅需要最简单的海水处理。虽然反渗透对能量的要求较少，但是成本高昂，且海水处理的要求复杂。

表8.4　海水淡化设备对比

对比项目	多级闪蒸	多效沸腾	蒸汽压缩	反渗透	太阳能蒸馏器
应用规模	中型－大型	小型－中型	小型	小型－大型	小型
海水处理	阻垢剂、阻泡化学品	阻垢剂	阻垢剂	消毒器、促凝剂、酸、还原剂	－
设备价格（欧元/m³）	950～1900	900～1700	1500～2500	900～2500，每隔4～5年更换一次薄膜	800～1000

注意：设备价格区间中的较低值表示设备的尺寸较大；反之亦然。

由于反渗透技术的开发和改良，能量消耗值已从1970年的$20kWh/m^3$降至如今的$5kWh/m^3$左右（Fiorenza等人，2003）。全球范围内的研究人员都在对这一技术进行研究，未来我们会发现能量要求和成本进一步降低。应注意的是，每生产$1m^3$水，便会产生近$3kg$的二氧化碳（在当前大规模采用最先进技术的情况下，每生产$1m^3$水的能耗率为$5kWh/m^3$），而如果利用可再生能源代替传统燃料，则可以避免这种情况。

通常，另一种太阳能海水淡化的方法是采用光伏电池驱动的反渗透系统。这种方法比传统的蒸馏工艺更加适合间歇性运行，且每单位采集能量的产量更高。根据Zarza等人（1991b），他们比较了光伏发电驱动的反渗透工艺与结合到槽形抛物面集热器上的多效沸腾设备：

（1）由于光伏发电的成本高，一台与槽形抛物面集热器结合的多效沸腾设备，其产出淡水的总成本比光伏电池驱动的反渗透设备的总生产成本低。

（2）多效沸腾设备运行非常稳定，使其能够安装在日照水平高但缺少经验丰富操作人员的国家。

由于反渗透设备操作过程中任何严重错误都会毁坏其薄膜，因此必须由熟练的技术人员操作。

另外，由于可再生能源的收集与储存的费用较高，因此一般情况下需安装能量回收涡轮机回收卤水流排出的能量，但这大幅增加了反渗透设备的成本。此外，在受污染地区，蒸馏工艺是海水淡化的首选，原因是该工艺过程中的水是煮沸的，可以确保蒸馏水不会含有任何微生物（Kalogirou，2005）。除高盐度之外，具体的水质问题包括锰、氟化物、重金属、细菌污染和杀虫剂与除草剂残留。在所有这些情况中，热过程是薄膜设备的首选。即使简单的太阳能蒸馏器，其污染物去除效率也能达到99%左右（Hanson等人，2004）。

如果反渗透工艺与热过程均适合于规定的位置，那么可用的可再生能源和所需的电能、机械能和热能会限制可能的工艺选择。最后，所需的设备容量、淡水需求年分布与日分布、产品成本、技术成熟性、与可再生能源和海水淡化系统相结合相关的任何问题均是影响工艺选择的因素。

如果热能可用，则可直接用于驱动蒸馏工艺，如多级闪蒸工艺、多效沸腾工艺或热蒸汽压缩工艺。多效沸腾设备能够在部分负荷的情况下更加灵活地运行，且对结垢的敏感度低，价格更加便宜，比多级闪蒸设备更加适合有限容量的条件。热蒸汽压缩工艺的性能低于多效沸腾工艺和多级闪蒸工艺。此外，热能和机械能的转化可间接利用热能驱动反渗透、电渗析或机械蒸汽压缩工艺。

如果能够从可用能源中获取电或轴功率，那么可选择反渗透系统、电渗析系统或机械蒸汽压缩系统。可用能量的波动可能会损毁反渗透系统，因此必须安装中间蓄能器，但这会导致可用能源减少，增加运行成本。在偏远地区，由于电渗析工艺更加稳健，而且其操作和维护比反渗透系统更加简单，因此更加适合苦咸水的淡化。此外，电渗析工艺能够适应可用能源输入的变化。另一方面，虽然机械蒸汽压缩系统消耗的能量多于反渗透系统，但是其能源波动导致的问题却少于反渗透。由于机械蒸汽压缩系统比反渗透系统更加稳健，而且对熟练技能人员和化学品的需求更少，因此更加适合偏远地区（Garcia-Rodriguez，2003）。另外，机械蒸汽压缩系统无需更换薄膜，且其产生的淡水质量好于反渗透系统。而且在水被污染的情况下，蒸馏工艺能够确保去除淡水中的微生物和其他污染物。

人们认为太阳能是一种利用热能收集系统的最好、最廉价的能源。因此可利用的两种系统为多级闪蒸设备和多效沸腾设备。从前文内容我们看到，在不同的应用中，这两种系统能够与太阳能集热器一起使用。根据表 8.3 和表 8.4，多效沸腾工艺所需的比能较少，价格更低，仅需进行非常简单的海水处理。此外，与其他蒸馏工艺相比，多效沸腾工艺具有以下优势（Porteous，1975）：

（1）节能。卤水未加热至其沸点以上，多级闪蒸工艺也是如此。由于蒸汽的使用温度为蒸汽产生时的温度，因此在多效沸腾工艺中，其结果的不可逆性低。

（2）在最高设备温度条件下，给水的浓度最低，最大限度地降低了结垢风险。

（3）给水连续地流过设备，而最大浓度仅出现在最后一级，因此效能最低的沸点升高也只限于这一级。

（4）由于多级闪蒸工艺中存在重复循环泵，蒸汽压缩系统内存在蒸汽压缩机，因此这两个工艺对电能需求高。

（5）多级闪蒸工艺容易产生平衡问题，表现为性能比降低。在多效沸腾设备中，一级中产生的蒸汽用于下一级中，性能比并不受平衡问题的影响。

（6）由于获得规定性能比所需的级数较少，因此多效沸腾工艺提高了设备的简易性。

在不同类型的多效沸腾蒸发器中，多级堆栈最适合太阳能应用。多级堆栈有许多优点，其中最重要的是该系统几乎能在0%和100%产量之间稳定运行，即使出现突然变化也是如此。而且它能够有条不紊地提供不同的蒸汽供应量（Kalogirou，2005）。因此，具有成熟技术的集热器，如槽形抛物面集热器，可以为多效沸腾系统生产低压蒸汽提供输入功率。热媒的温度要求在70～100℃之间，利用此类集热器约65%的效能便可达到这样的温度水平（Kalogirou，2005）。

练习

8.1　海水的盐度为42,000ppm，试估计其中盐和水的摩尔分数和质量分数。

8.2　苦咸水的盐度为1,500ppm，试估计其中盐和水的摩尔分数和质量分数。

8.3　确定35℃温度条件下海水的焓和熵。

8.4　一台太阳能蒸馏器的水温和玻璃化温度分别为52.5℃和41.3℃。根据实验确定，常数$C=0.054$、$n=0.38$。如果从水面到玻璃的对流换热系数为$2.96W/m^2K$，试估计太阳能蒸馏器每平方米小时的馏出物产量。

8.5　一台多级闪蒸设备有32级。如果第一级的卤水温度为68℃且最后一级的卤水温度为34℃，平均潜热为2300kJ/kg，平均比热为4.20kJ/kg K，试求出M_f/M_d的值。

参考文献

［1］Adam, S., Cheng, R.C., Vuong, D.X., Wattier, K.L., 2003. Long Beach's dual-stage NF beats single-stage SWRO. Desalin. Water Reuse 13 (3), 18–21.

［2］Adhikari, R.S., Kumar, A., Sodha, G.D., 1995. Simulation studies on a multi-stage stacked tray solar still. Sol. Energy 54 (5), 317–325.

［3］Akinsete, V.A., Duru, C.U., 1979. A cheap method of improving the performance of roof type solar stills. Sol. Energy 23 (3), 271–272.

［4］Al-Karaghouli, A.A., Alnaser, W.E., 2004. Experimental comparative study of the performances of single and double basin solar-stills. Appl. Energy 77 (3), 317 – 325.

[5] Al-Karaghouli, A. A. , Alnaser, W. E. , 2004. Performances of single and double basin solar-stills. Appl. Energy 78 (3), 347 – 354.

[6] Al-Madani, H. M. N. , 2003. Water desalination by solar powered electrodialysis process. Renewable Energy 28 (12), 1915 – 1924.

[7] Al-Sahali, M. , Ettouney, H. , 2007. Developments in thermal desalination processes: design, energy and costing aspects. Desalination 214, 227 – 240.

[8] Al-Suleimani, Z. , Nair, N. R. , 2000. Desalination by solar powered reverse osmosis in a remote area of Sultanate of Oman. Appl. Energy 65 (1 – 4), 367 – 380.

[9] Awerbuch, L. , Lindemuth, T. E. , May, S. C. , Rogers, A. N. , 1976. Geothermal energy recovery process. Desalination 19 (1 – 3), 325 – 336.

[10] Baldacci, A. , Burgassi, P. D. , Dickson, M. H. , Fanelli, M. , 1998. Non-electric utilization of geothermal energy in Italy. In: Proceedings of World Renewable Energy Congress V. Part I, 20 – 25 September 1998, Florence, Italy. Pergamon,Oxford, UK, p. 2795.

[11] Barbier, E. , 1997. Nature and technology of geothermal energy. Renewable Sustainable Energy Rev. 1 (1 – 2), 1 – 69.

[12] Barbier, E. , 2002. Geothermal energy technology and current status: an overview. Renewable Sustainable Energy Rev. 6 (1 – 2), 3 – 65.

[13] Bier, C. , Coutelle, R. , Gaiser, P. , Kowalczyk, D. , Plantikow, U. , 1991. Sea-water desalination by wind-powered mechanical vapor compression plants. In: Seminar on New Technologies for the Use of Renewable Energies in Water Desalination. 26 – 28 September 1991, Athens, Commission of the European Communities, DG XVII for Energy, CRES (Centre for Renewable Energy Sources), Session II, 1991, pp. 49 – 64.

[14] Boegli, W. J. , Suemoto, S. H. , Trompeter, K. M. , 1977. Geothermal-desalting at the East Mesa test site. Desalination 22 (1 – 3), 77 – 90.

[15] Boeher, A. , 1989. Solar desalination with a high efficiency multi-effect process offers new facilities. Desalination 73, 197 – 203.

［16］ Bouchekima, B. , Gros, B. , Ouahes, R. , Diboun, M. , 2001. Brackish water desalination with heat recovery. Desalination 138 （1 - 3）, 147 - 155.

［17］ Cengel, Y. A. , Boles, M. A. , 1998. Thermodynamics: An Engineering Approach, third ed. McGraw-Hill, New York.

［18］ Cengel, Y. A. , Cerci, Y. , Wood, B. , 1999. Second law analysis of separation processes of mixtures. Proc. ASME Adv. Energy Syst. Div. 39, 537 - 543.

［19］ Cerci, Y. , 2002. Exergy analysis of a reverse osmosis desalination plant. Desalination 142 （3）, 257 - 266.

［20］ Chaibi, M. T. , 2000. Analysis by simulation of a solar still integrated in a greenhouse roof. Desalination 128 （2）, 123 - 138.

［21］ Daniels, F. , 1974. Direct Use of the Sun's Energy, sixth ed. Yale University Press, New Haven, CT, and London （Chapter 10）.

［22］ Delyannis, A. , 1960. Introduction to Chemical Technology. History of Chemistry and Technology （in Greek）. Athens （Chapter 1）.

［23］ Delyannis, A. A. , 1965. Solar stills provide an island's inhabitants with water. Sun at Work 10 （1）, 6.

［24］ Delyannis, A. A. , Delyannis, E. A. , 1970. Solar desalting. J. Chem. Eng. 19, 136.

［25］ Delyannis, A. , Delyannis, E. , 1973. Solar distillation plant of high capacity. In: Proc. of Fourth Inter. Symp. on Fresh Water from Sea, 4, p. 487.

［26］ Delyannis, A. , Piperoglou, E. , 1968. The Patmos solar distillation plant: technical note. Sol. Energy 12 （1）, 113 - 114. Delyannis, E. , 2003. Historic background of desalination and renewable energies. Sol. Energy 75 （5）, 357 - 366. Delyannis, E. , Belessiotis, V. , 2000. The history of renewable energies for water desalination. Desalination 128 （2）, 147 - 159.

［27］ Delyannis, E. E. , Delyannis, A. , 1985. Economics of solar stills. Desalination 52 （2）, 167 - 176.

［28］ Doucet, G. , 2001. Energy for tomorrow's world. Renewable Energy, 19 - 22.

［29］ DOW, 2006. Design a reverse osmosis system: design equations and parameters, Technical Manual.

［30］ Dresner, L. , Johnson, J. , 1980. Hyperfiltration （Reverse osmosis）. In:

Spiegler, K. S., Laird, A. D. K. (Eds.), Principles of Desalination, Part B, second ed. Academic Press, New York, pp. 401 – 560.

[31] Dunkle, R. V., 1961. Solar water distillation: the roof type still and a multiple effect diffusion still, International Developments in Heat Transfer ASME. In: Proceedings of International Heat Transfer, Part V. University of Colorado, p. 895.

[32] Eggers-Lura, A., 1979. Solar Energy in Developing Countries. Pergamon Press, Oxford, UK, pp. 35 – 40.

[33] Eibling, J. A., Talbert, S. G., Lof, G. O. G., 1971. Solar stills for community use—digest of technology. Sol. Energy 13 (2), 263 – 276.

[34] El-Bahi, A., Inan, D., 1999. A solar still with minimum inclination, coupling to an outside condenser. Desalination 123 (1), 79 – 83.

[35] El-Dessouky, H., Ettouney, H., 2000. MSF development may reduce desalination costs. Water Wastewater Int., 20 – 21.

[36] El-Nashar, A. M., 1992. Optimizing the operating parameters of a solar desalination plant. Sol. Energy 48 (4), 207 – 213.

[37] El-Nashar, A. M., Al-Baghdadi, A. A., 1998. Exergy losses in multiple-effect stack seawater desalination plant. Desalination 116 (1), 11 – 24.

[38] El-Sayed, Y. M., Silver, R. S., 1980. Fundamentals of distillation. In: Spiegler, K. S., Laird, A. D. K. (Eds.), Principles of Desalination, Part A, second ed. Academic Press, New York, pp. 55 – 109.

[39] Fiorenza, G., Sharma, V. K., Braccio, G., 2003. Techno-economic evaluation of a solar powered water desalination plant. Energy Convers. Manage. 44 (4), 2217 – 2240.

[40] Florides, G., Kalogirou, S., 2004. Ground heat exchangers—a review. In: Proceedings of Third International Conference on Heat Power Cycles. Lamaca, Cyprus, on CD ROM.

[41] Frick, G., von Sommerfeld, 1., 1973. Solar stills of inclined evaporating cloth. Sol. Energy 14 (4), 427 – 431. Garcia-Rodriguez, L., 2003. Renewable energy applications in desalination: state of the art. Sol. Energy 75 (5), 381 – 393.

[42] Garcia-Rodriguez, L., Romero, T., Gomez-Camacho, C., 2001. Economic

analysis of wind-powered desalination. Desalination 137 (1 - 3), 259 - 265.

[43] Garg, H. R, Mann, H. S. , 1976. Effect of climatic, operational and design parameters on the year round performance of single sloped and double sloped solar still under Indian and arid zone condition. Sol. Energy 18 (2), 159 - 163.

[44] Geankoplis, C. J. , 2003. Transport Processes and Separation Process Principles, fourth ed. Prentice Hall, Englewood Cliffs, NJ.

[45] Gomkale, S. D. , 1988. Solar distillation as a means to provide Indian villages with drinking water. Desalination 69 (2), 171 - 176.

[46] Goosen, M. F. A. , Sablani, S. S. , Shayya, W. H. , Paton, C. , Al-Hinai, H. , 2000. Thermodynamic and economic considerations in solar desalination. Desalination 129 (1), 63 - 89.

[47] Grutcher, J. , 1983. Desalination a PV oasis. Photovoltaics Intern. (June/July), 24.

[48] Hamed, O. A. , Zamamiri, A. M. , Aly, S. , Lior, N. , 1996. Thermal performance and exergy analysis of a thermal vapor compression desalination system. Energy Convers. Manage. 37 (4), 379 - 387.

[49] Hanson, A. , Zachritz, W. , Stevens, K. , Mimbella, L. , Polka, R. , Cisneros, L. , 2004. Distillate water quality of a single-basin solar still: laboratory and field studies. Sol. Energy 76 (5), 635 - 645.

[50] Hermann, M. , Koschikowski, J. , Rommel, M. , 2000. Corrosion-free solar collectors for thermally driven seawater desalination. In: Proceedings of the EuroSun 2000 Conference on CD ROM, 19 - 22 June 2000, Copenhagen, Denmark.

[51] Houcine, I. , Benjemaa, F. , Chahbani, M. H. , Maalej, M. , 1999. Renewable energy sources for water desalting in Tunisia. Desalination 125 (1 - 3), 123 - 132.

[52] Howe, E. D. , Tleimat, B. W. , 1974. Twenty years of work on solar distillation at the University of California. Sol. Energy 16 (2), 97 - 105.

[53] Hussain, N. , Rahim, A. , 2001. Utilization of new technique to improve the efficiency of horizontal solar desalination still. Desalination 138 (1 - 3), 121 - 128.

［54］ ITC （Canary Islands Technological Institute）, 2001. Memoria de gestion （in Spanish）.

［55］ Kalogirou, S. A. , 1997. Solar distillation systems: a review. In: Proceedings of First International Conference on Energy and the Environment, vol. 2. Limassol, Cyprus, pp. 832 - 838.

［56］ Kalogirou, S. A. , 1997. Survey of solar desalination systems and system selection. Energy Int. J. 22 （1）, 69 - 81.

［57］ Kalogirou, S. A. , 2001. Effect of fuel cost on the price of desalination water: a case for renewables. Desalination 138 （1 - 3）, 137 - 144.

［58］ Kalogirou, S. A. , 2005. Seawater desalination using renewable energy sources. Prog. Energy Combust. Sci. 31 （3）, 242 - 281.

［59］ Karameldin, A. , Lotfy, A. , Mekhemar, S. , 2003. The Red Sea area wind-driven mechanical vapor compression desalination system. Desalination 153 （1 - 3）, 47 - 53.

［60］ Kiatsiriroat, T. , 1989. Review of research and development on vertical solar stills. ASEAN J. Sci. Technol. Dev. 6 （1）, 15.

［61］ Kimura, S. , Sourirajan, S. , 1968. Concentration polarization effects in reverse osmosis using porous cellulose acetate membranes. Ind. Eng. Chem. Process Des. Dev. 7 （1）, 41 - 48.

［62］ Klotz, I. M. , Rosenberg, R. M. , 1994. Chemical Thermodynamics: Basic Theory and Methods, fifth ed. Wiley, New York.

［63］ Kreider, J. F. , Kreith, F. , 1981. Solar Energy Handbook. McGraw-Hill, New York.

［64］ Kudish, A. I. , Gale, J. , 1986. Solar desalination in conjunction with controlled environment agriculture in arid zone. Energy Convers. Manage. 26 （2）, 201 - 207.

［65］ Kumar, S. , Tiwari, G. N. , 1996. Estimation of convective mass transfer in solar distillation systems. Sol. Energy 57 （6）, 459 - 464.

［66］ Kumar, S. , Tiwari, G. N. , 1998. Optimization of collector and basin areas for a higher yield active solar still. Desalination 116 （1）, 1 - 9.

［67］ Kvajic, G. , 1981. Solar power desalination, PV-ED system. Desalination

39，175.

[68] Lobo，P. C.，Araujo，S. R.，1978. A simple multi-effect basin type solar still. In：SUN，Proceedings of the International Solar Energy Society，vol. 3. New Delhi，India，Pergamon，Oxford，UK，pp. 2026 - 2030.

[69] Laft W.，1982. Five solar energy desalination systems. Int. J. Sol. Energy 1 (21).

[70] Lui. C. C. K.，Park，J. W.，Migita，R.，Qin，G.，2002. Experiments of a prototype wind-driven reverse osmosis desalination system with feedback control. Desalination 150 (3)，277 - 287.

[71] Major，J. K.，1990. Water wind and animal power. In：McNeil，J. (Ed.)，An Encyclopedia of the History of Technology. Rutledge，R. Clay Ltd，Great Britain，Bungay，pp. 229 - 270.

[72] Malik. M. A. S.，Tiwari，G. N.，Kumar，A.，Sodha，M. S.，1982. Solar Distillation. Pergamon Press，Oxford，UK.

[73] Matz. R.，Feist，E. M.，1967. The application of solar energy to the solution of some problems of electrodialysis. Desalination 2 (1)，116 - 124.

[74] Maurel，A.，1991. Desalination by reverse osmosis using renewable energies (solar-wind) Cadarache Centre Experiment. In：Seminar on New Technologies for the Use of Renewable Energies in Water Desalination，26 - 28 September 1991，Athens. Commission of the European Communities，DG XVII for Energy，CRES (Centre for Renewable Energy Sources)，Session II，pp. 17 - 26.

[75] Mebdizadeh，H.，Dickson，J. M.，Eriksson，P. K.，1989. Temperature effects on the performance of thin-film composite，aromatic polyamide membranes. Ind. Eng. Chem. Res. 28，814 - 824.

[76] Morris，R. M.，Hanbury，W. T.，1991. Renewable energy and desalination—a review. In：Proceedings of the New Technologies for the Use of Renewable Energy Sources in Water Desalination，Sec. I. Athens，Greece，pp. 30 - 50.

[77] Mocstafa，S. M. A.，Jarrar，D. I.，Mansy，H. I.，1985. Performance of a self-regulating solar multistage flush desalination system. Sol. Energy 35 (4)，333 - 340.

[78] Mukherjee，K.，Tiwari，G. N.，1986. Economic analysis of various designs

of conventional solar stills. Energy Convers. Manage. 26 (2), 155 – 157.

［79］ Mustacchi, C., Cena, V., 1978. Solar Water Distillation, Technology for Solar Energy Utilization. United Nations, New York, pp. 119 – 124.

［80］ Ophir, A., 1982. Desalination plant using low-grade geothermal heat. Desalination 40 (1 – 2), 125 – 132.

［81］ Parekh, S., Farid, M. M., Selman, R. R., Al-Hallaj, S., 2003. Solar desalination with humidification-dehumidification technique—a comprehensive technical review. Desalination 160 (2), 167 – 186.

［82］ Ptantikow, U., 1999. Wind-powered MVC seawater desalination-operational results. Desalination 122 (2 – 3), 291 – 299.

［83］ Popiel, C., Wojtkowiak, J., Biemacka, B., 2001. Measurements of temperature distribution in ground. Exp. Therm. Fluid Sci. 25, 301 – 309.

［84］ Porteous, A., 1975. Saline Water Distillation Processes. Longman, Essex, UK.

［85］ Rajvanshi, A. K., 1980. A scheme for large-scale desalination of seawater by solar energy. Sol. Energy 24 (6), 551 – 560.

［86］ Rajvanshi, A. K., 1981. Effects of various dyes on solar distillation. Sol. Energy 27 (1), 51 – 65.

［87］ Rodriguez, G., Rodriguez, M., Perez, J., Veza, J. 1996. A systematic approach to desalination powered by solar, wind and geothermal energy sources. In: Proceedings of the Mediterranean Conference on Renewable Energy Sources for Water Production, European Commission, EURORED Network, CRES, EDS, Santorini, Greece, 10 – 12 June 1996, pp. 20 – 25.

［88］ Rommel, M., Hermann, M., Koschikowski, J., 2000. The SODESA project: development of solar collectors with corrosion-free absorbers and first results of the desalination pilot plant. In: Mediterranean Conference on Policies and Strategies for Desalination and Renewable Energies, 21 – 23 June 2000, Santorini, Greece.

［89］ Satcunanathan, S., Hanses, H. P., 1973. An investigation of some of the parameters involved in solar distillation. Sol. Energy 14 (3), 353 – 363.

［90］ Schock, G., Miquel, A., 1987. Mass transfer and pressure loss in spiral wound modules. Desalination 64, 339 – 352.

［91］Shaffer, L. H. , Mintz, M. S. , 1980. Electrodialysis. In: Spiegler, K. S. , Laird, A. D. K. （Eds. ）, Principles of Desalination, Part A, second ed. Academic Press, New York, pp. 257 – 357.

［92］Sodha, M. S. , Adhikari, R. S. , 1990. Techno-economic model of solar still coupled with a solar flat-plate collector. Int. J. Energy Res. 14 （5）, 533 – 552.

［93］Sodha, M. S. , Kumar, A. , Tiwari, G. N. , Tyagi, R. C. , 1981. Simple multiple-wick solar still: analysis and performance. Sol. Energy 26 （2）, 127 – 131.

［94］Suneja, S. , Tiwari, G. N. , 1999. Optimization of number of effects for higher yield from an inverted absorber solar still using the Runge-Kutta method. Desalination 120 （3）, 197 – 209.

［95］Tabor, H. , 1990. Solar energy technologies for the alleviation of fresh-water shortages in the Mediterranean basin, Euro-Med solar. In: Proceedings of the Mediterranean Business Seminar on Solar Energy Technologies, Nicosia, Cyprus, pp. 152 – 158.

［96］Talbert, S. G. , Eibling, J. A. , Lof, G. O. G. , 1970. Manual on solar distillation of saline water, R&D Progress Report No. 546, U. S. Department of the Interior, Battelle Memorial Institute, Columbus, OH.

［97］Tanaka, H. , Nosoko, T. , Nagata, T. , 2000. A highly productive basin-type-multiple-effect coupled solar still. Desalination 130 （3）, 279 – 293.

［98］Tanaka, H. , Nosoko, T. , Nagata, T. , 2000. Parametric investigation of a basin-type-multiple-effect coupled solar still. Desalination 130 （3）, 295 – 304.

［99］Taylor, J. S. , Hofman, J. A. M. H. , Schippers, J. C. , Duranceau, S. J. , Kruithof, J. C. , 1994. Simplified modeling of diffusion controlled membrane systems. Aqua J. Water Supply Res. Technol. 43 （5）, 238 – 245.

［100］THERMIE Program, 1998. Desalination Guide Using Renewable Energies. CRES, Athens, Greece.

［101］Thomson, M. , Infield, D. , 2003. A photovoltaic-powered seawater reverse-osmosis system without batteries. Desalination 153 （1 – 3）, 1 – 8.

［102］Tiwari, G. N. , 1984. Demonstration plant of multi-wick solar still. Energy Convers. Manage. 24 （4）, 313 – 316.

[103] Tiwari, G. N., 1992. Contemporary physics-solar energy and energy conservation, (Chapter 2). In: Recent Advances in Solar Distillation. Wiley Eastern Ltd, New Delhi, India.

[104] Tiwari, G. N., 2002. Solar Energy. Narosa Publishing House, New Delhi, India.

[105] Tiwari, G. N., Noor, M. A., 1996. Characterization of solar still. Int. J. Sol. Energy 18, 147.

[106] Tiwari, G. N., Singh, H. N., Tripathi, R., 2003. Present status of solar distillation. Sol. Energy 75 (5), 367 – 373.

[107] Tiwari, G. N., Yadav, Y. P., 1985. Economic analysis of large-scale solar distillation plant. Energy Convers. Manage. 25 (14), 423 – 425.

[108] Tleimat, B. W., 1978. Solar Distillation: The State of the Art, Technology for Solar Energy Utilization. United Nations, New York, pp. 113 – 118.

[109] Tleimat, M. W., 1980. Freezing methods. In: Spiegler, K. S., Laird, A. D. K. (Eds.), Principles of Desalination, Part B, second ed. Academic Press, New York, pp. 359 – 400.

[110] Tleimat, B. W., Howe, E. D., 1967. Comparison of plastic and glass condensing covers for solar distillers. In: Proceedings of Solar Energy Society, annual conference, Arizona.

[111] Tzen, E., Morris, R., 2003. Renewable energy sources for desalination. Sol. Energy 75 (5), 375 – 379.

[112] Tzen, E., Perrakis, K., Baltas, P., 1998. Design of a stand-alone PV-desalination system for rural areas. Desalination 119 (1 – 3), 327 – 333.

[113] Veza, J., Penate, B., Castellano, F., 2001. Electrodialysis desalination designed for wind energy (on-grid test). Desalination 141 (1), 53 – 61.

[114] Vince, F., Marechal, F., Aoustin, E., Breant, P., 2008. Multi-objective optimisation of RO desalination plants. Desalination 222, 96 – 118.

[115] Voropoulos, K., Mathioulakis, E., Belessiotis, V., 2001. Experimental investigation of a solar still coupled with solar collectors. Desalination 138 (1 – 3), 103 – 110.

[116] Zarza, E., Ajona, J. I., Leon, J., Genthner, K., Gregorzewski, A.,

1991. Solar thermal desalination project at the Plataforma Solar de Almeria. In: Proceedings of the Biennial Congress of the International Solar Energy Society, 1, Part 11, Denver, Colorado, pp. 2270 - 2275.

[117] Zarza, E., Ajona, J. I., Leon, J., Genthner, K., Gregorzewski, A., Alefeld, G., Kahn, R., Haberle, A., Gunzbourg, J., Scharfe, J., Cord'homme, C., 1991. Solar thermal desalination project at the Plataforma Solar de Almeria. In: Proceedings of the New Technologies for the Use of Renewable Energy Sources in Water Desalination, Athens, Greece, Sec. Ill, pp. 62 - 81.

[118] Zein, M., Al-Dallal, S., 1984. Solar desalination correlation with meteorological parameters. In: Proceedings of the Second Arab International Conference, p. 288.

第9章 光伏系统

　　光伏（PV）组件为固态器件，能够在无需中间热机或转动设备的情况下将太阳光直接转化为电能。光伏设备不包含运动部件，维护简单，且使用寿命长。此外，在发电过程中不会排放温室气体和其他气体，几乎不产生噪声。事实上，光伏系统的规模从毫瓦特到兆瓦特不等。同时该系统是模块化的，即通过添加更多光伏面板，就可以增加发电量。光伏系统可靠稳定，不易损坏，可作为独立系统运行。

　　光伏电池由两层或两层以上半导体材料组成，最常见的半导体材料是硅。硅暴露在光线下时，产生电荷。通过金属接触将电荷带走，产生直流电。单块光伏电池的发电量小，所以将多块电池连接、封装（通常用玻璃盖板），形成一个组件（也被称为光伏面板）。光伏面板是光伏系统的主要组成部件，可以将几块面板连接在一起，从而生产出预期的电量，模块化结构是光伏系统的重要优势。

　　在约 50 年前太阳能光伏技术应用的早期，生产一块光伏面板所需的能量要大于一块光伏面板在其寿命期间内产生的能量。但是近十年来，由于光伏面板生产效率的提高和制造方法的改进，在中等太阳光照水平下，晶体硅光伏系统的回收期减少为 2~3 年，而一些薄膜系统的回收期差不多为一年（Fthenakis 和 Kim，2011）。

　　自 20 世纪 70 年代中期以来，光伏设备的价格急剧下降。人们普遍认为，随着光伏设备的价格下降，其市场将会迅速扩大。全世界的光伏设备销量每年约为 2500 MWe（2006 年的统计数据），与 2005 年的销量相比，增加了 40%（Sayigh，2008）。限制光伏技术广泛应用的主要障碍是制造电力系统所需半导体材料板的成本较高。但是，晶体硅光伏面板和薄膜光伏面板的成本均已经明显下降。特别是在中国，晶体硅光伏面板的产量增加。而薄膜光伏面板的大规模生产已开始。光伏组件的市场价格在 2010 年和 2000 年时，分别是为每瓦特 2 美元和 5 美元，到了 2012 年，这一价格已经降到了每瓦特不到 0.80 美元。大型薄膜光伏组件制造商 First Solar 预计到 2014 年，制造成本将低于每瓦 0.60 美元。

　　近年来，光伏组件的价格下降，再加上政府的激励措施，尤其是欧洲的固定价格政策和美国的投资税减免政策，使光伏设备市场迅速发展（RENI，2010；Price

和 Margolis，2010）。2000 年，全球光伏设备的装机容量为 1.4 GW（EPIA，2010）。2011 年末，全球光伏设备的装机容量已达到 67GW（Photon，2012a）；预期在 2012 年会增加 31GW（Photon，2012b）。

尽管光伏设备已经达到了批量生产的规模，并且制造成本较低，但是公共事业规模的光伏设备，其成本仍高于化石燃料和其他可再生能源（Tidball 等人，2010）。大型光伏项目的成本一般为每瓦 2.50~4 美元（Barbose 等人，2011），而电能的平均成本为每千瓦时为 0.17 美元。住宅光伏系统的成本会略高（没有政府的激励措施），在美国大概为每瓦 5 美元，而在德国则为每瓦 4 美元（Barbose 等人，2011）。

然而，成本的差距正在缩小。截至 2012 年，安装在高辐照度地区的大型光伏设备发电成本估计低至每千瓦时 0.10 美元。因此，随着光伏设备的实际应用日益增多，人们发现太阳能比化石燃料更加经济，例如峰值负荷动力。值得注意的是，随着光伏组件价格下降，对于每千瓦时的电力成本，光伏发电可能比聚光式太阳能发电的成本低。

光伏设备的其他优势能够证明，其价格虽高，但具有一定的合理性。与其他可再生能源相比，光伏设备不仅不会产生温室气体，还可安装在不同位置（屋顶、停车场遮阴篷上）。通过逐渐增加额外光伏组件，可在短短几个月的时间内建造一座公共事业规模的发电厂。光伏设备几乎无需维护（Price 和 Margolis，2010；Tidball 等人，2010）。同时，光伏设备能够在电力需求最高的下午时段内发电，其安装位置往往在用电方附近，从而减少了输电成本。这些因素使光伏设备产生的电力比传统发电站生产的电力更具价值。

要想降低设备的成本，有几种可供选择的方法。以薄膜材料为基础的系统，如非晶硅合金、碲化镉或铜铟联硒化合物，具有极大的发展前景。因为它们非常适合批量生产技术，且活性物质的需求量小。

由于光伏设备具有上述优点，因此习惯上将其应用于没有公共电网的偏远地区，尤其是在无法利用传统能源发电或利用传统能源发电成本高的地区，如通信基站或气象站。但是，随着光伏设备的价格降低，以及政府采取的激励措施，光伏设备在许多地区已经成为价格实惠的发电资源。现在，有很大一部分光伏系统与电网相连。这些市场条件也带动了光伏设备的广泛使用，人们将大型商业光伏系统安装在建筑物屋顶和公共发电设备上。目前，最大的设备容量约为几百兆瓦（RENI，2012）。对于光伏并网配电系统而言，由于光伏设备产生的电力在峰值需求时段，因此其电力的实际价值高，从而降低了原先为满足峰值电力需求而利用额外的传统电力的价格。此外，光伏发电的位置位于用电方附近，减少了输电费用和配电费用，提高了系统的可靠性。

光伏器件，如光伏电池，用于直接将太阳辐射转化为电。第 1 章 1.5.1 小节中概括介绍了可用的光伏电池材料。光伏电池由不同的半导体制成，最常用的材料为硅（Si）和硫化镉化合物（CdS）、硫化亚铜（Cu_2S）和砷化镓（GaAs）。将光伏电池装入光伏组件内，当组件被光照射时会产生比电压和比电流。Kazmerski（1997）全面介绍了光伏电池技术和光伏组件技术。光伏组件可串联或并联，产生较大电压或电流。光伏系统依赖太阳光，无运动部件，模块化，全面满足动力要求，可靠性高且使用寿命长。光伏系统可独立使用，或与其他发电能源一起使用。以光伏系统作为驱动力的应用包括通信（地球通信和宇宙通信）、远程电源、远程监控、照明、抽水、电池充电（见 9.4 小节）。

9.1　半导体

为了理解光伏效应，以下小节将介绍一些关于半导体及其作为光伏能量转换装置的基本理论，以及关于 p-n 结的内容。

众所周知，原子由原子核和电子组成，电子围绕原子核运行。根据量子力学，一个孤立原子的电子仅具有特定的离散能级或量化能级。在多条轨道上均有电子的元素中，最内层的电子能量最小，因此需要更多的能量克服原子核的吸引力，释放电子。原子相互靠近时，改变了单个原子的电子能，并按照能带将能级分组。在一些能带中，可以有电子存在；而在其他能带中，则不允许电子存在。最外层的电子是唯一与其他原子相互作用的电子。价带是指被电子占满的最高能带，相当于一个原子内的价电子基态。价带中的电子与原子中的原子核松散依附，因此更易依附于邻近的原子，为原子提供负电荷，并使原来的原子成为正带电离子。价带中的一些电子可能拥有大量能量，并跃入较高的能带。这些电子主要进行导电和导热，而该能带则称为导带。价带中一个电子的能量与导带最内电子壳层的能量之差被称为带隙。

图 9.1 为三种材料的能带示意图。价带为被电子占满且导带为空的材料，其带隙非常大。而且由于满带内的电子无法带电，因此这样的材料被称为绝缘体。能隙如此之大，以至于一般情况下，价电子无法接收能量，原因是空导带无法触及价电子。这些材料的带隙超过 3eV。

价带相对较空且导带内含一定电子的材料被称为导体。在这种情况下，价带与

太阳能能源工程工艺与系统（第二版）

导带是重合的。价电子能够接收来自外磁场的能量，并且能够以同一能带内偏高的能级移动至未满容许状态。金属属于导体，金属中的价电子能够很容易挣脱原子核的束缚，成为自由电子。

　　价带带隙部分充满的材料拥有中间带隙，被称为半导体。半导体材料的带隙小于 3eV，与绝缘体拥有相同的能带结构；但是半导体材料的能带更加狭窄。两种半导体均为纯半导体，被称为本征半导体；而含有少量杂质的半导体则被称为非本征半导体。在本征半导体中，可轻易利用热能方法或光学方法激发价电子，并且价电子能够越过窄能带进入导带。在导带中，电子无原子键，因此能够自由穿过晶体。

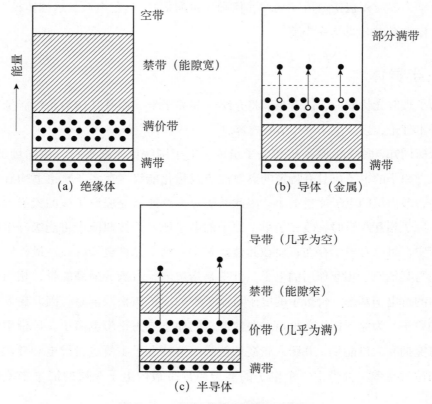

图 9.1　三种典型材料的能带示意图

9.1.1　p-n 结

　　硅（Si）为化学元素周期表中的第四族元素。在半导体中，如果掺杂的材料，其价带带隙中的电子多于半导体中的电子，则掺杂的材料被称为 n 型半导体。n 型半导体呈电中性，有过剩电子用于导电。如果用化学元素周期表中第五族元素，如砷（As）或锑（Sb）替换硅（Si）原子，则会形成 n 型半导体。同时，如果确实用化学元素周期表中第五周期元素替换 Si 原子，则会形成可围绕晶体运动的电子。如果清除这些过剩电子，原子将剩下正电荷。

在半导体中，如果掺杂的材料，其价带带隙中的电子少于半导体中的电子，则含杂质的材料被称为 p 型半导体。p 型半导体呈电中性，但其结构中有空穴（丢失的电子）可容纳过剩电子。如果用化学元素周期表第三周期元素，如镓（Ga）或铟（In）替换硅（Si）原子，则会形成 p 型半导体。从而形成了正粒子，被称为空穴，该正粒子能够通过漫射或漂移围绕晶体移动。如果额外电子能够将空穴填满，则杂质原子在主半导体原子形成的结构中更加均匀，但是原子将带负电。

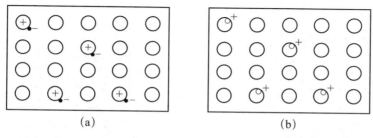

图 9.2　n 型半导体（图 a，含过剩电子）和 p 型半导体（图 b，含过剩空穴）示意图

图 9.2 为两种半导体的示意图。n 型半导体和 p 型半导体中的电子和空穴均能在半导体中自由移动。穿过 p-n 结所需的能量大小取决于半导体材料，对于硅元素而言，电子穿过 p-n 结所需的能量为 1.11eV。

当 p 型半导体和 n 型半导体结合在一起，也即是形成一个结，如图 9.3 所示时，上一段描述的情况便会发生。可以看出，当两种材料结合在一起时，n 型半导体产生的过剩电子跃入 p 型半导体中，填充 p 型半导体中的空穴。而 p 型半导体产生的空穴则扩散至 n 型半导体中，使 p-n 结中的 n 侧带正电，而 p 侧带负电。p 侧的负电限制了 n 侧产生的额外电子的活动；但是由于 p-n 结中的 n 侧带正电，因此 p 侧产生的额外电子，其移动更加自如。所以 p-n 结类似于一根二极管。

图 9.4 为 n 型半导体和 p 型半导体的能带示意图。在 n 型半导体中，由于所含杂质在电流传导的过程中产生了额外电子，因此被称为施主，其能级则被称为施主能级。图 9.4（a）为 n 型半导体能带示意图。从中可以看出，施主能级位于禁带范围内。而在 p 型半导体中，所含杂质接收额外电子，因此被称为受主，其能级则被称为受主能级。图 9.4（b）为 p 型半导体能带示意图。从中可以看出，受主能级在

禁带内。

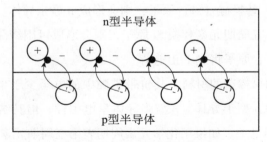

图9.3　p-n 结示意图

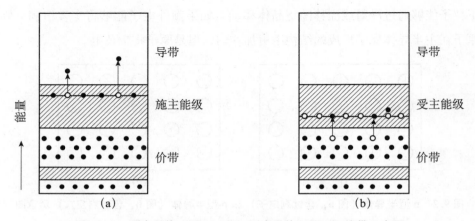

图9.4　n 型半导体（图 a）和 p 型半导体（图 b）能带示意图

9.1.2　光伏效应

一个光子进入一种光伏材料时，可被反射、吸收或传播。而当这个光子被原子的价电子吸收时，电子的能量因光子的能量而增加。如果光子的能量超过半导体的带隙，那么具有过剩能量的电子将跃入导带中。在导带中，电子能够自由移动。因此，当光子被吸收时，一个电子便会脱离原子。在 p-n 结的帮助下，电场能够去除光伏材料前后的电子。如果没有电场，那么电子重新与原子结合；然而当电场存在时，电子流过原子，形成电流。如果光子能量小于带隙能量，那么电子将无法跃入导带内，并且过剩能量会转化为电子的动能，使温度升高。必须注意的是，相对于带隙能量，不论光子能量的密度为多少，只能释放一个电子。这就是光伏电池效率低的原因。

图9.5 为光伏电池的运行情况。这些太阳能电池包含 p 型半导体和 n 型半导体的 p-n 结。在某种程度上，电子和空穴扩散在 p-n 结的边界，形成一个跨越 p-n 结的电场。光子作用使 n 层内生成了自由电子。当太阳光的光子照射至太阳能电池表面

并由半导体吸收时，其中一部分光子形成多个电子空穴对。如果这些电子空穴对与
p-n 结距离很近，那么电场使电荷分离，电子则移向 n 型半导体侧，而空穴则移向 p
型半导体侧。如果太阳能电池的两侧已经负荷连接，那么只要日光照射太阳能电池，
电流便会流动。

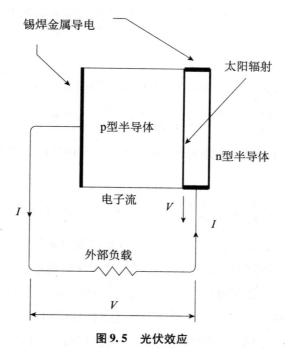

图 9.5　光伏效应

在标准晶体硅电池中，n 型半导体层的厚度约为 0.5μm，而 p 型半导体层的厚
度则约为 0.25mm。根据方程（2.31）可得电磁辐射的速度。光子的能量，即
E_p，为：

$$E_p = hv \tag{9.1}$$

其中，

h = 普朗克常数 = 6.625×10^{-34} J s；

v = 频率（s^{-1}）。

联立方程（2.31）和（9.1），可得

$$E_p = \frac{hC}{\lambda} \tag{9.2}$$

硅元素的带隙为 1.11 eV（1 eV = 1.6×10^{-19} J）；因此根据方程（9.2）我们可
以发现，波长为 1.12μm 或小于 1.12μm 的光子可用于产生电子空穴对，从而产生
电。通过观察图 2.26 中的波长分布情况可以看出，光伏设备可以有效利用大多数太

阳辐射。入射至光伏电池上的光子数量 n_p 可根据光强 I_p 估算得出，计算公式为：

$$n_p = \frac{I_p}{E_p} \tag{9.3}$$

例 9.1

光强为 3mW 且波长为 743nm 的光束正照射在太阳能电池上。试估计入射至光伏电池上的光子数。

解答

根据方程（9.2），已知光速为 300, 000, 000 [$= 3 \times 10^8 \text{m/s}$]，可得

$$E_p = \frac{hC}{\lambda} = \frac{6.625 \times 10^{-34} \times 3 \times 10^8}{743 \times 10^{-9}} = 2.675 \times 10^{-19} \text{J}$$

根据方程（9.3），已知光强为 3×10^{-3} W 或 3×10^{-3} J/s，则每秒入射至光伏电池上的光子数量为：

$$n_p = \frac{I_p}{E_p} = \frac{3 \times 10^{-2}}{2.675 \times 10^{-19}} = 1.12 \times 10^{16} \text{（光子/s）}$$

光伏电池由活性光伏材料、金属栅线、减反射层以及辅助材料组成。整组电池经过优化处理，最大程度上提高阳光射入量，最大化电池输出功率。光伏材料可以采用任意一种化合物。金属栅线可以提升通过太阳能电池正背面收集电流的能力。电池的上表面涂有减反射层，一般为单层，经过优化后可以使入射的光线最大化。因此，光伏电池颜色范围广，从黑色到蓝色，均可选用。在部分类型光伏电池中，电池上表面覆盖半透明导体，该导体可作为电流收集装置和减反射层。一块完整的光伏电池相当于设有正负极的双终端元件。

硅是一种含量丰富的化学元素，占地壳 25%。虽然硅材料成本低廉，但是硅电池的制造工艺并不简单，而且耗时长，其中包括硅提纯、高温熔体拉伸成长形晶体、晶体切割成薄片、杂质渗入晶片以及涂覆各种镀层与导电体。目前，硅电池的所有成本几乎均来自于人工成本。预计未来数年，随着制造技术的进步以及制造工艺自动化，价格会显著降低。

9.1.3 光伏电池特性

光伏发电机主要包括太阳能电池、电路、保护件和支座。太阳能电池由半导体材料制成，通常为硅，并经过特殊处理，形成了一个电场。该电场的一侧（即背面）带正电，而另一侧（朝向太阳的正面）则带负电。当太阳能（即光子）入射至太阳能电池上时，电子会脱离半导体材料中的原子，形成电子空穴对。如果导体附

着于带正电侧和带负电侧，形成一个电路，那么以电流形式捕获的电子则被称为光电流 I_{ph}。根据这一描述可以了解，在黑暗条件下，太阳能电池为非主动型，像一根二极管一样工作，即是说，p-n 结不会产生电流或电压。但是，如果将太阳能电池与外部大电压电源相连，则会产生电流，被称为二极管电流或暗电流 I_D。通常情况下用一个等效单二极管电学模型表示太阳能电池，如图 9.6 所示（Lorenzo，1994）。该电路可用于模拟单块电池、若干电池组成的模块或由几个模块组成的阵列。

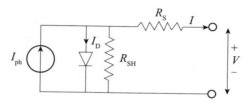

图 9.6 单太阳能电池模型

如图 9.6 所示，太阳能电池单二极管模型包含一个电源 I_{ph}、一根二极管和一个串联电阻 R_S，该串联电阻表示每一块电池内的电阻。二极管也具有一个内部并联电阻，如图 9.6 所示。光电流 I_{ph} 与普通二极管电流 I_d 之间的差值为净电流：

$$I = I_{ph} - I_D = I_{ph} - I_o\left\{\exp\left[\frac{e(V + IR_S)}{kT_C}\right] - 1\right\} - \frac{V + IR_S}{R_{SH}} \tag{9.4a}$$

应注意的是，并联电阻通常比负载电阻大很多。但是串联电阻却比负载电阻小很多，这样电池内部消耗的电力较少。因此，不考虑这两种电阻，净电流是光电流 I_{ph} 与普通二极管电流 I_d 之差。因此，普通二极管电流 I_d 可表示为：

$$I = I_{ph} - I_D = I_{ph} - I_o\left[\exp\left(\frac{eV}{kT_C}\right) - 1\right] \tag{9.4b}$$

其中：

k = 波兹曼常数 = 1.381×10^{-23} J/K；

T_C = 电池的绝对温度（K）；

e = 电子电荷，为 1.602×10^{-19} J/V；

V = 电池整个范围内的电压（V）；

I_o = 暗饱和电流，主要取决于温度（A）。

图 9.7 表示的是在固定电池温度 T_C 以及辐照度（G_t）的条件下，太阳能电池的电流 – 电压特性曲线。光伏电池产生的电流取决于外加电压和入射至光伏电池上的光照强度。当光伏电池短路时，电流最大（即短路电流 I_{sc}），且穿过电池的电压为 0。当光伏电池为开路时，导线未形成电路，则电压最大（即开路电压 V_{oc}），电流

为 0。不管是开路状态还是短路状态，功率（即实时电压）均为 0。而在开路和短路之间，功率输出大于 0。图 9.7 为典型的电流电压曲线。图中采用了符号规约，将光线充足且光伏电池接线端接正电压时光伏电池产生的电流作为正电流。

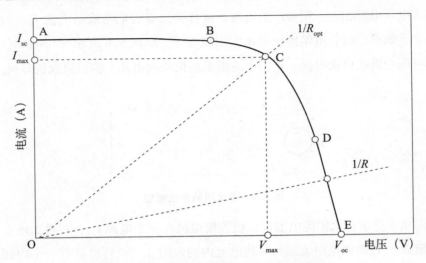

图 9.7　光伏电池的典型电流电压曲线示意图

如果光伏电池接线端与可变电阻 R 相连，则工作点由太阳能电池的伏安特性曲线与负载的电流—电压曲线的交点确定。如图 9.7 所示的电阻负载，负载特性为一条直线，斜率 $1/V = 1/R$。如果负载电阻小，则电池在曲线的 AB 区工作。在 AB 区内，电池相当于一个恒定电流源，几乎等于短路电流。另一方面，如果负载电阻大，电池则在曲线的 DE 区工作。在 DE 区内，电池更相当于一个恒定电压源，几乎等于开路电压。可以利用电流和电压计算功率。如果进行计算，并将计算结果绘制在 P-V 图表上，则可得到图 9.8。最大功率来自最大功率点（即图 9.7 上的 C 点）。在 C 点上，最佳的负载电阻为 R_{opt}，且电阻负载上消耗的功率最大，其值为：

$$P_{max} = I_{max}V_{max} \tag{9.5}$$

图 9.7 中的 C 点也被称为最大功率点，在该处的工作点 P_{max}、I_{max} 和 V_{max}，输出功率最大。根据 P_{max}，可以计算出填充因子 FF：

$$P_{max} = I_{sc}V_{oc}FF \tag{9.6}$$

或

$$FF = \frac{P_{max}}{I_{sc}V_{OC}} = \frac{I_{max}V_{max}}{I_{sc}V_{OC}} \tag{9.7}$$

填充因子是伏安特性的一种度量。对于优质光伏电池而言，填充因子值大于 0.7。填充因子值随电池温度升高而减小。

因此，照射并负载一块光伏电池，电压等于光伏电池的最大电压，即 V_{max}，输出功率达到最大值。利用电阻负载、电子负载或蓄电池能够装载电池。单晶太阳能电池的标准参数为电流密度 $I_{sc} = 32$ mA/cm^2、$V_{oc} = 0.58$ V、$V_{max} = 0.47$ V、FF $= 0.72$ 且 $P_{max} = 2273$ mW（ASHRAE，2004）。

根据图 9.7 可得出的其他基本参数为短路电流和开路电压。短路电流 I_{SC} 大于电池产生的电流，并且在短路条件下获得，即 $V = 0$，且等于 I_{ph}。当光电流穿过二极管时，开路电压相当于二极管范围内的电压降 I_{ph}，等于 I_D。且产生的电流 $I = 0$。根据方程（9.4b）可得夜间光伏电池的电压：

$$\exp\left(\frac{eV_{OC}}{kT_C}\right) - 1 = \frac{I_{SC}}{I_O} \tag{9.8}$$

V_{oc} 的计算公式为：

$$V_{OC} = \frac{kT_C}{e}\ln\left(\frac{I_{SC}}{I_O} + 1\right) = V_t\ln\left(\frac{I_{SC}}{I_O} + 1\right) \tag{9.9}$$

其中，$V_t =$ 热电压（V）

$$V_t = \frac{kT_C}{e} \tag{9.10}$$

光伏电池的输出功率 P 为：

$$P = IV \tag{9.11}$$

输出功率取决于负载电阻 R，且 $V = IR$，则：

$$P = I^2R \tag{9.12}$$

将方程（9.4b）代入（9.11）

$$P = \left\{I_{sc} - I_o\left[\exp\left(\frac{eV}{kT_C}\right) - 1\right]\right\}V \tag{9.13}$$

就 V 而言，对方程（9.13）微分。设导函数等于 0，最大外加电压为 V_{max}，最大电池输出功率为：

$$\exp\left(\frac{eV_{max}}{kT_C}\right)\left(1 + \frac{eV_{max}}{kT_C}\right) = 1 + \frac{I_{sc}}{I_o} \tag{9.14}$$

这是电压 V_{max} 的一个显式方程，在短路电流（$I_{sc} = I_{ph}$）、暗饱和电流（I_o）和绝对电池温度（T_C）方面将功率最大化。如果这三个参数的值已知，则可以通过试错法，利用方程（9.14）得出 V_{max}。

将方程（9.14）代入（9.4b），则使输出功率最大化的负载电流 I_{max} 为：

$$I_{\max} = I_{sc} - I_o\left[\exp\left(\frac{eV}{kT_C}\right) - 1\right] = I_{sc} - I_o\left[\frac{1 + \dfrac{I_{sc}}{I_o}}{1 + \dfrac{eV_{\max}}{kT_C}} - 1\right] \qquad (9.15)$$

可得：

$$I_{\max} = \frac{eV_{\max}}{kT_C + eV_{\max}}(I_{sc} + I_o) \qquad (9.16)$$

由方程（9.5），可得：

$$P_{\max} = \frac{eV_{\max}^2}{kT_C + eV_{\max}}(I_{SC} + I_O) \qquad (9.17)$$

效率有时是另一种度量光伏电池性能的方式。效率意为最大电功率输出与入射光功率的比值。一般情况下所说的效率是指光伏电池温度为25℃、入射光辐照度为1000W/m²情况且光谱接近于太阳正午阳光光谱的效率。提高电池的效率，能够直接减少光伏系统成本。我们已对光伏过程的每一步进行了研发。技术的进步使单晶硅太阳能电池的效率达到了14%～15%。而多晶硅太阳能电池在批量生产线上表现出的效率为12%～13%。

另一个目标参数为最大效率，它是最大功率和入射光功率之比，其方程为：

$$\eta_{\max} = \frac{P_{\max}}{P_{in}} = \frac{I_{\max}V_{\max}}{AG_t} \qquad (9.18)$$

其中，

A = 电池面积（m²）。

例 9.2

如果一块太阳能电池的暗饱和电流为 $1.7 \times 10^{-8} A/m^2$，那么电池温度为27℃，短路电流密度为250 A/m²，计算开路电压 V_{oc}、最大功率下的电压 $V_{\max}$、最大功率下的电流密度 $I_{\max}$、最大功率 $P_{\max}$、最大效率 $\eta_{\max}$。当可用太阳辐射为820 W/m² 时，需要多大的电池面积才能获得20W的功率输出？

解答

首先，估计 e/kT_C 的值，可利用方程：

$$\frac{e}{kT_C} = \frac{1.602 \times 10^{-19}}{1.381 \times 10^{-23} \times 300} = 38.67 V^{-1}$$

由方程（9.9）可得：

$$V_{OC} = \frac{kT_C}{e}\ln\left(\frac{I_{SC}}{I_O} + 1\right) = \frac{1}{38.67}\ln\left(\frac{250}{1.7 \times 10^{-8}} + 1\right) = 0.605 V$$

通过试错法，利用方程（9.14）可得，最大功率下的电压，即

$$\exp\left(\frac{eV_{max}}{kT_C}\right)\left(1 + \frac{eV_{max}}{kT_C}\right) = 1 + \frac{I_{SC}}{I_0}$$

或

$$\exp(38.67V_{max})(1 + 38.67V_{max}) = 1 + \frac{250}{1.7 \times 10^{-8}}$$

得出 $V_{max} = 0.526$ V

由方程（9.16）出最大功率点的电流密度估计为：

$$I_{max} = \frac{eV_{max}}{kT_C + eV_{max}}(I_{SC} + I_0)$$

$$= \frac{1.602 \times 10^{-19} \times 0.526}{1.381 \times 10^{-23} \times 300 + 1.602 \times 10^{-19} \times 0.526}(250 + 1.7 \times 10^{-8}) = 238.3 A/m^2$$

由方程（9.5）可得最大功率 P_{max}

$$P_{max} = I_{max}V_{max} = 238.3 \times 0.526 = 125.3 \ W/m^2$$

由方程（9.18）可得最大效率 η_{max}

$$\eta_{max} = \frac{P_{max}}{P_{in}} = \frac{125.3}{820} = 15.3\%$$

最后，输出功率为20W时的电池面积为：

$$A = \frac{P_{req}}{P_{max}} = \frac{20}{125.3} = 0.16 m^2$$

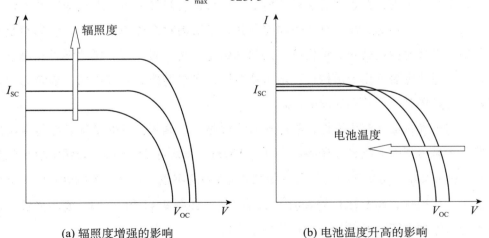

(a) 辐照度增强的影响　　　　　　　(b) 电池温度升高的影响

图 9.9　太阳辐照与电池温度对于光伏电池特性的影响

图9.7 中所示的太阳能电池伏安特性适用于某种辐照度 G_t 和电池温度 T_C 条件。这两个参数对于电池特性的影响，详见图9.9。如图（a）所示，增加太阳辐射，则开

路电压成对数增加；而短路电流则线性增加。电池温度对于电池特性的影响如图（b）所示。电池温度升高的主要作用在于开路电压。随着电池温度的升高，开路电压线性降低，因此电池效率也下降了。可以看出，随着电池温度的升高，短路电流小幅增加。

事实上，太阳能电池可以串联，也可以并联。图9.10展示了当两块完全相同的电池并联和串联在一起时如何修改伏安曲线。从中可以看到，当两块完全相同的电池并联时，电压仍相同，但是电流加倍。而当二者串联时，电流仍旧相同，电压却加倍。

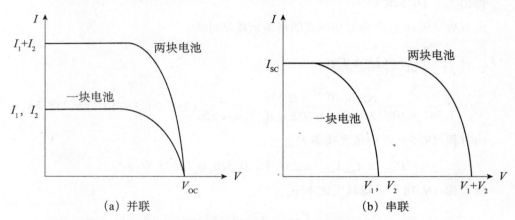

(a) 并联   (b) 串联

图9.10 两块完全相同的太阳能电池在串联与并联条件下的伏安曲线

9.2 光伏电池板

光伏组件可安置在恶劣的室外环境下，如海洋、热带地区、北极地区和沙漠地区。光伏活性材料的选择、材料的构成及其原子结构对系统的设计与性能具有重要的影响。光伏材料包括硅、砷化镓、铜铟联硒化合物、碲化镉、磷化铟以及其他多种材料。光伏电池的原子结构可以是单晶结构、多晶结构或非晶结构。最常见的光伏材料是晶体硅，即单晶硅或多晶硅。

一般将光伏电池归为组件，利用不同的材料封装起来，目的是保护电池和电连接器免受恶劣环境的损害（Hansen等人，2000）。如图9.11所示，光伏电池组件包含 N_{PM} 并联支路。每个支路均具有串联的 N_{SM} 太阳能电池。在接下来的分析中，上标M表示光伏组件，而上标C则表示太阳能电池。如图9.11所示，V^M 表示光伏组件端子上的外加电压，而 I^M 则表示产生的总电流。

用图9.6中的图代表图9.11中的每一块电池，则可获得光伏组件模型。该模型由Lorenzo（1994）建立，其优点是仅需要标准制造商为组件和电池提供的数据。任意工作条件下的光伏组件电流，I^M 为：

$$I^M = I_{SC}^M \left[1 - \exp\left(\frac{V^M - V_{OC}^M + R_S^M I^M}{N_{SM} V_t^C} \right) \right] \qquad (9.19)$$

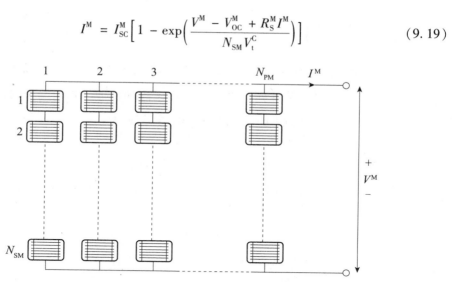

图 9.11　包含 N_{PM} 并联支路的光伏组件的示意图。每个支路均具有串联的 N_{SM} 太阳能电池

必须注意的是，光伏组件电流 I^M 是一个隐函数，它取决于以下因素：

（1）组件的短路电流，其计算公式为：

$$I_{SC}^M = N_{PM} I_{SC}^C$$

（2）组件的开路电压，其计算公式为：

$$V_{OC}^M = N_{PM} V_{OC}^C$$

（3）组件的等效串联电阻，其计算公式为：

$$R_S^M = \frac{N_{SM}}{N_{PM}} R_S^C$$

（4）单个太阳能电池的半导体热电压，其计算公式为：

$$V_t^C = \frac{kT^C}{e}$$

现行方法表明，光伏组件的性能由其标准额定条件（SRC）（即太阳辐照度 $G_{t,o} = 1000 \ \mathrm{W/m^2}$；电池温度 $T_0^C = 25 \ ℃$）决定。这些条件与太阳能电池组件标称工作温度（NOCT）不同，如表 9.1 所示。

表 9.1　标准额定条件（SRC）和太阳能电池组件标称工作温度（NOCT）条件

SRC 条件	NOCT 条件
太阳辐照：$G_{t,o} = 1000 \mathrm{W/m^2}$ 电池温度：$T_{OC} = 25 ℃$	太阳辐照：$G_{t,NOCT} = 800 \ \mathrm{W/m^2}$ 环境温度：$T_{a,NOCT} = 20 \ ℃$ 风速：$W_{NOCT} = 1 \ \mathrm{m/s}$

9.2.1 光伏阵列

光伏系统中的组件通常与阵列相连。图 9.12 为带 M_p 并联支路（每个并联支路均有 Ms 串联组件）的一个阵列。用上标 A 表示阵列特性，阵列端子的外加电压表示为 V^A，而阵列的总电流则表示为 I^A，I^A 的计算公式为：

$$I^A = \sum_{i=1}^{M_P} I_i \tag{9.20}$$

如果假设组件完全相同且所有组件中的环境辐照度均相同，那么阵列电流的公式为：

$$I^A = M_P I^M \tag{9.21}$$

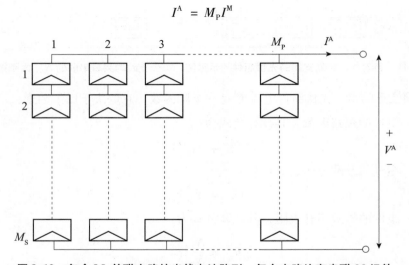

图 9.12　包含 M_p 并联支路的光伏电池阵列，每个支路均有串联 M_s 组件

例 9.3

一个光伏系统必须在 24V 的电压条件下产生 250W 的功率。如果每块电池的面积为 $9cm^2$，利用例 9.2 中的太阳能电池，试设计在最大功率点工作的光伏面板。

解答

从例 9.2 可得 $V_{max} = 0.526V$。最大功率点的电流密度为 $238.3A/m^2$。因此，该电池的

$$I_{max} = 238.3 \times 9 \times 10^{-4} = 0.2145A$$

每块电池输出功率 $= 0.526 \times 0.2145 = 0.1\ W$

需要的电池数量 $= 250/0.1 = 2500$ 块

串联的电池数 = 系统电压/每块电池的电压 $= 24/0.526 = 45.6 \approx 46V$（实际上是

46 块电池，电压 = 24.2 V）。

46 块串联电池的行数（并联连接） = 2500/46 = 54.3 ≈ 55 行（实际上，该光伏面板输出的功率为 55 × 46 × 0.1 = 253 W）。

光伏电池易碎，且易受湿气或指纹的腐蚀，其导线精密。同时，单块光伏电池的工作电压约为 0.5V，因此其用途有限。一个光伏组件是光伏电池的集合，提供可用的工作电压以及电池保护措施。根据不同的制造商和光伏材料，光伏组件具有不同的外观和性能特性。光伏组件也可用于特别的条件下，如高温潮湿气候、沙漠条件或寒冷气候内。通常情况下，电池彼此串联，工作电压约为 30 ~ 60V 之间。将一行行电池封装在聚合物、遮光玻璃盖板和背板材料中，通过连接在组件背后的接线盒，便于和其他组件或电气设备接线。

9.2.2　光伏技术的类型

目前有许多类型的光伏电池，主要类型为晶体硅光伏电池、薄膜光伏电池和三结光伏电池。晶体硅光伏电池大约占据了光伏市场 80% 的份额。薄膜光伏电池的市场份额已增加至 20% 左右。而三结光伏电池则用于新兴的聚光光伏领域。本节详细介绍了商业化平板光伏技术，并对目前处于研发阶段的光伏电池进行概述。9.7 小节将详细介绍聚光光伏技术。

对于一个既定项目而言，选择晶体光伏组件还是选择薄膜光伏组件，主要取决于气候条件和空间条件。如下文所述，晶体组件效率更高（也就是说单位面积的组件其功率输出更高），而薄膜组件则较高产（即额定功率条件下产生的能量更多），尤其是在高温条件下（RENI，2012）。假设这两种组件的价格相同（$/W），晶体组件适用于温和气候条件下，空间受限的项目，而薄膜组件则适用于炎热气候条件下，宽敞的空间环境。

（1）单晶硅光伏电池：单晶硅光伏电池由纯单晶体硅制成。在这种光伏电池中，硅具有单一连续晶格结构，几乎无瑕疵或杂质。单晶电池的主要优点是效率高，一般约为 14% ~ 15%。市场上的优质单晶组件，其效率超过 20%（RENI，2012）。

近年来，随着单晶硅光伏电池原材料生产能力的提高，电池价格已经显著降低，这使其（和多晶硅）与薄膜组件相比更具价格竞争力，但是单晶硅光伏电池的制造工艺复杂，致使电池的成本非常高。与薄膜光伏技术相比，晶体硅的功率输出随着电池温度的升高而迅速减少。晶体硅的温度系数约为（0.4% ~ 0.5%）/℃。此外，晶体硅的效率在低亮度的条件下有所降低，而薄膜组件的效率几乎保持恒定不变

（Marion，2008）。单晶硅组件相对昂贵，通常安装在受限空间内产生最适合功率的位置，如住宅区或商用屋顶。

（2）多晶硅光伏电池：多晶硅光伏电池，也被称为多晶光伏电池，是用若干单晶硅颗粒制成。在制造过程中，将熔化的多晶硅铸成多晶硅块，随后将其切割成非常薄的晶片，然后组装成完整的电池。多晶电池造价比单晶电池便宜，原因是多晶电池的制造工艺比单晶电池的制造工艺简单。但是，这两种电池的效率都不高，一般约为 13% ~ 15%（Price 和 Margolis，2010），高端产品可以达到 17%（RENI，2010）。二者都具有相对较高的温度系数。鉴于多晶组件以往的性能表现、较高的效率、价格适中等特点，它广泛用于各种应用中，包括屋顶安装阵列和地面安装阵列。

（3）非晶硅太阳能电池：第 1 章 1.5.1 小节已详细介绍了非晶硅太阳能电池的一般特点。与单晶硅电池和多晶硅电池不同，非晶硅（a-Si）电池内的硅原子排列在薄同质层上。与晶体硅相比，非晶硅对于光的吸收更加有效，使电池更薄，因此将其称为薄膜光伏技术。

非晶硅电池的优点是制造成本低，且单位额定功率容量的产能（kWh/kWp）高。高产能源于其以下两种特性（Jardine 等人，2001；Kullmann，2009）：

（1）在大众市场中所有的光伏技术中，非晶硅光伏技术最不易受高温影响，其温度系数仅为约 - 0.2%/℃（Marion，2008）。

（2）非晶硅吸收蓝色光波的效率相对较高，蓝色光波出现在阴天条件下。因此在一整年中，尤其是温暖气候条件下，非晶硅组件的发电量通常超过相同峰值功率的晶体硅组件的发电量。

非晶硅组件的效率仅为 6% ~ 7%（Price 和 Margolis，2010）。由于非晶硅组件的成本低，因此可用于多种光伏系统。但是，随着其他薄膜技术的进步以及效率的提升，非晶硅组件面临的挑战日益增强。为了提高效率，越来越多的非晶硅组件与多晶硅层或微晶硅（即多晶硅的变体）层结合。这种混合组件的特性处在纯非晶硅和晶体硅特性之间，效率约为 9% ~ 10%。一些大型的光伏制造商已经逐步淘汰了纯非晶硅产品生产线，取而代之的是混合设计。非晶硅电池的最大优点可能是可以放在各种不同的基质上，不论是坚硬的基质还是柔韧的基质。目前，由非晶硅太阳能电池制成的光伏面板具有多种形状，如屋顶瓦片形，它能够代替太阳能屋顶上的普通瓷砖。

- 碲化镉（CdTe）：薄膜光伏市场主要由该领域的制造商 First Solar 开发。在

2008 年，First Solar 在全球薄膜光伏市场的份额达 59%（Schreiber，2009），因此其技术成本低（First Solar 是首个以不到每瓦 1 美元的成本生产光伏组件的公司）、生产能力强（Runyon，2012）。虽然随着低成本晶体硅产品在中国的出现，碲化镉的价格优势已经下降，但是其仍以低于每瓦 0.75 美元的制造成本（Runyon，2012）和约 2GW 的年生产能力保持着相当大的市场优势。

　　与非晶硅一样，碲化镉也相当耐热，其温度系数约为（0.25% ~ 0.35%）/℃，但是它的效率却较高（10% ~ 11%）。碲化镉因其成本低、效率稳定、产量大的特点，打开了一个新的光伏市场，即公共事业规模的太阳能发电设备。碲化镉组件虽然非常适合于商用发电的大型地面安装阵列，但是也可以安装在商用屋顶上。

　　● 铜铟镓硒化合物（GIGS）：铜铟镓硒化合物族是即将进入商业化应用的最新薄膜技术。与其他薄膜技术一样，它的制造成本低，且能够在连续制造过程（与批量生产过程截然不同）中始终保持高产量。铜铟镓硒化合物也是光伏组件商用发展的主要候选技术。组件的开发过程中不使用玻璃，这使其柔韧且重量轻。铜铟镓硒化合物的电气性能介于晶体硅和碲化镉的性能之间，其转换效率约为 10% ~ 13%，适度温度系数为（0.3% ~ 0.4%）/℃。

　　铜铟镓硒化合物具有效率稳定、成本低、重量轻等特点，非常适合屋顶设备，无论是住宅屋顶设备还是商用屋顶设备。铜铟镓硒化合物技术在建筑一体化光伏（BIPV）产品的应用中具有广阔的前景。虽然铜铟镓硒化合物对于市场来说还是一种新事物，而且还未像上述技术一样大规模应用（RENI，2010），但是许多公司近年来已经正式制造铜铟镓硒化合物组件（Schreiber，2009）。

　　● 热光伏电池：热光伏电池为光伏器件。它并不利用太阳光，而是利用太阳辐射的红外光谱范围，即热辐射。一个完整的热光伏（TPV）系统包括燃料、燃烧器、辐射体、长波光子回收装置、光伏电池和废热回收系统（Kazmerski，1997）。热光伏器件将太阳能转化的工作原理与前几节中所述的光伏器件的工作原理完全相同。光伏转化和热光伏转化之间的主要区别在于辐射体的温度和系统的几何结构。在太阳能电池中，辐射来自温度约为 6000 K 且距离约为 150×10^6 km 的太阳。而对于热光伏器件来说，其宽带或窄带接收的辐射来自温度约为 1300 ~ 1800 K 且距离仅为几厘米的表面。虽然黑体的辐出度与绝对温度的四次方成正比，但是探测器接收到的辐射强度的平方反比定律依然占主导地位。因此，虽然非聚光太阳能电池的功率近似 0.1 W/cm^2，但是热光伏转化器接收的电力则可能为 5 ~ 30W/cm^2，取决于辐射体温度。所以，热光伏转化器的功率密度输出预期比非聚光光伏转化器的功率密度输出大得多。关于热光伏的详细介绍参见 Coutts（1999）的报告。

聚合物太阳能电池和有机太阳能电池正处于研发阶段。与晶体硅技术相比，这些技术的吸引力在于，它们成本低、生产速度快。但一般情况下，它们的效率较低，约为 5%（Price 和 Margolis，2010）。虽然这类电池已经展示它们的使用寿命以及在数千小时的惰性条件下的暗稳定性，但它们仍旧存在稳定性和退化的问题。有机材料之所以吸引人是因为利用卷对卷或喷射沉积实现较高的产能，还可用于制造超薄弹性装置，融入电器用具或建筑材料，并通过化学结构实现颜色调谐（Nelson，2002）。

另外一种处于研发阶段的光伏器件为纳米光伏器件，被视为第三代光伏器件。第一代为晶体硅光伏电池，第二代为薄膜光伏器件。纳米光伏技术不依赖导电材料和玻璃衬底，而是涂层或混合的可印刷柔性聚合物衬底。这种衬底带有导电纳米材料。预计未来几年内便可在市场上买到这种光伏器件，大幅地降低了光伏电池的成本。

9.3　相关设备

光伏组件可安装在地面、建筑物屋顶，或可成为建筑结构的一部分，通常位于建筑物的正面。风荷载和雪荷载是设计时主要考虑的问题。光伏组件的使用寿命可以超过 25 年。在这种情况下，支撑结构和建筑物的使用寿命必须设计为至少 25 年。相关设备包括电池、充电控制器、逆变器和最大功率追踪器。

9.3.1　电池

许多光伏系统中必须具有电池，以便在夜间，或光伏系统无法满足需求时为系统供电。电池类型与大小的选择主要根据负荷要求和可用性要求确定。使用电池时，电池所在的位置必须不存在极端温度，且必须充分通风。

目前所用的主要电池类型为铅酸电池、镍镉电池、镍氢电池和锂电池。深循环铅酸电池是最常用的一种电池，可以是富液型电池或是阀控式电池，且各种型号的铅酸电池市场上均有出售。富液型电池和阀控式电池二者相比，富液型电池（或湿电池）需要更多维护，但只要在使用时小心谨慎，便能长时间使用；而阀控式电池所需维护较少。

光伏系统电池的基本要求是必须能够反复深层充电和放电而不损害电池本身。虽然光伏电池的外观与汽车电池的外观相似，但是汽车电池的设计并不适合反复深度放电,因此不使用汽车电池。将电池并联可获得更大容量。

电池主要用于独立光伏系统中,用于储存当光伏系统完全覆盖负荷且有过负荷时所产生的电能,或储存当有阳光照射但无须负荷时所产生的电能。在夜间或太阳辐射低的时段,电池能够为负荷提供能量。此外,由于光伏系统发电量具有波动性,光伏系统中必须安装电池。

电池的分类依据是其额定容量(q_{max}),单位为安培小时(Ah)数,表示在放电条件下的最大放电量。电池效率等于放电期间的充电比(Ah)除以恢复初始电荷状态(SOC)所需的带电量(Ah)。因此,电池效率取决于电荷状态和充放电电流。电荷状态是电池当前容量与额定容量之比,即:

$$SOC = \frac{q}{q_{max}} \tag{9.22}$$

根据前文的定义和方程(9.22)可以看出,电荷状态的值趋于 0 和 1 之间。如果等于 1,那么电池充满电;而如果等于 0,则电池完全放电。

与电池相关的其他参数为充放电规则和使用寿命。充电(或放电)规则用小时表示,它反映了电池额定容量与电池充电(或放电)电流之间的关系。例如,额定容量为 200Ah 的电池,其放电规则为 40h。该电池在电流为 5A 时放电。电池的使用寿命是指损耗其额定容量 20% 之前电池能够维持的充放电循环次数。

通常情况下,可将电池视为电压源 E 与内电阻 R_o 的串联(如图 9.13)。在这种情况下,终端电压 V 的计算公式为:

$$V = E - IR_o \tag{9.23}$$

9.3.2　逆变器

逆变器用于将直流电转化为交流电。逆变器产生的电流是单向电流或三相电流,其额定值为总功率容量,从几百瓦到兆瓦不等。一些逆变器对于起动电动机具有良好的浪涌能力,而其他逆变器的浪涌能力则有限。设计人员必须明确逆变器所需转化的负荷的类型与大小。

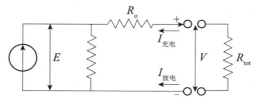

图 9.13　电池示意图

逆变器的特征是效率，η_{inv}取决于其功率。除了将直流电转化为交流电之外，逆变器的主要功能是保持交流电侧的电压恒定，并以最大可能效率将输入功率P_{in}转化为P_{out}，最大可能效率为：

$$\eta_{inv} = \frac{P_{out}}{P_{in}} = \frac{V_{ac}I_{ac}\cos(\varphi)}{V_{dc}I_{dc}} \tag{9.24}$$

其中，

$\cos(\varphi)$ = 功率因数；

I_{dc} = 逆变器所需的直流电侧（如控制器）的电流（A）；

V_{dc} = 逆变器所需的直流电侧（如控制器）的输入电压（V）。

可供使用的逆变器种类虽多，但是当将电力反馈至电网供电时，并非所有逆变器都适用。

逆变器的效率取决于其工作的额定功率的分数。当光伏系统中的逆变器的工作负荷足以维持最大效率时，光伏系统的工作效率也会提高。或当一个光伏系统使模块集成逆变器或与主从式配置相互连接时，光伏系统能够高效工作（Woyte等人，2000）。使用一台逆变器时，其电源供给来自并联于直流母线上的几个串联光伏组件。这种配置成本低、效率高，但需复杂的直流设备。在模块集成逆变器中，每一个光伏组件都有其各自的逆变器，称为微型逆变器（详见9.3.4小节）。模块集成逆变器的价格高于集中式逆变器，但是却能够避免使用昂贵的直流线（Woyte等人，2000）。主从式配置必须和多个逆变器连接在一起，一般能够产生更大的光伏发电量。在太阳辐射低的情况下，所有光伏阵列连接在一起，形成一个逆变器，使逆变器在最大输入功率级条件下工作。而当太阳辐射增加时，光伏阵列逐步被分为较小的光伏组，直至每台逆变器都能够在其最大额定容量或接近其最大额定容量的情况下独立工作。模块集成逆变器一般位于每个组件的背面，可将组件的直流电转化为交流电。

一般地，逆变器的输入功率在其额定容量的30%至50%之间时，其效率最大，即90%以上。当光伏组件被遮挡时，光伏输出电流大幅减少，不仅使个别组件的输出功率降低，而且使降低的输出功率反过来会影响逆变器的性能（Hashimoto等人，2000）。

逆变器的性能取决于其工作点、工作阈值、逆变器输出波形、谐波失真与频率、光伏效率、最大功率点跟踪器（MPPT）和变压器（Norton等人，2011）。逆变器的主要作用是波形形成、控制电压输出、在接近最大功率点工作（Kjar等人，2005）。三种主要类型逆变器为正弦波逆变器、修正正弦波逆变器和方波逆变器。正弦波逆变器的主要优势在于大多数家用电器均为正弦波工作方式。修正正弦波逆变器的波形更像方波，但是带有附加步，因此也成为大多数家用电器的工作方式。方波逆变器一般仅能用交直流两用电动机运行简单的设备，但是它的最大优点在于价格远低于正弦波逆变器的价格。此外，利用电源滤波器可将输出方波形转化为正弦波形。

9.3.3　充电控制器

控制器控制着光伏组件产生的电能，防止电池过度充电。控制器可以是分路式，也可以是串联式，也可以发挥低电池电压断开的功能，防止电池过度充电。选择控制器时，要确保选择的容量恰当且其特性符合要求（ASHRAE，2004）。

一般情况下，控制器容许电池电压确定光伏系统的工作电压。但是，电池电压可能不是最佳的光伏工作电压。一些控制器能够优化光伏组件的工作电压，与电池电压无关，因此光伏组件可在其最大功率点工作。

任意电力系统均包含一台控制器和一种控制策略。控制策略描述了组件之间的相互作用情况。在光伏系统中，将电池用作存储媒介意味着需要使用一台充电控制器。利用充电控制器控制能量从光伏系统流向电池，控制利用电池电压进行的加载，并控制可接受的最大值和最小值。大多数控制器有如下两种工作方式：

（1）正常工作条件：电池电压在可接受的最大值和最小值之间变化。

（2）过度充电或过度放电条件：当电池电压达到临界值时，出现过度充电或过度放电的情况。

利用带磁滞循环的开关，如机电器件或固态器件，便可实现第二种工作方式。开关的工作情况，详见图 9.14。

如图 9.14（a）所示，当终端电压升高并超过某一阈值 $V_{\mathrm{max,off}}$ 时，且当负荷所需电流小于光伏阵列所供电流时，断开与光伏阵列的连接，防止电池过度充电。而当终端电压下降到一定值 $V_{\mathrm{max,on}}$ 以下时，再将光伏阵列连接上（Hansen 等人，2000）。

同样地，如图 9.14（b）所示，当负荷所需电流大于光伏阵列所提供的电流时，防止电池过度放电。而当终端电压降至一定阈值 $V_{\mathrm{min,off}}$ 以下时，断开与负荷的连接。当终端电压大于一定阈值 $V_{\mathrm{min,on}}$ 时，再将负荷与系统相连（Hansen 等人，2000）。

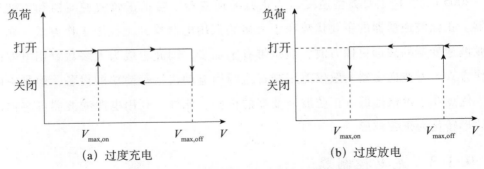

(a) 过度充电　　　　　　　　　　　(b) 过度放电

图 9.14　过度充电和过度放电保护工作原理

9.3.4　最大功率跟踪器

　　如前文内容所述，光伏电池具有单一工作点。在单一工作点，光伏电池的电流值（I）和电压值（V）导致最大功率输出。根据欧姆定律，这些值相当于特定电阻，等于 VII。光伏电池的电流和电压之间是指数关系。如图 9.8 所示，功率电压（功率电流）曲线上只有一个最佳工作点，也被称为最大功率点（MPP）。最大功率点根据辐射强度和电池温度而发生改变（如图 9.9）。最大功率点跟踪器（MPPT）利用某一类型的控制电流或控制逻辑搜索该最大功率点，因此变换器电路可以从光伏电池中提取最大功率。事实上，最大功率跟踪器优化光伏系统的工作电压，是为了最大限度地增加电流。通常，光伏系统电压自动充电。简单的最高功率追踪器需要由操作人员设定一个固定值。

　　最大功率点跟踪器可用于阵列，也可用于组件。用于阵列时，单一跟踪器控制着流过阵列内所有组件的电流。如 9.3.2 小节所述，这种功能实际上通常和阵列逆变器联合使用。而这种方法的优点在于使用单一大型逆变器/控制器，简化了维护方法，最大限度地降低了成本，并使逆变器具有较高的效率。然而这种方法的缺点在于当相同的电流流经过阵列内串联的所有组件，由于一些组件可能具有不同其他组件的伏安曲线，因此并非所有组件都将在各自的最大功率点工作。而当生产发生前后不一致的情况会导致组件之间出现变化（即组件失配），尤其是在阵列的组件被阴影遮挡或是被污染时，问题会更严重。组件也可能具有不同的额定值，进一步导致伏安曲线的变化。

　　为了克服这个问题，可以将最大功率点控制器用于一个阵列内的单个组件，这样每个组件均在其最大功率点工作。最大功率点控制器可以使用直流－直流控制器或直流－交流微型逆变器。如 9.3.2 小节所述，直流－直流控制器仍需一台集中式逆变器，而直流－交流微型逆变器既可以进行最大功率点控制，也可逆变。这两种器件的制造商声称，利用这两种器件能够将光伏阵列的产量提高5%～20%。此外，由于对每个组件的输出进行监控，因此使用直流－直流控制器或直流－交流微型逆变器能够更易于识别系统中发生故障的组件。但是，使用多台小型控制器的成本多于一台单一集中式逆变器的成本。因此选择正确系统之前需要进行成本/效益分析，确保收集到的额外能量能够抵消最大功率点的额外成本。

微型逆变器还具有其他优点：交流电与建筑物电气系统的连接更加简单；微型逆变器的工作电压比集中式器逆变器的工作电压更加安全（微型逆变器的工作电压为200～300 V，集中式逆变器的工作电压为600～1000V）；逆变器故障仅仅意味着单一组件的损耗，而并非整个阵列的损耗。但是微型逆变器的稳定性不如大型逆变器，尤其是在高温条件下。

根据上述特点，单个组件的最大功率点最适合被阴影遮挡或不经常清洁的光伏系统，也适合发电量高的地区。直流－直流组件控制器和直流－交流组件控制器易于在市场上购买；一些组件目前装有嵌入式直流－直流控制器。这些控制器用于住宅光伏系统或商用光伏系统中。

在设计为离网电力系统电池充电的光伏系统中，最大功率点跟踪器充电控制器可充分利用光伏面板产生的所有能量，这使其迅速成为一种价格更加实惠、更加常用的控制器。寒冷天气、多云天气、薄雾天气或当电池深度放电时，最大功率点追踪器调节器能够发挥最大作用。最大功率追踪器可单独购买，或作为电池充电控制器或逆变器的一个选件。但是在所有情况下，必须权衡增加一个最大功率追踪器的成本和复杂度与预期功率增益和对系统稳定性影响之间的关系。

9.4 应用

光伏组件可用于恶劣的室外环境中，如海洋、热带地区、北极地区和沙漠地区。光伏阵列包括若干个连接在一起的单个光伏组件，它们可提供合适的电流输出和电压输出。每个常见电源组件的额定功率输出约为50～180W。例如，1.5～2 kWp 的小型系统可能包含10～30 个组件，覆盖面积约为15～25m²，这取决于采用的技术和阵列的朝向。

大多数电源组件在12V 电压条件下发送直流电，而大多数常见家用电器和工业生产过程用240V 或415V（美国为120V）电压条件下的交流电工作。因此需要一台逆变器，将低压直流电转化为高压交流电。

标准光伏系统中的其他组件为阵列支架结构、各种电缆、确保隔离光伏发电机所需的开关。

光伏系统的基本原理如图9.15所示。从中可以看出，光伏阵列能够发电，可通过控制器输送出电力，用于电池蓄能或电力负载。没有阳光时，如电池的容量符合要求，则能够为电力负载供电。

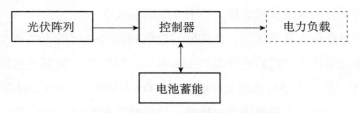

图9.15 光伏太阳能系统基本原理

9.4.1 直接耦合光伏系统

在直接耦合光伏系统中，光伏阵列直接与电力负载相连。因此电力负载仅能在有太阳辐射的条件下工作，故而直接耦合光伏系统的应用范围有限。该系统的原理如图9.16所示。该系统的典型应用是抽水，也就是说，只要有太阳光，系统就能工作，系统不存储电能，通常是储水。

图9.16 直接耦合光伏系统示意图

9.4.2 独立应用

独立光伏系统用于不易进入的地区或无法使用电网的地区。独立光伏系统不依赖电网，所生产的能量通常存储于电池中。标准的独立系统应包括一个或多个光伏组件、电池和一台充电控制器。系统中可能也会包含一台逆变器，用于将光伏组件产生的直流电转化为正常家用电器所需的交流电。图9.17为独立系统的示意图。从中可以看到，独立系统能够同时满足交直流负载的要求。

9.4.3 光伏并网系统

目前，比较常见的做法是将光伏系统与本地电网相连。这就意味着，在白天，光伏系统生产的电可以立即使用（常常安装在办公室、其他商用建筑物和工业应用上的系统），或售卖给一家供电公司（常见于国内的系统；房屋业主白天时可能会出门）。在晚上，当光伏系统无法提供所需电力时，可从电网回购。实际上，电网充当一个蓄能系统，意味着光伏系统无需包含电池蓄能。图 9.18 为光伏并网系统示意图。

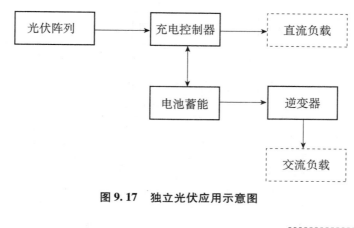

图 9.17　独立光伏应用示意图

图 9.18　光伏并网系统示意图

9.4.4　混合并网系统

在混合并网系统中，采用一种以上发电机。第二种发电机为可再生能源发电机，如风力涡轮机，或是传统发电机，如柴油发电机或公共电网。当柴油发电机的燃料为生物燃料时，柴油发电机也可以成为可再生发电资源。图 9.19 为混合并网系统示意图。在混合并网系统中，可同时满足交、直流负载的要求。

9.4.5　应用类型

以下为最常见的几种光伏应用：
- 异地电气化：光伏系统能够为远离公共电网的地区长期提供电力。电力负

载包括照明设备、小型家用电器、水泵（包括太阳能热水系统的小型循环器）和
通信设备。在这些应用中，电力负载需求从几瓦到几十千瓦不等。通常，光伏系
统明显优于燃料发电机，因为光伏系统并不依赖燃料供给，且能避免环境污染
问题。

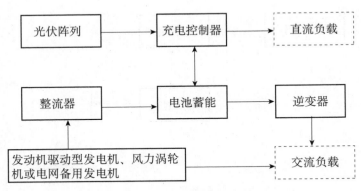

图9.19　混合并网系统示意图

● 通讯：光伏系统能够为通信系统提供可靠稳定的电力，尤其是在远离公共电
网的地区。比如，通讯中继塔、旅行者信息传送器、移动电话送话器、无线电中继
站、紧急呼叫设备以及军事通信设备。此类系统的电力负载从几瓦到几千瓦不等。
显然，在这些独立系统中，光伏充电电池提供了稳定的直流电压，满足不同电流需
求。实践表明，此类光伏电力系统能够长期稳定运行，几乎无需维护。

● 远程监控：由于光伏系统简易、稳定，且能够自动操作，因此能够为偏远地
区的传感器、数据记录器、相关气象监控信号传送器、灌溉控制设备和高速交通监
控设备提供动力。其中大多数应用所需功率小于150W，可由单一光伏组件供电。
所需电池常常与数据收集设备或数据监控设备位于同一个防风雨外壳内。在某些情
况下，可能存在人为故意破坏光伏组件的问题。但是将光伏组件安装在高的立杆上
可能会解决人为故意破坏的问题，避免由其他原因导致的损坏。

● 抽水：单独光伏系统能够满足小型和中型抽水应用的要求。相关应用包括
灌溉、家用、村庄供水和牲畜饮水。使用光伏系统供电的水泵具有维护成本低、
安全简易、稳定的特点。大多数抽水系统不使用电池，而是将抽出的水储存在储
水罐内。

● 为车辆用电池充电：车辆用电池在不使用时会随着时间的流逝自动放电。对
于拥有车队的组织机构，如消防队来说，这是一个问题。光伏电池充电器提供微充
电电流，使电池处于高充电状态，从而解决车辆用电池自动放电的问题。在为车辆

用电池充电时，可以将光伏组件安装在建筑物屋顶、停车场顶部（停车场有遮阳装置）或直接安装在车辆上。在该领域的另一个重要应用是为电动车充电。

- 光伏建筑一体化系统：该系统是一种特殊应用。在该应用中，光伏系统安装在建筑物正面或顶部，是建筑结构不可分割的一部分，在不同情况下代替特定的建筑组件。为了避免增加建筑物的热负荷，通常在光伏组件和建筑构件（如砖、平板等）之间留出空隙。空隙在光伏组件后面。在空隙内，环境空气循环，将产生的热量排出。在冬天，环境空气直接进入建筑物，覆盖部分建筑负载。而在夏天，空气以较高温度返回到环境中。该系统常安装在零功率住宅。在零功率住宅内，建筑物便是一个发电设备，满足其自身所有能力需求。与建筑物相关的另一个应用是光伏组件可用作有效的遮挡装置。

我们将在下文将对该装置的遮挡作用进行详细介绍。

光伏建筑一体化系统

根据 Sick 和 Erge（1996）提出的理论，工业化国家建筑物内消耗的能量中，电能约占 25%～30%。光伏系统几乎能够与所有建筑物集成。光伏建筑一体化并网发电系统是最简单的低压住宅系统，由一个光伏阵列和一台逆变器组成，直接为电网送电，通常无需电池。光伏建筑一体化并网发电系统的性能取决于光伏效率、本地气候条件、光伏阵列的方向与倾斜度、电力负载特性、逆变器性能。Norton 等人（2011）全面审核了这种系统。

光伏建筑一体化系统取代了传统的建筑材料，节省了购买和安全传统建筑材料的费用，因此净成本较低，具有较高的性价比。但是，可能存在与系统布线相关的额外费用，不过在新型建筑中这种费用是极少的。光伏建筑一体化系统的墙壁、屋顶、遮阳篷提供完全集成发电作业，同时也作为防风雨建筑围护结构的一部分（Archer 和 Hill，2001）。光伏建筑一体化系统可作为窗户、半透明玻璃幕墙、建筑物外墙板、天窗、护墙或屋顶系统的遮光装置。

光伏建筑一体化系统的规模和设计以建筑物的电力负载曲线、光伏输出和系统平衡特性为基础，但是必须考虑建筑物的设计约束条件、建筑物所在位置、当地气候条件、未来可能增加电力负载的情况。设计独立光伏建筑一体化系统的第一步是实际估计电力负载曲线。在光伏建筑一体化并网发电系统的应用中，光伏系统在经济上必须满足的昼间负载可能与总负载并不一致，特别是在夜间和冬天。

光伏建筑一体化系统的使用必须符合建筑物相关的法规要求。大多数本地建筑条例和产品认证要求将明确光伏建筑一体化系统安装、固定和耐火性的具体标准。而这些条例和要求往往随着建筑物所在的位置而变化，其中考虑了风荷载和地震风险可能存在的差异，以及特定故障模式相关的伴随风险（Norton 等人，2011）。为此，必须进行产品认证。在产品成功通过一套规定的测试程序（如湿度循环、冻结/解冻、温度、雨水渗透）之后，通常由独立的实验室对产品进行认证。

光伏建筑一体化系统的一个优点在于：由一些光伏电压可用于建筑物内，因此对于电网的需求减少，而向建筑物供电的稳定性提高。而另一个潜在的优点是光伏组件收集的热量也可用于供暖或热水加热（详见 9.8 小节）。

在建筑、技术和金融角度看，光伏建筑一体化系统具有以下特点：

- 取代建筑物正面/屋顶/遮光构建，降低初期投资成本。
- 外表美观。
- 使用时即可发电，减少输电与配电相关的成本和损耗。
- 适合安装在人口密集区的建筑物屋顶和正面。
- 安装无需占用额外的场地。
- 能够满足建筑物全部或绝大部分用电要求。
- 可充当遮光装置。
- 如果门窗采用半透明光伏系统，该系统可白天采集光源。
- 能够为建筑物提供部分热水或供暖负载。

对于光伏建筑一体化系统而言，屋顶是个理想的安装位置（Norton 等人，2011），原因如下：

- 不会遮挡住入射的日光。
- 用光伏建筑一体化系统的组件取代屋顶材料，抵消了部分成本。
- 在平屋顶，太阳能电池的布置和定位通常更加理想。
- 在接近最佳倾斜角度的斜屋顶，无需支架。

全集成光伏建筑一体化系统屋面系统必须实现标准屋顶的功能，并具有水密性、排水和绝缘的特点。

光伏玻璃幕墙和光伏金属幕墙用于将光伏组件与墙体材料一体化（Toyokawa 和 Uehara，1997）。集成于建筑物正面的光伏建筑一体化系统具有以下作用：

- 雨幕外包层。
- 结构型玻璃竖框/气窗幕墙系统。
- 面板幕墙系统。

- 侧面金属外包层。

性能比（PR）表示在相同设计、相同位置、相同额定功率的条件下将一个光伏系统与一个无损耗的系统相比，等于实际报告条件（RRC）下的系统效率除以标准测试条件（STC）下的组件效率（Simmons 和 Infield，1996）。性能比表明在实际操作中，光伏系统的性能接近理想性能的程度（Blaesser，1997）。性能比与位置无关，受下列因素影响：

- 日射量（记住：光伏阵列的效率取决于辐照度）。
- 不同系统组件的效率。
- 逆变器相对于光伏阵列的大小。
- 系统的利用系数（即系统发电量的利用程度）。

9.5　光伏系统设计

光伏面板的电力输出依赖于入射辐射、光伏电池温度、太阳入射角和负载电阻。本小节介绍了一种光伏系统的设计方法，并对上述所有参数进行了分析。首先介绍了估算一个应用的电力负载的方法，其次估算了光伏面板吸收的太阳辐射，介绍了确定光伏系统尺寸的方法。

9.5.1　电力负载

如前文所述，光伏系统的大小可能从几瓦到几百千瓦不等。在光伏并网系统中，如果产生的电量未被消耗，则会被送入电网，因此装机功率并非那么重要。但是在独立系统中，电源的唯一来源是光伏系统，因此在系统设计的初级阶段对系统的电力负载进行评估具有重要的意义，尤其是在应急报警系统中。光伏系统设计人员从设计的一开始就要考虑的问题包括：

（1）根据光伏系统将要面对的负载类型，日总电量输出、平均功率、最大功率中，哪一个更重要？

（2）电力传输的电压是多少？是交流电还是直流电？

（3）需要备用电源吗？

通常情况下，设计人员首先必须估算的是光伏系统需满足的负载和负载曲线。准确估计电力负载及其曲线（即每一种负载发生的时间）是非常重要的。由于需要初期费用，因此系统的大小以能够满足特定需求的最小尺寸为准。例如，如果有三种家用电器，所需功率分别为 500W、1000W 和 1500W，且每一种家用电器将工作

太阳能能源工程工艺与系统（第二版）

1h，同一时间内只有一台电器工作，那么光伏系统的最大装机功率必须为1500W和3000W，以满足相应的能量需求。如果可能，使用光伏系统时，有意地将电力负载延续一段时间，从而保持系统为小型系统并使其具有成本效益。一般情况下，根据任意特定时间出现的最大功率值估计最大功率，而每台家用电器的功率瓦数乘以其工作时间，然后求得与光伏系统相连的所有家用电器的能量需要，最后得出能量需要。以下举例说明时间图表能够轻易地估计出最大功率。

例9.4

试估计一个光伏系统的日电力负载和最大功率。该光伏系统连接了三台家用电器，并具有以下特点：

（1）家用电器1：功率为20W，工作3h（从上午10点到下午1点）

（2）家用电器2：功率为10W，工作8h（从上午9点到下午5点）

（3）家用电器3：功率为30W，工作2h（从下午2点到下午4点）

解答

日能量消耗等于：

（20 W）×（3 h）+（10 W）×（8 h）+（30W）×（2 h）=200 Wh。

为找出最大功率，必须绘制一幅时间图表（详见图9.20）。从中可以看出，最大功率等于40W。

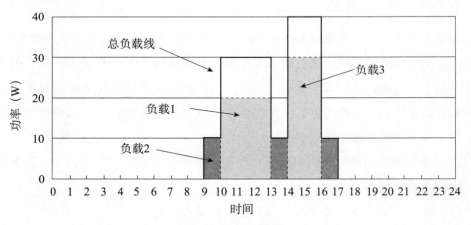

图9.20　时间图表

例9.5

偏远地区某一小屋的电力负载如表9.2所示。试找出一台装有逆变器的12V的光伏系统能够提供的平均电力负载和最大功率。

表9.2 例9.5中小屋的电力负载

家用电器类型	描述	供电类型	工作时间
灯	3个25W节能荧光灯，日常使用	直流电	夜间工作5h
灯	11W节能日光灯，日常使用	交流电	夜间工作5h
水泵	50W（启动电流为6A），日常使用	直流电	白天工作2h
烤箱	500W，每周使用三次	交流电	白天工作1.5h
蒸汽熨斗	800W，每周使用一次	交流电	白天工作1.5h

解答

在表9.3中，根据供电类型将该应用的电力负载分类。由于未提供负载时间的相关信息，假设所有电力负载同时发生。

表9.3 表9.2中的电力负载（根据供电类型）

应用类型	供电类型	供电（W）	运行时间（h）	每日电量消耗（Wh）	每周电量消耗（Wh）
灯	直流电	3 × 25 = 75 W	5	375	2625
灯	交流电	11 W	5	55	385
水泵	直流电	50 W	2	100	700
烤箱	交流电	500 W	1.5	–	2250
蒸汽熨斗	交流电	800 W	1.5	–	1200

根据表9.3，可以确定：

日平均直流电力负载 = 375 + 100 = 475 Wh。

日平均交流电力负载 = （385 + 2250 + 1200）/7 = 547.9 Wh。

最大直流电力负载 = 6 × 12 + 75 = 147 W（水泵启动时，负载最大，6 × 12 > 50 W）。

最大交流电力负载 = 11 + 500 + 800 = 1311 W。

9.5.2 吸收的太阳辐射

影响光伏系统发电量的主要因素是光伏组件表面吸收的太阳辐射 S。从第3章可以看出，S 取决于入射辐射、空气质量和入射角。至于集热器，当光伏平面上的辐射数据未知时，必须利用水平数据和入射角信息估计吸收的太阳辐射。在集热器中，吸收的太阳辐射包括直射辐射、散射辐射和地面反射辐射。在光伏系统条件下，还包括光谱效应。因此，假设散射辐射和地面反射辐射是各向同性的，那么根据（Duffie 和 Beckman，2006）公式，太阳辐射 S 为：

$$S = M\left\{G_B R_B (\tau\alpha)_B + G_D (\tau\alpha)_D \left[\frac{1 + \cos(\beta)}{2}\right] + G\rho_G (\tau\alpha)_G \left[\frac{1 - \cos(\beta)}{2}\right]\right\}$$

$$(9.25)$$

其中，M = 空气质量修正因子

空气质量修正因子 M 表示大气中吸收的太阳辐射类别，它能够引起太阳辐射的光谱含量发生变化，从而改变了入射辐射光谱分布和发电量。King 等人（2004）提出的经验关系式解释了因空气质量 m 变化（参考 AM1.5，海平面）而导致的光谱分布发生变化的原因，该式为：

$$M = \alpha_0 + \alpha_1 m + \alpha_2 m^2 + \alpha_3 m^3 + \alpha_4 m^4 \qquad (9.26)$$

方程（9.26）中的常数 α_i 取决于光伏材料，但是对于小于 70° 左右的小太阳天顶角而言，常数的差别小（De Soto 等人，2006）。表 9.4 给出了经美国国家标准技术研究所（NIST）测试的不同光伏面板的常数 α_i 值（Fanney 等人，2002）。

如第 2 章 2.3.6 小节内容所述，空气质量 m 为直射辐射在给定时间和地点穿过的气团与太阳位于头顶正上方时直射辐射穿过的气团之比。根据方程（2.81）或 King 等人（1998），m 的计算公式为：

$$m = \frac{1}{\cos(\Phi) + 0.5050(96.08 - \Phi)^{-1.634}} \qquad (9.27)$$

表 9.4　不同光伏面板的常数 α_i（美国国家标准技术研究所测试）

光伏电池类型	硅薄膜	单晶硅	多晶硅	三结非晶硅
α_0	0.938110	0.935823	0.918093	1.10044085
α_1	0.062191	0.054289	0.086257	-0.06142323
α_2	-0.015021	-0.008677	-0.024459	-0.00442732
α_3	0.001217	0.000527	0.002816	0.000631504
α_4	-0.000034	-0.000011	-0.000126	-1.9184×10^{-5}

随着入射角增大，光伏面板玻璃罩反射的辐射量也增加。在入射角超过 65° 的位置，倾角的影响显著。反射和吸收的影响作为入射角的函数，用入射角修正因子，K_θ 表示，它表示光伏电池在入射角 θ 时吸收的辐射比值除以光伏电池在正入射时吸收的辐射。因此，入射角为 θ 时，入射角修正因子为：

$$K_\theta = \frac{(\tau\alpha)_\theta}{(\tau\alpha)_n} \qquad (9.28)$$

应注意的是，入射角取决于光伏面板的倾斜度、位置以及当时的时间。与在集热器中一样，直射辐射、散射辐射和地面反射辐射都需要各自的入射角修正因子。对于散射辐射和地面反射辐射而言，可以采用根据方程（3.4）计算得出的有效入射角。虽然这些方程均为集热器的方程，但是也为光伏系统提供了合理的结果。

因此，利用入射角修正因子的概念，并注意

$$K_{\theta,B} = \frac{(\tau\alpha)_B}{(\tau\alpha)_n}, K_{\theta,D} = \frac{(\tau\alpha)_D}{(\tau\alpha)_n}, K_{\theta,G} = \frac{(\tau\alpha)_G}{(\tau\alpha)_n}$$

方程（9.25）可以表示为：

$$S = (\tau\alpha)_n M \left\{ G_B R_B K_{\theta,B} + G_D K_{\theta,D} \left[\frac{1+\cos(\beta)}{2} \right] + G\rho_G K_{\theta,G} \left[\frac{1-\cos(\beta)}{2} \right] \right\}$$

$$(9.29)$$

需要指出的是，由于玻璃与光伏电池表面结合在一起，因此光伏面板的入射角修正因子与平板集热器的入射角修正因子稍有不同。将第 2 章 2.3.3 小节中的不同方程联立，可得光伏面板的入射角修正因子：

$$(\tau\alpha)_\theta = e^{-[KL/\cos(\theta_r)]} \left\{ 1 - \frac{1}{2} \left[\frac{\sin^2(\theta_r-\theta)}{\sin^2(\theta_r+\theta)} + \frac{\tan^2(\theta_r-\theta)}{\tan^2(\theta_r+\theta)} \right] \right\} \quad (9.30)$$

其中 θ 和 θ_r 分别表示入射角和折射角（与第 2 章 2.3.3 小节中的角 θ 和角 θ_2 相同）。光伏系统消光系数 K 的典型值为 4m^{-1}（适用于水白色玻璃），玻璃厚度为 2mm，且玻璃的折射率为 1.526。

表 9.5　不同光伏面板的常数 b_i（美国国家标准技术研究所测试）

光伏电池类型	硅薄膜	单晶硅	多晶硅	三结非晶硅
b_0	0.998980	1.000341	0.998515	1.001845
b_1	-0.006098	-0.005557	-0.012122	-0.005648
b_2	8.117×10^{-4}	6.553×10^{-4}	1.440×10^{-3}	7.250×10^{-4}
b_3	-3.376×10^{-5}	-2.733×10^{-5}	-5.576×10^{-6}	-2.916×10^{-5}
b_4	5.647×10^{-7}	4.641×10^{-7}	8.779×10^{-7}	4.696×10^{-7}
b_5	-3.371×10^{-9}	-2.806×10^{-9}	-4.919×10^{-9}	-2.739×10^{-9}

King 等人（1998 年）提出了一个更简单的公式，可得出入射角修正因子，即：

$$K_\theta = b_0 + b_1\theta + b_2\theta^2 + b_3\theta^3 + b_4\theta^4 + b_5\theta^5 \quad (9.31)$$

表 9.5 中给出了不同光伏面板的常数 b_i（Fanney 等人，2002）。

因此，直接利用方程（9.31）根据入射角计算特定类型电池的入射角修正因子。此外，对于散射辐射和地面反射辐射而言，可采用根据方程（3.4）计算得出的有效入射角。

例 9.6

一块朝南的光伏面板安装在倾角为 30° 的位置。该面板位于北纬 35°。如果在 6 月 11 日正午，直射辐射为 $715\mathrm{W/m^2}$，散射辐射为 $295\mathrm{W/m^2}$，两种辐射均发生在水平面上。试估计光伏面板上吸收的太阳辐射。光伏面板的玻璃罩厚度为 2mm，消光系数 K 为 $4\mathrm{m^{-1}}$，地面反射率为 0.2。

解答

根据表 2.1，在 6 月 11 日，$\delta = 23.09°$。首先，需计算有效入射角。根据方程 (2.20)，该入射角为：

$$\cos(\theta) = \sin(L - \beta)\sin(\delta) + \cos(L - \beta)\cos(\delta)\cos(h)$$

$$= \sin(35 - 30)\sin(23.09) + \cos(35 - 30)\cos(23.09)\cos(0) = 0.951 \text{ 即 } \theta = 18.1°。$$

对于散射辐射和地面反射辐射，由方程 (3.4)，可得，

$$\theta_{e,D} = 59.68 - 0.1388\beta + 0.001497\beta^2 = 59.68 - 0.1388(30) + 0.001497(30)^2 = 56.9°$$

$$\theta_{e,G} = 90 - 0.5788\beta + 0.002693\beta^2 = 90 - 0.5788(30) + 0.002693(30)^2 = 75.1°$$

接下来，需要估算三个入射角修正因子。入射角为 18.1° 时，根据方程 (2.44)，折射角为：

$$\sin(\theta_r) = \sin(\theta)/1.526 = \sin(18.1)/1.526 = 0.204 \text{ 即 } \theta_r = 11.75°$$

根据方程 (9.30)，当 $K = 4\mathrm{m^{-1}}$ 且 $L = 0.002\,\mathrm{m}$ 时，

$$(\tau\alpha)_B = e^{-[KL/\cos(\theta_r)]}\left\{1 - \frac{1}{2}\left[\frac{\sin^2(\theta_r - \theta)}{\sin^2(\theta_r + \theta)} + \frac{\tan^2(\theta_r - \theta)}{\tan^2(\theta_r + \theta)}\right]\right\}$$

$$= e^{-[0.008/\cos(11.75)]}\left\{1 - \frac{1}{2}\left[\frac{\sin^2(11.75 - 18.1)}{\sin^2(11.75 + 18.1)}\right] + \frac{\tan^2(11.75 - 18.1)}{\tan^2(11.75 + 18.1)}\right\} = 0.9487$$

在正入射的情况下，如第 2 章 2.3.3 小节中方程 (2.49) 所示，将方程 (9.30) 方括号中的项替换为 $1 - [(n - 1)/(n + 1)]^2$，可得：

$$(\tau\alpha)_n = e^{-KL}\left[1 - \left(\frac{n - 1}{n + 1}\right)^2\right] = e^{-0.008}\left[1 - \left(\frac{1.526 - 1}{1.526 + 1}\right)^2\right] = 0.9490$$

由方程 (9.28) 可得，

$$K_{\theta,B} = \frac{(\tau\alpha)_B}{(\tau\alpha)_n} = \frac{0.9487}{0.9490} = 0.9997$$

对于散射反射，

$$\sin(\theta_r) = \sin(\theta_{e,D})/1.526 = \sin(56.9)/1.526 = 0.5490 \text{ 即 } \theta_r = 33.3°$$

由方程（9.30）可得，

$$(\tau\alpha)_D = e^{-[KL/\cos(\theta_r)]}\left\{1 - \frac{1}{2}\left[\frac{\sin^2(\theta_r - \theta_{e,D})}{\sin^2(\theta_r + \theta_{e,D})} + \frac{\tan^2(\theta_r - \theta_{e,D})}{\tan^2(\theta_r + \theta_{e,D})}\right]\right\}$$

$$= e^{-[0.008/\cos(33.3)]}\left\{1 - \frac{1}{2}\left[\frac{\sin^2(33.3 - 56.9)}{\sin^2(33.3 + 56.9)} + \frac{\tan^2(33.3 - 56.9)}{\tan^2(33.3 + 56.9)}\right]\right\} = 0.9111$$

由方程（9.28）可得，

$$K_{\theta,D} = \frac{(\tau\alpha)_D}{(\tau\alpha)_n} = \frac{0.9111}{0.9490} = 0.9601$$

利用方程（9.31）得出单晶硅光伏电池的 $K_{\theta,D} = 0.9622$，而多晶硅光伏电池的 $K_{\theta,D} = 0.9672$。这两个值接近求出的值。因此即使光伏的确切类型未知，利用其中一种类型光伏电池并根据方程（9.31）仍旧可以计算出可接受值。

对于地面反射辐射，

$$\sin(\theta_r) = \sin(\theta_{e,G})/1.526 = \sin(75.1)/1.526 = 0.6333 \text{ 即 } \theta_r = 39.29°$$

由方程（9.30）可得，

$$(\tau\alpha)_G = e^{-[KL/\cos(\theta_r)]}\left\{1 - \frac{1}{2}\left[\frac{\sin^2(\theta_r - \theta_{e,G})}{\sin^2(\theta_r + \theta_{e,G})} + \frac{\tan^2(\theta_r - \theta_{e,G})}{\tan^2(\theta_r + \theta_{e,G})}\right]\right\}$$

$$= e^{-[0.008/\cos(39.29)]}\left\{1 - \frac{1}{2}\left[\frac{\sin^2(39.29 - 75.1)}{\sin^2(39.29 + 75.1)} + \frac{\tan^2(39.29 - 75.1)}{\tan^2(39.29 + 75.1)}\right]\right\} = 0.7325$$

由方程（9.28）可得，

$$K_{\theta,G} = \frac{(\tau\alpha)_G}{(\tau\alpha)_n} = \frac{0.7325}{0.9490} = 0.7719$$

利用方程（9.31）得出单晶硅光伏电池的 $K_{\theta,G} = 0.7625$，而多晶硅光伏电池的 $K_{\theta,G} = 0.7665$。这两个值接近之前求出的值。

估算空气质量时，必须根据方程（2.12）得出的天顶角，即：

$$\cos(\Phi) = \sin(L)\sin(\delta) + \cos(L)\cos(\delta)\cos(h)$$

$$= \sin(35)\sin(23.09) + \cos(35)\cos(23.09)\cos(0) = 0.9785 \text{ 即 } \Phi = 11.91$$

由方程（9.27）可得，空气质量为：

$$m = \frac{1}{\cos(\Phi) + 0.5050(96.08 - \Phi)^{-1.634}}$$

$$= \frac{1}{\cos(11.91) + 0.5050(96.08 - 11.91)^{-1.634}} = 1.022$$

应注意的是，利用方程（2.81）得出了相同的结果，即：

$$m = \frac{1}{\cos(\Phi)} = 1.022$$

根据方程（9.26）

$$M = \alpha_0 + \alpha_1 m + \alpha_2 m^2 + \alpha_3 m^3 + \alpha_4 m^4$$

$$= 0.935823 + 0.054289 \times (1.022) - 0.008677 \times (1.022)^2 + 0.000527 \times (1.022)^3$$

$$- 0.000011 \times (1.022)^4 = 0.9828$$

由方程（2.88）可得，

$$R_B = \frac{\cos(\theta)}{\cos(\Phi)} = \frac{\cos(18.1)}{\cos(11.91)} = 0.971$$

由方程（9.29）可得，

$$S = (\tau\alpha)_n M \left\{ G_B R_B K_{\theta,B} + G_D K_{\theta,D} \left[\frac{1 + \cos(\beta)}{2} \right] + G\rho_G K_{\theta,G} \left[\frac{1 - \cos(\beta)}{2} \right] \right\}$$

$$= 0.9490 \times 0.9828 \left\{ 715 \times 0.971 \times 0.9997 + 295 \times 0.9601 \left[\frac{1 + \cos(30)}{2} \right] + 1010 \times 0.2 \right.$$

$$\left. \times 0.7719 \left[\frac{1 - \cos(30)}{2} \right] \right\} = 903.5 W/m^2$$

9.5.3 电池温度

如9.1.3小节所述，太阳能电池的性能取决于电池的温度。鉴于未转化为电能的太阳能转化为热量并消散在环境中，电池的温度由能量平衡确定。一般情况下，当太阳能电池在高温条件下工作时，效率会降低。如果无法散热，如在光伏建筑一体化系统和聚光光伏系统（详见9.7小节）中，必须利用一些机械方法排出热量，如强制空气循环，或使热水交换器与光伏系统的背面接触。那么，这些热量则成为一种可利用的优点，如9.8小节所述。这些系统被称为混合光伏/光热（PV/T）系统。由于这种系统具有诸多优点，因此一般的屋顶光伏系统能够转化为混合光伏/光热系统。

一个经散热而使温度冷却至环境空气温度的光伏组件，其单位面积上能量平衡的计算公式为：

$$(\tau\alpha) G_t = \eta_e G_t + U_L(T_C - T_a) \tag{9.32}$$

对于$(\tau\alpha)$，可设为0.9，且不会产生严重误差（Duffie和Beckman，2006）。

热损耗系数U_L表示从光伏组件前面和背面到环境温度T_a的对流与辐射产生的损失。

无负载的情况下,在太阳能电池组件标称工作温度(NOCT)条件下运行光伏组件(详见表9.1),即 $\eta_e = 0$,则方程(9.32)可表示为:

$$(\tau\alpha)G_{t,NOCT} = U_L(T_{NOCT} - T_{a,noct}) \tag{9.33}$$

根据该方程,可确定比率公式为:

$$\frac{(\tau\alpha)}{U_L} = \frac{T_{NOCT} - T_{a,NOCT}}{G_{t,NOCT}} \tag{9.34}$$

将方程(9.34)代入(9.32)中,并进行必要的整理,可得:

$$T_C = (T_{NOCT} - T_{a,NOCT})\left[\frac{G_t}{G_{t,NOCT}}\right]\left[1 - \frac{\eta_e}{(\tau\alpha)}\right] + T_a \tag{9.35}$$

Lasnier 和 Ang(1990)提出了一个经验公式,能够用于计算多晶硅太阳能电池的光伏组件温度(环境温度 T_a 和入射太阳辐射 G_t 的函数),该公式为:

$$T_C = 30 + 0.0175(G_t - 300) + 1.14(T_a - 25) \tag{9.36}$$

如果已知光伏组件的温度系数,则可根据电池温度,组件的效率为:

$$\eta_e = \eta_R\left[1 - \beta(T_C - T_{NOCT})\right] \tag{9.37}$$

其中,

β =(每 k^{-1} 的)温度系数;

η_R =参考效率。

例 9.7

对于工作在太阳能电池组件标称工作温度条件下的光伏组件,如果电池温度为 42 ℃,试确定当组件在 $G_t = 683$ W/m² 、$V = 1$ m/s 且 $T_a = 41$ ℃ 的位置工作且以 9.5% 的效率在其最大功率点工作时的电池温度。

解答

由方程(9.35)可得,

$$T_C = (T_{NOCT} - T_{a,NOCT})\left[\frac{G_t}{G_{t,NOCT}}\right]\left[1 - \frac{\eta_e}{(\tau\alpha)}\right] + T_a$$

$$= (42 - 20)\left[\frac{683}{800}\right]\left(1 - \frac{0.095}{0.9}\right) + 41 = 57.8$$

由经验方程(9.36)可得,

$$T_C = 30 + 0.0175(683 - 300) + 1.14(41 - 25) = 54.9 \text{ ℃}$$

可以看出,经验方法并不准确,但是能够给出较好的近似值。

应注意的是,在例9.7中,光伏组件的效率已规定。如果未规定光伏组件的效率,则需采用试错法。在这一过程中,假设一个组件效率值,并根据方程(9.35)

估计 T_C。如果 I_o 和 I_{SC} 已知，则利用 T_C 值并通过方程（9.14）计算出 V_{max}。随后分别根据方程（9.17）和（9.18）估算 P_{max} 和 η_{max}。然后将 η_e 的初始猜测值与 η_{max} 进行比价，如果二者存在差别，则采用迭代法。由于组件效率很大程度上与电池温度有关，因此能够实现快速收敛。

9.5.4　光伏系统的尺寸

当已知电力负载和吸收太阳辐射时，可进行光伏系统的设计工作，包括估计所需光伏面板的面积、挑选其他设备，如控制器和逆变器。利用 TRNSYS 程序详细模拟光伏系统（详见第 11 章 11.5.1 小节）。但是，通常情况下仅需初步确定光伏系统的尺寸，这种初步设计的简单特性取决于应用的类型。例如，如果光伏系统为疫苗冷藏冰箱提供电源，在这种情况下，若是供应的电量出现故障，将会破坏疫苗，而这与向电视机和照明灯具这类家用电器系统供电可能出现的故障非常不同。

光伏阵列输送的能量 E_{pv}

$$E_{PV} = A\eta_e \overline{G}_t \tag{9.38}$$

其中，

$\overline{G}_t = G_t$ 月均值（将所有参数设置为月均值，而后由方程（2.97）计算得出）。

A = 光伏阵列的面积（m^2）。

计算出阵列损失 L_{pv} 和其他电源调节损失 L_C，然后由方程（9.38）计算电力负载与电池的阵列能量 E_A，公式为：

$$E_A = E_{PV}(1 - L_{PV})(1 - L_C) \tag{9.39}$$

因此，阵列效率的公式为：

$$\eta_A = \frac{E_A}{A\overline{G}_t} \tag{9.40}$$

光伏并网系统

光伏并网系统所需逆变器的大小等于标称阵列功率。电网可用的电能等于阵列乘以逆变器效率，即：

$$E_{grid} = E_A \eta_{inv} \tag{9.41}$$

通常，η_{dist} 会导致一些配电损耗。如果未导致配电损耗，则所有能力均由电网吸收，然后通过计算电网吸收率 η_{abs} 得出实际输送的能量等于 E_d，公式为：

$$E_d = E_{grid}\eta_{abs}\eta_{dist} \tag{9.42}$$

独立系统

对于独立系统而言，总等效直流电需求 $D_{dc,eq}$ 等于总直流电需求 D_{dc} 加上总交流电需求 D_{ac}（kWh/d），转化为等效直流电，即：

$$D_{dc,eq} = D_{dc} + \frac{D_{ac}}{\eta_{inv}}\qquad(9.43)$$

当阵列向直流负载供电时，实际输送的电能 $E_{d,dc}$ 为：

$$E_{d,dc} = E_A\eta_{dist}\qquad(9.44)$$

当电池直接为直流负载供电时，电池效率 η_{bat} 和实际输送的交流电 $E_{d,dc,bat}$ 为：

$$E_{d,dc,bat} = E_A\eta_{bat}\eta_{dist}\qquad(9.45)$$

当用电池为交流负载供电时，逆变器的效率为：

$$E_{d,dc,bat} = E_A\eta_{bat}\eta_{inv}\eta_{dist}\qquad(9.46)$$

最后，当阵列为交流负载提供所有电能时，实际输送的电能 $E_{d,ac}$ 为：

$$E_{d,ac} = E_A\eta_{inv}\eta_{dist}\qquad(9.47)$$

下文通过两个例子详细论证计算方法。第一个例子较为简单，而第二个例子考虑到了不同效率情况。

例9.8

在光照充足的区域，一个光伏系统使用 80 W、12 V 光伏面板和 6 V、155 Ah 的电池。电池效率为 73%，放电深度为 70%。如果在冬天，白天工作时间为 5h，试估计电力负载为 2600Wh 的 24V 应用所需的光伏面板数量和电池数量。

解答

所需光伏面板的数量 = 2600（Wh/天）/［5（h/天）×80（W/光伏面板）］= 6.5，四舍五入取整数，则为 7 块光伏面板。

由于系统电压为 24V 且每块面板产生的电压为 12V，因此需将两块光伏面板串联在一起，以产生所需电压，这样所需光伏面板的数量为偶数；因此光伏面板的数量增加至 8 块。

2600（Wh/天）×3（天）/（0.73×0.7）= 15,264 Wh

在光照充足的区域，如果我们认为三天的储能足够，则所需电能为 2600（Wh/天）×3（天）/（0.73×0.7）= 15,264 Wh。

所需电池数量 = 15,264（Wh）/［155（Ah）×6（V）］= 16.4，四舍五入取整数，则为 17 块电池。

此外，由于系统电压为 24V，且每块电池的电压为 6V，因此我们需要将 4 块电池串联，这样所用电池的数量为 16 块（非常接近 16.4，第三天可能无法提供足够电能）或 20 块（安全性更高）。

第二个例子利用了光伏系统不同组件的效率概念。

例 9.9

利用例 9.5 中数据估计预期日电能需求。光伏系统不同组件的效率如下：

- 逆变器：90%
- 电池：75%
- 配电线路：95%

解答

根据例 9.5，平均直流负载为 475 Wh，而平均交流负载则为 547.9 Wh，总电力负载为 1022.9 Wh。

预期日电力负载如下（根据例 9.5 确定）：

- 白天直流电力负载 = 100 Wh（由光伏系统供电）
- 夜间直流电力负载 = 375 Wh（由电池供电）
- 夜间交流电力负载 = 55 Wh（由电池供电）
- 白天交流电力负载 = 492.9 Wh = (2250 + 1200)/7（由光伏系统供电，经逆变器转化）

不同能量需求如下：

- 根据方程（9.44），白天直流电能需求 $E_{\text{d,dc}} = E_A \eta_{\text{dist}}$，因此 $E_A = 100/0.95 = 105.3$ Wh。

- 根据方程（9.45），夜间直流电能需求 $E_{\text{d,dc,bat}} = E_A \eta_{\text{bat}} \eta_{\text{dist}}$，因此 $E_A = 375/(0.75 \times 0.95) = 526.3$ Wh。

- 根据方程（9.46），夜间交流电能需求 $E_{\text{d,ac,bat}} = E_A \eta_{\text{bat}} \eta_{\text{inv}} \eta_{\text{dist}}$，因此 $E_A = 55/(0.75 \times 0.90 \times 0.95) = 85.8$ Wh。

- 根据方程（9.47），白天交流电能需求 $E_{\text{d,ac}} = E_A \eta_{\text{inv}} \eta_{\text{dist}}$，因此 $E_A = 492.9/(0.90 \times 0.95) = 576.5$ Wh。

- 预期日电能需求 = 105.3 + 526.3 + 85.8 + 576.5 = 1293.9 Wh。

因此，与之前估计的 1022.9 Wh 相比，电能需求增加了 27%。

失负荷概率（简称 LLP）是一种用于考虑发电稳定性的方法。它是指发电量不足以满足超过一些特殊时间窗的某些功率点的电能需求的可能性。因此，一个独立光伏系统的性能如何，必须通过其供电稳定性来确定。具体地说，对于独立光伏系统而言，失负荷概率被界定为电能不足与电能需求（电力负荷需求和长期电力需求）之比。由于太阳辐射具有随机性，因此即使是可靠的光伏系统，其失负荷概率总是大于 0。

任意一个光伏系统的设计均需要考虑两个子系统，即光伏阵列（或发电机）和电池蓄电系统（或蓄电池）。这些参数的定义与电力负载有关。因此，每天的光伏阵列容量 C_A 被定义为平均光伏阵列发电量与平均电力负荷电能需求之比。蓄电容量 C_S 被定义为蓄电池可提供的最大电能值除以平均电力负荷电能需求。根据 Egido 和 Lorenzo（1992），C_A 和 C_S 为：

$$C_A = \frac{\eta_{PV} A H_t}{L} \tag{9.48}$$

$$C_S = \frac{C}{L} \tag{9.49}$$

其中，

A = 光伏阵列面积（m^2）；

η_{pv} = 光伏阵列效率；

H_t = 光伏阵列上的平均日辐射（Wh/m^2）；

L = 平均日电能消耗（Wh）；

C = 有用的蓄电池容量（Wh）。

光伏系统的稳定性是指光伏系统所能满足的电力负荷的百分比，而失负荷概率则表示非光伏系统提供的（长时间）平均电力负荷百分比，即它与稳定性是对立的关系。

根据方程（9.48）和（9.49），我们能够根据不同的 C_A 和 C_S 组合得到相同的失负荷概率。但是，光伏系统越大，成本越高，失负荷概率则越小。因此，确定光伏系统大小的工作之一是确定兼顾成本与稳定性的较好折中方法。稳定性通常是用户对于光伏系统的先验要求，而问题是找出以最低成本得出规定失负荷概率值的 C_A 值与 C_S 值对。

此外，由于所在位置的气象条件，相同电力负荷的相同光伏阵列，在一个位置的规模较大，在另一个太阳辐射较少的位置则规模较小。

如果每月长期日均辐射可用，则方程（9.48）可表示为：

$$C'_A = \frac{\eta_{PV} A \overline{H_t}}{L} \tag{9.50}$$

其中，$\overline{H_t}$ = 表示光伏阵列每月日均辐射（Wh/m^2）。

太阳能能源工程工艺与系统（第二版）

在这种情况下，C'_A被定义为发电机在最少太阳能辐射输入月份的平均发电量与电力负载平均消耗之比（假设每月的电力负载消耗为常数）。

$C_A - C_S$平面的每个点表示一个光伏系统的大小。相关人员便可据此绘制光伏系统的稳定性图，如图9.21所示。曲线是根据同一个失负荷概率值对应的所有点的轨迹绘制的。因此，该曲线被称为"iso – 稳定性曲线"。图9.21为失负荷概率值为0.01的曲线图。

应注意的是，C_A和C_S的定义表示该图与电力负载无关，仅取决于所在地的气象情况。从图9.21中可以看出，iso – 稳定性曲线非常接近双曲线，其渐近线分别与x轴和y轴平行。对于规定的失负荷概率值而言，与iso – 稳定性曲线相一致的光伏系统成本图（图9.21中的虚线部分）近似于一条抛物线，该该抛物线可确定光伏系统最佳尺寸中的最小值。

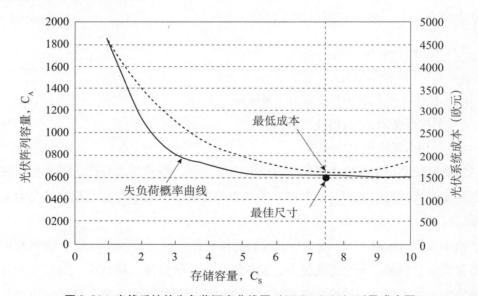

图9.21 光伏系统的失负荷概率曲线图（LLP = 0.01）以及成本图

失负荷概率曲线表示形成相同失负荷概率值的C_S和C_A。例如，如果（C_S，C_A）=（2，1.1），则利用一台大型发电机和小型蓄能系统便能够实现稳定性。同样地，如果（C_S，C_A）=（9，0.6），则利用小型发电机和容量大的电池便可实现相同的稳定性。可以看出，系统的最佳尺寸为（C_S，Ca）=（7.5，0.62）时的尺寸，此时的光伏系统成本最低。

研究人员已经开发出了很多方法建立C_A、C_S和失负荷概率之间的关系。主要的方法是数字法和分析法。数字法利用复杂的系统模拟，而分析法则利用描述光伏系统性能的方程。这些方法由 Egido 和 Lorenzo（1992）提出。

Fragaki 和 Markvart（2008）基于无甩负载的系统配置研究出了一种确定大小尺寸的方法，适用于独立光伏系统的设计。他们所做的调查基于对最小蓄能要求的详细研究以及对尺寸曲线的分析。分析结果表明，利用每日的实测太阳辐射数据而不是月均值的重要性。Markvart 等人（2006）将系统尺寸曲线作为英格兰东南部地区日常太阳辐射低的个别气候循环的叠加。

Hontoria 等人（2005）利用个人工神经网络（ANN）（详见第 11 章内容）根据 C_S、失负荷概率和每日晴空指数生成了独立光伏系统的尺寸曲线。Mellit 等人（2005）也采用人工神经网络结构，并根据估计综合太阳辐射数据和实测太阳辐射数据估算了独立光伏系统的尺寸系数。

一旦成功绘制出失负荷概率曲线图，便可轻易地设计出发电机的容量（C_A）和蓄电池的容量（C_S）。根据光伏系统设计所需的稳定性，考虑失负荷概率的比值。例如，表 9.6 为标准光伏系统的一些常用值。

表 9.6　建议在不同应用条件下使用的失负荷概率值

应用	失负荷概率值
家用电器	10^{-1}
农村家庭照明	10^{-2}
通讯	10^{-4}

9.6　倾斜角与产量

通常情况下，光伏组件的特征表现为最大功率输出（kWp）。该最大功率输出在标准测试条件（又称为标准额定条件，SRC）下测定完成。在实践过程中，随着电能（kWh）的购买和销售，另一种测量方式为一个光伏组件在一段时间内产生的累积能量。以最低的成本获得最大的发电量或产量往往是太阳能研发工程师的首要目标。

光伏组件的产量与其接收到的太阳辐照量成正比。采用不同形式的倾斜形式和追踪形式能够增加产量，如 2.2.1 小节中所述。但是使用多个光伏组件时，倾斜组件会导致阵列之间产生遮光的情况。因此检验发电量、倾斜和组件间距之间的关系式是有用的。

应注意的是，一个光伏组件的转化效率和产量受到当地气候条件的影响，如温度、光强度和光谱。此外，不同类型的光伏阵列对这些因素的反应也不同。因此很难准确预测规定位置的光伏组件产量，即使在辐照水平已知的情况下也很难预测（Huld 等人，2010）。

9.6.1 固定倾角式光伏阵列

若要增加光伏组件接收的太阳辐射通量，其中最简单的方法是将光伏组件安装在固定框架上。并与水平面成一定倾斜度。其中要考虑两个角度的大小，即集热器倾斜角度 β（与水平面的偏差）和集热器方位角 Z_s（在北半球与正南方的偏差）。

对于倾斜光伏组件，使其角度与当地的地理纬度一致，这种方法被称为纬度倾斜法，它能够最大限度地降低全年的平均入射角。在实践中，常常采用较小的倾斜角，目的是减少对前后排组件的遮挡作用，最大限度地减少风力载荷，并更加充分地利用夏季太阳辐射通量多且太阳高度较高的优势。

若仅考虑最大限度地增加年发电量，通过修改纬度角（L）得出倾斜角（β），以便收集更多夏季的高太阳辐射。根据经验确定，年产量的最佳倾角近似为（Chang 于 2009）：

$$\beta = 0.764L + 2.14°, L \leqslant 65° \qquad (9.51a)$$

$$\beta = 0.224L + 33.65°, 除上述角度外 \qquad (9.51b)$$

工程师的另一个选择是最大限度地增加下午的发电量，因为下午的电量需求通常最大。在这种情况下，光伏组件的方位角可设置为正南偏西的方向。但是，这可能会减少上午的发电量和全天的总发电量。

表 9.7 相对于水平面不同纬度的最佳倾角的额外总水平辐射所占的比例

纬度（°）	相对于水平面的最佳倾角上的额外总水平辐射
0	0%
10	1%
20	3%
30	10%
40	17%
50	26%
60	33%
65	35%
70	33%
80	22%
90	0%

当光伏组件远离赤道且当太阳在天空的位置较低时，组件倾斜的产量效益增加。表9.7对相对于水平面的最佳倾斜表面上的总水平辐射效应进行了量化（Chang，2009）。辐照在较高纬度下降且在两极降为零之前，在北纬65°的位置，辐照增加的最大值达到35%。

倾斜光伏组件的主要成本为更加复杂的支架结构所需的成本。由于倾斜组件上会出现较大的风力载荷，因此支架结构必须更结实。从外观上看，将这种倾斜光伏组件的结构固定在屋顶上并没有那么美观。此外，倾斜光伏组件可能也需要各排面板之间保持较宽的间距，防止出现遮挡的情况。

因此，最适合固定式倾斜角光伏组件的位置为商用建筑物和地面安装系统的大型屋顶平台，尤其是在较高纬度上，民用住宅通常利用其屋顶现有的坡度。

决定是否倾斜一个光伏组件时需深入考虑的问题是该位置直射辐射和散射辐射的比例。在阴天，几乎所有的总水平辐射均为散射辐射。在这样的情况下，将光伏组件放平，使其暴露于整个天穹范围内，则能够最大限度地增加光伏组件的产量（Kelly 和 Gibson，2009、2011）。

9.6.2 跟踪器

光伏组件可安装在单轴或双轴跟踪器上，其全年接收的太阳辐射通量如2.2.1小节所述。相对于固定光伏组件，单轴跟踪器增加年产量约25%。更重要的是，单轴跟踪器极大地增加了下午的发电量。在下午时段，电能需求高。在较低纬度地区，此类跟踪器一般水平对齐，在机械操作方面很简单，并可以安装一长排跟踪器。在这一长排跟踪器上，多个光伏组件附着于每台跟踪器上。随着纬度增加，向南倾斜的光伏组件会带来更大的产量效益，斜轴或竖轴跟踪器的应用更广。使轴倾斜要考虑的方面包括机械复杂性、机械成本、较高风力载荷、每个跟踪器的光伏组件数量、组件之间的间隔，以及避免出现遮光的情况。

与单轴跟踪器相比，双轴跟踪器小幅增加了产量，一般产量增加范围为5% ~ 10%（Kelly 和 Gibson，2009、2011）。但是双轴跟踪器在机械操作方面更加复杂。因此它们主要用于聚光光伏系统中。聚光光伏系统的聚焦光学器件必须准确对准太阳，以便发挥作用（详见9.7小节）。

由于单轴跟踪器的成本固定且激励彼此最大限度地增加发电量，因此通常将其与高效晶体硅组件联合使用。将薄膜组件用于水平跟踪器上并不常见，但是确实存在，尤其是适用于当地气候条件时。例如在沙漠地区，由于薄膜组件的效率在高温条件下降幅较小，因此其发电量高于相同额定功率的晶体组件（Huld 等人，2010；Kullmann，2009）。

9.6.3 遮光

光伏组件倾斜时，存在组件间彼此遮挡的风险，尤其是当太阳在天空的位置较低时。但是当太阳位于地平线正上方时，组件之间需要相当大的距离，因此无法完全消除遮光的情况。在黎明和黄昏时太阳辐射较少，可以减轻遮光的情况，因此减少的产量少。冬季的遮光情况最严重，太阳辐射较少。

以上的这些现象减少了遮光情况，但是光伏组件的电路系统增强了遮光效果。原因是光伏组件内的电池是串联的。因此如果电池处于阴影位置，其在反向偏压上像二极管一样工作，降低了组件电路的电压，并可能造成难以确定组件最大功率点位置的情况（Lisell 和 Mosey，2010）。因此阴影会大幅降低组件的输出，比遮挡的面积大得多，在某些情况下，甚至超过 30 倍（Define，2009）。不同材料制成的光伏电池对遮光效果的敏感性不同，而（在晶体硅组件中）可以利用电子学，绕开阴影区或故障区。因此，设计光伏系统布局结构时考虑具体组件对于部分遮光的反应是很重要的。理想的光伏组件设计必须避免出现较大面积的低工作效率光伏系统。

最佳遮光量主要受到每个太阳能项目的变量影响，包括经济方面的影响（土地、电能和光伏组件的相对成本）和环境方面的影响（如直射辐射和散射辐射的比例、环境地势）。光伏组件各排之间必须留出足够的空间，便于维修和维护。

无数的未知情况使得我们无法为确定光伏组件的排间距提供经验法则。检查间距和阴影之间的几何关系具有指导性的意义，尤其是对于固定倾斜组件和东西水平方向追踪组件。第 5 章 5.4.2 小节详细介绍了光伏组件各排间的遮挡情况。朝向南方的固定倾斜组件，可根据方程（5.47a）和方程（5.47b）计算组件的间距。

对于一个位于北纬 30° 的光伏组件，其倾斜角为 30°。全年和全天朝北的阴影长度与组件长度（北 - 南向）之比如表 9.8 所示。春分这一天，当地球上所有阴影都向东移动时，组件的阴影长度是其高度的 1.5 倍。在夏至当天，如果组件水平放置，则其阴影短于其长度。在冬至当天，组件的阴影长度全天范围内均超过组件高度的 1.5 倍。表 9.8 介绍了一年中不同时间内点上组件的北向阴影长度与组件高度之比。

表 9.8 一年中不同时间内组件朝北的阴影长度与组件长度和高度之比

一天中的时间	朝北的阴影长度与组件长度之比		
	夏至	春分	冬至
6：00 am	0.00	1.15	≫1
7	0.59	1.15	≫1
8	0.77	1.15	2.31
9	0.88	1.15	1.79
10	0.90	1.15	1.62
11	0.92	1.15	1.56
12：00 pm	0.92	1.15	1.54
13	0.92	1.15	1.56
14	0.90	1.15	1.62
15	0.88	1.15	1.79
16	0.77	1.15	2.31
17	0.59	1.15	≫1
18	0.00	1.15	≫1

上述讨论适用于多排固定式朝南光伏组件。在这些组件中，光伏组件朝北的阴影长度决定了组件的排间距。我们现在考虑的是单轴跟踪器上的光伏组件排列，单轴跟踪器的轴为北 – 南运行方向（这是某些大型光伏系统的配置），且在单轴跟踪器上，西向和东向的阴影长度决定了组件排的间距。

在这种情况下，由于跟踪器追逐着太阳，因此组件的倾斜角 β 全天内均处于变化状态。名义上，倾斜角可以设定为垂直于太阳高度角，即 $\beta = \pi/2 - \alpha$（或等于方位角）。但是太阳在地平面上的位置低时，组件几乎倾斜为垂直状态，导致组件各排之间被阴影遮挡。为了克服这个问题，采用计算机控制的跟踪器。这种跟踪器能够减少组件在清晨和傍晚的倾斜度，这种技术被称为返跟踪技术。因此，增加的发电量不只是抵消了这些时间内因组件上的较大阳光入射角而减少的发电量。返跟踪可以减小组件排与排之间的间距，并产生相同的发电量，但其成本也是更加复杂跟踪控制系统的成本。

9.6.4 倾斜与间距

遮光的问题需要对光伏系统设计中的倾斜角度（固定或追踪）与间距进行权衡（Denholm 和 Margolis，2007）。将组件倾斜能够最大限度地增加每单位组件面积的发电量。但是由于组件倾斜一般要求组件间具有更大的间距（间距的作用一方面是减少遮光情况，另一方面便于对组件进行维护），而这导致每单位面积占用的净发电

太阳能能源工程工艺与系统（第二版）

量减少，也增加了系统的机械复杂性和资本成本。

　　研究人员对位于堪萨斯城的倾斜系统进行了模拟，从而对其效果进行了量化。堪萨斯城的倾斜系统的能量密度代表了美国的平均值（Denholm 和 Margolis，2007）。量化结果如表9.9所示。在该表中，假定地面光伏组件的间隔为3.5~5m。可以看出，就每单位面积的发电量来说，较大间距超过了因倾斜和追踪而形成的每个组件的较大产量。

表9.9　美国堪萨斯城倾斜光伏组件模拟结果

系统类型	每单位占地面积光伏阵列功率密度（W/m²）	每个组件每天的入射太阳辐射（kWh/m²）	每年每单位占地面积的系统能量密度（kWh/m²）
平台（屋顶）	135	4.31	150
向南倾斜10°（屋顶）	118	4.64	139
向南倾斜25°（地面）	65	4.86	83
单轴追踪，无倾斜	48	5.70	73
双轴追踪	20	6.60	35

Denholm 和 *Margolis*（2007）

　　通过表格可知，确定倾斜式组件是否具有市场吸引力的关键关系是光伏组件的价格与土地价格（或屋顶空间的价格）之间的关系。昂贵的组件价格和低廉的土地价格使倾斜组件具有吸引力；而昂贵的土地价格和低廉的组件价格则激励使用者以较小的倾角和较近间距最大限度地增加单位土地面积的发电量。近年来光伏组件的价格大幅下降，减少了其倾斜和追踪方面的相对吸引力。

9.7　聚光光伏

　　提高光伏组件效率的一种方法是利用廉价的反射材料、透镜或镜子将阳光集中于小型高效的光伏电池上，这种技术被称为聚光光伏技术（CPV）。目前，这种技术仅在太阳能产业中占据很小一部分。但是预计随着技术改进、成本降低、深入现场试验的展开，聚光光伏产业将会逐渐发展壮大。

　　太阳光谱的光子范围达4eV。单一材料制成的光伏电池仅能将约15%的可能能量转化为有用电能。为了提高性能，采用多块具有不同带隙的电池，这种系统被称为多功能光伏。这样的系统更复杂，成本也更高。尤其是，近期生产的三结光伏的效率达到了40%（Noun，2007）。这种光伏系统包括三层光伏材料，一层位于另一层之上。每一种材料均能捕获太阳光谱中的单独部分（详见图2.26），旨在尽可能多地捕获太阳光谱。这些材料比其他硅太阳能电池的价格贵得多，但是它们的效率抵消了高昂的成本。在聚光光伏系统中，所需电池的面积较小。

聚光光伏系统的优点如下：

（1）聚光光伏系统以价格较低的镜子或反射材料代替了昂贵的光伏材料。

（2）在高辐射水平条件下，太阳能电池的效率更高。

（3）由于追踪功能，聚光光伏系统在早晨开始发电，直到当天晚些时候停止发电。

（4）在组件水平下，聚光光伏系统的效率约为30%～40%（RENI，2012），而在系统水平下，聚光光伏系统的效率为25%（包括逆变器和追踪产生的损耗）。

（5）因聚光光伏系统具有双轴跟踪高效组件，因此能够在规定的地表面积上实现更大的发电量。

聚光光伏系统的缺点如下：

（1）在高产率的情况下，电池升温、失效，因此必须对电池进行降温处理。

（2）聚光光伏系统仅利用直射太阳辐射，浪费了散射太阳辐射。

（3）聚光光伏系统必须追踪太阳，因此更高聚光效果需要更加准确的追踪功能。

（4）聚光光伏系统比平板光伏系统更加复杂，由于该系统包含运动组件，其可靠性不如平板光伏系统。

（5）双轴跟踪器需要相对较宽的间距，避免组件间发生遮挡，而这降低了聚光光伏系统每单位占地面积的发电量。

与平板光伏系统相比，聚光光伏系统每瓦的资本成本较高，为4～6美元，而对直射太阳辐射的转化效率较高。据此，聚光光伏系统适用于日照充足、天空晴朗区域的公共事业发电，如远离海岸的沙漠地区。这样，在太阳能技术中，聚光光伏系统每千瓦时的发电成本最低。

通常聚光光伏系统利用透镜将阳光汇聚与小型光伏电池上。由于聚光光伏所需的电池材料少于传统光伏组件所需的电池材料，因此利用高品质电池提高效率是很经济的。第3章中描述的聚光系统均可用于聚光光伏系统。然而，最受欢迎的聚光光伏系统是菲涅耳透镜系统。与在所有聚光系统中一样，聚光光伏系统也必须具有一个追踪机制，追随太阳的运行轨迹。一个聚光光伏系统包含若干个盒子，都放在一个追踪框架内。这种系统必须具有双轴跟踪器。图9.22（a）为聚光光伏系统菲涅耳系统示意图，而图9.22（b）则为实际系统的照片。需要注意的是，在聚光光伏系统中，太阳辐射在电池上的分布必须尽可能均匀，防止出现热点。

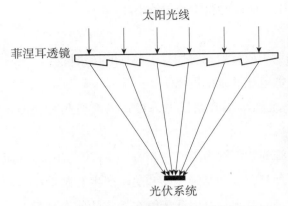

图 9.22（a）　聚光光伏系统菲涅耳系统示意图　　图 9.22（b）　实际系统的照片

　　由于聚光光伏系统的温度高，必须采取措施排出热能，从而避免光伏系统的效率降低，延长光伏系统的寿命。在某些系统中，这种额外的热量可以为其他工艺提供热能，如下文中提及的混合光伏/光热系统。

9.8　混合光伏/光热系统

　　混合光伏/光热系统能够同时提供电能和热能，这样的系统能够满足工业与建筑物（如医院、学校、酒店和房屋）中若干应用对于电能和热能的部分需求。

　　光伏面板以最大效率将太阳辐射转化为电能，转化效率为 5% ~ 20%，转换效率的大小与光伏电池的类型有关。太阳能电池的效率随着电池工作温度的升高而降低。未能转化为电能的吸收太阳辐射增加了光伏组件的温度，导致组件效率下降。对于单晶硅（c-Si）和多晶硅（pc-Si）太阳能电池而言，温度每升高 1°，效率下降约 0.45%。而对于非晶硅（a-Si）来说，温度升高对其效率的影响较小，即温度每升高 1°，效率下降约 0.2%，效率下降程度与组件设计有关（详见 9.2.2 小节内容）。

　　利用液体循环排热，能够部分防止这种不良影响的出现。利用空气的自然循环是排出光伏组件中热量的最简单的方法，也是避免效率下降的最简单方法。然而，我们可以采用混合光伏/光热集热器系统，通过同时发电和发热实现最大的发电量。这种方法能够大幅提高系统的能量效率，而总发电量的成本预期低于普通光伏组件发电量的成本。产生的热量可用于为建筑物供暖，为房屋居住者供应热水，或为低温工业应用提供热量。将光伏组件的温度稳定在较低水平是一种非常理想的状态，并且能够延长光伏组件的有效使用寿命，稳定了太阳能电池的电流电压特性曲线。此外，太阳能电池可作为一种良好的集热器，并且是相当好的选择性吸收器（Kalogirou，2001）。

在混合光伏/光热太阳能系统中，光伏组件温度降低能够与有用的液体加热结合起来。因此，混合光伏/光热系统能够同时提供电能和热能，对吸收的太阳辐射实现较高的能量转化率。这类系统包括与排热装置耦合的光伏组件。在这些系统中，光伏组件温度降低的同时，对温度低于光伏组件温度的空气或水进行加热。在光伏/光热系统应用中，发电量是最优先考虑的问题，因此必须使光伏组件在低温条件下工作，以保持光伏电池具有充足的发电效率。自然空气循环或强制空气循环是一种排出光伏组件中热量的简单且廉价的方法，但是如果环境空气温度超过 20 ℃，这种方法表现欠佳。为了克服这个问题，使循环水流过安装于光伏组件背面的换热器，从而排出光伏组件内的热量。光伏/光热系统的发电量高于标准光伏组件的发电量，且如果热力机组的额外成本低，则使用光伏/光热系统会很经济。水型光伏/光热系统是水加热（主要是生活热水）的实用装置，详见图 9.23。空气系统采用类似的设计，但是空气系统并非利用图 9.23 所示的换热器排热，而是利用流动的空气排热（如图 9.24 所示）。

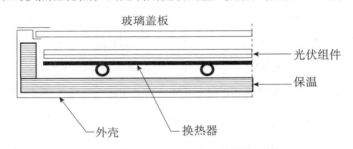

图 9.23 水型光伏/光热集热器示意图

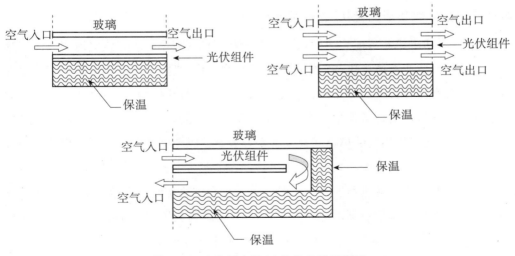

图 9.24 空气型光伏/光热集热器示意图

　　根据所用排热液体选择两种基本的光伏/光热系统，图9.23和图9.24分别展示了水型光伏/光热系统和空气型光伏/光热系统。空气型光伏/光热系统的成本低于水型光伏/光热系统的成本，适合用于中纬度和高纬度地区的建筑物中。在低纬度地区，一年中有几乎一半的时间，一天的环境空气温度为20 ℃以上，因此空气型光伏/光热系统的应用时间较短，发电效率低。水型光伏/光热系统能够有效地应用于任何季节，主要是在低纬度地区中，因为在这些地区，来自城市供水管线的水温通常在20 ℃以上。

　　通常情况下，水型光伏/光热组件由硅光伏组件组成。排热装置是一张带有水循环管道的金属板，可避免水与光伏组件背面直接接触。换热器与光伏组件的背面进行热接触，与换热元件的背面和面板边隔热绝缘，如图9.23所示。这些系统中的换热器与平板太阳能集热器中所用的肋片和管道类似。

　　图9.23和图9.24中的集热器都采用了玻璃，其面板则看起来像一台传统的平板集热器。然而，该系统也可不装玻璃，更适合超低温应用。如果是不采用玻璃的系统，要实现符合要求的发电量，与系统的工作条件有关。但是，由于从光伏组件的前表面到外部环境，热损耗增加，因此工作温度较高时，热效率下降。安装玻璃（如同标准太阳能集热器安装的玻璃）能够在更广的工作温度范围内显著提高热效率，但是安装玻璃（对太阳辐射的额外吸收和反射）产生的额外光损耗会减少光伏/光热系统的发电量。

　　以下两小节将对水型光伏/光热系统和空气型光伏/光热系统进行热分析。

具有液体热回收功能的光伏/光热集热器

　　光伏/光热集热器可视为一种太阳能集热器，具有吸热板、光伏电池和液体排热装置。排热液体在液体排热装置中循环。在水型光伏/光热集热器内，排热装置通常是一块带有水循环管道的导热板，与光伏组件背面进行热接触。而在空气型光伏/光热集热器内，排热装置通常是一根位于光伏面板后侧的风管。此外，可以安装玻璃，以减少光伏/光热集热器的热损耗，或不安装玻璃，以免因玻璃的反射光损耗和吸收热损耗而导致发电量减少。光伏/光热集热器在非发光集热器部件中具有热绝缘性，与应用于标准太阳能集热器的方法类似。对具有水排热功能的平板光伏/光热集热器的分析与对平板液体集热器的分析相似。平板液体集热器采用 Florschuetz（1979）、Tonui 和 Tripanagnostopoulos（2007）修正的基本集热器模型。

　　光伏/光热集热器总热损耗 U_L 包括总损耗 U_t、背面损耗 U_b 和边缘损耗 U_e，计算方程为（3.9）。利用第3章3.3.2小节中的方程计算上述热损耗。对于光伏/光热集热器，利用修改的热损耗系数 $\overline{U}_\text{L}$，可得因能力转化为电能而导致的减少的热损耗为：

$$\overline{U}_\text{L} = U_\text{L} - (\tau\alpha)\eta_\text{ref}\beta_\text{ref}G_\text{t} \tag{9.52}$$

光伏组件的电效率 η_el 与温度 T_pv 有关（Florschuetz，1979），光伏组件的电效率为：

$$\eta_\text{el} = \eta_\text{ref}[l - \beta_\text{ref}(T_\text{pv} - T_\text{ref})] \tag{9.53}$$

其中，

β_ref = 光伏效率的温度系数（℃）；

η_ref = 基准温度 T_ref 的电效率。

可用太阳能（$A_\text{pv}G_\text{t}$）除以收集的有用能 Q_u，等于集热器的热效率 η_th。根据方程（3.31）可得出有用能，或根据方程（3.60）中的集热器入口液体温度 T_i（而非利用集热器平板温度 T_p）计算出有用能。Tonui 和 Tripanagnostopoulos（2007）修正了方程（3.60），使其适用于光伏/光热集热器。修正后的方程为：

$$\eta_\text{th} = \overline{F}_\text{R}\left[(\tau\alpha)(1 - n_\text{el}) - \overline{U}_\text{L}\left(\frac{T_\text{i} - T_\text{a}}{G_\text{t}}\right)\right] = \frac{\dot{m}c_\text{p}(T_\text{o} - T_\text{i})}{A_\text{pv}G_\text{t}} \tag{9.54}$$

在上述公式中，利用修正的集热器效率因子 $\overline{F}'$ 描述修正的排热因子 $\overline{F}_\text{R}$。这两个参数不同于平板集热器的两个参数，原因是采用了修正的总热损耗系数 $\overline{U}_\text{L}$，而非采用 U_L。Florschuetz（1979）给出了 $\overline{F}'$ 和 $\overline{F}_\text{R}$ 之间的关系式：

$$\overline{F}_\text{R} = \frac{\dot{m}c_\text{p}}{A_\text{pv}\overline{U}_\text{L}}\left[1 - \exp\left(-\frac{A_\text{pv}\overline{U}_\text{L}\overline{F}'}{\dot{m}c_\text{p}}\right)\right] \tag{9.55}$$

具有空气热回收功能的光伏/光热集热器

在大多数空气太阳能集热器中，空气通过光伏太阳辐射吸收器和集热器热绝缘之间形成的风道循环。而在其他系统中，空气则通过单风道系统或双风道系统（详见图 9.24）中的两个吸收器（光伏）侧上的风道循环。通常的排热模式是利用自然对流或强制对流从吸收器背面直接对空气加热。热效率取决于风道深度、气流模式、气流速递。浅风道和高流速增加排热量，但也增加了压降。由于压降增加了风扇的功率，因此在强制空气流动的情况下减少了系统的净发电量。在自然空气循环的应用中，浅风道减少了气流，因此减少了排热量。在这些系统中，风道的深度必须约为 0.1m。

在分析空气型光伏/光热集热器的性能时，也可以采用水型光伏/光热集热器分析中所用的能量平衡和热损耗方程。在详细分析中，必须考虑风道尺寸、其他空气循环通道几何特性和气流特点，与第 3 章 3.4 小节中所述的空气集热器分析相似。

可利用 Florschuetz（1979）给出的公式计算出空气型光伏/光热集热器的总修正热损耗系数 $\overline{U}_L$ 和排热因子 $\overline{F}_R$。对于空气型光伏/光热集热器来说，用 $\overline{U}_L$ 代替 U_L，后根据方程 3.79 计算出集热器的效率修正因子 F。

根据方程（9.54）计算出空气型光伏/光热集热器的稳态热效率。

9.8.1 混合光伏/光热应用

在多种应用中，混合光伏/光热系统均被视为普通光伏组件的一种替换选择。利用混合光伏/光热系统能够有效地将吸收的太阳辐射转化为电流和热量，从而增加总发电量。在混合光伏/光热系统中，光伏组件与排热装置耦合在一起。在排热装置内，水或空气被加热，而同时光伏组件的温度降低，保持充足的电效率。水冷光伏/光热系统是实用的水加热系统。由于这些新型的太阳能系统可有效地包含电力负载和热负荷，因此能够实际用于多种应用中。

应注意的是，热部件的成本都是相同的，与所用光伏材料的类型无关，但是使用非晶硅组件时，每个光伏组件成本中的热部件额外成本比率几乎都要加倍。此外，虽然非晶硅光伏组件的总发电量（电能＋热能）几乎与晶体硅光伏组件的总发电量相等，但是非晶硅光伏组件电效率较低。

光伏/光热系统能够产生额外热输出，因此与具有相同总采光表面积的单独组件和热部件相比，光伏/光热系统比较划算。在光伏/光热系统应用中，发电是首要需考虑的问题，因此使光伏组件在低温条件下工作更有效，能保持光伏电池充足的电效率。

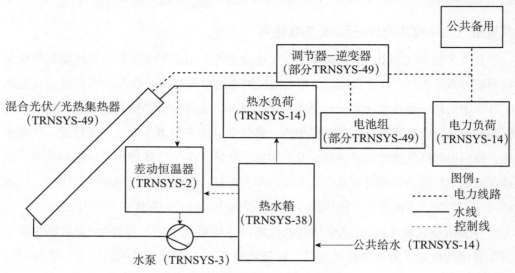

图 9.25 混合光伏/光热系统示意图

利用 TRNSYS 程序（详见第 11 章 11.5.1 小节）通过建模和模拟的方式研究混合光伏/光热系统的日性能和月性能。由于混合光伏/光热系统在较低温度下工作，同时获得热能，可用于水加热，因此该系统的电效率高于标准光伏系统的电效率。如图 9.25 所示，系统由几个光伏面板、一个电池组和一台逆变器组成，而热力系统则由一个热水箱、一台水泵和一台差动恒温器组成（Kalogirou，2001）。在不同情况下，用 TRNSYS 的型号表示。

在光伏面板的背面安装一台铜换热器，整个系统位于一个外壳内。在外壳内，绝缘装置安装在背面和侧面，而单块低铁玻璃则安装在前面，目的是减少热损耗（详见图 9.23）。水用作传热介质。该系统也使用 8 块电池，以 4×2 的形式连在一起，即 4 块电池并联、2 块电池串联。

研究结果表明混合光伏/光热系统具有较大的发展潜力。除了能够增加系统的发电量之外，该系统还能够满足一个四口之家几乎 50% 的热水需求。由于该系统具有排热功能，因此大幅增加了光伏电池的年效率。

研究人员通过另一个案例研究了水型光伏/光热系统的工业应用。但是最适合的工业应用是需要低温（60~80℃）热量和超低温（<50℃）热量的应用，原因是在这些情况下，光伏/光热系统的电效率和热效率能够保持在可接受水平。需要注意的是，低温条件下热需求的分数高，尤其是在食品工业、啤酒和饮料工业、造纸工业和纺织工业中，热需求可达总热需求的 80%。例如，水冷型光伏/光热系统可为洗涤过程或清洁过程提供热水。光伏/光热集热器可安装在地面、平台屋顶、锯齿型屋顶或工厂的正面（Kalogirou 和 Tripanagnostopoulos，2007）。

最后，研究人员比较了光伏/光热系统的性能和成本与建筑用标准光伏系统的性能和成本，结果表明该系统是非常有利的（Kalogirou 和 Tripanagnostopoulos，2006）。此外，研究证明，光伏/光热系统对光伏设备的较大漫射是有益的。这一点对于具有良好透光性的太阳能热水器的地区来说尤其重要。在这些地区，利用太阳能生产热水已经成为一种习惯。在这些情况下，可能难以说服潜在客户安装光伏系统，但说服他们安装一个既能发电又能生产热水的混合系统可能更为容易。

9.8.2　水加热和空气加热建筑一体化光伏/光热

之前的小节已经介绍了光伏建筑一体化系统（BIPV）。当光伏建筑一体化系统与排热装置结合在一起时被称为建筑一体化光伏/光热系统，它的排热采用的是水流体循环或空气流体循环。当建筑一体化光伏/光热系统排热装置将水（通常为含水丙二醇溶液）作为工质时成本更高，原因在于水管施工、更加复杂的正面施工、建立液体循环加热系统集成、设备的重量更大。因此，需要对水加热建筑一体化光伏/光热系统进行系统输出优化，从而论证初期资本成本投资的合理性。虽然光伏建筑一体化系统液体循环加热排热能够提高光伏效率，但是如果因水泵故障而导致水循环停止，那么极高的间接光伏面板温度将对光伏耐用性产生不利影响（Affolter 等人，2000）。此外，建筑一体化光伏/光热集热器的热效率比太阳能热平板集热器的效率低，原因是缺少能够抑制对流热损耗的采光口盖板。解决方法是增加一个玻璃盖板。虽然玻璃盖板会增加光伏光损耗并提高光伏温度，导致光伏性能降低。如果正面面积大，会在结构限制和成本约束方面产生一些问题。

平板空气加热建筑一体化光伏/光热系统集热器也具有电转化效率和热转化效率的最佳组合。建筑一体化光伏/光热系统的正面可充当无玻璃热虹吸管光伏光热空气加热集热器，在夏季提供自然通风，在冬季预热空气，全年均可发电。光伏组件后面安装的风管使光伏面板背面产生浮力从而产生空气流动，而这样的空气流动由自然对流和风引起的对流控制（Batagiannis 和 Gibbons，2001）。建筑一体化光伏/光热系统达到的温度取决于入射太阳能、表面积、环境空气温度、水流条件、辐射面、流量分布和温度分布（Mosfegh 和 Sandberg，1998；Brinkworth 等人，1997；Tonui 和 Tripanagnostopoulos；2008）。应注意的是，对于光伏组件背面风道内的空气流动而言，从一个方向吹来的风可能促进了空气流动，加强了对组件的冷却效果，而从另一个方向吹来的风可能与所需的空气流动方向相反，从而降低冷却潜力（Batagiannis 和 Gibbons，2001）。此外，对于自然通风的建筑一体化光伏/光热系统的外包层来说，出入口的摩擦导致了压降，而压降又平衡了浮力（Brinkworth 等人，2000）。在零风速情况下，流过通风堆栈的水仅由浮力驱动，而在所有其他情况下，风管内的水流动则由于自然对流和强制对流的混合作用。光伏建筑一体化系统和腔体之间的风道内空气流动导致的浮力，即使在气流速递较低的情况下，均能够使系统的工作温度降低 15~20℃左右，并将电转化效率提高 15%（Brinkworth 等人，1997）。

练习

9.1 辐射的光子能量等于硫化亚铜（Cu_2S）电池（1.80eV）、硫化镉（CdS）化合物电池（2.42eV）和砷化镓（GaAs）电池（1.40eV）的带隙，求该辐射的波长。

9.2 波长为 0.46μm、强度为 1mW 的蓝光光束照射在太阳能电池上。试估计入射到光伏电池上的光子数量。

9.3 当太阳能电池的温度为 35 ℃ 且阳光直射下的短路电流为 4A 时，其暗饱和电流为 1.75×10^{-8} A。试估计开路电压、电池的最大发电量、光伏面板在 12V 电压条件下提供 90W 功率所需的电池数量和排列情况。

9.4 太阳辐射为 750 W/m^2 时，光伏系统的电流为 9A。当太阳辐射为 850 W/m^2 时，该系统能够产生多少安培的电流？

9.5 当 6 m^2 的光伏系统暴露于 750 W/m^2 的太阳辐射条件下时，其电压为 24V、电流为 18A。试估计电池的效率。

9.6 一个光伏系统必须在 12V 电压条件下产生 96W 的功率。太阳能电池的 I_{max} 等于 250A/m^2 且 V_{max} 等于 0.4 V。如果每块电池的面积均为 80cm^2，试设计一个在最大功率点工作的光伏面板。

9.7 试估计一个连接了下列设备的光伏系统所需的日电力负载和最大功率：

4 盏灯，每盏灯的功率为 15W，工作时间为下午 6 点到晚上 11 点；

电视机，功率为 80W，工作时间为下午 6 点到晚上 11 点；

计算机，功率为 150W，工作时间为下午 4 点到下午 7 点；

收音机，功率为 25W，工作时间为上午 11 点到下午 6 点；

水泵，功率为 50W，工作时间为上午 7 点到上午 10 点。

9.8 在偏远地区的某一间小屋，其电力负载如下表所示。试估计一个 24V 的光伏系统能够提供的日电力负载和最大功率。

家用电器	类型	功率（W）	白天工作时间（h）	夜间工作时间（h）
5 盏灯	直流电	每盏灯的功率为 11W	0	5
电视机	交流电	75 W	2	4
计算机	交流电	160 W	4	3
收音机	直流电	25 W	3	1
水泵	交流电	60W（启动电流为 6A）	1	1
电炉	交流电	1200 W	2	1

9.9 如果逆变器、电池和配电线路的效率分别为 91%、77%、96%，利用练习 9.8 中的电力负载估算预期的日电能需求。

9.10 如果光伏阵列损耗和电源调节系统损耗为 10%，则假设逆变器、配电线路的效率分别等于 90% 和 95%，且假设电网吸收率为 90%，已知光伏阵列输送的电能为 500Wh，试估计向光伏并网系统输送的总电能。

9.11　一块朝南的光伏面板安装角度为 35°，位于北纬 40°。如果在 5 月 15 日中午，太阳直射辐射为 685 W/m² 而散射辐射为 195 W/m²，两种辐射均位于水平面，试估计光伏面板上吸收的太阳辐射量。光伏组件上玻璃罩的厚度为 2mm，消光系数 K 为 4m⁻¹，地面反射率为 0.2。

9.12　对于在太阳能电池组件标称工作温度条件下（NOCT）工作的光伏组件而言，如果电池温度为 44 ℃，试确定光伏组件在 $G_t = 725$ W/m²、$V = 1$ m/s、$T_a = 35$℃时的电池温度，以及组件在最大功率点工作时的电池温度。太阳能组件的暗饱和电流为 1.7×10^{-8} A/m²，短路电流为 250 A/m²。

9.13　利用简单的设计方法设计一个采用 60W、12V 光伏面板和 145Ah、6V 电池的光伏系统。该光伏系统必须提供 3 天的蓄能；电池效率为 75%，放电深度为 70%。在冬季，系统白天的工作时间为 6h，应用为 24V，电力负载为 1500Wh。

参考文献

[1] Affolter, P., Ruoss, D., Tuggweiler, P., Haller. A., 2000. New generation of hybrid solar PV/T collectors. Final Report DIS56360/16868, June.

[2] Archer, M. D., Hill, R. (Eds.), 2001. Clean Electricity from Photovoltaics, vol. 1. Imperial College Press, London. UK.

[3] ASHRAE, 2004. Handbook of Systems and Applications. ASHRAE, Atlanta.

[4] Barbose, G., Darghouth, N., Wiser, R., Seel, J., 2011. Tracking the Sun IV: An Historical Summary of the Installed Cost of Photovoltaics in the United States from 1998 to 2010. Lawrence Berkeley National Laboratory, p. 61. Batagiannis,R, Gibbons, C., 2001. Thermal assessment of silicon-based composite materials used in photovoltaics. In: Conference Proceedings of Renewable Energy in Maritime Island Climates, Belfast, UK. pp. 151 – 157.

[5] Blaesser, G., 1997. PV system measurements and monitoring the European experience. Sol. Energy Mater. Sol. Cells 47, 167 – 176.

[6] Brinkworth, B. J., Cross, B. M., Marshall, R. H., Hongxing, Y., 1997. Thermal regulation of photovoltaic cladding. Sol. Energy 61 (3), 169 – 178.

[7] Brinkworth, B. J., Marshall, R. H., Ibarahim, Z., 2000. A validated model of naturally ventilated PV cladding. Sol. Energy 69 (1), 67 – 81.

[8] Chang. T. P, 2009. The Sun's apparent position and the optimal tilt angle of a so-

lar collector in the northern hemisphere. Sol. Energy 83 （8）, 1274 – 1284.

［9］ Coutts, T. J. , 1999. A review of progress in thermophotovoltaic generation of e-lectricity. Renewable Sustainable Energy Rev. 3 （2 – 3）, 77 – 184.

［10］ De Soto, W. , Klein, S. A. , Beckman, W. A. , 2006. Improvement and validation of a model for photovoltaic array performance. Sol. Energy 80 （1）, 78 – 88.

［11］ Define, P. , 2009. Partially shaded operation of a grid-tied PV system. In: Proceedings of Photovoltaic Specialists Conference （PVSC） IEEE, 7 – 12 June 2009, Philadelphia, Pennsylvania, USA.

［12］ Denholm, P. , Margolis, R. , 2007. The Regional Per-Capita Solar Electric Footprint for the United States. National Renewable Energy Laboratory. Technical Report NREL/TP-670 – 42463.

［13］ Duffle, J. A. , Beckman, W. A. , 2006. Solar Engineering of Thermal Processes, third ed. Wiley & Sons, New York.

［14］ Egido, M. , Lorenzo, E. , 1992. The sizing of stand-alone PV systems: a review and a proposed new method. Sol. Energy Mater. Sol. Cells 26 （1 – 2）, 51 – 69.

［15］ EPIA. 2010. Global Market Outlook for Photovoltaics until 2014. European Photovoltaic Industry Association. May 2010 update, p. 28.

［16］ Fanney. A. H. , Dougherty, B. P. , Davis, M. W. , 2002. Evaluating building integrated photovoltaic performance models. In: Proceedings of the 29th IEEE Photovoltaic Specialists Conference （PVSC）, New Orleans, LA.

［17］ Florschuetz, L. W. , 1979. Extension of the Hottel-Whillier model to the analysis of combined photovoltaic/ thermal flat plate collectors. Sol. Energy 22 （2）, 361 – 366.

［18］ Fragaki. A. , Markvart, T. , 2008. Stand-alone PV system design: results using a new sizing approach. Renewable Energy 33 （1）, 162 – 167.

［19］ Fthenakis. V. M. , Kim, H. C. , 2011. Photovoltaics: life-cycle analyses. Sol. Energy 85 （8）, 1609 – 1628.

［20］ Hansen. A. D. , Sorensen, P, Hansen, L. H. , Binder. H. , 2000. Models for a Stand-Alone PV System. Riso National Laboratory, Roskilde, Denmark.

Riso-R-1219（EN）/SEC－R－12.

[21] Hashimoto, O., Shimizu, T., Kimura, G., 2000. A novel high performance utility interactive photovoltaic inverter system. In: 35th IAS Annual Meeting and World Conference on Industrial Applications of Electrical Energy, October, Rome, Italy, pp. 2255－2260.

[22] Hontoria, L., Aguilera, J., Zufiria, P., 2005. A new approach for sizing stand-alone photovoltaic systems based in neural networks. Sol. Energy 78 (2), 313－319.

[23] Huld. T., Gottschalg, R., Beyer, H. G., Topic, M., 2010. Mapping the performance of PV modules, effects of module type and data averaging. Sol. Energy 84 (2), 324－328.

[24] Jardine. C. N., Lane, K., Conibeer, G. J., 2001. PV-Compare: direct comparison of eleven PV technologies at two locations in Northern and Southern Europe. In: Proceedings of the 17th European Conference on Photovoltaic Solar Energy Conversion, Munich, 2001.

[25] Kalogirou, S. A., 2001. Use of TRNSYS for modelling and simulation of a hybrid PV-thermal solar system for Cyprus. Renewable Energy 23 (2), 247－260.

[26] Kaktgirou, S. A., Tripanagnostopoulos, Y., 2006. Hybrid PV/T solar systems for domestic hot water and electricity production. Energy Convers. Manage. 47 (18－19), 3368－3382.

[27] Kalogirou, S. A., Tripanagnostopoulos, Y., 2007. Industrial application of PV/T solar energy systems. Appl. Therm. Eng. 27 (8－9), 1259－1270.

[28] Kazmerski, L., 1997. Photovoltaics: a review of cell and module technologies. Renewable Sustainable Energy Rev. 1 (1－2), 71－170.

[29] Kelly, N., Gibson, T., 2009. Improved photovoltaic energy output for cloudy conditions. Sol. Energy 83 (11), 2092－2102.

[30] Kelly, N., Gibson, T., 2011. Increasing the solar photovoltaic energy capture on sunny and cloudy days. Sol. Energy 85 (1), 111－125.

[31] King, D. L., Kratochvil, J. E., Boyson, W. E., Bower, W. I., 1998. Field experience with a new performance characterization procedure for photovoltaic arrays. In: Proceedings of the Second World Conference and Exhibition on Photo-

voltaic Solar Energy Conversion on CD ROM, Vienna, Austria.

[32] King, D. L., Boyson, W. E., Kratochvil, J. E., 2004. Photovoltaic Array Performance Model. Sandia National Laboratories. Report SAND 2004 – 3535.

[33] Kjar, S. B., Pederson, J. K., Blaabjerg, F., 2005. A review of simple-phase grid-connected inventors for photovoltaic modules. IEE Trans. Ind. Appl. 41, 1292 – 1306.

[34] Kullmann, S., 2009. Specific Energy Yield of Low-Power Amorphous Silicon and Crystalline Silicon Photovoltaic Modules in a Simulated Off-Grid, Battery-Based System. MSc Thesis. Humboldt State University, p. 123.

[35] Lasnier, F., Ang, T. G., 1990. Photovoltaic Engineering Handbook. Adam Higler, Princeton, NJ, p. 258.

[36] Lisell, L., Mosey, G., 2010. Feasibility Study of Economics and Performance of Solar Photovoltaics at the Former St. Marks Refinery in St. Marks, Florida. National Renewable Energy Laboratory. Technical Report, NREL/ TP-6A2 – 48853.

[37] Lorenzo, E., 1994. Solar Electricity Engineering of Photovoltaic Systems. Artes Graficas Gala, S. L., Madrid, Spain.

[38] Marion, B., 2008. Comparison of Predictive Models for PV Module Performance. National Renewable Energy Laboratory. May 2008, NREL/CP-520 – 42511, p. 9.

[39] Markvart, T., Fragaki, A., Ross, J. N., 2006. PV system sizing using observed time series of solar radiation. Sol. Energy 80 (1), 46 – 50.

[40] Mellit, A., Benghanem, M., Hadj Arab, A., Guessoum, A., 2005. An adaptive artificial neural network for sizing of stand-alone PV system: application for isolated sites in Algeria. Renewable Energy 3 (10), 1501 – 1524.

[41] Mosfegh, B., Sandberg, M., 1998. Flow and heat transfer in air gap behind photovoltaic panels. Renewable Sustainable Energy Rev. 2, 287 – 301.

[42] Nelson, J., 2002. Organic photovoltaic films. Curr. Opin. Solid State Mater. Sci. 6 (1), 87 – 95.

[43] Norton, B., Eames, P. C., Mallick, T. K., Huang, M. J., McCormack, S. J., Mondol, J. D., Yohanis, Y. G., 2011. Enhancing the performance

of building integrated photovoltaics. Sol. Energy 85 (8), 1629 – 1664.

［44］ Noun, B., 2007. Solar power. Renewable Energy, 2007/2008, WREN, 62 – 63.

［45］ Photon, January 2012. 27. 7 GW of Grid-Connected PV Added in 2011. Photon.

［46］ Photon, August 2012. Global Installed PV Capacity in 2012. Photon.

［47］ Price, S., Margolis, R., (Primary Authors), January 2010. 2008 Solar Technologies Market Report. National Renewable Energy Laboratory, p. 131.

［48］ RENI, April 2012. PV Power Plants 2012-Industry Guide. RENI Renewables Insight, p. 108.

［49］ RENI, April 2010. PV Power Plants 2010-Industry Guide. RENI Renewables Insight, p. 45.

［50］ Runyon, J., 2012. Staying Alive: Could Thin-Film Manufacturers Come Out Ahead in the PV Wars? Part 2. Available from: www. RenewableEnergyWorld. com.

［51］ Sayigh, A. A. M., 2008. Renewable energy 2007/2008. World Renewable Energy Network, 9 – 15.

［52］ Schreiber, D., 2009. PV Market Overview: Where Does the Thin Film Market Stand and Could Go? EuPD Research, Munich, p. 23.

［53］ Sick, F., Erge, T., 1996. Photovoltaics in Buildings: A Design Handbook for Architects and Engineers. James & James Limited, London, UK.

［54］ Simmons, A. D., Infield, D. G., 1996. Grid-connected amorphous silicon photovoltaic array. Prog. Photovoltaics: Res. Appl. 4, 381 – 388.

［55］ Tidball, R., Bluestein, J., Rodriguez, N., Knoke, S., November 2010. Cost and Performance Assumptions for Modeling Electricity Generation Technologies. National Renewable Energy Laboratory. NREL/SR-6A20 – 48595, p. 211.

［56］ Tonui, J. K., Tripanagnostopoulos, Y., 2007. Performance improvement of PV/T solar collectors with natural air flow operation. Sol. Energy 81 (4), 498 – 511.

［57］ Tonui, J. K., Tripanagnostopoulos, Y., 2008. Performance improvement of PV/T solar collectors with natural air flow operation. Sol. Energy 82 (1), 1 – 12.

［58］ Toyokawa, S., Uehara, S., 1997. Overall evaluation for R&D of PV modules integrated with construction materials. In: Conference Record of the IEEE Photovoltaic Specialists Conference, October, Anaheim, CA, USA, pp. 1333 - 1336.

[59] Woyte, A., van den Keybus, J., Belmans, R., Nijs, J., 2000. Grid connected photovoltaics in the urban environment-an experimental approach to system optimisation. In: IEEE Proceedings for Power Electronics and Variable Speed Drives, September, pp. 548 - 553.

第 10 章　太阳能热发电系统

10.1　简介

如前所述，太阳能热发电系统是应用太阳能最早的一个领域。在 18 世纪，人们用抛光的铁、玻璃透镜和反射镜几个部件建造了太阳能炉，并且这种太阳能炉在整个欧洲和中东地区得到了广泛使用。最著名的就是 1774 年由法国著名化学家拉瓦锡建造的太阳炉，法国博物学家 Bouffon（1747—1748）建造的压缩机和由 Mouchot 在 1872 年巴黎博览会上展示的蒸汽动力印刷机组。

早期大部分的太阳能热机械系统都是小规模的应用。例如抽水（输出功率大约为 100 kW）。直到后来的 40 年里，人们建成并运行了几种大规模实验电源系统，其中一些系统还进入了商业化运作，还有些发电容量在 30~80 MW 的电厂都已经经营了多年。

相比前几章中提及的技术，太阳能转变成机械能和电能需要在更高的温度条件下进行，但是从根本上讲，这也是太阳能热利用过程。

根据第 9 章中的讨论，可以通过光伏电池直接把太阳能转变为电能。此外，地热能和风能也能转变为电能。然而，随着聚光太阳能发电系统的发展，人们已经不再需要复杂的硅制造工艺。本章主要描述了聚光太阳能发电系统如何进行太阳能利用，如何把太阳能转变为机械能进而转变为电能的过程。利用太阳池和太阳能塔来产生电力也是太阳能利用的一种。相对于光伏系统而言，热动力系统的发电成本更低，但它们更适用于大型发电系统。聚光太阳能发电系统是利用镜子聚集太阳能，从而产生高温的热量。进而驱动蒸汽涡轮机。

太阳能转化为机械能的基本原理如图 10.1 所示，在这些系统中，聚光太阳能系统收集太阳能的热量，然后驱动热力发电机。这些系统也具备储热功能，便于在多风或者夜间继续发电。然而最大的挑战是怎样选择一个合适的工作温度。因为发动机的效率随着发动机工作温度的升高而提高，而太阳能集热器的效率随着工作温度的升高而降低。聚光太阳能集热器是这类用途的唯一选择，因为平板集热器的最大工作温度，相对于热发动机的理想输入温度要低得多，因此系统效率会很低。

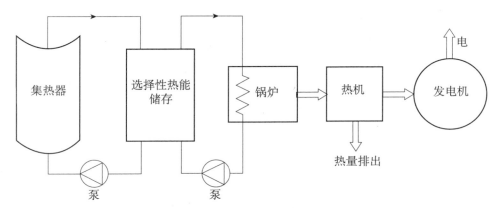

图 10.1　太阳能热能转换系统示意图

太阳能热能转换系统有 6 类系统架构，前 4 个是高温系统：抛物槽式集热器系统、线性菲涅尔式集热器、动力塔系统和碟式系统。最后两个低温运作系统是太阳能电池系统和太阳能塔热气流发电系统。除了线性菲涅尔式系统还没有达到成熟的工业标准以外，我们将在本章对其他系统进行分析，并利用基本热力学原理对热发动机的模型进行说明。

聚光式太阳能发电系统（CSP）利用镜面收集阳光进而产热，然后把热量转化成水蒸气，最后用于驱动汽轮机和发电机，这一过程与传统发电站的类似。这样的系统自 20 世纪 80 年代中期一直在运转使用，目前可以为大概 100,000 户家庭提供电力。最近新开发的三个聚光式发电系统，一个在美国内华达州，被称为内华达太阳能一号（Nevada Solar I）。另外两个系统在西班牙，分别叫 PS 10（10 MW）和 PS20（20 MW）。世界各地还有更多的聚光式电站正在建设中。显然，西班牙政府已经意识到聚光式电站的巨大发展潜力并为太阳能发电提供补贴。PS10 和 PS20 的电力可以提供给 200,000 个家庭使用。

聚光式电站的建设需要大面积的土地，它们通常建立在贫瘠的土地上，例如沙漠。根据地中海可再生能源公司（TREN）的研究数据显示，每平方千米的沙漠所接收到的太阳能能量与 150 万桶石油相当。如果在一个面积为 65,000km^2 的沙漠上（小于 1% 的撒哈拉沙漠），有一座聚光式电站，它产生电能等于 2000 年的世界电力消耗（Geyer 和 Quaschning，2000）。该地区五分之一发电量相当于欧盟的电力消耗量。美国也有类似的研究预测，在美国西南部各州，通过聚光式发电系统来利用太阳能资源，可以产生约 7000 GW 的电量，大约为目前美国总电容量的 7 倍（Wolff

等人，2008）。

聚光式太阳能发电系统主要分为三种模式，抛物槽式集热发电，高塔集热发电和斯特林碟式发电。抛物槽式太阳能发电系统的发展最为成熟，在美国加州运行超过了20年，目前的发电成本为0.1美元/kW·h。该发电系统的成功运行和耐用性，也充分地证实了槽式太阳能发电的稳定性和可靠性。槽式集热发电和高塔集热发电主要是储存来自太阳能的热量，便于发电系统可以在夜间或者多云天气中持续供电。该系统常用的蓄热物质有：混凝土、熔融盐、陶瓷和相变介质。重要的一点是，这种蓄能方法比电池蓄能要便宜得多。化石燃料和可再生燃料也可用作发电系统的备用动力能源。常用的有石油、天然气、煤、生物质燃料等。结合储能系统的灵活性和备用燃料的多样性，使得发电系统即能满足日常的基本功率要求，也能承受夏季中午时分用电高峰期的高输出、高负荷。

表10.1　各类聚光式太阳能发电系统的性能特征

类别	容量范围（MW）	强度	峰值太阳能效率（%）	太阳能发电效率（%）	土地利用（m²/MWha）
抛物槽式发电系统	10～200	70～80	21	10～15	6～8
菲涅尔式发电系统	10～200	25～100	20	9～11	4～6
动力塔式发电系统	10～150	300～1000	20	8～10	8～12
斯特林发电系统	0.01～0.4	1000～3000	29	16～18	8～12

表10.1概述了聚光式太阳能发电概念的一些性能特征（Muller-Steinhagen和Trieb，2004）。抛物槽式集热发电、高塔集热发电和斯特林碟式发电可以耦合10～200 MW电力容量的蒸汽循环。热循环效率在30%～40%之间。相同的效率范围适用于和与斯特林发动机结合的碟式系统。电量的转换效率基本上与燃料发电厂的转换效率相同。聚光式系统的整体太阳能发电效率（入射辐射的净发电），低于常规蒸汽或联合循环的转换效率。因为它们包括太阳辐射能量转换成收集器内的热量，以及在系统中把热量转换为电能的过程。

由于高强度的聚光，通常碟式太阳能发电系统的效率比抛物槽式太阳能系统要高得多，而且可以在小功率的发电系统中独立地工作。如果需要更高的电力输出，可以使用多个碟式发电系统。

10.2　抛物槽式集热器系统

关于抛物槽式集热器技术的详细内容见第3章的3.2.1节。正如第3章所述，抛物槽式集热器是太阳能利用中最成熟的技术，在太阳能热发电过程或热应用中可产生高达 400℃ 的热量。最大的槽式集热器系统是南加利福尼亚的 9 个发电厂，它是一个总的装机容量为 354 MWe 的太阳能发电系统（SEGS）（Kearney 和 Price，1992），这些电站的详细资料如表 10.2 所示。从表中可以看出，SEGS I 的容量是 13.8MWe，SEGS II ~ VII 的容量是 30MWe，SEGS VIII 和 IX 都是 80MWe。这些系统已经被设计和安装在南加利福尼亚莫哈韦沙漠。第一个在 1985 年开始投入使用，最后一个在 1991 年投入使用。大型槽式聚光器为朗肯电站提供蒸汽，从电站产出的电量将出售给加利福尼亚南部爱迪生公用事业。这些电站是为了应对 20 世纪 70 年代的石油危机而建立的，当时美国政府给予了可再生能源大量的税收和投资激励政策，大约占投资成本的 40%。由于研究和开发积累了经验，实现了规模经济发展，从 1985 年到 1989 年，槽式太阳能电站的发电成本由过去的 0.30 美元/kW·h 下降到 0.14 美元/kW·h，当第一个电站建起，到第七个电厂建成。4 年里的电力成本下降超过 50%。今天，加利福尼亚的槽式发电厂发电量已经产生超过 15,000GWh，其中公用事业规模的电力消耗量为 12,000GWh，占所有太阳能发电的一半以上。近 20 年来的电力销售大概是 20 亿美元。这 9 个电站还在持续运转，并且人们已经积累了 210 多个电厂多年的运营经验。

表 10.2　SEGS 电厂特性

SEGS 电厂	开始运行时间	净产值（MWe）	太阳能出口温度（℃）	鲁兹（Luz）系统集热器	太阳能电厂面积（m²）	太阳能涡轮机效率（%）	化石燃料涡轮机效率（%）	年产量（MWh）
1	1985	13.8	307	LS－1	82,960	31.5	－	30,100
II	1986	30	316	LS－2	190,338	29.4	37.3	80,500
III	1987	30	349	LS－2	230,300	30.6	37.4	92,780
IV	1987	30	349	LS－2	230,300	30.6	37.4	92,780
V	1988	30	349	LS－2	250,500	30.6	37.4	91,820
VI	1989	30	390	LS－2	188,000	37.5	39.5	90,850
VII	1989	30	390	LS－2 + LS－3	194,280	37.5	39.5	92,646
VIII	1990	80	390	LS－3	464,340	37.6	37.6	252,750
IX	1991	80	390	LS－3	483,960	37.6	37.6	256,125

槽式太阳能集热器将阳光收集到接收器管上，并用合成油作为循环介质。目前合成油通常是由芳香烃、联苯/二苯醚，和孟山都公司的合成导热油 Therminol VP－1 组成。通过管道换热器产生蒸汽，然后驱动传统的发电机组进行发电。和其他可再生技术一样，槽式太阳能集热发电系统在发电的过程中不排放污染物。把天然气系统加载在电站中，它可以为电站提供 25% 的电力。该电厂可以生成峰值功率电

力，可以单独使用太阳能，或单独使用天然气作为动力，也可以两者结合使用，这样就打破了时间和天气的限制。当无法获得充足的太阳能（SEGS II ~ VII），或者和太阳能场并联的油加热器且太阳能不足时（SEGS VIII ~ IX），化石燃料可以使太阳能系统生成过热蒸汽（SEGS I）。最重要的是发电和售卖的时间，在中午到晚上6点和夏季的6月到9月这段时间里，电价是最高的。操作系统的设计，是以最大限度地进行太阳能利用为目的。在满载时，涡轮发电机的效率是最高的。因此，用天然气来对系统进行能量补充，从而使得系统可以进行全负荷运行，这样最大限度地提高了电厂的发电量。图10.2为一个典型槽式太阳能发电系统。

图 10.2　SEGS 太阳能电站

太阳能集热器组件是太阳场的基本组成部分。这些的器件由金属支撑结构制成，抛物面槽式收集器具有独立跟踪的功能，同时装有抛物面反射器（反射镜），并与接收管和支架连接。跟踪系统包括驱动器、传感器和控制器。表10.3分析了加利福尼亚的电站和欧洲槽式（Eurotrough）电站的集热器的设计特点。通过结合表10.3与表10.2中9个电厂的数据，我们可以看出，目前的趋势是建立规模更大、具有较高集中度比，且在较高的流体出口温度，保持较高的集电极效率的集热器。

槽式太阳能集热系统主要由集热器，流体输送泵、发电系统、天然气辅助子系统和控制系统组成。反射镜呈抛物线形，由黑色镀银、低铁浮法玻璃板组成。银色表面上涂有金属漆涂料。桁架结构上安装有玻璃，通过液压驱动电机调整模块的位置。热量接收器由直径70mm的钢管组成，钢管表面四周为真空玻璃夹套，主要用于减少热损失。

表 10.3　鲁兹（Luz）系统和欧洲槽式（Eurotrough）系统集热器的特点

集热器	LS－1	LS－2	LS－2	LS－3	Eurotrough
年份	1984	1985	1988	1989	2004
面积（m²）	128	235	235	545	545/817.5
采光口（m）	2.5	5	5	5.7	5.77
高度（m）	50	48	48	99	99.5/148.5
接收器直径（m）	0.042	0.07	0.07	0.07	0.07
集中度	61	71	71	82	82
光学效率	0.734	0.737	0.764	0.8	0.78
接收器吸收率	0.94	0.94	0.99	0.96	0.95
接收器的发射率（℃）	0.3（300）	0.2（300）	0.1（350）	0.1（350）	0.14（400）
镜面反射	0.94	0.94	0.94	0.94	0.94
工作温度（℃）	307	349	390	390	390

保持高反射率对电厂的运行至关重要。该系统的镜面面积为 $2315 \times 10^3 \mathrm{m}^2$，并且每隔两周采用清洗反射镜的机械化设备进行一次清洁。

跟踪式收集器是由太阳传感器控制，利用两个光敏二极管对太阳辐射量进行聚焦跟踪。当这两个传感器之间出现任何的不平衡，就会传递控制器给一个信号，以纠正集热器的位置。传感器的分辨率为 0.5，每个集热器上都有装有一个传感器和控制器，它们绕南北轴水平旋转。这样的设计可能导致一年中发生些许能源事件，但在需要峰值功率的夏季是特别有利的。

通过实验证明，槽式太阳能发电技术是坚固和可靠的，它们是精密的光学仪器。现在，第二代抛物槽镜具有更精确的曲率和定位，使它们在电厂中具有更高的效率。此外，人们对系统进行了改进，在接收器的背面上使用一个小的反射镜，用来捕获和反射任何散射的太阳光，并让光线回到接收器上。在接收管上直接产生蒸汽，以简化能量转换，减少热损失。还可以使用更先进的材料的反射器和选择性涂层的接收器来提高效率。特别是，在未来几年中通过研究和开发来降低成本，这些研究内容包括：

- 高反射率的镜子。
- 更复杂的太阳跟踪系统。
- 具有较高吸收率和低发射率的选择性集热器涂层。
- 更好的镜面清洗技术。
- 更好的传热技术，采用直接蒸汽发电。
- 优化混合集成太阳能联合循环系统（ISCCS），设计允许的最大太阳能输入功率。

- 开发槽系统设计，提供低初始成本和低维护的最佳组合。
- 热存储的开发，允许夜间调度的太阳能电厂。

在前面的小节中，提及过使用热存储的可能性。抛物槽集热器系统在约 400℃的高温下产生热量，可以把这种热量储存在一个保温容器中，并在夜间使用。目前，熔盐可以实现这一目标，加利福尼亚电站就是运用了这样的系统，新建成的电站，和正在建设或计划在不久的将来的电站中都运用这样的技术。由于在这一领域的技术研究还在进行中，在未来几年内这有可能发展出一些新技术。

10.2.1　抛物槽式太阳能系统的描述

抛物槽式太阳能集热器技术是目前最成熟的太阳能集热器技术。这主要是因为自 20 世纪 80 年代中期以来，在加利福尼亚州的莫哈韦沙漠中 9 个电站的运营和发展。大面积的抛物面槽式集热器收集热能用给朗肯汽轮发电机组提供循环蒸汽产生电能。每个收集器上都具备线性抛物反射面，通过线性接收器把太阳的直射光（或光束）聚焦到抛物线的焦点上。图 10.3 显示的是目前利福尼亚的大多数电站的了工艺流程图。集电极场由许多大型单轴跟踪槽式集热器，沿南北向的水平轴平行安装排列，从东到西对太阳进行跟踪，从而确保在白天对太阳能进行不断集中收集。传热工质在接收器中循环，该传热工质由太阳能加热，并返回到电源块中进行一系列的热交换，以产生高压过热蒸汽，最后回到太阳能场中。产生的蒸汽在一个常规的汽轮机发电机中用于发电。正如图 10.3 所示，蒸汽从涡轮机出来，然后被输送到一个标准的凝汽器，在返回到泵的热交换器中，以便再次转化为蒸汽。凝汽器的类型取决于发电站附近是否有一个较大的水源。由于加利福尼亚所有的电站都安装在沙漠中，只能通过一个机械通风冷却塔进行冷却。

抛物面槽式电厂的设计主要是利用太阳能进行操作，如果阳光充足，这种太阳能电站就可以在全额定功率下运行。在夏季，电站的全额定电输出为 10～12h/天。由于该技术可以很容易地与化石燃料整合使用，电站被设计为可以提供峰值负载功率到中间负载功率。然而，加利福尼亚的所有电站都使用天然气作为备份动力生产电力，以补充低太阳辐射和夜间的电力输出。如图 10.3 所示，天然气加热器平行于太阳能领域，燃气锅炉蒸汽再热器与太阳能换热器并联安装，可以对两种或单种能源资源进行操作。

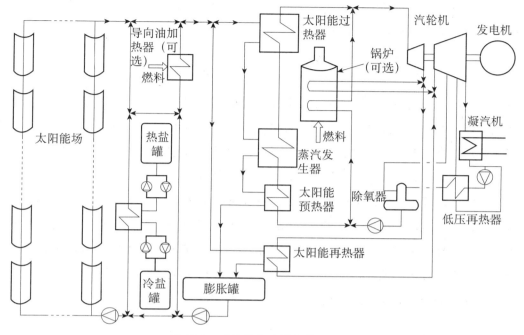

图 10.3　太阳能朗肯抛物槽式系统

合成热流体在收集器中加热，通过管道传递给太阳能蒸汽发生器和过热器，产生的蒸汽供应给汽轮机。高温循环泵的可靠性对电站的运行至关重要，通过大量的工程计划，保证泵在高流体温度下进行温度循环。正常的流体温度返回到收集器时是 304 ℃，离开时是 390 ℃。

如图 10.3 所示，该发电系统由常规的朗肯循环的汽轮机和给水加热器、除氧器等标准设备组成。凝汽器冷却水用来给强制通风冷却塔进行冷却。

蒸发器产生饱和蒸汽，要求给水泵的给水流量。传热油在蒸汽发生器中生产 5~10 MPa（50~100 bar）压力的轻微过热的蒸汽，然后提供给发电机汽轮机进行发电。

通常，SEGS 电站拥有一个蒸汽再热阶段，具有两个高-低压力功能的涡轮机。汽轮机的最低操作条件为 16.2 bar 蒸汽压力和 22.2 ℃ 过热度。当不满足这些条件时，蒸汽在汽轮机周围通过旁路电路和分流器转到凝汽器。在开、关机时，发送到汽轮机的分数在 0 和 1 之间呈线性变化。在相同的条件下，汽轮机可以提供压降，就如旁路循环中节流阀提供的等效压降。

给水加热器是一种热交换器，用于凝结从汽轮机热给水系统中提取的蒸汽，从而提高朗肯循环的效率。

除氧器是一种给水加热器，蒸汽在它的出口处混合过冷凝结水产生饱和水。这有助于清除供水中的氧气，控制腐蚀。

蒸汽离开汽轮机后发生凝结，通过泵送入发电系统。

如图 10.4 所示，有一个新的设计概念，把槽式太阳能电厂和燃气轮机联合循环电厂进行组合，我们将其称为集成太阳能联合循环系统（ISCCS）。这样的系统可能实现降低发电成本，提高整体太阳能发电效率。如图所示，ISCC 利用太阳能热对燃气涡轮进行余热补充，来增加蒸汽朗肯循环的功率。在这个系统中，太阳能是用来产生额外的蒸汽，燃气轮机余热用来预热和再热蒸汽。

在沙漠环境中工作的最严重的问题之一是如何清理抛物面镜上的灰尘。一般地，经过洗涤后，玻璃反射镜的反射率可以回到设计时的水平。经过多年大量的经验积累，目前的操作和维修程序包括直接洗涤和脉动高压喷淋，其中使用软化水具有良好效果。洗涤程序一般在夜间进行。另一个应用的措施是定期监测反射镜的反射率，从而优化镜面清洗频率，这一过程与劳动成本相关联。

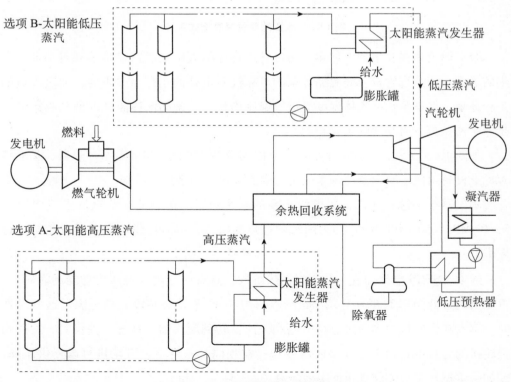

图 10.4　太阳能联合循环装置的示意图

直接利用蒸汽进行发电有许多优势。这种方法最近在西班牙的太阳能热发电站

（Plataforma Solar de Almeria）得到了证实，在一个长 500m 的测试回路中，提供 400℃和 10 MPa（100 bar）的过热蒸汽。大量的吸收管在水平面上平行摆放，将蒸汽–水两相流保存在这些长管中是一项重大的技术挑战。即使是日照在空间和时间上发生变化时，该系统必须能够保持涡轮入口条件的恒定以及流动的稳定。在广泛的实验和两相流现象建模的基础上，对控制策略进行了发展。

10.2.2　技术前景

从加利福尼亚电站的经验中，可以看出该技术的优缺点，在以后的新电站设计时需要重点考虑这些方面。该技术的优点包括：

- 已有多年提供的最低成本太阳能电力；
- 白天的峰值功率覆盖范围广，即便是在阴天和夜晚也能提供稳固的电力；
- 加强了对环境的保护，太阳能电站运行期间不产生任何排放物；
- 对当地经济产生积极的影响，系统建设和运营过程需要密集型的劳动。

缺点包括：

- 传热流体会溢出和泄漏，造成土壤污染问题；
- 水的可用性也是一个重要的问题，在干旱地区，最适合使用槽式发电厂，因为冷却塔需要大量的水；
- 抛物线槽形的电站需要一定规模的土地，且土地不能同时用于其他用途；
- 当电站在混合使用常规燃料进行发电时，会发生排放。

一般地，从经济学的角度来说，通过增大抛物线槽式电站的规模，可以降低太阳能发电的成本。通过增加产量，可以降低每平方米的成本，建立一个更大的电站的初始成本，以及每千瓦时的运行成本和维护成本。此外，太阳能发电厂整合系统有一些潜在的优势，包括降低投资者的风险和改进的太阳能转化为电转换效率。由于目前的化石燃料价格比较便宜，也给整合系统提供了一个很好的机会，来减少电厂的平均成本。

最后一个需要考虑的是热存储问题。低成本蓄热系统对减少槽式太阳能技术的长期成本具有重要的意义，并且它还具备巨大的市场潜在价值。例如，一个位于加利福尼亚的电站，没有化石燃料的备份和热存储，生产电力的年度负荷系数为 25%。如果增加热存储，则可以将这一数值提高到 50% 左右，因为只要太阳场足够大，该电站能够在太阳照射的时候工作，系统可以持续发电一天。然而，需要指出的是，若要将负荷系数增加 50% 以上，将导致在夏季浪费很大一部分太阳能。

太阳能能源工程工艺与系统（第二版）

　　2007 年，内华达州太阳能一号电站（Nevada Solar One）开始在美国内华达州运营。该电站采用抛物线槽技术，并为拉斯维加斯提供能源。电站于 2007 年 6 月建成，是内华达州电力公司和塞拉利昂太平洋资源公司（Sierra Pacific Resources）的一个合作项目。该电站占地 400 亩（约 $2.67 \times 10^5 \mathrm{m}^2$），总容量为 64 MW，每年为超过 14,000 户家庭提供电力。该电站是可再生能源发电技术的成功典范，并有可能直接与常规化石燃料动力技术竞争。内华达州的太阳能电站是一种环保，可再生的实用–规模的电源解决方案，创造了发电过程近乎零碳排放的记录。据估计，减少的二氧化碳排放量相当于约 20,000 辆汽车每年的排放量。

　　据估计，利用聚光太阳能发电技术在美国西南地区进行部署的面积大约为 $100 \times 100 \mathrm{mi}$[①]，它产生的动力足够整个美国一年的电力消耗。

　　索拉纳（Solana）发电站位于西班牙，占地面积 7.7 km^2，它是 280 MW 的大型抛物面槽式电站。电站在 2013 年建成，它产生的电力足够约 7 万多家庭的消耗，它的发电机组安装在亚利桑那州凤凰城附近的希拉本德（Gila Bend）。这将是最大的抛物槽电厂，由于接收器的热损失减少了，预计比加利福尼亚电厂的效率高 20% ~ 25%。西班牙的 Andasol 1 和 Andasol 2 电厂于 2009 年运营，是欧洲的首个太阳能抛物槽式电厂。该电厂位于高海拔（1100m）半干旱气候地区，所以电站每年的太阳辐照为 $2200 \mathrm{kWh/m}^2$。每个电站的总发电量为 50MWe，每年生产的电量大约为 180GWh。每一个集热器的表面有 51 公顷，需要约 200 公顷的土地。Andasol 发电厂主要满足西班牙空调机组的电力需求。峰值需求出现在下午早些时候，这时的太阳辐射和电站的功率输出都处于峰值状态。

　　Andasol 电站的蓄冷系统可以吸收白天太阳能集热器产生的一部分热量。这部分热存储在熔盐混合物中（60% 的硝酸钠和 40% 的硝酸钾），以备电力系统在夜间或多云的天气使用。热储层可以储存 1010MWh 的热能，足够汽轮机满负荷运行约 7.5h。热储层由高度为 14m 的和直径为 36m，含有熔盐的两个罐组成。Andasol 1 和 Andasol 2 的环保的太阳能电力可以供应给 400,000 多人使用。Andasol 3 与 Andasol 1 和 Andasol 2 同等容量，现已接近完工。其他的电站将计划在西班牙、埃及、阿尔及利亚、摩洛哥建成。

　　如前所述，聚光太阳能发电（CSP）电站的最佳位置是在荒凉的沙漠地区。然而，由于很少有人居住在这样的地方，所以把电力传输到城市可能是一个费时费力

---

① 1mi ≈ 1.61km。

的问题。因此，长期的技术发展取决于政府的意愿或公用事业公司是否要建设大容量输电线路。要解决这个问题，可以使用太阳能来产生氢作为能量载体，从而将在偏远地区产生的电力传输到城市。氢气可作为燃料电池的燃料从而产生电力（见第7 章）。另一个可能性方案是提高 CSP 在能源供应系统中的应用范围，将它与其他需要热能或电能的系统进行结合。类似的例子有，用反渗透系统或多效热能源或多级蒸发器来淡化海水（见第 8 章）。这样具有协同作用的系统，可以给世界上许多阳光充足的地方提供大规模的环保电力以及淡水。

10.3 塔式太阳能发电系统

根据第 3 章 3.2.4 节的分析，发电塔或中央接收器系统使用上千个太阳跟踪反射镜（定日镜）将太阳能反射到高塔上的接收器中。当能量流经接收器时，用热传输流体（熔盐）收集太阳的热量。因此，中央接收器系统主要由以下 5 个主要部分组成：定日镜（包括跟踪系统）、接收器、热传输和交换、蓄热器和控件。在许多太阳能发电研究中，集热器是系统中的成本最高的组件。因此，高效率的发动机可以从收集的能量中获得最大的有用转化率。塔式电厂的容量都比较大，一般为 10MWe 或者更多，最佳的机组容量在 50~400 MW 之间。据估计，到 2020 年发电塔在美国的发电成本约为 $ 0.04/kW·h（Taggart，2008b）。

常规蒸汽发生器利用储存在盐里的热能量制造蒸汽，进而用来发电，它安装在塔的下部。熔盐储能系统要保持有效的热量，以便它可以在发电前存储几个小时甚至几天。

定日镜以最低成本的辐射通量密度将太阳辐射反射到接收器上。我们对各种形状的接收器进行了分析，其中有圆柱形接收器和腔形接收器。接收器的最佳形状是由截获和吸收的太阳辐射、热损失、成本和定日镜场设计决定的。对于大型的定日镜地面来说，圆柱接收器最适合与朗肯循环发动机联合使用。另一种可能性是使用回热式布雷顿循环涡轮机，这种涡轮机需要较高的工作温度（约 1000 ℃），在这种情况下，塔高和定日镜场面积的比值较大的空腔接收器更为合适。

对于燃气轮机的操作来说，被加热的空气必须通过加压接收器和太阳能窗口。联合循环电厂使用的就是这种方法，与等效蒸汽循环系统相比，这种方法能够减少30% 集热面积。这种系统的第一个原型来自欧洲建设的一个研究项目中，三个接收装置被耦合到 250kW 燃气轮机中进行测试。

回热式布雷顿循环发动机可以提高发动机效率，但受到腔形接收器的限制，需要减少可用的定日镜的数量。朗肯循环发动机的操作温度在 500 ~ 550 ℃ 之间，在接收器中的蒸汽是其运转的驱动力，与回热式布雷顿循环相比，它具有两个优点。第一，蒸汽发生器的传热系数很高，可以使用高能量密度和较小的接收器。第二，圆柱形的接收器允许使用更多的定日镜进行反光集热。

美国能源部和美国公用事业和工业联合会建立的第一个大规模塔式太阳能发电厂，称为太阳能一号（Solar One）。该电厂建在加利福尼亚州巴斯托附近的沙漠地带。在 1982 年到 1988 年间，电厂一直顺利运营，太阳光发电在公用事业中的利用规模及项目的主要成果都证明了发电塔能有效地工作。该系统能够生产 10 MW 的电力。这些电站使用水 - 蒸汽作为接收器中的传热工质，但在蓄热和涡轮机持续工作方面也存在一些问题。

这些问题在太阳能二号电厂（Solar Two）中得到了解决，它是太阳能一号的升级版。太阳能二号在 1996 年到 1999 年运营。它解决了如何高效、经济地把太阳能的热量储存到熔盐箱中，在没有阳光的时候也能产生电力。太阳能二号电厂用硝酸盐（熔盐，60 % $NaNO_3$ + 40 % KNO_3）作为接收器和热存储介质中的传热工质。在这些电站里，通过接收器从蓄冷罐中取抽 290℃ 的硝酸熔盐，在那里它加热到大约 565 ℃，然后送入存储容量为 3 h 的储罐中。该系统的原理图参见图 10.5。

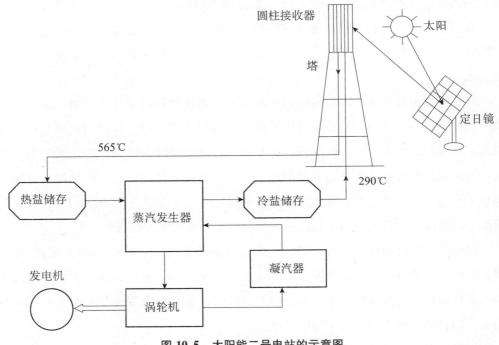

图 10.5　太阳能二号电站的示意图

当需要电厂发电时，热盐被泵送入蒸汽发生器中。蒸汽激活涡轮发电机产生电力。热盐从蒸汽发生器出来后，返回到冷蓄罐中并在接收器中重新加热。

通过利用存贮的热量，在没有备份燃料的情况下，塔电厂仍然可以在一年中65%时间里继续工作。由于没有能量存储，抛物槽太阳能电站仅可以完成25%的年度发电量。

西班牙塞维利亚西部地区有两个运营的太阳能电厂，一个是 10 MW 的 PS 10 电厂，另一个是 20 MW 的 PS 20 电厂。这些电站位于日照充足的地区，一年里能够9h都接收到阳光的日子至少有 320 天，在夏季每日接受阳光的时间可达 15h。PS 10 电厂有 624 个定日镜，其表面积为 120m²，太阳能接收器和蒸汽涡轮机安装在 115m 的高塔顶端。太阳能接收器产生 275 ℃ 的饱和的蒸汽，其中能量转换效率大约是17%。PS 20 电厂有 1255 个定日镜的太阳能场，该装置由 Abengoa Solar 设计。与 PS 10 电厂的发电技术一样，有着 1255 个定日镜操纵着 120m² 的镜子，把太阳光反射到 165m 高的塔顶接收器中，进而产生蒸汽驱推动汽轮机来转变成电力。

Gemasolar 太阳能发电厂位于塞维利亚附近，由图雷索尔能源公司（Torresol Energy）建立，是世界上第一座商业太阳能热发电站，而且它可以全天候 24h 不间断供电。该电站也是世界上第一座利用熔盐作为热存储介质并与定日镜使用的商业化电厂（参见图 10.6）。Gemasolar 电厂是 CSP 领域的一个突破，它的商业化运作预计会给采用熔盐接收器技术的中央塔式电站起到指导作用。

Gemasolar 的集中式太阳能发电系统的装机容量为 19.9 MW，拥有 2650 个定日镜和 140 m 的中央塔。在接收器内循环的熔融盐可被辐射热加热到超过 500℃。热熔盐储存在专门设计的储罐中以保持较高的温度。与其他 CSP 系统相比，较高的温度反过来可以产生更热的加压蒸汽，从而大幅提高电厂的效率。储热系统在没有任何的入射太阳能辐射时，也可以使电厂的汽轮机运行并持续发电 15h。因此，在无论是否有太阳辐射，热盐存储的容量使电站仍能将所需电力供应到电网中。

Gemasolar 电站 24h 产生电力的能力标志着太阳能技术的发展，是该行业的重大突破。除此之外，Gemasolar 电站的存储容量能够在阴天和晚上提供源源不断的电力，并把它发送到电网，以应付突然增加的电力需求。以这种方式，太阳能电站的可靠性可与传统化石 - 燃料发电厂相竞争，它是重要的可再生能源系统，具有广阔的发展前景。

Gemasolar 电站产生的电力供应给附近的变电站，通过变电站馈入电网。该电站给西班牙南部约 27,500 家庭供电，并且每年减少了超过 3×10^4t 二氧化碳排放量。

图 10.6　西班牙塞维利亚附近的 Gemasolar 电力系统（照片来自 Torresol Energy）

电厂一年满负荷运行 6450h，预计将产生超过 110 GWh 的电力。

　　在德国建立的 1.5 MWe 塔式太阳能发电厂是另一个重要的发电系统。该电厂自 2008 年 12 月起开始运作，并在 2009 年春季开始生产电力。如图 10.7 所示，该电厂由 Kraftanlagen München 建成，并由当地的公用事业部门 Stadtwerke Jülich 运营。选择在 Jülich 运营是因为那里具有波动的太阳直接辐射，系统要求在瞬变条件下的对系统的操作策略进行调查，特别是与储热相结合使用的情况。

图 10.7　Jülich 的太阳能塔

聚光系统包括 2150 个太阳跟踪式定日镜，每个装置约有 8m² 的反射表面，并把阳光反射到 22m² 的接收器采光口中。开放容积接收器技术可把蒸汽加热到高温状态，然后在涡轮机内循环。位于 60m 塔顶部的多孔吸收器收集高度集中的太阳辐射，把热量有效地转移到蜂窝结构的内部。

这种技术的优点是简单且具有可扩展性，包括储热、低热容量（快速启动）和高效率潜力。把热存储单元集成到空气循环系统，通过该电厂的运行可以产生恒定功率的电力，这取决于存储器的维度。一般来说，这种热存储器可以设计成具有无限的存储容量，以确保电厂连续运行。热存储器作为缓冲区，可与及时吸收高辐射阳光并把能量储存起来，以便电厂在日落之后或多云的天气中继续运行。

10.3.1　系统的特点

中央接收器（或发电塔）系统使用的分布式镜子，被称为定日镜，它可以在塔顶单独跟踪太阳和聚焦太阳光。通过将太阳光集中 300 ~ 1500 次，其温度可以提高到 800 ~ 1000 ℃。工质吸收太阳能能量后，用产生的蒸汽驱动传统涡轮机。经过接收器上的平均太阳通量在 200 ~ 1000 kW/m² 之间。这么高的通量使得系统可以在较高温度下进行工作并在更有效的周期里集成太阳能。

中央接收器系统可以很容易地与各种设置集成，能够在一年中一半多的时间里以额定功率运行。中央接收器电站的传热工质可能是水 - 蒸汽、液体钠或硝酸熔盐（钠硝酸盐 - 硝酸钾），而热存储介质可能是油脂混合着碎石、硝酸熔盐或液态钠。

在初始的中央接收器电站中，塔顶部的接收器用于吸收来自定日镜场集中的太阳能。加利福尼亚州的太阳能二号电站用熔盐作为传热工质和热存储介质，以便电站在夜间继续运营。在欧洲，空气是首选的传热介质，但它不适合管式接收器，因为空气的传热效果差，且管的部分位置容易出现过热现象。因此在 20 世纪 90 年代，PHOEBUS 项目使用金属丝网制造的体积接收器，它直接暴露在入射辐射阳光下，冷却的空气流经它的网格进行冷却。在该项目中，接收器温度可以达到 800 ℃，并用于运行 1 MW 蒸汽循环系统。基于这一概念，在阿尔梅里亚的太阳能研究中心对 2.5 MW（热）的大型发电厂进行了测试。在该电站，由 40m² 的 350 个定日镜收集太阳能。为获得更高的温度，多孔碳化硅或 Al_2O_3 结构取代金属线网筛。

欧洲工业集团，PHOEBUS，在空气系统的研发中处于一路领先的地位。空气热传输接收器使得操作可以在高于出口温度的条件下进行，并且它需要更高的运营压力。但相比水蒸气容器，空气热传输接收器具有较高的热损失。为了解决这些问题，PHOEBUS 集团开发了一项新的技术—太阳能空气（TSA）接收器，它是一种体积空气接收器，其受热面分布在一个三维体积上，并且在压力环境下运行。该系统的最大优点是它相对简单和安全，是发展中国家理想的选择。

图 10.8 所示的是太阳能二号电厂。定日镜系统是由背面镀银玻璃制成的 1818 个定向反射镜组成，每块镜面包含 12 个凹面板，每块镜面的面积为 $39.13m^2$（参见图 10.9），镜子的总面积为 $71,100m^2$。电站的接收器为圆柱状的单通道锅炉，高 13.7m，直径 7m 的。该接收器由 24 个宽 0.9m，长 13.7m 的元件组成。其中，6 块在南侧，接收的辐射最少，用来作为给水预热器，其余元件用作锅炉。塔高 90m。接收器产生的蒸汽为 50,900 KG/h，温度为 565 ℃，且吸收器的工作温度为 620 ℃。太阳能二号电厂接收器的详细内容如图 10.9 所示。

安装太阳能塔的电站一般要求具有较高的直接辐射，站点需要水平设置并有可用水提供给冷却塔。

图 10.8 太阳能二号电厂的中央接收器

图 10.9 太阳能二号电厂的定日镜

10.4 碟式发电系统

根据第 3 章的 3.2.3 的内容，碟式系统使用碟型抛物反射镜反射器将太阳能聚焦到接收器内，接收器安装在盘面以上的焦点处。接收器吸收能量后，并将它转换成热能。热能可以直接使用，或用来支持化学反应过程，但最常见的还是用来发电。热能可以运送到中央发电机转换或把接收器并入到本地发电机中，然后直接转化为电能。

碟式发动机系统是一个独立的装置，主要由集热器、接收器和发动机组成（如图 10.10）。它的工作原理是把太阳的能量收集并集中到接收器盘面上，接收器吸收能量并将其传输到发动机中。热能转换为机械动力的方式与传统的发动机相似，利用发动机压缩冷却的工质，再加热压缩的工质，通过涡轮机产生机械动力。最后，发电机把机械动力转换成电能。

碟式发动机系统使用双轴跟踪系统跟随太阳转动，因为他们始终指向太阳，所以是效率最高的集热器系统。集中度比率范围通常是在 600 ~ 2000 之间，并且他们可以获得超过 1500 ℃ 的高温。虽然朗肯循环发动机、回热式布雷顿循环引擎和钠热机都可用于碟式系统，但人们研究关注的重点依然是斯特林发动机系统（Schwarzbozl 等人，2000；Chavez 等人，1993）。

理想的聚光表面的外形是抛物线形状，它由一个单一的反射面（如图 3.23b 所示）或多个反射器或多反射面（如图 10.10 所示）组成。每一个碟式系统可以生成 5 ~ 25 kW 的电力，可以独立使用或连接在一起使用以增加发电能力。650 kW 的电站由 25 个 25kW 的碟式发动机系统组成，占地面积约为 1 公顷。

图 10.10 装有斯特林发动机的碟式聚光系统

按照目前的发展趋势，美国和欧洲将重点放在了研发 10 kWe 的远程应用系统。文中列举了西班牙太阳能热发电站（Plataforma Solar de Almeria）的三个碟式太阳能发电系统。在欧洲的 EURODISH 项目中，欧洲联合会与来自工业界和学术界的合作者们共同开发了一个具备经济效益的 10 kW 碟式斯特林分布式发电系统。

10.4.1 碟式集热器系统的特点

碟式系统利用碟式抛物面焦点处的小型发动机以电力的形式提供能量。电源转换装置包括热接收器和热发动机。热接收器吸收集中的太阳能光束，将它转换为热量，然后把热量传递到热力发动机中去。热量接收器由多根管道组成，其中冷却液在管内循环。通常用作发动机工质的传热介质是氢气或氦气。备用的热能接收器是热导管，在管内，通过过渡流体的沸腾和冷凝把热量传递到发动机中。

热动力系统使用来自热接收器的热量产生电能。发动机发电机基本上包括以下组件：

- 接收器吸收充足的阳光来加热发动机中的工质，然后将热能转换成机械能；
- 发电机与发动机连接，将机械能转换成电能；
- 余热排气系统将多余的热量排放到外部环境；
- 利用控制系统匹配发动机的运作和可获得的太阳能。

分布式的碟式系统缺少蓄热存储容量，但在没有阳光时可以结合化石燃料使电厂持续运营。碟式发动机系统中最常见的热机类型就是斯特林发动机。此外，研究人员还对微型燃机和聚光光伏这类潜在的能量转换技术进行了评估（Pitz-Paal，2002）。

太阳能碟式系统是效率最高的太阳能系统。它们为公共事业管线、分布式和远程应用提供经济的电力，而且它能够完全自主地运作。典型的 5～25 kW 碟式盘面半径大小通常在 5～15m 之间。它们的大小特别适合作为分散的电源、远程的电源以及独立的电力系统供电，如水抽或村庄电力应用，或兆瓦规模的电厂。与所有的太阳能聚光系统一样，碟式发电系统可以采用化石燃料或生物量作为动力，所以在任何时间都能提供恒定的电力。

10.5 太阳能发电厂的热分析

热太阳能发电厂与传统电厂十分相似，除过热太阳能发电厂采用集中太阳能集热器来取代传统的蒸汽锅炉。在混合式电厂中，传统锅炉利用常规燃料（通常使用天然气）作为驱动力。因此，太阳能发电厂的热分析与其他任何电厂的类似，应用的都是相同的热力学原理。T-s 图有助于热力循环的分析。在这种情况下，还应考虑泵和汽轮机低效率的问题。在本节中，给出了朗肯动力循环的基本方程，并通过两个例子分析了两个实际循环（再热和回热朗肯循环）。为了解决这些循环的问题，必须要有蒸汽表。或者使用附录 5 中的曲线图。通过使用蒸汽表解决相关问题。

基本的朗肯循环图如图 10.11（a）所示，图 10.11（b）为 T-s 图。

如图 10.11 所示，实际的泵送过程为 1~2′且汽轮机的实际膨胀过程为 3~4′。

汽轮机效率，

$$\eta_{\text{turbine}} = \frac{h_3 - h_4{'}}{h_3 - h_4} \tag{10.1}$$

泵的效率，

$$\eta_{\text{pump}} = \frac{h_2 - h_1}{h_2{'} - h_1} \tag{10.2}$$

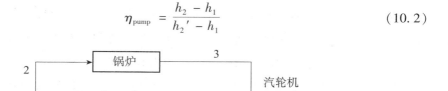

（a）基朗肯循环原理图

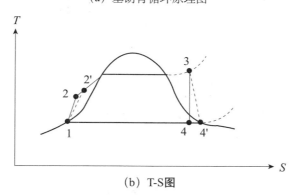

（b）T-S图

图 10.11　发电厂的朗肯循环

净输出功，

$$W = (h_3 - h_{4'}) - (h_{2'} - h_1) \tag{10.3}$$

热输入，

$$Q = h_3 - h_{2'} \tag{10.4}$$

泵功，

$$_1W_{2'} = h_{2'} - h_1 = \frac{v(P_2 - P_1)}{\eta_{\text{pump}}} \tag{10.5}$$

循环效率，

$$\eta = \frac{W}{Q} = \frac{(h_3 - h_{4'}) - (h_{2'} - h_1)}{(h_3 - h_{2'})} \tag{10.6}$$

其中，

h = 比焓（kJ/kg）；

v = 比容（m³/kg）；

P = 压力（bar）= 10^5 N/m²。

通常，增加锅炉的压力可以增大朗肯循环的效率。为了避免蒸汽中增加的水分从汽轮机出来，蒸汽膨胀至中间压力，并在锅炉中加热。在再热循环中，蒸汽在两个汽轮机中发生膨胀。蒸汽在高压汽轮机中膨胀到中压，然后再次回到锅炉中加热到具有一定压力的温度（通常等于开始的过热温度）。再热的蒸汽被定向传递到低压汽轮机中，再膨胀到凝汽器所需的压力。这一过程如图 10.12 所示。

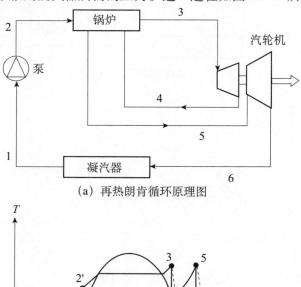

（a）再热朗肯循环原理图

（b）T-S图

图 10.12　再热朗肯电厂的循环过程

再热循环的效率为：

$$\eta = \frac{(h_3 - h_{4'}) + (h_5 - h_{6'}) - (h_{2'} - h_1)}{(h_3 - h_{2'}) + (h_5 - h_{4'})} \tag{10.7}$$

例 10.1

蒸汽经过再热朗肯循环后，从锅炉中离开进入汽轮机，这时蒸汽的状态为 60 bar 和 390℃。蒸汽以饱和液体的形式离开凝汽器。蒸汽进入高压汽轮机膨胀至压力为 13bar，并在锅炉中再加热到 390 ℃。然后，蒸汽再进入低压汽轮机，膨胀到 0.16bar。如果泵和汽轮机的效率都为 0.8，试估计循环的效率。

解答

在点 3 处，$P_3 = 60$ bar，$T_3 = 390$ ℃。根据过热蒸汽表可得，$h_3 = 3151$ kJ/kg，$s_3 = 6.500$ kJ/kg K。

在点 4 处，$s_4 = s_3 = 6.500$ kJ/kg K。根据问题的界定可得，$P_4 = 13$ bar。由蒸汽表可得，$h_4 = 2787$ kJ/kg。为了求出 $h_{4'}$，根据方程（10.1），汽轮机效率为：

$$\eta_{\text{turbine}} = \frac{h_3 - h_{4'}}{h_3 - h_4}$$

或，$h_{4'} = h_3 - \eta_{\text{turbine}}(h_3 - h_4) = 3151 - 0.8(3151 - 2787) = 2860$ kJ/kg。

在点 5 处，$P_5 = 13$ bar，$T_5 = 390$ ℃。根据过热蒸汽表可得，$h_5 = 3238$ kJ/kg，$s_5 = 7.212$ kJ/kg K。

在点 6 处，$s_6 = s_5 = 7.212$ kJ/kg K。根据问题的界定可得，$P_6 = 0.16$ bar。由蒸汽表可得，$s_{6f} = 0.772$ kJ/kg K，$s_{6g} = 7.985$ kJ/kg K。因此，在该点处，湿蒸气干度为：

$$x = \frac{s - s_f}{s_{fg}} = \frac{7.212 - 0.772}{7.985 - 0.772} = 0.893$$

在压力为 0.16 bar 的条件下，$h_f = 232$ kJ/kg，$h_{fg} = 2369$ kJ/kg；因此，$h_6 = h_f + x h_{fg} = 232 + 0.893 \times 2369 = 2348$ kJ/kg。

为求出 h_6，根据方程（10.1），汽轮机效率为：

$h_{6'} = h_5 - \eta_{\text{turbine}}(h_5 - h_6) = 3238 - 0.8(3238 - 2348) = 2526$ kJ/kg

在点 1 处，蒸汽压力为 0.16bar，因此根据饱和状态下的蒸汽表，我们可以得到 $v_1 = 0.001015$ m³/kg，$h_1 = 232$ kJ/kg。

根据方程（10.5），

$$h_{2'} - h_1 = \frac{v(P_2 - P_1)}{\eta_{\text{pump}}} = \frac{0.001015(60 - 0.16) \times 10^2}{0.8} = 7.592 \text{kJ/kg}$$

因此，$h_{2'} = 232 + 7.592 = 239.6 \ \text{kJ/kg}$。

最后，由方程（10.7）可得，循环效率为：

$$\eta = \frac{(h_3 - h_{4'}) + (h_5 - h_{6'}) - (h_{2'} - h_1)}{(h_3 - h_{2'}) + (h_5 - h_{4'})} = \frac{(3151 - 2860) + (3238 - 2526) - (239.6 - 232)}{(3151 - 239.6) + (3238 - 2860)}$$

$= 30.3\%$

朗肯循环的效率比卡诺循环要低，因为在热量传输供给的过程中，工质的温度从 T_3 变成了 T_1。如果有方法能够将另一部分循环中的工质热量从 T_1 转为 T_3，然后再将所有从外部热源供给的热量在温度上限的条件下转移，那么朗肯循环的效率可能会接近卡诺循环的效率。这种循环技术叫作回热循环。

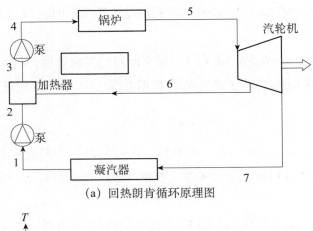

(a) 回热朗肯循环原理图

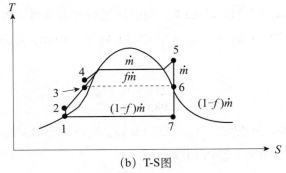

(b) T-S图

图 10.13　回热朗肯循环发电厂

在回热循环中，从汽轮机各个点处提取的膨胀蒸汽与冷凝水混合，在给水加热器中重新预热。如图 10.13 所示，在这些过程只有一个排气点。总的蒸汽流率扩大到点 6 处，在这个位置，一部分，f 的蒸汽被输入给水加热器中。其余蒸汽（1-f），被扩大到凝汽器压力，最后在点 7 处从汽轮机中离开。在冷却到点 1 处之后，（1-f）kg 的水在第一个给水泵中压缩到排气要求的压力，P_6。然后把点 6 处的废蒸汽混到给水加热器中，总的混合物流率在点 3 处中离开加热器后再被抽到锅炉，即点 4 处。

虽然在实际中可以使用几个给水加热器（图 10.13），但具体的数量取决于蒸汽的条件。因为这与额外的费用相关。然而，需要通过大量的优化计算，选择合理的加热器数量和排气压力。需要提醒的是，如果需要 x 个加热器，那么就需要有 $x+1$ 个给水泵。

回热循环效率：

$$\eta = \frac{(h_5 - h_6) + (1-f)(h_6 - h_7) - (1-f)(h_2 - h_1) - (h_4 - h_3)}{(h_5 - h_4)} \quad (10.8)$$

其中，f = 在点 6 处离开汽轮机后，混合到给水中的蒸汽分数。

在该循环中，根据能量平衡，点 3 的焓为：

$$\dot{m}h_3 = f\dot{m}h_6 + (1-f)\dot{m}h_2 \quad (10.9)$$

其中：

$$h_3 = f(h_6 - h_2) + h_2 \quad (10.10)$$

例 10.2

在再生循环中，蒸汽离开锅炉进入汽轮机时的压力为 60 bar，温度为 500 ℃。在汽轮机中，蒸汽膨胀到 5bar，然后一部分蒸汽被提取到加热器中进行预热，生成饱和流体，这个过程在 5bar 的状态下进行。其余的蒸汽在汽轮机中膨胀到 0.2 bar。假设泵和汽轮机的效率都是 100%，试确定用于给水加热器和循环效率的蒸汽的分数。

解答

在点 5 处，$P_5 = 60$ bar，$T_5 = 500$ ℃。由过热蒸汽表可得，$s_5 = 6.879$ kJ/kg K，$h_5 = 3421$ kJ/kg。

在点 6 处，$s_6 = s_5 = 6.879$ kJ/kgK，$P_6 = 5$ bar。通过内插法从过热蒸汽表可得，$h_6 = 2775$ kJ/kg。

在点 7 处，$P_7 = 0.2$ bar，$s_7 = 6.879$ kJ/kg K。在该压力条件下，$S_f = 0.832$ kJ/kg K，$s_g = 7.907$ kJ/kg K。

因此，干度分数为：

$$x = \frac{s - s_f}{s_{fg}} = \frac{6.879 - 0.832}{7.907 - 0.832} = 0.855$$

在相同的压力条件下，$h_f = 251$ kJ/kg，$h_{fg} = 2358$ kJ/kg。因此，$h_7 = h_f + xh_{fg} = 251 + 0.855 \times 2358 = 2267$ kJ/kg。

在点 1 处，压力为 0.2 bar，因为有饱和液体，得 $h_1 = h_f = 251$ kJ/kg，$v_1 = 0.001017$ m³/kg。

在点 2 处，$P_2 = 5$bar，$h_2 - h_1 = v_1(P_2 - P_1)$，$h_2 = 251 + 0.001017(5 - 0.2) \times 10^2 = 251.5$ kJ/kg。

在点 3 处，$P3 = 5$ bar，根据问题的界定可得，在该点处的水为饱和液体。因此，$v_3 = 0.001093$ m³/kg，$h_3 = 640$ kJ/kg。由方程（10.9）可得，$h_3 = fh_6 + (1-f)h_2$，或者：

$$f = \frac{h_3 - h_2}{h_6 - h_2} = \frac{640 - 251.5}{2775 - 251.5} = 0.154$$

在点 4 处，$P_4 = 60$ bar。因此，$h_4 - h_3 = v_3(P_4 - P_3)$，或者 $h_4 = h_3 + v_3(P_4 - P_3) = 640 + 0.001093(60 - 5) \times 10^2 = 646$ kJ/kg。

最后，由方程（10.8）可得循环效率为：

$$\eta = \frac{(h_5 - h_6) + (1-f)(h_6 - h_7) - (1-f)(h_2 - h_1) - (h_4 - h_3)}{(h_5 - h_4)}$$

$$= \frac{(3421 - 2775) + (1 - 0.154)(2775 - 2267) - (1 - 0.154)(251.5 - 251) - (646 - 640)}{(3421 - 646)}$$

$= 38.5\%$

10.6 太阳能塔热气流发电

太阳能塔热气流发电站是利用太阳能进行发电的可再生能源电厂。它的运行原理是由较低密度的热空气上升形成气流并通过太阳能塔囱产生动力发电。太阳能塔热气流发电系统包括太阳能塔囱，太阳能集热棚和风力涡轮机。集热棚由透明（玻璃）或半透明的（塑料）材料制成，覆盖了大面积的土地，太阳能辐射加热集热棚下的空气。加热的空气上升通过塔囱排出，由于集热棚和塔基地之间紧密连接，从而产生风力。热空气不断进入太阳能塔囱，集热器外的冷空气则不断被吸入。

放置在塔底部的风力涡轮机可以用来发电。太阳能塔热气流发电系统的一个优点是集热器本身具有温室功能，可用来种植各种作物。太阳能热气流发电技术具有相对较低转换效率和较高的投资成本，但运营成本却很低。太阳能塔热气流发电站特别适合在偏远的低价值土地上建设。

太阳能塔热气流发电的原理如图 10.14 所示。太阳能塔热气流发电利用的近地面和顶部的塔或塔囱的空气温度的差异来发电。通过塔囱效应，迫使空气通过一个相对较小的开口，从而增强风力。将垂直风力涡轮机放在塔或水平涡轮机中，环绕着塔的底部安装，通过这种上升气流驱动涡轮机发电。太阳能塔热气流发电作为一种太阳能热发电技术，其中太阳能是该系统的唯一能量来源。地面经过一天的加热后，在夜里空气集热后上升。在集热棚下放置充满水的钢管或袋子，可以实现连续24 小时运作。水在白天受热，在夜间释放热量。管道只需一次满水（无须再充满）就能增加效果。黑体在白天具有吸收短波辐射的能力，可用来加热水，晚上发出长波加热空气。

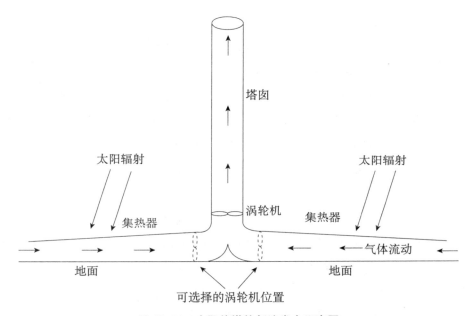

图 10.14　太阳能塔热气流发电示意图

太阳能塔热气流发电技术是在地面上近乎水平的玻璃或有机玻璃盖板组成的集热器中利用温室效应的原理发电。玻璃盖板的高度接近塔基，塔基处有一个平滑的入口，这样空气在垂直运动时与入口摩擦的损失最小。因此，在透明集热棚下的地面被加热，并将它的热量转移到径向流动在塔里面的空气。

太阳能塔热气流发电技术需要较大的集热面积，太阳能塔热气流发电站特别适合建设在那些有大面积沙漠的国家。

Bemandes（2010 年）对太阳能塔囱发电技术的发展与进步进行了回顾。

太阳能塔热气流发电站的发电效率很低。因此，需要较大面积的地面结合塔囱来收集热空气。据估计，一个 200 MW 的电厂，需要的太阳能集热器面积为 38 km^2，塔囱高度为 1000m（Schlaich 等人，2005）。这种电站的转换效率将约为 0.5%（或 1 kWh/m^2）。这种电厂的投资成本相对较高，因为塔结构的建设需要专门的技术，但运行成本很低，主要是对风力涡轮机进行维修。然而，若使用塑料作为太阳能集热器盖板，就需要每隔几年更换一次。这样一个 200 MW 太阳能塔发电成本为每千瓦时 0.07 欧元，由于经济规模不一样，较小的 5 MW 电厂它的花费为每千瓦时 0.21 欧元（Schlaich 等人，2005）。

10.6.1 初始步骤和首次验证

西班牙炮兵上校 Isidore Cabanyes 最早在 1903 年对太阳能塔热气流发电站进行了研究。他提出一个太阳能发电计划。在带塔囱房子附带增加一个空气预热器，并在房子里放一个风螺旋桨来发电（Bemandes，2010）。

在 1926 年 Bernard Dubos 向法国科学院提出在北非地区建设太阳能空气电力发电厂，并将太阳能塔囱安装在高山的斜坡上。作者声称塔囱中的空气速度可达 50 m/s，可以通过驱动风力涡轮机获取大量的能量（Bemandes，2010）。

在这之后，太阳能塔热气流发电的首个原型于 1982 年建设在曼萨纳雷斯，距离西班牙马德里南部 150km（见图 10.15）。太阳能塔囱高 195m，直径 5.08m。集热器的面积为 46,000m²（约 11 英亩，直径 244m）。该原型被认为是一个小规模的实验模型，虽然它不用于发电，但输出的峰值电力约 50kW。在测试阶段（1982—1989 年），研究人员采用了不同的玻璃材料进行测试。此外，部分集热器被用来制作温室，在玻璃盖板下培养植物生长。在德国联邦共和国的财政支持下，人们建立了一个模型（Haaf 等人，1983 年）。Haaf（1984）对初步的测试结果进行了分析，其中包括能源平衡，集热器效率值、摩擦压力损失和在涡轮机的损失。不幸的是这座塔的钢缆由于锈和风暴受到腐蚀而失效，并且在 1989 年废弃。

图 10.15　西班牙曼萨纳雷斯太阳能塔热气流发电厂

这个研究项目旨在对电厂进行验证，通过实地测量它理论上的性能，计算和审查各个组件对电站的输出以及各个气象条件对实际工程效率的影响。表 10.4 是实验电厂的主要尺寸和技术数据。

该电厂在 1982 年完成施工，接下来就进入了实验性的阶段，该实验旨在展示太阳能塔热气流发电的工作原理，且这一阶段的目标是：（Schlaich 等人，2005）

（1）获取开发技术的效率数据；

（2）证明电厂可以全自动操作以及系统具有较高的可靠性；

（3）在长期测量的基础上，记录和分析电厂的运行性能和物理关系。

表 10.4　曼萨纳雷斯太阳能塔热气流发电站原型的主要尺寸和技术规格

项目	参数
额定输出	50 kW
塔高	194.6 m
塔的半径	5.08 m
集热器平均半径	122.0 m
大棚平均高度	1.85 m
汽轮机叶片个数	4
运行模式	独立式或并网
典型的集热器空气升高的温度	20 K
集热器上覆盖的塑料膜面积	40,000 m^2
集热器上覆盖的玻璃面积	6000 m^2

塔囱竖立在距离地面 10m 的支撑环上。塑料上涂覆织物，这样的外形可以提供良好的流动特性，其中预应力膜覆盖在集热器大棚和塔囱之间连接的过渡区域。塔囱有四层拉索加固，并且在三个方向上塔基由岩石锚栓固定。汽轮机独立于塔囱，安装在离地面 9m 的钢框架结构上。四个涡轮叶片均可根据空气的迎面风速进行调节，从而使涡轮叶片达到最优的压降。在涡轮机运行期间，最大的垂直风速是 12m/s。集热器大棚不仅由透明或半透明的材料覆盖，它还必须耐用且成本低。通过实验证明玻璃可以抵抗多年的暴雨而不发生损伤，在下雨时还具有自清洁功能。塑料薄膜的初始投资成本小于玻璃，然而在曼萨纳雷斯试验的电厂中，薄膜在长时间的紫外线辐射下会变得很脆，且有裂开的趋势。近年来，研究人员根据温度与紫外辐射稳定性对薄膜进行改进和设计，从而克服这一缺点。

2005 年，在发展中国家博茨瓦纳，研究人员对太阳能塔热气流发电技术进行了测试，他们建设了一个 22m 高的小型塔囱与总面积为 160 m^2 的集热器。塔囱由聚酯材料制成，作为集热器的大棚由玻璃制成。

太阳能塔热气流发电电厂与其他电力生产技术相比（Schlaich，1995）具有显著的优势：

- 集热器可以使用直射和散射辐射。

- 地面是天然的蓄热器、可以支持电厂 24h 运作。这一集热效果可以通过放置其他水管或水袋增强，管道和水袋在白天吸收一部分的辐射能量，并在夜间释放能量到集热器。

- 旋转部件的数量少，确保系统具有良好的可靠性。

- 在干旱地区运行时无需冷却水。

- 建设所用的材料简单，且使用的是已知的建设技术。

- 发达国家有能力推行这种技术，且不需要昂贵的技术研发，也不需要利用当地资源和巨大的劳动力成本支出。

此外，太阳能塔热气流发电站相比常规电厂具有更长的运行寿命，且其操作和维护要求低。此外，电站在运营过程中无 CO_2 排放，可以提供持续的电力，且电力价格在可接受的范围。

太阳能塔热气流发电的一些特性，使它们不太适合在一些地区使用（Schlaich 等人，2005）：

- 电厂需要大面积的平坦土地，且要求土地的成本地，无竞争用途，例如，密集的农业用途。

- 不适合安装在地震多发地区，在这类地区的建设成本会大幅增加。

- 应避免建设在频繁发生沙尘暴的地带，因为这会导致集热器的性能发生重大损失或增加集热器的运行和维修费用。

10.6.2　太阳能塔热气流发电厂的热分析

Schlaich 等人（2005）对太阳能塔热气流发电厂进行了分析，对影响电厂输出功率的原因进行了分析。一般地，用输入的太阳能量 $\dot{Q}_{solar}$ 乘以集热器效率 η_c、塔囱的效率 η_{tr} 和涡轮机效率 η_t 可以得到太阳能塔的电力输出功率 P，即

$$P = \dot{Q}_{solar}\eta c\eta_{tr}\eta t = \dot{Q}_{solar}\eta_p \qquad (10.11)$$

其中，η_p 为电厂集热器、塔囱和汽轮机的总效率。系统的太阳能输入量 $\dot{Q}_{solar}$ 可以用总水平辐射 G 和集热器面积 A_c 的乘积表示，

$$\dot{Q}_{solar} = GA_C \qquad (10.12)$$

塔囱效应的本质是把集热器的热流转换成动能和势能。因此由于集热器中的气温上升，出现空气密度差，从而产生驱动力。塔基（或集热器出口）和周围空气的压力差 Δp_{tot} 为：

$$\Delta p_{tot} = g\int_0^{H_t}(\rho_a - \rho_t)\mathrm{d}h \tag{10.13}$$

因此，Δp_{tot} 随塔的高度变化。不考虑摩擦损失，Δp_{tot} 由静态和动态的两部分组成：

$$\Delta p_{tot} = \Delta p_s + \Delta p_d \tag{10.14}$$

静压差在汽轮机里下降，动压差表示气流的动能。当总压差与空气的体积流量在 $\Delta p_s = 0$ 的条件下，空气流量的总功率 P_{tot} 为：

$$P_{tot} = \Delta P_{tot}V_{t,max}A_c \tag{10.15}$$

由方程（10.15）可以得到塔囱的效率：

$$\eta_t = \frac{P_{tot}}{\dot{Q}} = \frac{\Delta P_{tot}V_{t,max}A_c}{\dot{Q}} \tag{10.16}$$

需要指出的是压差分为静态和动态两个部分，实际的分离状况主要取决于汽轮机的能量。没有汽轮机，可以得出最大流动速度 $V_{t,max}$，且总的压差用来加快空气速度，因此将所有的能量转换成动能：

$$P_{tot} = \frac{1}{2}\dot{m}V_{t,max}^2 \tag{10.17}$$

使用 Boussinesq 近似，自由对流速度为：

$$V_{t,max} = \sqrt{2gH_t\frac{\Delta T}{T_0}} \tag{10.18}$$

其中 ΔT 是环境和集热器出口之间的温度上升量［＝塔囱入口温度］。

最后，将方程（10.18）代入（10.17），然后再代入（10.16），最后，根据 $\dot{Q} = \dot{m}c_p\Delta T$ 塔囱的效率为：

$$\eta_t = \frac{gH_t}{c_pT_o} \tag{10.19}$$

其中，g 是重力加速度（m^2/s），H_t 是塔的高度（m），c_p 是空气热容量（J/kg·K），T_o 是环境温度（K）。例如，塔囱高 1000m，在标准温度和压力条件下，塔囱效率达到最大值 3%。考虑到集热器的效率 η_c 为 60%，汽轮机效率 η_{tr} 为 80%，电厂的总效率 η_p 达到 1.4%，即：$\eta_p = \eta_c\eta_{tr}\eta_t = 0.6\times0.8\times0.03 = 0.014$。

上面给出的简化分析表明，塔囱的效率实际上只取决于它的高度，这是太阳能塔热气流发电的基本特征。此外，高度为 1000m 的塔，由 Boussinesq 近似（方程 10.18）引起的偏差可以忽略不计（Schlaich 等人，2005）。通过方程（10.11）、（10.12）和（10.19）可以发现，太阳能塔囱的功率输出与集热器面积和塔囱高度成正比。此外，由于太阳能塔囱的电力输出与包括在塔高和集热器面积中的体积成正比，一个集热器面积较小的大型塔囱可能得到相同的电力输出，反之亦然（Schlaich 等人，2005）。虽然这个简化的分析没有经过严格的验证，但只要太阳能集热器的直径不是太大，它仍是一个很好的经验法则（Schlaich 等人，2005）

塔囱实际上是电厂的热引擎，它是一个低摩擦损失的压力管道。空气的上升气流速度大约与集热器中空气的升温（ΔT）以及塔囱高度成正比，如方程（10.18）所示。在大型兆瓦级太阳能塔热气流发电中，集热器可以将空气温度提高约 30~35 K，在标称电输出条件下，塔囱中气流的上升速度约为 15m/s。

在技术上，建设 1000m 高的塔囱是一种挑战，但今天这些高塔与摩天大楼一样也能够建设在不同的地方，甚至是在地震频发的日本。太阳能塔热气流发电较为简单，要求使用大直径空心圆柱，相比住宅建筑，这种圆柱的需求较少。最近，详细的静态和结构研究表明，需要适当在某个高度采用缆线固定塔囱，这样就可以减少塔囱墙壁的厚度（Schlaich 等人，2005）。

10.7 太阳池

湖泊的盐梯度是自然形成的，它通常随深度和温度的增加而增加。盐梯度太阳池中利用的是深度为 1~2m，价值非常低的盐水。通常盐水的浓度随深度而改变，在水的表面接近饱和（Tabor，1981）。盐水的密度梯度抑制了自然对流，从而导致了太阳能辐射集中在密度较低的区域。太阳能池是一个具有大型表面的集热器，原理是把热量集中在池水或湖泊中，以抑制热损失。通常水被加热后，密度小的会上升到池子的表面，通过传递和辐射的形式传播能量（Sencan 等人，2007）（如图 10.16 所示）。如果在池中上部区域建立一个停滞、高度透明的隔热区，可以获取来自池子的热流体能量。在一个非对流的太阳能池中，一部分入射的太阳光被吸收并转变成热量，并存储在下部区域的池子中。太阳能池即是太阳能集热器，也是热存储器。一个非对流的盐梯度太阳能池包括三个部分（Norton，1992；Hassairi 等人，2001）：

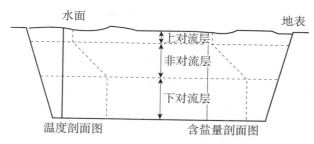

图 10.16　盐梯度太阳池垂直面示意图

（1）上对流层（UCZ）。该区域通常为 0.3m 深，盐度恒定较低，水温接近环境温度。这片区域是在蒸发、风引起的混合，和表面冲洗的作用下形成的。使用波抑制表面网格或者在池子附近放置防风装置可以使这一区域尽可能变浅。

（2）非对流层（NCZ）。在这一区域，水的盐度和温度都随深度而增加。垂直的盐梯度抑制对流，从而达到保温隔热效果。由于在池子底部对太阳辐射进行吸收，从而形成了温度梯度。

（3）下对流层（LCZ）。这一区域的盐度通常是个常数，它在高温下盐度相对较高（一般为重量的 20%）。热量储存在该区域，可在一整年持续提供能量。随着深度的增加，热储存量增加，年际温度变化下降。然而，这样大而深的池子所需的初始资本较高，启动时间较长。

在太阳能池中，需要压制自然对流。为了实现这一目标，研究人员运用了很多技术；最普通的方法是利用盐分层器。非对流层的盐度不断提高，直到形成下对流层（如图 10.16 所示）。在下对流层，太阳能辐射对高盐度水进行加热，但是由于它具有相对较高的密度和热量，盐水不能上升形成盐层，因此热量被收集和储存起来。

就像自然界中大部分的盐水一样，化学状态稳定的盐，可以用来制造盐梯度太阳池。在选择盐的时候，要遵循这几个条件：处理安全、无毒、价格相对便宜和可获得。那些溶解度受温度影响较大的盐，并不会减弱水的传热特性。虽然钠、镁的氯化物可以满足大多数的标准，但温度变化对它们的溶解度影响较小（Norton，1992）。由于它们的价格较低，氯化钠仍然是最常用的盐。

风会把无机污物带入了池塘，但是污物沉淀到池底不会带来什么影响。在不同的温度和盐浓度的条件下，不同种类的淡水和咸水藻类生长在太阳池不同的层中。藻类的生长对太阳能池是不利的，因为它会减少太阳辐射的透射率。大部分的藻类通过雨水和空气中粉尘进行传播。在水中添加浓度约 1.5 mg/l 铜硫酸能有效减少藻类的生长。

太阳能池的热效率主要取决于盐梯度的稳定性。如果不能维持一个适当的盐度梯度，那么池子就无法发挥它的功能。通过以下方法可以维持盐度梯度：

（1）控制三个对流层总体的盐度差异；

（2）减少非对流层的内部对流；

（3）限制形成上对流层。

通常来说，太阳能池的效率还受到一些内在的物理性能影响。第一，池子表面的辐射损失会降低效率。在阳光穿透水表面后，在距离水面几厘米的位置上，入射光迅速衰减了约 50%。由于在半太阳光谱中的红外区域，水是几乎不透明的。这就是为什么在池里有阴影的地方，上升的温度可以忽略不计。在池深 1m 位置的实际效率值为总效率的 15%~25%（Tabor，1981）。这个数值对于平板式集热器来说是很低的，但是由于成本低、内置存储容量以及可收集大面积的太阳辐射等优点，使得太阳能池在合适的环境条件下，具有很大的吸引力。总的来说，由于太阳能池的经济性随着池子尺寸的增大而提高，大型的池子会相对更合适。

10.7.1 实用设计中需要注意的事项

在评价特定地区太阳池的应用时，需要注意一些因素，其中最重要的是：

（1）因为太阳池是水平的太阳能集热器，池子应该建设在南北半球的低、中纬度地区，即纬度在 ±40° 之间。

（2）对于每个具有成为太阳池的地方，都要对其地质土壤特性进行评价，因为如果地下结构具有应力、应变和裂缝，且结构不是均匀的，那么地壳运动会造成不同程度的热力扩张。

（3）土的热导率随水分含量的增大而增大，地下水位应该至少是池塘底部几米以下，以尽量减少热损失。

（4）廉价盐－或海水应当可以在当地获得。

（5）应该选择平坦的地域，尽量避免频繁的地壳运动。

（6）应能够获得廉价的水资源从而减少水蒸发的损失。

总的来说，太阳能池的泄漏分两种：池子底部的盐水泄漏和热量泄漏进入地面。热盐的泄漏情况最严重，因为它涉及了盐和热的损失。通常来说，太阳能池不能污染蓄水层，大量流失的热水降低了池子的热储存容量和效率。因此，太阳能池底部衬垫的选择也是十分重要的。尽管可能通过压缩黏土作为池子的衬垫，但在很多情况下，这种衬垫的渗透性是不能接受的。因为热流体的流失导致了热量的损失，这需要不断地补充盐和水，并且可能会引起一些环境问题。迄今为止建造的所有池塘都有一个塑料或弹性体的衬垫，这是一种厚度为 0.75～1.25mm 的加固型聚合物材料。衬垫面积相当大，但它不是关键的项目成本，所以不必考虑到成本分析当中。

蒸发是由日照和风荷载作用引起的。蒸发率取决于上对流层的温度和池塘表面的环境湿度。上对流层水的温度越高，空气湿度越低，蒸发率就越大。过度蒸发会导致上对流层下降到非对流层中（Onwubiko，1984）。蒸发可以通过水表面的冲刷作用，来进行反平衡，这就叫作表面冲洗。特别是在高强度的太阳辐射周期中，它可以补偿蒸发掉的水和降低池子的表面温度。事实上，表面冲洗是一种维持盐度梯度的重要手段。如果洗涤水的表面速度小，将减少其及上对流层生长的影响。波动的表面温度会造成热量通过对流转移到上对流层，特别是在晚上，对流会造成热量的下移。上对流层的厚度取决于入射光的强度（Norton，1992）。

另一种减少蒸发率的方式是通过防风林来降低水表面的风速。大风会对大面积的水产生波和表面漂移。通过消耗黏性损失把部分动能转移到水中，在水面下混合顶部表面水和有些黏稠的水。当风的强度较轻或中等时，蒸发是表层混合中最主要的机制。然而，在强风之下，蒸发就变得次要了，因为风致混合有助于深化上对流层（Elata 和 Levien，1966）。风的另一个作用是在池塘里顶面附近诱发横向电流，从而增加上对流层的对流。通过漂浮装置可以减弱风的混合，例如浮动塑料管和塑料网格。

如上文所述，池塘用层状物一个接一个地进行填充，每一个底衬都有不同浓度的盐。通常这些层从下向上形成，用密度大的底部充满第一层，然后较轻的层漂浮在密度层上。由于流体流动的扩散和动能在填充过程中注入了池子，所以池塘的梯度对本身具有平滑作用。

由于盐的浓度梯度的影响，它的年平均扩散率在 $20kg/m^2$（Norton，1992）。盐的扩散率取决于周围的环境条件，盐的种类和温度梯度。结合表面用淡水冲洗和在池子底部注入足够密度的盐水，通常足以维持恒定的盐度梯度。

太阳池通常不是通过挖土形成，而是由平坦的地域和建筑在池塘周围的挡墙所构成；因此只要一小部分被移动了，成本会大大地降低。为了避免使用挡墙，因此建设的锥形土挡墙其斜率为1/3，倾斜角约为20°（Tabor，1981）。合适的太阳能池最好靠近海洋，便于就地使用盐水；否则的话，需要购买大量的盐。在上对流层和表面清洗中需要足量低盐度或新鲜的水。

热效率定义为总热量与太阳池转移的太阳辐射总量（在规定时间内落到太阳能池表面的辐射）的比例。为了这个定义更有意义，观察的周期需要足够长，在与规定时间中接收的太阳辐射能相比时，可以忽略太阳能池中储存或损失的热量。通过大量的理论和实验研究，可以确定太阳池的热效率。Wang 和 Akbarzadeh（1982）提供了一份在各种条件下，对太阳池的性能瞬变计算的分析。从分析中我们可以发现，太阳能池在平均温度为87℃下可以提供15%的热效率，或者平均温度不超过65℃情况下提供20%的效率。

10.7.2　提取热量的方法

基本上，提取太阳能池底部积累的热量主要有两种方法。第一种方法是在下对流层使用由一系列平行管道组成的热交换器。第二种是利用一个额外的热交换器，用来提取下对流层的热盐能量，并把流体送回到另一个池子中。为了实现这个目标，可以使用水平喷嘴保持较低的射流速度，填充池塘时同样可以使用相同的喷嘴。

热量已经成功地从太阳能池较低的对流区中提取出来，用于工业生产过程中的加热、空间加热和发电（Andrews 和 Akbarzadeh，2002；Rabl 和 Nielsen，1975；Tabor 和 Doron，1986）。

从太阳池提取热量的常规方法是从下对流层中吸取热量。这个过程可以使用热量交换器。在一个封闭的循环，通过内部的换热器进行热流体循环，并通过外部换热器热转移能量。图10.17表示的就是一个热利用系统。换热器通常由一系列的聚乙烯管组成，它穿过池塘的下对流层，连接到池子外的一个流形的大直径管道。热提取技术利用外置式换热器从下对流层的上层热盐水中提取，然后回到下对流层的底部（如图10.18所示）。泵送的盐水速度需要进行调节，以防止梯度层的侵蚀。在美国埃尔帕索具有一定盐梯度的太阳能池中，通过外置式换热器把热量从池子中提取出来（Lu 等人，2004）。

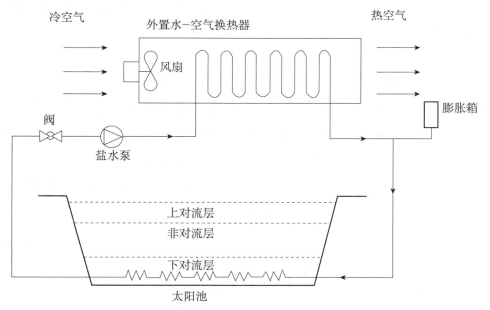

图 10.17　使用换热器从太阳池的下对流层的热盐中提取热量

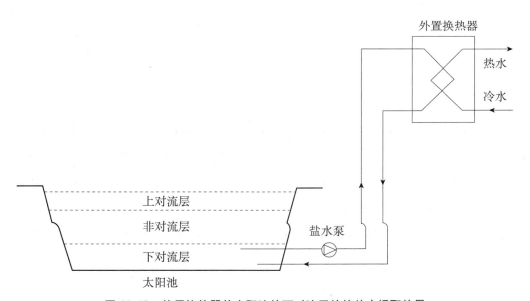

图 10.18　使用换热器从太阳池的下对流层的热盐中提取热量

Andrews 和 Akbarzadeh 从理论上对另一种提取太阳能池热量的方法进行了研究，旨在提高总的能源效率。他们用这个方法从非对流层中提取热量，而不是在下对流层中进行提取。这种理论分析表明，在梯度底部提取热量，可以减少池子表面的热量损失，并且提高总的能源效率。

太阳能能源工程工艺与系统（第二版）

Leblanc 等人（2011）给出了一份很好的调查报告，介绍了在盐梯度太阳能池中提取热量的方法。

10.7.3 传输量的估计

如前所述，当太阳辐射在太阳能池的表面时，部分辐射在表面上发生反射，部分辐射在底部被吸收。因为水是一种光谱选择性吸收剂，只有较短波长的光才能到达池塘底部。吸收现象因波长不同而变化，通过吸收无机盐溶液中的太阳能可以模拟太阳池能量的提取，这一过程由 4 个指数项之和来表示。在深度为 x 的位置，水的透光率 $\tau(x)$ 与 x 的关系为（Nielsen，1976）：

$$\tau(x) = \sum_{i=1}^{4} \alpha_i e^{-b_i x} \tag{10.20}$$

其中，系数 α_i 和 b_i 由表 10.5 给出。

表 10.5　方程（10.11）的系数

i	波长（μm）	α_i	b_i（m^{-1}）
1	0.2 ~ 0.6	0.237	0.032
2	0.6 ~ 0.75	0.193	0.45
3	0.75 ~ 0.90	0.167	3.0
4	0.90 ~ 1.20	0.179	35.0
5	1.20 以上	0.224	225.0

需要注意的是，方程（10.20）中不包括透射在光谱的红外线部分的波长（$\lambda >$ 1.2 μm，表 10.5 的第 5 行），因为太阳池的分析中并未涉及这一部分。通常对太阳能池热传递的细节分析是很复杂的；它包括体积吸收的影响、电导率和盐度的密度变化。对这一部分感兴趣的读者可以参考 Tsilingiris（1994）和 Angeli 等人（2006）的文章。

例 10.3

太阳池的深度为 0.6 m，试求出它的透射率。

解答

由方程（10.20）可得

$$\tau(x) = \sum_{i=1}^{4} \alpha_i e^{-bx} = 0.237 e^{-0.032 \times 0.6} + 0.193 e^{-0.45 \times 0.6} + 0.167 e^{-3 \times 0.6} + 0.179 e^{-35 \times 0.6} = 0.407$$

为了使结果更准确，可将表 10.5 中的第五项考虑在内，但由最后一项（5.25 ×

10^{-60}）得出的结果相同。因此，即使是较浅的太阳池，也通常不考虑最后一项。

10.7.4　实验太阳能池

这一小节介绍两个重要的实验性太阳池，一个是美国德克萨斯州的埃尔帕索太阳池，另一个是澳大利亚维多利亚的金字塔山太阳池。

埃尔帕索太阳池的实验面积为 $3000m^2$，是由德州大学艾尔帕索分校开发的示范项目。这个项目从 1983 年开始运营，从 1985 年断断续续运营到 2003 年年底，并且成为世界上运营时间最长的太阳能池项目。

经过 16 年的运营和研究，埃尔帕索太阳池项目提供了丰富的数据并演示了各种应用，其中包括海水淡化、废盐水管理、工业过程热生产和发电（Leblanc 等人，2011）。

埃尔帕索太阳池深度为 3.25m。其中上对流层为 0.7m，非对流层为 1.2m，下对流层为 1.35m。池塘里主要使用的是氯化钠的水溶液（NaCl）。池子的运行温度为 70℃，相比秋天早期的 90℃ 有所下降。最高的运行温度达 93℃，下对流层与上对流层的最大温差达 70℃。

埃尔帕索太阳池是一项由德州大学艾尔帕索分校进行研究、开发和示范的项目，并且由美国垦务局和德克萨斯州资助。这个项目位于布鲁斯食品有限公司（Bruce Foods，Inc.）旗下的产业，它是世界第一个向商业提供工业余热的项目，是美国首个太阳池电力发电设备，也是国家的第一个太阳能池海水淡化设施。埃尔帕索太阳池在 2003 年停止运作并于年底废弃使用。为了得到更可靠、高效和经济的盐度梯度太阳池技术，技术人员进行了一系列的开发，其中包括：自动化的仪表监测系统的太阳池；稳定性分析策略和高温度（60~90℃）梯度维护方法；为改进的盐度梯度建设和维护运用扫描注射技术；新的衬砌技术；和改进的热萃取系统（Lu 等人，2004）。另外，研究人员使用了不同的衬砌系统，包括柔性膜衬管和压实的黏土/塑料埋衬垫。在埃尔帕索太阳池运行的 16 年间，曾发生过衬垫故障问题（Robbins 等人，1995；Lu 和 Swift，1996），并使用了 3 个不同的衬垫。Leblanc 等人（2011）总结了有关衬垫使用的详细信息以及衬垫故障发生的原因。

在 2000 年的 2 月份，皇家墨尔本理工技术大学（RMIT）联合两家澳大利亚公司开始试验"金字塔山太阳能池项目"，论证了太阳池系统可以成为一种创新的商业化技术，并为捕获和储存太阳能的应用提供了成本效益方法，其中包括取暖、发电和热电联产。该项目获得了澳大利亚温室办公室可再生能源商业化计划的拨款。

该项目占地 3000 m² 的，位于澳大利亚维多利亚北部的金字塔山，这也就是该太阳池名字的由来。项目的初始阶段集中给工业过程加热，给优质盐生产过程中提供热。热能也被用于进行水产养殖，以及专门生产盐水虾的饲料。在 2001 年 6 月开始给商业盐生产供热。在 2006 年 12 月太阳池设备也被用于演示内陆脱盐技术。

池子的设计深度为 2.3m。下对流层设计厚度为 0.8m，非对流层设计厚度为 1.2m，上对流层为 0.3m。金字塔盐是由商业生产者从地下咸水盐中获取，被抽到表面，是盐度减缓方案的一部分。太阳池已纳入方案当中，在池塘表面抽取地下咸水（盐度约 3%）并把溢出部分用于盐生产。池塘距离金字塔山约 200m 的盐生产厂，就是为了尽量减少热损失。

池塘里布满了厚为 1mm 的聚丙烯衬垫（来自 Nylex Millennium）。选用这种特定的衬垫，是因为它能够承受高达 100 ℃ 的饱和盐水和具有抗紫外线（UV）辐射能力。

10.7.5　太阳池的应用

太阳池可以为许多不同类型的应用提供能源。小型池塘主要用于给空间加热和制冷和生产生活热水，而工业过程热、发电和海水淡化则需要较大的池塘。

由于太阳池具有固定的存储能力，所以在空间加热制冷和生活热水生产过程中，颇有吸引力。为了提高经济效益，大的太阳池可以用于加热和冷却，也可以进行跨季节蓄热。然而到目前为止，并没有过运行的这样久的项目。冷却可通过吸收式制冷机实现，吸收式制冷机需要热能驱动（参见第 6 章 6.4.2 节）。为了实现运行，规定的温度约为 90 ℃，太阳池可以很容易地达到这个温度水平，且在夏季几乎没有波动性变化。

尽管人们做了大量的关于太阳能池发电的可行性研究，但是这类可运行的系统在以色列（Tabor，1981）。该系统的面积为 1500 m²，其中包括一个驱动 6 kW 朗肯循环汽轮发电机组，占地 1500 m² 的池塘和一个可生产 150 kW 的峰值功率，占地 7000 m² 的池塘。这些池子的运行温度为 90℃。图 10.19 是一个使用有机流体的电厂设计图。

对于生产兆瓦级电力的电厂，需要几平方千米的太阳池。然而，这在经济上这是不可行的，因为用于开挖和准备的成本占到发电站总资本成的 40% 以上（Tabor，1981）。因此，使用一个天然湖泊并将其中的浅层湖作为太阳能池塘才是比较合理的选择。

盐梯度太阳池另一个用途是进行低温蒸馏淡化海水，例如，MSF（参见第 8 章 8.4.1 节）。这种太阳池系统最高运行温度为 70 ℃，适用于建设在海洋附近的沙漠地区。太阳池结合海水淡化系统涉及把池塘里的热盐水作为热源，利用蒸发多效沸腾（MEB）蒸发器进行低压淡化水。低压力是由真空泵提供的，真空泵的驱动力为有机朗肯循环（ORC）发动机。

Matz 和 Feist（1967）提出了太阳池的运行方案，将太阳池作为内陆电渗析（ED）电厂的盐水处理装置，并为 ED 电厂提供能量，进行热能加热，从而提高它的性能。

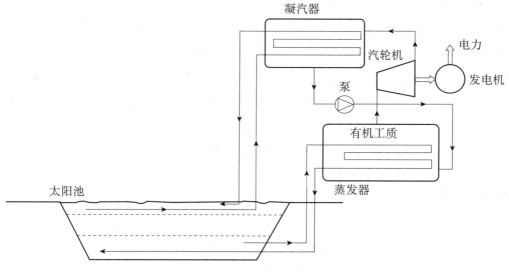

图 10.19　太阳池发电系统的原理图

如上文所述，太阳池技术最适合用于咸水淡化。除了为海水淡化过程提供清洁的电力，废盐水还可以为盐度梯度太阳池所用。埃尔帕索太阳池项目表明，水的成本来源于零排放海水淡化系统，该系统包括太阳池结合薄膜过滤、热法海水淡化和盐水选矿厂。对于容量为 3800 m³/日的海水淡化厂，其成本为 1.06 美元/m³，容量为 75,000 m³/日的海水淡化厂，其成本为 0.92 美元/m³（Swift 等人，2002）。

对于中温（50～90 ℃）工业用热，平准化电力成本（LEC）也是一项经济措施，它可以对技术进行比较和排序。因为 LEC 在购买设备、融资、税收以及电力系统终止运行的成本中所占的比重范围在每公顷的 6.6 美元/GJ 到 100 公顷 1.30 美元/GJ 之间（Leblanc 等人，2011）。盐度梯度太阳池为工业供热的单位成本比天然气或煤便宜。这是因为 ORC 发电设备的成本较高。使用太阳池的基本负荷发电成本要比当前基本用电负荷的发电技术更高。然而，如果将燃烧化石燃料带来的环境成本考虑在内，那么更大规模的池塘（大于 100 公顷）更具成本竞争力。

练习

10.1　在一个简单蒸汽朗肯循环中，锅炉的蒸汽压力为 60 bar，温度为 550 ℃。凝汽器在 0.1bar 的条件下运行。如果泵和汽轮机效率为 90%，估计循环效率。

10.2　在回热朗肯循环中，槽式太阳能发电系统的蒸汽压力为 50bar，温度为 400 ℃。蒸汽之后在高压汽轮机中膨胀到 6 bar，再重新加热至 400 ℃。在低压涡轮中，当压力为 0.1 bar，蒸汽在干燥、饱和蒸汽条件下再次膨胀。如果蒸汽作为饱和液体离开凝汽器，泵和高压涡轮的效率为 85%，试确定低压涡轮的效率、两个汽轮机的输出功，泵的输入功（每单位质量的工质），槽式太阳能发电系统增加的热量以及循环效率。如果太阳辐射是 900 W/m²，并且槽式太阳能发电系统运行效率提高 40%，若是蒸汽流速为 1 kg/s，那么需要有多少平方米的集热器面积？

10.3　重复计算例 10.2，假设汽轮机和泵的效率为 90%。试估计锅炉所需的热量。

10.4　太阳池的最大深度为 2 m，试求出它的透射率。

参考文献

［1］ Andrews, J., Akbarzadeh, A., 2002. Solar Pond Project: Stage 1-Solar Ponds for Industrial Process Heating. End of Project Report for Project Funded under Renewable Energy Commercialisation Program, Australian Greenhouse Office. RMIT, Melbourne.

［2］ Andrews, J., Akbarzadeh, A., 2005. Enhancing the thermal efficiency of solar ponds by extracting heat from the gradient layer. Sol. Energy 78 (6), 704 - 716.

［3］ Angeli, C., Leonardi, E., Maciocco, L., 2006. A computational study of salt diffusion and heat extraction in solar pond plants. Sol. Energy 80 (11), 1498 - 1508.

［4］ Bemandes, M. A. dos Santos, 2010. Solar chimney power plants-developments and advancements (Chapter 9). In: Rugescu, R. D. (Ed.), Solar Energy. Intech, pp. 171 - 186.

［5］ Chavez, J. M., Kolb, G. J., Meineck, W., 1993. In: Becker, M., Klimas, RC. (Eds.), Second Generation Central Receiver Technologies—A Status Report. Verlag C. F. Muller GmbH, Karlsruhe, Germany.

[6] Elata, C., Levien, O., 1966. Hydraulics of the solar ponds. In: Eleventh International Congress, Leningrad Report 2. 3. International Association for Hydraulic Research, pp. 1 − 14.

[7] Geyer, M., Quaschning, V., July-August 2000. Renewable Energy World, 184 − 191.

[8] Haaf, W., 1984. Solar Chimneys-Part II: Preliminary Test Results from the Manzanares Pilot Plant (edited). Taylor & Francis, pp. 141 − 161.

[9] Haaf, W., Friedrich, K., Mayr, G., Schlaich, J., 1983. Solar chimneys, part I: principle and construction of the pilot plant in Manzanares. Int. J. Sol. Energy 2, 3 − 20.

[10] Hassairi, M., Safi, M. J., Chibani, S., 2001. Natural brine solar pond: an experimental study. Sol. Energy 70 (1), 45 − 50.

[11] Kearney, D. W., Price, H. W., 1992. Solar thermal plants—LUZ concept (current status of the SEGS plants). In: Proceedings of the Second Renewable Energy Congress, Reading, UK, vol. 2, pp. 582 − 588.

[12] Leblanc, J., Akbarzadeh, A., Andrews, J., Lu, H., Golding, P., 2011. Heat extraction methods from salinity-gradient solar ponds and introduction of a novel system of heat extraction for improved efficiency. Sol. Energy 85 (12), 3103 − 3142.

[13] Lu, H., Swift, A. H. P., 1996. Reconstruction and operation of the El Paso solar pond with a geosynthetic clay liner system. In: Davidson, J., Chavez, J. (Eds.), Solar Engineering-Proceedings of ASME International Solar Energy Conference, San Antonio, TX.

[14] Lu, H., Swift, A. H. P., Hein, H. D., Walton, J. C., May 2004. Advancements in salinity gradient solar pond technology based on sixteen years of operational experience. ASME J. Sol. Energy Eng. 126, 759 − 767.

[15] LUZ, 1990. Solar Electric Generating System IX Technical Description. LUZ International Limited.

[16] Matz, R., Feist, E. M., 1967. Theapplication of solar energy to the solution

of some problems of electrodialysis. Desalination 2（1），116－124.

[17] Muller-Steinhagen, H., Trieb, F., 2004. Concentrating solar power: a review of the technology. Ingenia 18, 43－50.

[18] Nielsen, C. E., 1976. Experience with a Prototype Solar Pond for Space Heating. In: Sharing the Sun, vol. 5. ISES, Winnipeg, Canada, 169－182.

[19] Norton, B., 1992. Solar Energy Thermal Technology. Springer-Verlag, London.

[20] Onwubiko, C., 1984. Effect of evaporation on the characteristic performance of the salt-gradient solar pond. In: Solar Engineering, Proceedings of ASME Solar Energy Division, Sixth Annual Conference, Las Vegas, NV, pp. 6－11.

[21] Pitz-Paal, R., 2002. Concentrating solar technologies—the key to renewable electricity and process heat for a wide range of applications. In: Proceedings of the World Renewable Energy Congress VII on CD-ROM, Cologne, Germany.

[22] Rabl, A., Nielsen, C. E., 1975. Solar ponds for space heating. Sol. Energy 17, 1－12.

[23] Robbins, M. C., Lu, H., Swift, A. H. P., 1995. Investigation of the suitability of a geosynthetic clay liner system for the El Paso solar pond. In: Proceedings of the 1995 Annual Conference of American Solar Energy Society, Minneapolis, MN, pp. 63－68.

[24] Schlaich, J., Bergermann, R., Schiel, W., Weinrebe, G., 2005. Design of commercial solar updraft tower systems—utilization of solar induced convective flows for power generation. J. Sol. Energy Eng. 127（1），117－124.

[25] Schlaich, J., 1995. The Solar Chimney: Electricity from the Sun. Edition Axel Menges, Stuttgart.

[26] Schwarzbözl, P., Pitz-Paal, R., Meinecke, W., Buck, R., 2000. Cost-optimized solar gas turbine cycles using volumetric air receiver technology. In: Proceedings of the Renewable Energy for the New Millennium, Sydney, Australia, pp. 171－177.

[27] Sencan, A., Kizilkan, O., Bezir, N., Kalogirou, S. A., 2007. Different methods for modeling an absorption heat transformer powered from a solar pond. Energy Convers. Manage. 48（3），724－735.

［28］ Swift, A. H. P. , Lu, H. , Becerra, H. , 2002. Zero Discharge Waste Brine Management for Desalination Plants, Final Report. Agreement No. 99-FC-81-0181. US Department of Interior, Denver, CO.

［29］ Tabor, H. , 1981. Solar ponds. Sol. Energy 27 (3), 181 - 194.

［30］ Tabor, H. , Doron, B. , 1986. Solar ponds-lessons learned from the 150 KWe power plant at Ein Boqelc. In: Proceedings of ASME Solar Energy Division, Anaheim, CA.

［31］ Taggart, S. , March-April 2008. Parabolic troughs: CSP's quiet achiever. Renewable Energy Focus, 46 - 50.

［32］ Taggart, S. , May-June 2008. Hot stuff: CSP and the power tower. Renewable Energy Focus, 51 - 54.

［33］ Tsilingiris, P. T. , 1994. Steady-state modeling limitations in solar ponds design. Sol. Energy 53 (1), 73 - 79.

［34］ Wang, Y. F. , Akbarzadeh, A. , 1982. A study on the transient behaviour of solar ponds. Energy-Int. J. 7 (12), 1005 - 1017.

［35］ Wolff, G. , Gallego, B. , Tisdale, R. , Hopwood, D. , January-February 2008. CSP concentrates the mind. Renewable Energy Focus, 42 - 47.

第11章 太阳能系统的设计与建模

太阳能系统的各单元分为可预测（集热器和其他组件的性能特征）和不可预测（天气数据）两类，制定出这些单元的标准是个十分复杂的问题。本章中提出了多种设计方法，以及概述了适用于太阳能加热和冷却系统的模拟方法和程序。此外，还简单评述了人工智能（AI）方法及其在太阳能系统中的应用。

本文提出的太阳能系统设计方法包括 f - 图法、可用性 Φ 分析法、$\overline{\Phi}$，f - 图法和不可用性分析法。f - 图法的理论基础是大量运算简便的无量纲变量经过模拟后，各个结果之间的相关性。可用性分析法可用于集热器温度是已知或可以估算出的情况下，并且关键辐射水平是确定的。该方法的理论基础是通过分析逐时天气数据，得到某月中高于某一临界辐射水平的总辐射量部分。$\overline{\Phi}$，f - 图法和可用性分析法与 F - 图法的结合，可用于负荷供能大于最小有效温度的系统，且在供能温度大于最低温度时，供能温度不会影响系统性能。

通过建模和模拟，可以获得更详细的结果。近年来，虽然个人电脑的运算速度不断加快，年度模拟开始逐渐取代设计方法。但是，设计方法凭借其更快的速度，仍然应用在早期研究中。本书简单介绍了几种太阳能系统建模和预测软件程序：TRNSYS、WATSUN、Polysun 和 AI 方法。

11.1 f - 图法及其程序

f - 图法可用于估算每年中建筑供暖系统的有效热力性能，这些系统的工质可以是液体或气体，并且能量输送的最低温度约为 20 ℃。f - 图法常用来评估住宅应用中的系统配置。通过 f - 图法可以估算出太阳能系统的供暖负荷占总供暖负荷的比例。假设燃料系统购买的能量或者满足负荷的能量为 L，购买的太阳能辅助能量为 L_{AUX}、交付的太阳能为 Q_S。那么，对于太阳能系统，$L = L_{AUX} + Q_S$。太阳能保证率 f 是指在某月份 i 中，由于使用太阳能系统而减少购买能量的比例，太阳能保证率 f 的计算方程为：

$$f = \frac{L_i - L_{AUX,i}}{L_i} = \frac{Q_{s,i}}{L_i} \tag{11.1}$$

Klein 等人（1976，1977）和 Beckman 等人（1977）发展了 f - 图法。该方法中

主要的设计变量为集热器面积，次要变量为存储容量、集热器类型、负荷和集热器的换热器尺寸、工作流体流速。通过使用 TRNSYS 得出太阳能加热系统的热力性能模拟结果，该方法涉及了数百个上述模拟结果之间的相关性。此外，表 11.1 中列出了 TRNSYS 中的模拟条件在实际系统设计中的参数变化范围（Klein 等人，1976，1977）。所得出的相关性以 f 表示，例如，每月的太阳能供暖所占总供暖负荷的比例是两个无量纲参数的函数。第一个参数与集热器的热损失与供暖负荷的比值有关，第二个参数与吸收的太阳辐射与供暖负荷的比值有关。其中，供暖负荷包括了空间加热和热水加热负荷。目前，f-图法适用于 3 种标准的系统配置：用于空间和热水加热的液体和气体系统，以及只提供加热水服务的系统。

在第 6 章 6.3.3 节中的基本方程的基础上，对于采用了图 6.14 中基本配置的太阳能加热系统，Klein 等人（1976）采用数字分析了其长期的热力性能。对方程（6.60）在时间范围 $\triangle t$（通常为 1 个月）上进行积分，这样储罐的内部能量变化比其他项要小，可得：

$$(Mc_p)_s \int_{\Delta t} \frac{dT_s}{dt} = \int_{\Delta t} Q_u - \int_{\Delta t} Q_{1s} - \int_{\Delta t} Q_{1w} - \int_{\Delta t} Q_{tl} \qquad (11.2)$$

其中，方程（11.2）中最后三项之和表示了太阳能系统在积分期间提供的总供暖负荷（包括空间加热和热水加热的热量）。如果以 Q_s 表示上述的总供暖负荷，根据太阳能保证率 f 的定义，由方程（11.1）可得：

$$f = \frac{Q_S}{L} = \frac{1}{L} \int_{\Delta t} Q_u + dt \qquad (11.3)$$

其中，L = 积分区间的总供暖负荷（MJ）。

通过将 Q_u 方程（5.56）中的 G_t 替换为 H_t，一天中的总（直射和散射）日射量方程（11.3）可表示为：

$$f = \frac{A_c F'_R}{L} \int_{\Delta t} [H_t(\tau\alpha) - U_L(T_s - T_a)] dt \qquad (11.4)$$

表 11.1　在发展液体和空气系统 F-图法过程中所用的设计变量的范围

参数	范围
$(\tau\alpha)_n$	0.6 ~ 0.9
F′RAc	5 ~ 120 m²
UL	2.1 ~ 8.3 W/m²℃
β（集热器倾斜角）	30° ~ 90°
$(UA)_n$	83.3 ~ 666.6 W/℃
经 Elsevier 许可，引自 Klein 等人（1976，1977）的文献。	

方程（11.4）的最后一项可以乘以再除以（T_{ref}-T_a），其中 T_{ref} 为参考温度（设定为 100℃），即：

$$f = \frac{A_C F'_R}{L} \int_{\Delta t} \left[H_t(\tau\alpha) - U_L(T_{ref} - T_a) \frac{(T_s - T_a)}{(T_{ref} - T_a)} \right] dt \qquad (11.5)$$

储罐温度 T_s 是一项与 H_t、L 和 T_a 相关的复杂函数；因此，难以精确地估算出方程（11.5）的积分。然而，每月可从该方程中发现 f 因子和上文提及的两组无量纲参数之间存在的一项经验相关性。如方程 11.6 和 11.7 所示：

$$X = \frac{A_C F'_R U_L}{L} \int_{\Delta t} (T_{ref} - \overline{T}_a) dt = \frac{A_C F'_R U_L}{L} (T_{ref} - \overline{T}_a) \Delta t \qquad (11.6)$$

$$Y = \frac{A_C F'_R}{L} \int_{\Delta t} H_t(\tau\alpha) dt = \frac{A_C F'_R}{L} (\overline{\tau\alpha}) \overline{H}_t N \qquad (11.7)$$

其中，

L = 每月的供暖负荷或需求（MJ）；

N = 某月的天数；

$\overline{T}_a$ = 每月的平均环境温度（℃）；

$\overline{H}_t$ = 每月中平均每天到达集热器倾斜表面的总辐射量（MJ/m^2）；

$(\overline{\tau\alpha})$ = $(\tau\alpha)$ 的月平均值 = 入射太阳辐射的月平均吸收值 = $\overline{S} / \overline{H}_t$。

为了计算无量纲参数 X 和 Y 的值，通常将方程（11.6）和（11.7）重新整理为：

$$X = F_R U_L \frac{F'_R}{F_R} (T_{ref} - \overline{T}_a) \Delta t \frac{A_C}{L} \qquad (11.8)$$

$$Y = F_R (\tau\alpha)_n \frac{F'_R}{F_R} \left[\frac{(\overline{\tau\alpha})}{(\tau\alpha)_n} \right] \overline{H}_t N \frac{A_C}{L} \qquad (11.9)$$

对方程进行整理的原因是标准的集热器测试中具有现成的系数 $F_R U_L$ 和 $F_R(\tau\alpha)_n$（参见第 4 章 4.1 节）。F'_R/F_R 的比值纠正了集热器性能，因为集热器和储罐之间安装了换热器后，系统集热器一端的运行温度将高于无换热器的类似系统。当集热器方向确定时，系数 $(\overline{\tau\alpha})/(\tau\alpha)_n$ 的值在不同月份之间的变化很小。对于朝向赤道且倾斜角度为纬度 +15° 的集热器，Klein（1976）发现在整个供暖季节（冬季月份）中，单层盖板集热器的系数 $(\overline{\tau\alpha})/(\tau\alpha)_n$ 为 0.96，双层盖板的集热器系数为 0.94。根据 $(\overline{\tau\alpha})$ 的定义，可得：

$$\frac{(\overline{\tau\alpha})}{(\tau\alpha)_n} = \frac{\overline{S}}{\overline{H}_t (\tau\alpha)_n} \qquad (11.10)$$

如果在方程（11.10）中使用并代入这一各向同性模型，可得：

$$\frac{\overline{(\tau\alpha)}}{(\tau\alpha)_n} = \frac{\overline{H}_B \overline{R}_B}{\overline{H}_t}\frac{(\overline{\tau\alpha})_B}{(\tau\alpha)_n} + \frac{\overline{H}_D}{\overline{H}_t}\frac{(\overline{\tau\alpha})_D}{(\tau\alpha)_n}\left(\frac{1+\cos(\beta)}{2}\right) + \frac{\overline{H}\rho_G}{\overline{H}_t}\frac{(\overline{\tau\alpha})_G}{(\tau\alpha)_n}\left(\frac{1-\cos(\beta)}{2}\right)$$

(11.11)

在方程（11.11）中，$\overline{(\tau\alpha)}/(\tau\alpha)_n$ 的比值可由图 3.27 中有效入射角为 θ_B 时的直射辐射部分得出。根据附录 3 中的图 A3.8 可得出 $\overline{\theta}_B$ 的值，当有效入射角为 β 时的散射辐射和地面反射辐射部分可以分别从方程（3.4a）和（3.4b）中得出。

无量纲参数 X 和 Y 具有某种物理意义。其中，参数 X 表示 Δt 期间参考集热器的总能量损失与总的供暖负荷或热需要量 L 的比值，而参数 Y 表示同一时期中吸收的太阳能总量与总的供暖负荷或热需要量 L 的比值。

上文已经指出，f-图法可以估算每月的太阳能保证率 f_i，以及太阳能每月的能量贡献量，即 f_i 和每月负荷（供暖和热水）L_i 的乘积。太阳能的月贡献量之和除以年负荷量，可以计算出太阳能系统供能占年负荷量的比例 F，即：

$$F = \frac{\sum f_i L_i}{\sum L_i}$$

(11.12)

该方法可以用于模拟标准的太阳能热水和空气系统，以及单独为热水生产供暖的太阳能系统配置。以下小节将对这些方法进行检验。

例 11.1

假设某地安装的某个标准太阳能供暖系统的倾斜集热器表面上接收到每日总辐射量为 12.5 MJ/m²，且平均室温为 10.1℃。该系统集热器的采光口面积为 35 m²，标准集热器测试测得其中的 $F_R(\tau\alpha)_n = 0.78$ 和 $F_R U_L = 5.56$ W/m²℃。如果空间加热和热水负荷为 35.2 GJ，集热器的流速等于测试时的流速，且 $F'_R/F_R = 0.98$ 以及所有月份的 $\overline{(\tau\alpha)}/(\tau\alpha)_n = 0.96$。试估计出参数 X 和 Y。

解答

我们应当注意 ΔT 为某月中的秒数，即 31 天 ×24 h ×3600 s/h。由方程（11.8）和（11.9），可得：

$$X = F_R U_L \frac{F'_R}{F_R}(T_{ref} - \overline{T}_a)\Delta t \frac{A_c}{L}$$

$$= 5.56 \times 0.98(100 - 10.1) \times 31 \times 24 \times 3600 \times \frac{35}{35.2 \times 10^9} = 1.30$$

$$Y = F_R(\tau\alpha)_n \frac{F'_R}{F_R}\left[\frac{\overline{(\tau\alpha)}}{(\tau\alpha)_n}\right]\overline{H}_t N \frac{A_c}{L}$$

$$= 0.78 \times 0.98 \times 0.96 \times 12.5 \times 10^6 \times 31 \times \frac{35}{35.2 \times 10^9} = 0.28$$

应注意的是，可以给出 $F'_R U_L$ 和 $F'_R (\tau\alpha)_n$ 的值代替问题中的 $F_R U_L$、$F_R (\tau\alpha)_n$ 和 F'_R / F_R。

11.1.1 太阳能液基供暖系统的性能与设计

为了设计并优化太阳能供暖系统，研究人员需要了解系统的热力性能。图 11.1 展示了为研究标准太阳能液基系统开发的 f – 图法。该图中的系统与图 6.14 中的系统相同，只是为了简便并未绘制出控制装置。图 11.1 中为典型的液基系统，该系统使用防冻液和水作为集热器中的循环介质。储罐中的热量经过水 – 水热负荷换热器被传输至家用热水（DHW）系统。虽然图 6.14 中展示的为单罐 DHW 系统，但该系统还可采用双罐，其中的第一个罐可用于预热。

标准的太阳能液基系统每月提供的总负荷比例，f（太阳能保证率）是一个与无量纲参数 X 和 Y 相关的函数，根据图 11.2 中的 f – 图或下列等式均可得出 f 的值（Klein 等人，1976）：

$$f = 1.209Y - 0.065X - 0.245Y^2 + 0.0018X^2 + 0.0215Y^3 \qquad (11.13)$$

根据方程（11.13）或者图 11.2，可以以系统设计和局部天气条件的函数形式，简单地估算出每月的太阳能保证率。通过方程（11.12），每月值相加后得出年度值。我们将在下一章中介绍，为了确定经济最优的集热器面积，需要用到不同集热器面积对应的年度负荷比例。因此，现行方法可以很容易地用于这些估算中。

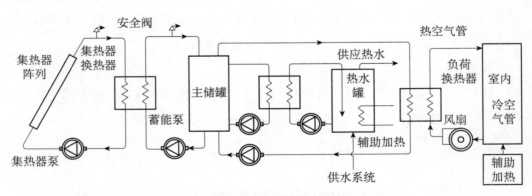

图 11.1　标准太阳能液基供暖系统的示意图

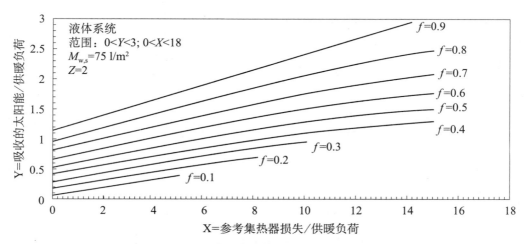

图 11.2　太阳能液基供暖系统的 f - 图

例 11.2

如果例 11.1 所示的为太阳能液基供暖系统，集热器所在区域的月均天气条件和供暖、热水负荷如表 11.2 所示。试估算出太阳能保证率。

表 11.2　例 11.2 中的月均天气条件和供暖、热水负荷

月份	$\overline{H}_t$（MJ/m²）	$\overline{T}_a$（℃）	L（QJ）
一月	12.5	10.1	35.2
二月	15.6	13.5	31.1
三月	17.8	15.8	20.7
四月	20.2	19.0	13.2
五月	21.5	21.5	5.6
六月	22.5	29.8	4.1
七月	23.1	32.1	2.9
八月	22.4	30.5	3.5
九月	21.1	22.5	5.1
十月	18.2	19.2	12.7
十一月	15.2	16.2	23.6
十二月	13.1	11.1	33.1

解答

例 11.1 中的无量纲参数 X 和 Y 值分别为 1.30 和 0.28。由表 11.2 中的天气和负荷条件可知，这些是一月份的数值。由图 11.2 或方程 11.13 可知 $f = 0.188$。一月份的总负荷为 35.2 GJ。因此，太阳能在一月份中贡献的能量为 $fL = 0.188 \times 35.2 = 6.62$ GJ。同理，可以重复该计算过程，得出各月份对应的数值。如表 11.3 所示。

表 11.3　根据例 11.2 得出的每月的计算结果

月份	$\overline{H}_t$（MJ/m²）	$\overline{T}_a$（℃）	L（GJ）	X	Y	f	fL
一月	12.5	10.1	35.2	1.30	0.28	0.188	6.62
二月	15.6	13.5	31.1	1.28	0.36	0.259	8.05
三月	17.8	15.8	20.7	2.08	0.68	0.466	9.65
四月	20.2	19.0	13.2	3.03	1.18	0.728	9.61
五月	21.5	21.5	5.6	7.16	3.06	**1**	5.60
六月	22.5	29.8	4.1	8.46	4.23	**1**	4.10
七月	23.1	32.1	2.9	11.96	6.34	**1**	2.90
八月	22.4	30.5	3.5	10.14	5.10	**1**	3.50
九月	21.1	22.5	5.1	7.51	3.19	**1**	5.10
十月	18.2	19.2	12.7	3.25	1.14	0.694	8.81
十一月	15.2	16.2	23.6	1.76	0.50	0.347	8.19
十二月	13.1	11.1	33.1	1.37	0.32	0.219	7.25
总负荷量 = 190.8					总贡献量 = 79.38		

应注意的是，加粗表示的 f 值超出了 f - 图法相关性的范围，在太阳能系统完全承担了全部负荷的月份中，使用的太阳能保证率为 100%。由方程（11.12）可知，太阳能系统的贡献量占年度负荷的比例为：

$$F = \frac{\sum f_i L_i}{\sum L_i} = \frac{79.38}{190.8} = 0.416 \text{ 或 } 41.6\%$$

应注意的是，f - 图法在发展过程中使用的集热器单位面积上的储存容量和液体流速，以及相对于空间供暖负荷的负荷换热器尺寸均为固定的标称数值。因此，对实际的系统配置采用多种修正就显得尤为重要。

储存容量的修正

有研究表明，只要太阳能液基系统中每平方米集热器面积对应的水体积超过 50L 时，系统的年度性能就会对储存容量十分敏感。对于图 11.2 中的 f - 图来说，每平方米集热器面积的标准储水容量为 75L。利用储存容量修正系数 X_c/X 可以修正系数 X，从而得出所用的其他储存容量（Beckman 等人，1977），X_c/X 的比值为：

$$\frac{X_C}{X} = \left(\frac{M_{w,a}}{M_{w,s}} \right)^{-0.25} \tag{11.14}$$

其中，

$M_{w,a}$ = 每平方米集热器面积的实际储存容量（l/m²）；

$M_{w,s}$ = 每平方米集热器面积的标准储存容量（= 75l/m²）。

方程（11.14）适用于，$0.5 \leqslant (M_{w,a}/M_{w,s}) \leqslant 4.0$ 或 $37.5 \leqslant M_{w,a} \leqslant 300 \ 1/m^2$。此外，在上述适用范围内绘制方程（11.14）的曲线（图 11.3 所示），可以直接确定储存修正系数。

例 11.3

假设储罐的容量为 $130 \ l/m^2$，试估计例 11.2 中三月份的太阳能保证率。

解答

首先使用方程（11.14）估算出储存修正系数：

$$\frac{X_C}{X} = \left(\frac{M_{w,a}}{M_{w,s}}\right)^{-0.25} = \left(\frac{130}{75}\right)^{-0.25} = 0.87$$

三月份中 X 的修正值 $X_c = 0.87 \times 2.08 = 1.81$。Y 值仍与之前的估计值相同，取 $Y = 0.68$。由 F - 图可知修正后的 f 为 0.481，较修正前的 0.466 增加了约 2%。

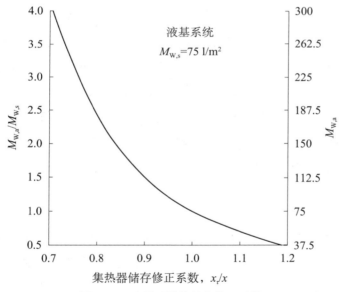

图 11.3　液基系统的储存修正系数

集热器流速的修正

图 11.2 中得出的 f - 图对应集热器防冻液的流速为 $0.015 l/s \ m^2$。较低的流速能够显著降低能量的收集率，尤其是低流速引起液体沸腾和通过安全阀的压力释放。尽管质量流速与集热器流体比热容的乘积会对太阳能系统性能产生强烈的影响，但是实际采用的流速很少会低于 f - 图法发展过程中所用的流速。此外，由于集热器流速超出标称值后对系统性能的影响较小，因此图 11.2 适用于所有实际的集热器流速。

负荷换热器尺寸的修正

负荷换热器的尺寸对太阳能系统性能产生强烈的影响。这是因为负荷换热器的传热速率直接影响了储罐温度，进而影响集热器的入口温度。对于用于加热建筑内空气的换热器来说，当换热器的尺寸减小后，必须通过增加储罐温度以达到提供相同能量的目的。这样就需要更高的集热器入口温度，但降低了集热器性能。为了说明负荷换热器的尺寸，Beckman 等人定义了一个新的无量纲参数 Z（Beckman 等人，1977），如方程（11.15）所示：

$$Z = \frac{\varepsilon_L \, (\dot{m}c_p)_{min}}{(UA)_L} \tag{11.15}$$

其中，

ε_L = 负荷换热器的有效性；

$(\dot{m}c_p)_{min}$ = 换热器的最小质量流速和比热容的乘积（W/K）；

$(UA)_L$ = 度日空间供暖负荷模型中所用的建筑损失系数与面积的乘积（W/K）。

方程（11.15）中的最小热熔率位于换热器的空气侧。系统性能渐近地依赖 Z 值；且当 Z > 10 时，系统的性能基本上等同于 Z 值无穷大时的系统。事实上，Z 值小于 1 的小尺寸负荷换热器才会显著降低系统性能。Z 的实际值在 1 ~ 3 之间，而图 11.2 所示 f – 图中的 Z 值等于 2。无量纲参数 Y 乘以方程（11.16）所示的修正系数后，可以估算出使用其他 Z 值的系统性能：

$$\frac{Y_C}{Y} = 0.39 + 0.65\exp\left(-\frac{0.139}{Z}\right) \tag{11.16}$$

方程（11.16）的适用范围为 $0.5 \leqslant Z \leqslant 50$。在上述适用范围内绘制方程（11.16）的曲线（图 11.4 所示），可以直接确定负荷换热器尺寸的修正系数。

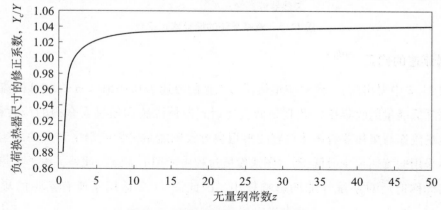

图 11.4　负荷换热器尺寸的修正系数

例 11.4

假如例 11.2 中的液体流速为 0.525l/s，空气流速为 470l/s，负荷换热器有效性为 0.65，以及建筑整体损失系数与面积的乘积 $(UA)_L = 422$ W/K，求出十一月份时，太阳能保证率受到的影响。

解答

首先，估计出热容的最小值。假设运行温度为 350 K（77 ℃），则从附录 5 中的表 A5.1 和 A5.2 中分别可以找出空气和水在该温度下的相关属性。

$C_{air} = 470 \times 0.998 \times 1009/1000 = 473.3$ W/K

$C_{water} = 0.525 \times 974 \times 4190/1000 = 2142.6$ W/K

因此，根据方程（11.15），负荷换热器空气侧的最小热容为：

$$Z = \frac{\varepsilon_L (\dot{m}c_p)_{min}}{(UA)_L} = \frac{0.65 \times (473.3)}{422} = 0.729$$

由方程（11.16）可得，修正系数为：

$$\frac{Y_c}{Y} = 0.39 + 0.65\exp\left(\frac{-0.139}{Z}\right) = 0.39 + 0.65\exp\left(-\frac{0.139}{0.729}\right) = 0.93$$

由例 11.2 可知，无量纲参数 Y 等于 0.50。因此，$Y_c = 0.50 \times 0.93 = 0.47$。该月的无量纲参数 X 等于 1.76，由方程（11.13）得出太阳能保证率 $f = 0.323$，较先前的数值下降了约 2%。

尽管本节的例子中仅有一项参数与标准系统不同，但是如果储存容量和换热器尺寸均不同于标准系统时，在确定太阳能保证率的过程中需要同时计算出 X_c 和 Y_c。此外，本节中所需的参数大多以输入数据的形式给出。在以下例子中，大多数的参数都由先前章节中的信息估算得出。

例 11.5

太阳能液基空间供暖和家用水暖系统位于塞浦路斯尼科西亚地区（北纬 35°），其中该系统的总集热器面积为 20 m²。试估计出系统在每月和每年中的太阳能保证率，其他有关信息如下：

（1）集热器朝南安装，倾角为 45°。根据标准的集热器测试，集热器的性能参数 $F_R(\tau\alpha)_n = 0.82$，$F_R U_L = 5.65$ W/m²℃。

（2）水和防冻液流经集热器换热器的流速为 0.02 l/s m²，且系数 $F'_R/F_R = 0.98$。

（3）储罐容量为 120l/m²。

（4）十月至三月期间 $\overline{(\tau\alpha)}/(\tau\alpha)_n = 0.96$，四月至九月期间 $\overline{(\tau\alpha)}/(\tau\alpha)_n = 0.93$。

（5）建筑物的 UA 值为 450 W/K。水－空气负荷换热器的有效性为 0.75，空气流速为 520l/s。

（6）地面反射率为 0.2。

（7）塞浦路斯尼科西亚地区的气候数据和采暖度日数等信息摘自附录 7，表 11.4 中列出了这些数据和热水负荷。

表 11.4　例 11.5 中的气候数据和采暖度日数

月份	$\overline{H}_t$（MJ/m²）	$\overline{T}_a$（℃）	晴空指数 $\overline{K}_T$	采暖度（℃）日数	热水负荷，D_W（GJ）
一月	8.96	12.1	0.49	175	3.5
二月	12.38	11.9	0.53	171	3.1
三月	17.39	13.8	0.58	131	2.8
四月	21.53	17.5	0.59	42	2.5
五月	26.06	21.5	0.65	3	2.1
六月	29.20	29.8	0.70	0	1.9
七月	28.55	29.2	0.70	0	1.8
八月	25.49	29.4	0.68	0	1.9
九月	21.17	26.8	0.66	0	2.0
十月	15.34	22.7	0.60	1	2.7
十一月	10.33	17.7	0.53	36	3.0
十二月	7.92	13.7	0.47	128	3.3

解答

首先需要估算出负荷。由方程（6.24）可得一月份的负荷：

$$D_h = (UA)(DD)_h = 450(W/K) \times 24(h/day) \times 3600(J/Wh) \times 175(℃\ 天) = 6.80\ GJ$$

每月的供暖负荷（包括热水负荷）＝6.80＋3.5＝10.30 GJ。表 11.5 中列出了所有月份的相关结果。

接下来需要估算出集热器的倾斜表面在每月中平均每天从总水平辐射中接收到的总辐射量，$\overline{H}$。这需要用到表 2.1 列出的每月中平均每天的信息和每天的赤纬。此外，还需要利用方程（2.15）计算出这些天中每天的日落时角 h_{ss}，以及方程（2.109）计算出集热器倾斜面上的日落时角 h'_{ss}。下列为一月份的计算过程：

由方程（2.15）可得，

$$h_{ss} = \cos^{-1}\left[-\tan(L)\tan(\delta)\right] = \cos^{-1}\left[-\tan(35)\tan(-20.92)\right] = 74.5°$$

表 11.5　例 11.5 中所有月份的供暖负荷

月份	采暖（℃）度日数	D_h（GJ）	D_w（GJ）	L（GJ）
一月	175	6.80	3.5	10.30
二月	171	6.65	3.1	9.75
三月	131	5.09	2.8	7.89
四月	42	1.63	2.5	4.13
五月	3	0.12	2.1	2.22
六月	0	0	1.9	1.90
七月	0	0	1.8	1.80
八月	0	0	1.9	1.90
九月	0	0	2.0	2.00
十月	1	0.04	2.7	2.74
十一月	36	1.40	3.0	4.40
十二月	128	4.98	3.3	8.28
				总量：57.31

由方程（2.109）可得，

$$h'_{ss} = \min\{h_{ss}, \cos^{-1}[-\tan(L-\beta)\tan(\delta)]\}$$

$$= \min\{74.5°, \cos^{-1}[-\tan(35-45)\tan(-20.92)]\} = \min\{74.5°, 93.9°\} = 74.5°$$

由方程（2.105b）可得，

$$\frac{\overline{H_D}}{\overline{H}} = 0.775 + 0.00653(h_{ss} - 90) - [0.505 + 0.00455(h_{ss} - 90)]\cos(115\overline{K_T} - 103)$$

$$= 0.775 + 0.00653(74.5 - 90) - [0.505 + 0.00455(74.5 - 90)]\cos(115 \times 0.49 - 103)$$

$$= 0.38$$

由方程（2.108）可得，

$$\overline{R_B} = \frac{\cos(L-\beta)\cos(\delta)\sin(h'_{ss}) + (\pi/180)h'_{ss}\sin(L-\beta)\sin(\delta)}{\cos(L)\cos(\delta)\sin(h_{ss}) + (\pi/180)h_{ss}\sin(L)\sin(\delta)}$$

$$= \frac{\cos(35-45)\cos(-20.92)\sin(74.5) + (\pi/180)74.5\sin(35-45)\sin(-20.92)}{\cos(35)\cos(-20.92)\sin(74.5) + (\pi/180)74.5\sin(35)\sin(-20.92)}$$

$$= 2.05$$

由方程（2.107）可得，

$$\overline{R} = \frac{\overline{H_t}}{\overline{H}} = \left(1 - \frac{\overline{H_D}}{\overline{H}}\right)\overline{R_B} + \frac{\overline{H_D}}{\overline{H}}\left[\frac{1 + \cos(\beta)}{2}\right] + \rho_G\left[\frac{1 - \cos(\beta)}{2}\right]$$

$$= (1 - 0.38)2.05 + 0.38\left[\frac{1 + \cos(45)}{2}\right] + 0.2\left[\frac{1 - \cos(45)}{2}\right] = 1.62$$

表 11.6　例 11.5 中计算出的月均值

月份	N	δ (°)	h_{ss} (°)	h'_{ss} (°)	$\overline{H}_D/\overline{H}$	$\overline{R}_B$	$\overline{R}$	$\overline{H}_t$（MJ/m²）
一月	17	−20.92	74.5	74.5	0.38	2.05	1.62	14.52
二月	47	−12.95	80.7	80.7	0.37	1.65	1.38	17.08
三月	75	−2.42	88.3	88.3	0.36	1.27	1.15	20.00
四月	105	9.41	96.7	88.3	0.38	0.97	0.96	20.67
五月	135	18.79	103.8	86.6	0.36	0.78	0.84	21.89
六月	162	23.09	107.4	85.7	0.35	0.70	0.78	22.78
七月	198	21.18	105.7	86.1	0.34	0.74	0.81	23.13
八月	228	13.45	99.6	87.6	0.34	0.88	0.90	22.94
九月	258	2.22	91.6	89.6	0.33	1.14	1.07	22.65
十月	288	−9.6	83.2	83.2	0.34	1.52	1.32	20.25
十一月	318	−18.91	76.1	76.1	0.36	1.94	1.58	16.32
十二月	344	−23.05	72.7	72.7	0.38	2.19	1.71	13.54

最后，$\overline{H}_t = \overline{R}\overline{H} = 1.62 \times 8.96 = 14.52$ MJ/m²。所有月份的计算结果见表 11.6。

现在我们可以继续 F - 图估计。由方程（11.8）和（11.9）可分别估算出无量纲参数 X 和 Y：

$$X = F_R U_L \frac{F'_R}{F_R}(T_{ref} - \overline{T}_a)\Delta t \frac{A_c}{L}$$

$$= 5.65 \times 0.98(100 - 12.1) \times 31 \times 24 \times 3600 \times \frac{20}{10.30 \times 10^9} = 2.53$$

$$Y = F_R (\tau\alpha)_n \frac{F'_R}{F_R}\Big[\frac{\overline{(\tau\alpha)}}{(\tau\alpha)_n}\Big]\overline{H}_t N \frac{A_c}{L}$$

$$= 0.82 \times 0.98 \times 0.96 \times 14.52 \times 10^6 \times 31 \times \frac{20}{10.30 \times 10^9} = 0.67$$

由方程（11.14）可得出储罐修正系数：

$$\frac{X_C}{X} = \Big(\frac{M_{w,a}}{M_{w,s}}\Big)^{-0.25} = \Big(\frac{120}{75}\Big)^{-0.25} = 0.89$$

随后，找出最小热容值（假设温度为 77℃）：

$$C_{air} = 520 \times 0.998 \times 1009/1000 = 523.6 \text{ W/K}$$

$$C_{water} = (0.02 \times 20) \times 974 \times 4190/1000 = 1632 \text{ W/K}$$

因此，负荷换热器空气侧为最小热容。

由方程（11.15）可得，

$$Z = \frac{\varepsilon_L \, (\dot{m}c_p)_{min}}{(UA)_L} = \frac{0.75 \times (523.6)}{450} = 0.87$$

由方程（11.16）可得，修正系数为：

$$\frac{Y_c}{Y} = 0.39 + 0.65\exp\left(\frac{-0.139}{Z}\right) = 0.39 + 0.65\exp\left(-\frac{0.139}{0.87}\right) = 0.94$$

因此，

$$X_c = 2.53 \times 0.89 = 2.25$$

且

$$Y_c = 0.67 \times 0.94 = 0.63$$

在方程（11.13）中代入上述值后可得 $f = 0.419$。表 11.7 中列出了该年度中所有月份的完整计算结果。

表 11.7　例 11.5 中 f-图法的完整每月计算值

月份	X	Y	X_a	Y_c	f	fL
一月	2.53	0.67	2.25	0.63	0.419	4.32
二月	2.42	0.76	2.15	0.71	0.483	4.71
三月	3.24	1.21	2.88	1.14	0.714	5.63
四月	5.73	2.24	5.10	2.11	1	4.13
五月	10.49	4.57	9.34	4.30	1	2.22
六月	11.21	5.38	9.98	5.06	1	1.90
七月	11.67	5.95	10.39	5.59	1	1.80
八月	11.02	5.59	9.81	5.25	1	1.90
九月	10.51	5.08	9.35	4.78	1	2.00
十月	8.37	3.53	7.45	3.32	1	2.74
十一月	5.37	1.72	4.78	1.62	0.846	3.72
十二月	3.09	0.78	2.75	0.73	0.464	3.84
						总计：38.91

由方程（11.12）可得，太阳能系统承担的年度负荷比例为：

$$F = \frac{\sum f_i L_i}{\sum L_i} = \frac{38.91}{57.31} = 0.679 \text{ 或 } 67.9\%$$

11.1.2　太阳能空气供暖系统的性能与设计

Klein 等人（1977）为空气供暖系统研发出一套与液基系统类似的设计程序。

研究人员开发出了分析标准太阳能空气系统的 $f-$ 图法（参见图 11.5）。该图中的系统与图 6.12 所示的系统相同，同样是为了简便而未绘制控制装置。我们可以从中看出太阳能空气供暖系统的标准配置使用了卵石床蓄热装置。所示的空气 – 水换热器提供了家用热水系统（DHW）所需的能量。在不需要供暖的夏季，最好不要在卵石床中储存热量，因此常使用图 11.5 中所示的旁路管道（图 6.12 中未列出），这样集热器只能用于加热水。

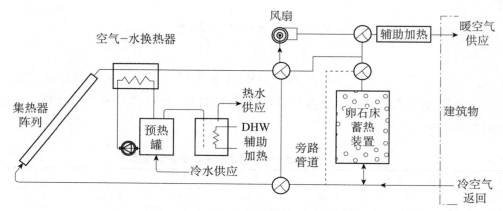

图 11.5　标准太阳能空气供暖系统示意图

如图 11.5 所示，标准太阳能空气供暖系统提供的每月总负荷比例，f 也是一个与参数 X 和 Y 相关的函数，由图 11.6 中的 $f-$ 图或下列方程均可得出 f 值（Klein 等人，1977）：

$$f = 1.040Y - 0.065X - 0.159Y^2 + 0.00187X^2 - 0.0095Y^3 \qquad (11.17)$$

例 11.6

假设某标准配置的太阳能空气供暖系统的安装位置与例 11.2 中的系统位置相同，并且建筑物的负荷相同。空气集热器具有双层玻璃盖板，且其面积与例 11.2 中的相同。其中 $F_R U_L = 2.92\ \text{W/m}^2\text{℃}$，$F_R(\tau\alpha)_n = 0.52$，$\overline{(\tau\alpha)}/(\tau\alpha)_n = 0.93$。试估算出年度太阳能保证率。

解答

在集热器的换热器和管道具有良好保温的前提下，一般情况中的空气系统不需要修正系数；因此，可以假设热损失的量很小，所以，$F'_R/F_R = 1$。对于一月份来说，由方程（11.8）和（11.9）可得：

$$X = F_R U_L \frac{F'_R}{F_R}(T_{\text{ref}} - \overline{T}_a)\Delta t \frac{A_c}{L} = 2.92(100 - 10.1) \times 31 \times 24 \times 3600 \times \frac{35}{35.2 \times 10^9} = 0.70$$

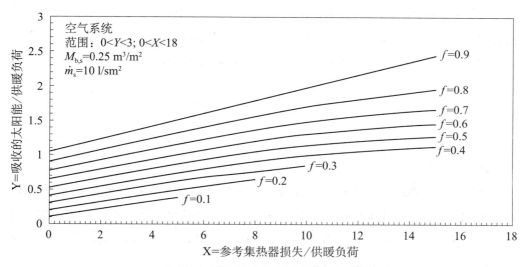

图 11.6　太阳能空气供暖系统的 f - 图

$$Y = F_R (\tau\alpha)_n \frac{F'_R}{F_R} \left[\frac{\overline{(\tau\alpha)}}{(\tau\alpha)_n} \right] \overline{H}_t N \frac{A_C}{L} = 0.52 \times 0.93 \times 12.5 \times 10^6 \times 31 \times \frac{35}{35.2 \times 10^9} = 0.19$$

由方程（11.17）或图 11.6 可得 $f = 0.147$。太阳能的贡献量为 $fL = 0.147 \times 35.2 = 5.17$ GJ。表 11.8 中列出了其他月份的计算结果。

表 11.8　太阳能贡献量和例 11.6 中所有月份的 f 值

月份	$\overline{H}_t$（MJ/m²）	$\overline{T}_a$（℃）	L（GJ）	X	Y	f	fL
一月	12.5	10.1	35.2	0.70	0.19	0.147	5.17
二月	15.6	13.5	31.1	0.69	0.24	0.197	6.13
三月	17.8	15.8	20.7	1.11	0.45	0.367	7.60
四月	20.2	19.0	13.2	1.63	0.78	0.618	8.16
五月	21.5	21.5	5.6	3.84	2.01	1	5.60
六月	22.5	29.8	4.1	4.54	2.79	1	4.10
七月	23.1	32.1	2.9	6.41	4.18	1	2.90
八月	22.4	30.5	3.5	5.44	3.36	1	3.50
九月	21.1	22.5	5.1	4.03	2.10	1	5.10
十月	18.2	19.2	12.7	1.74	0.75	0.587	7.45
十一月	15.2	16.2	23.6	0.94	0.33	0.267	6.30
十二月	13.1	11.1	33.1	0.74	0.21	0.164	5.43
总负荷量 = 190.8				总贡献量 = 67.44			

我们应当再次注意到，加粗表示的 f 值超出了 f - 图法相关性的范围，在太阳能系统完全承担了全部负荷的月份中，使用的太阳能保证率为 100%。由方程（11.12）可知，太阳能系统的贡献量占年度负荷的比例为：

$$F = \frac{\sum f_i L_i}{\sum L_i} = \frac{67.44}{190.8} = 0.35335.3\%$$

与例 11.2 的结果相比，由此可以得出结论：由于集热器的光学特性较低，所以 F 值较低。

太阳能空气系统需要两项修正系数：分别修正卵石床的蓄热容量和空气流速，这会影响到卵石床的温度分层。空气系统中不具备负荷换热器，在使用集热器的性能参数 $F_R U_L$ 和 $F_R(\tau\alpha)_n$ 时，要特别注意，这些参数是在安装时以相同的空气流速测得的；否则，需要使用第 4 章中 4.1.1 节介绍的修正。

卵石床蓄热容量的修正

在图 11.6 中 f - 图的绘制过程中，每平方米集热器面积使用的标准的卵石蓄热容量 0.25m³，对于常见的空隙率和岩石性质，这样的蓄热容量相当于 350 kJ/m²℃。尽管空气系统对储存容量的敏感性不如液基系统，但如 Klein 等人所述，通过储存容量修正系数 Xc/X 对系数 X 进行修正后，可以得出其他所用的储存容量（Klein 等人，1977）：

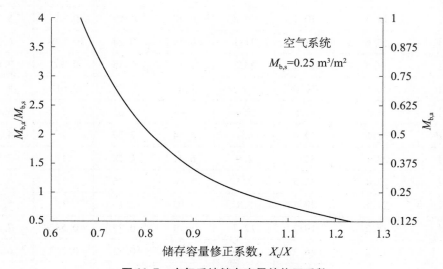

图 11.7　空气系统储存容量的修正系数

$$\frac{X_C}{X} = \left(\frac{M_{b,a}}{M_{b,s}}\right)^{-0.30} \tag{11.18}$$

其中，

$M_{b,a}$ = 每平方米集热器面积上卵石的实际储存容量（m^3/m^2）；

$M_{b,s}$ = 每平方米集热器面积上卵石的标准储存容量 = 0.25 m^3/m^2。

方程（11.18）的适用范围为 $0.5 \leqslant (M_{b,a}/M_{b,s}) \leqslant 4.0$ 或 $0.125 \leqslant M_{b,a} \leqslant 1.0 \ m^3/m^2$。此外，在上述适用范围内绘制方程（11.18）的曲线（如图 11.7 所示），可以直接确定储存修正系数。

空气流速的修正

对于空气供暖系统来说，流速是另一项必须修正的参数。增加的空气流速常常通过改善 F_R 值，从而提高系统性能，但同时也可通过降低卵石床的温度分层而降低性能。标准的每平方米集热器面积的流速为 10 l/s。通过使用适当的 F_R 和 Y 值，以及随后使用集热器空气流速修正系数 X_c/X 对 X 值进行修正以说明卵石床的分层程度，可以估算出系统在具有不同集热器流速时的性能，空气流速的修正系数 X_c/X 如方程（11.19）所示（Klein 等人，1977）：

$$\frac{X_C}{X} = \left(\frac{\dot{m}_a}{\dot{m}_s}\right)^{0.28} \tag{11.19}$$

其中，

$\dot{m}_a$ = 每平方米集热器面积上集热器的实际流速（l/s m^2）；

$\dot{m}_s$ = 每平方米集热器面积上集热器的标准流速 = 10 l/s m^2。

方程（11.19）的适用范围为 $0.5 \leqslant (\dot{m}_a/\dot{m}_s) \leqslant 2.0$ 或 $5 \leqslant \dot{m}_s \leqslant 20$ l/s m^2。此外，在上述适用范围内绘制方程（11.19）的曲线（如图 11.8 所示），可以直接确定空气流速修正系数。

例 11.7

假设例 11.6 中的空气系统的流速为 17 l/s m^2，在新的流速下，集热器的性能参数为 $F_R U_L = 3.03 \ W/m^2℃$，$F_R(\tau\alpha) = 0.54$。试估计一月份的太阳能保证率。

解答

由方程（11.19）可得，

$$\frac{X_C}{X} = \left(\frac{\dot{m}_a}{\dot{m}_s}\right)^{0.28} = \left(\frac{17}{10}\right)^{0.28} = 1.16$$

如题所示，空气流速增加后也会影响 F_R 值和其他性能参数。因此，对于集热器

和卵石床的新的空气流速来说，经过修正后，例 11.6 中的 X 值为，

$$X_C = X\left(\frac{F_R U_L\big|_{\text{new}}}{F_R U_L\big|_{\text{test}}}\right)\frac{X_C}{X} = 0.70\left(\frac{3.03}{2.92}\right)1.16 = 0.84$$

无量纲参数 Y 仅受 F_R 值的影响，因此：

$$Y_C = Y\left(\frac{F_R(\tau\alpha)\big|_{\text{new}}}{F_R(\tau\alpha)\big|_{\text{test}}}\right) = 0.19\left(\frac{0.54}{0.52}\right) = 0.20$$

最后，由图 11.6 中的 f – 图法或方程（11.17）可以得出 $f = 0.148$ 或 14.8%。与先前的 14.7% 相比，尽管空气流速增加后并未显著降低 f 值，但却会增加风扇的功率。

如果某个太阳能系统在空气流速和储热容量两方面均不同于标准系统，则必须对无量纲参数 X 进行两次修正。这种情况中，最终使用的 X 值为未修正之前的 X 值乘以两个修正系数。

例 11.8

如果例 11.6 中的空气系统使用的卵石储罐为 $0.35\ \text{m}^3/\text{m}^2$，且流速为 $17l/s\ \text{m}^2$，试估计出一月份的太阳能保证率。例 11.7 中列出了新流速对应的集热器性能参数。

解答

首先，需要估算出两项修正系数。例 11.7 中列出了 X 和 Y 在流速增加后的修正系数。对于增加后的卵石床蓄热容量，由方程（11.18）可得，

$$\frac{X_C}{X} = \left(\frac{M_{b,a}}{M_{b,s}}\right)^{-0.30} = \left(\frac{0.35}{0.25}\right)^{-0.30} = 0.90$$

例 11.7 中给出的空气流速修正系数为 1.16。此外，还需考虑流速对 F_R 和 X 初始值的修正，可得出 X_c 的结果为：

$$X_C = X\left(\frac{F_R U_L\big|_{\text{new}}}{F_R U_L\big|_{\text{test}}}\right)\frac{X_C}{X}\bigg|_{流}\frac{X_C}{X}\bigg|_{存储} = 0.70\left(\frac{3.03}{2.92}\right)11.6 \times 0.90 = 0.76$$

由于无量纲参数 Y 只受到 F_R 的影响，所以此处使用了例 11.7 中的 Y 值（= 0.20）。因此，由图 11.6 中的 f – 图或方程（11.17）可以得出 $f = 0.153$ 或 15.3%。

11.1.3 太阳能热水系统的性能与设计

图 11.2 中的 f – 图或方程（11.13）还可用于估算太阳能热水系统的性能，该系统可以采用如图 11.9 所示的配置。尽管图 11.9 中所示的是液基系统，但是只要采用适当的换热器将热量传递至预热储罐，该系统也可使用空气或水集热器。必要

时，还可将预热储罐的热水馈入到热水器中加热。此外，为了维持供应温度不高于最高温度，还应使用调温阀。用户也可在使用之前完成这一冷热水的混合过程。

太阳能热水系统性能的影响因素有：公共自来水温度 T_m 和可接受最低热水温度 T_W；二者均会影响系统的平均运行温度，进而影响集热器的能量损失。因此，需要修正参数 X，参数 X 可说明集热器的能量损失。Beckman 等人提出了参数 X 的额外修正系数（Beckman 等人，1977）：

$$\frac{X_C}{X} = \frac{11.6 + 1.18T_W + 3.86T_m - 2.32\overline{T_a}}{100 - \overline{T_a}} \tag{11.20}$$

其中，

T_m = 自来水温度（℃）；

T_W = 可接受的最低热水温度（℃）；

$\overline{T_a}$ = 月平均室温（℃）。

修正系数 Xc/X 的假设建立在太阳能预热罐保温良好的基础上。F - 图相关性中不包括辅助罐的损耗。因此，对于只供应热水的系统来说，其负荷还应包括辅助罐的损失。假设整个罐体温度为可接受最低热水温度 T_w，在此基础上可由热损失系数和罐体面积（UA）估算出罐体损失。

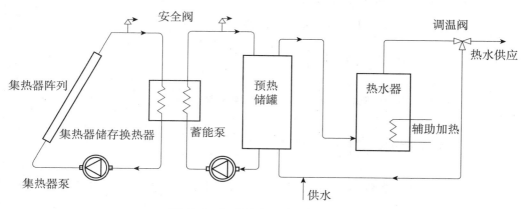

图 11.9　标准热水系统配置示意图

太阳能热水器每平方米集热器采光口面积的储热容量为 75L，且该系统性能不受其他分布的影响。方程（11.14）给出的修正可以应用于不同的储热容量。

例 11.9

假设某地安装了一套太阳能热水系统，调查研究当月有 31 天，集热器倾斜表面上每天接收的平均总辐射量为 19.3 MJ/m²，平均室温为 18.1℃，且系统使用了一块采光口面积为 5 m² 的集热器。根据标准集热器测试，$F_R(\tau\alpha)_n = 0.79$，$F_R U_L = 6.56$

$W/m^2℃$。热水负荷为 $200l/$天，公共自来水的温度 T_m 为 $12.5℃$ 且可接受最低热水温度 T_w 为 $60℃$。预测罐的储存容量为 $75L/m^2$，辅助罐的容积为 $150L$，其损失系数为 $0.59\ W/m^2℃$，直径和高度分别为 $0.4\ m$ 和 $1.1\ m$；辅助罐位于环境温度为 $20℃$ 的室内。集热器的流速与测试时相同，且 $F'_R/F_R = 0.98$ 和 $(\overline{\tau\alpha})/(\tau\alpha)_n = 0.94$。试估计太阳能保证率。

解答

每月热水负荷是指将水由温度 T_m 加热至 T_w 时所需能量与辅助罐损失能量之和。研究的当月的热水负荷为：

$$200 \times 31 \times 4190（60 - 12.5）= 1.234\ GJ$$

由 $UA(T_w - T_a)$ 可得辅助罐损失率。辅助罐面积为：

$$\pi d^2/2 + \pi dl = \pi(0.4)^2/2 + \pi \times 0.4 \times 1.1 = 1.63\ m^2$$

因此，辅助罐损失 $= 0.59 \times 1.63（60 - 20）= 38.5\ W$。当月中抵消这一损失所需的能量为：

$$38.5 \times 31 \times 24 \times 3600 = 0.103\ GJ$$

因此，

总加热负荷 $= 1.234 + 0.103 = 1.337\ GJ$

由方程（11.8）和（11.9），我们可以得出：

$$X = F_R U_L \frac{F'_R}{F_R}(T_{ref} - \overline{T}_a)\Delta t \frac{A_c}{L}$$

$$= 6.56 \times 0.98(100 - 18.1) \times 31 \times 24 \times 3600 \times \frac{5}{1.337 \times 10^9} = 5.27$$

$$Y = F_R(\tau\alpha)_n \frac{F'_R}{F_R}\left[\frac{(\overline{\tau\alpha})}{(\tau\alpha)_n}\right]\overline{H}_t N \frac{A_c}{L}$$

$$= 0.79 \times 0.98 \times 0.94 \times 19.3 \times 10^6 \times 31 \times \frac{5}{1.337 \times 10^9} = 1.63$$

由方程（11.20）可得修正系数 X 为：

$$\frac{X_C}{X} = \frac{11.6 + 1.18T_w + 3.86T_m - 2.32\overline{T}_a}{100 - \overline{T}_a}$$

$$= \frac{11.6 + 11.8 \times 60 + 3.86 \times 12.5 - 2.32 \times 18.1}{100 - 18.1} = 1.08$$

因此，修正后的 X 值为：

$$X_c = 5.27 \times 1.08 = 5.69$$

由图 11.2 或方程（11.13），以及 X_c 和 Y 值，可得 $f = 0.808$ 或 80.8%。

11.1.4　热虹吸管太阳能热水系统

事实上，全球范围内安装的太阳能热水器主要为热虹吸管型。因此，针对此类系统，开发出一种简单而又与强制循环或主动式系统类似的性能预测方法具有重要的意义。热虹吸管系统的热水在储热罐内会出现严重的温度分层现象，为了说明该系统中的自然循环现象，我们可以在前文所述的原始 f-图法基础上，经过修改后得出该系统性能的预测方法。

实际上，对于具有良好精确性的热虹吸管太阳能热水器来说，不能使用原始 f-图预测其热力性能的原因如下（Fanney 和 Klein，1983；Malkin 等人，1987）：

（1）初始的 F-图设计工具的研发对象是具有泵送装置的系统，并且假设经过集热器循环的流速为固定且已知的。而热虹吸管太阳能热水系统的流速会随着太阳能辐射强度出现变化，从而使 F_R 和 FRU_L 值不同于主动式系统。在流速固定的条件下，按照第 4 章介绍的程序通过试验确定这些参数。

（2）此外，在制定 f-图设计方法的过程中，主要假设热水储罐内的水处于完全混合的状态。因此，在集热器与储罐之间质量流速较低的情况中，会加重热分层现象，从而严重低估热虹吸管太阳能热水器的热力性能。如果忽略了这一点，f-图得出错误的结果将导致系统尺寸过大，以及预测出对此类系统的成本效率较低。

此处 f-图设计方法的修改采用了 Malkin 等人的建议（1987）。实际上，为了考虑热水储罐内的热分层现象对系统性能的影响，他们使用了一项修正系数。与原始 F-图法类似，针对美国 3 个不同地点（阿尔伯克基、麦迪逊和西雅图）运行的不同热虹吸管太阳能热水系统，通过众多 TRNSYS 模拟试验得出了修正系数。表 11.9 中列出了这 3 个系统的特征。除了这些特征之外，模拟过程假设热水储罐的整体损失系数为恒定的 1.46 W/K。

表 11.9　热虹吸管装置的改进的 F-图法所用的设计变量范围

参数	范围
负荷转移量	150~500 l
热水储罐尺寸	100~500 l
集热器倾斜角	30~90°
$F_R U_L$	3.6~8.6W/m² ℃
$F_R (\tau\alpha)$	0.7~0.8
Malkin（1985）	

根据 Malkin 等人（1987）所述，对于储罐发生温度分层现象的系统，通过修改 f – 图法可能预测出系统改进后的性能。或者，在各个月份中，通过将热虹吸管系统中不断变化的流速近似为对应相同尺寸主动式系统的"当量平均"固定流速，也可以实现上述目的。在这种情况中，在这一固定流速条件下运行的主动式系统在每月中由太阳能节省出的能量部分可能与热虹吸管系统类似。因此，除了图 11.2 中展示了液体系统的同一 f – 图之外，使用修改后的 f – 图法可以很容易地预测出热虹吸管系统的长期性能。

一旦由热虹吸管流体流动循环中的密度差计算出月均流体流速当量后，需要使用不同测试条件下的修正系数（r）、第 4 章 4.1.1 节中由方程（4.17）得出的流速或者第 5 章 5.1.1 中由方程（5.4b）对比标准（或测试）流速得出的热虹吸管流体流速计算出 $F_R(\tau\alpha)_n$ 和 $F_R U_L$ 的修改值。

应注意的是流体从发生温度分层的储罐返回集热器时的温度低于储罐的平均温度。由于流体进入集热器时的温度较低且更接近环境温度，此举降低了集热器的热损失，从而提高了集热器的效率。热虹吸管系统常常使用生活用水流入集热器，所以此类系统不包括换热器。因此，结合方程（11.8）和（11.20），可以得出以 X_{mix} 表示的 X 参数，如方程 11.21 所示：

$$X_{\text{mix}} = \frac{A_C F_R U_L (11.6 + 1.18 T_W + 3.86 T_m - 2.32 \overline{T}_a)\Delta t}{L} \tag{11.21}$$

同理，在不存在换热器相关项的情况中，通过修改方程（11.9），可得出参数 Y 为：

$$Y_{\text{mix}} = \frac{A_C F_R (\overline{\tau\alpha}) \overline{H}_t N}{L} \tag{11.22}$$

应当再次指出的是方程（11.21）和（11.22）所示参数 X_{mix} 和 Y_{mix} 的计算过程中假设热水储罐处于完全混合的状态。Copsey（1984）首先提出了一种修改型的 f – 图法对储罐的温度分层进行说明。他的研究表明，通过分析另外一个完全相同且集热器损失系数（U_L）降低的完全混合储罐系统，可以得出热分层储罐系统的太阳能保证率 f。由方程（3.58）可知，集热器散热系数 F_R 是一项与集热器热损失系数和集热器流速相关的函数。因此，基于集热器损失系数的修改型 f – 图法也需要修改散热系数 F_R。

对于具有温度分层储罐的热虹吸管太阳能热水器来说，其太阳能保证率的预测值 f_{str} 位于 f_{mix} 和完全混合热水储罐的 U_L 等于 0 时的太阳能保证率之间，其中 f_{mix} 为完全混合储热罐使用测试条件中损失系数得出的太阳能保证率。假如集热器不存在热损失，则由方程（11.21）计算出的 X 参数将为 0。当 $F_R = 1$ 时，由方程（11.23）中可以估算出 Y 的最大值（以 Y_{max} 表示）：

$$Y_{max} = \frac{A_C (\overline{\tau\alpha}) \overline{H}_t N}{L} \tag{11.23}$$

Malkin 等人（1987）报告了混合和分层坐标之间的关系，用于预测加热负荷的太阳能保证率。通过使用 X 参数的修正系数（以 $\Delta X / \Delta X_{max}$ 表示）可以关联到热分层储存系统。Malkin 给出的该修正系数是月均集热器与负荷流动比率（$\overline{M}_C / M_L$）以及混合罐太阳能保证率（f_{mix}）的函数（Malkin，1985）

$$\frac{\Delta X}{\Delta X_{max}} = \frac{X_{mix} - X_{str}}{X_{mix}} = \frac{Y_{str} - Y_{mix}}{Y_{max} - Y_{mix}} = \frac{1.040(\overline{M}_C / M_L)}{[0.726(\overline{M}_C / M_L) + 1.564 f_{mix} - 2.760 f_{mix}^2]^2 + 1} \tag{11.24}$$

此处使用的系数来自 Malkin（1985）的报告，对于具有温度分层热水储罐的太阳能热水器来说，报告中最小化了 TRNSYS 模拟和修改型 F – 图法程序得出的热力性能预测值之间的均方根误差。通常，当 $\overline{M}_C / M_L$ 值大于 0.3 时，方程（11.24）才具有有效性。

根据太阳能集热器有效输出能量小时数 N_p，可以估算出每天流经集热器的平均流量。根据 Mitchell 等人（1981）所述，对于一个 0 度温差控制器来说，N_p 值为：

$$N_P = -\overline{H}_t \frac{d\overline{\varphi}}{dI_c} \tag{11.25}$$

其中，

$\overline{\varphi}$ = 每月中平均每天的可利用性；

I_c = 临界辐射水平（W/m^2）；

$\overline{H}_t$ = 入射到集热器表面的太阳能辐射量（kJ/m^2 天）。

应注意的是 $\overline{H}_t$ 值在除以 3.6 后，N_p 的单位为小时。

可利用性是指在集热器入口和环境温差固定的运行条件中，$F_R(\tau\alpha) = 1$ 的集热器可以将入射的太阳能辐射转换为有效热的部分。值得注意的是，尽管该集热器不存在光学损失且散热系数为 1，但是集热器损失会使可利用性一直低于 1（参见 11.2.3 节）。为了计算每月中平均每天的可利用性，Evans 等人（1982）根据月均每日可用性与临界辐射水平、月均晴空指数 K_T（由方程（2.82a）得出）、集热器倾斜角 β 和纬度 L 的函数关系，提出了一个经验关系式，即：

$$\overline{\phi} = 0.97 + A\overline{I}_c + B\overline{I}_c^2 \tag{11.26a}$$

其中，

$$A = -4.86 \times 10^3 + 7.56 \times 10^{-3}\overline{K'}_T - 3.81 \times 10^{-3}(\overline{K'}_T)^2 \tag{11.26b}$$

$$B = 5.43 \times 10^{-6} - 1.23 \times 10^{-5}\overline{K'}_T + 7.62 \times 10^{-6}(\overline{K'}_T)^2 \tag{11.26c}$$

其中，

$$\overline{K'}_T = \overline{K}_T\cos[0.8(\beta_m - \beta)] \tag{11.27}$$

其中，β_m 为集热器每月最佳倾斜角（见表 11.10）。

方程（11.26a）在微分后代入到方程（11.25），可以得出集热器在每月中的日均运行时间表达式，即：

$$\overline{N}_p = -\overline{H}_t(A + 2B\overline{I}_c) \tag{11.28}$$

每月的平均临界辐射水平是指超出可用能量的辐射部分，如以下方程所示：

$$\overline{I}_c = \frac{F_R U_L(\overline{T}_i - \overline{T}_a)}{F_R(\tau\alpha)} \tag{11.29}$$

由方程（11.29）可知，为了得出月均临界辐射水平，必须知道每月的集热器入口平均温度 $\overline{T}_i$。然而，该温度值无法通过解析得出，它是与储罐热分层现象相关的函数，可能通过以下介绍的 Phillip 分层系数近似得出。假设储罐仍存在热分层现象，可以将每月的集热器平均入口温度最初估算为自来水温度。

在应用该方法时需要一项初始的流速估值，并在应用 Copsey 修正法修正分层储罐后，通过 F-图法估算出主动式系统热分层储罐的太阳能保证率。随后，使用方程 4.17 为估算的流速修正集热器的参数 $F_R U_L$ 和 $F_R(\tau\alpha)$。在使用最初的流速估值确定热虹吸管太阳能热水系统的"平均当量"流速时，需要用到下文介绍的迭代法（Malkin 等人，1987）。对于热虹吸管系统的太阳能保证率和上述 TRNSYS 模拟得出的月均储罐温度无量纲形式之间得出的相关性，可以从中计算出储罐中的平均温度。得出的最小二乘回归方程为（Malkin 等人，1987）：

$$\frac{\overline{T}_{tank} - T_m}{T_{set} - T_m} = 0.117f_{str} + 0.356f_{str}^2 + 0.424f_{str}^3 \tag{11.30}$$

最初的流速估值可以近似计算出图 11.10 所示系统配置的热虹吸管水头，通过使用最初的流速估值计算出的比例，可以预测出系统内的平均温度分布（Malkin 等人，1987）。随后比较该值与集热器循环内的摩擦损失。迭代过程需要一直持续到热虹吸管水头和摩擦损失之间的一致性小于 1%。

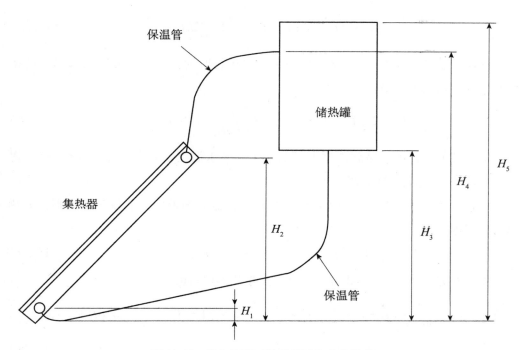

图 11.10　热虹吸管系统的配置和几何结构

储罐底部的温度处于自来水温度 T_m 和罐内平均温度 $\overline{T}_{tank}$ 之间。这两个温度之间的差值取决于罐内温度分层的程度。由 Phillips 和 Dave（1982）定义的分层系数 K_{str} 可以近似测量出热分层的程度，K_{str} 的计算公式为：

$$K_{str} = \frac{A_C[I_t F_R(\tau\alpha) - F_R U_L(T_i - T_a)]}{A_C[I_t F_R(\tau\alpha) - F_R U_L(T_{tank} - T_a)]} \tag{11.31}$$

此外，分层系数是两个无量纲变量的函数，即，混合数量 M 和集热器效率 E，这两个参数的计算公式如下：

$$M = \frac{A_{cyl} k}{\dot{m} c_p H} \tag{11.32}$$

$$E = \frac{F_R U_L}{\dot{m} c_p} \tag{11.33}$$

其中，k 和 H 分别为水的热导率和储罐的高度。具体说来，混合数量为储罐内传导传热和对流传热的比值。当规定忽略了传导传热时，M 值接近 0。Phillips 和 Dave（1982）的研究表明：

$$K_{str} = \frac{\ln(1/1 - E)}{E[1 + M\ln(1/1 - E)]} \tag{11.34}$$

解出方程（11.31），可以得出流体从储罐返回集热器的温度 T_i，因此：

$$T_i = K_{str}T_{tank} + (1 - K_{str})\left(\frac{F_R(\tau\alpha)}{F_R U_L}I_t + T_a\right) \qquad (11.35)$$

因此，通过由方程（11.28）估计出水泵运行时间，可以近似得出返回流体在每月中的平均温度，即：

$$\overline{T}_i = K_{str}\overline{T}_{tank} + (1 - K_{str})\left(\frac{F_R(\overline{\tau\alpha})}{(F_R U_L)(\overline{N_P})}\overline{H}_t + \overline{T}_a\right) \qquad (11.36)$$

应注意的是，由于储罐温度不可能低于自来水温度，如果由方程（11.36）得出的数值小于 T_m 值，则应使用 T_m 值。

通过等化方程（3.60），使用 I_t 代替 G_t，根据集热器内的能量守恒原则，集热器的出口温度为：

$$\dot{m}c_p(T_o - T_i) = A_c F_R[I_t(\tau\alpha) - U_L(T_i - T_a)] \qquad (11.37)$$

按月对方程（11.37）积分，可以得出集热器出口流体的月均温度

$$\overline{T}_o = \overline{T}_i + \frac{A_C}{\dot{m}c_p N_P}[\overline{H}_t F_R(\overline{\tau\alpha}) - F_R U_L \overline{N}_P(\overline{T}_i - \overline{T}_a)] = \overline{T}_i + \frac{A_c}{\dot{m}c_p \overline{N}_P}[\overline{\Phi H_t}F_R(\overline{\tau\alpha})]$$

$$(11.38)$$

由于这一过程在月度基础上进行，因此可以确定出"当量平均"流速，并以此计算出太阳能保证率。

一旦知道了集热器入口和出口流体的月均温度，即可在图 11.10 所示的储罐和平板集热器相对位置的基础上估算出热虹吸管水头。Close（1962）的研究表明通过以下假设可以近似得出由系统内流体密度差产生的热虹吸管水头：

（1）连通管中无热损失；

（2）集热器流出的水上升到罐体的顶部；

（3）罐内的温度分布为线性。

因此，根据图 11.10 所示的尺寸，热虹吸管水头计算方法如方程 11.39 所示（Close，1962）：

$$h_T = \frac{1}{2}(S_i - S_o)\left[2(H_3 - H_1) - (H_2 - H_1) - \frac{(H_3 - H_5)^2}{(H_4 - H_5)}\right] \qquad (11.39)$$

其中，S_i 和 S_o 分别为集热器入口和出口流体的比值。此处只考虑了以水为集热流体的直接循环型热虹吸管系统。水的比重与温度（单位:℃）之间的关系如下所示：

$$S = 1.0026 - 3.906 \times 10^{-5}T - 4.05 \times 10^{-6}T^2 \qquad (11.40)$$

当量平均流速在月平均的基础上平衡了流动循环内的热虹吸管浮升力和摩擦阻力。如第 5 章（5.1.1 节）所述，流动循环包括集热器的集管和立管、连通管和储

罐。为了计算流动循环中各个部件的摩擦水头损失，需要分别应用 Darcy-Weisbach 方程，如方程（5.6）所示。

雷诺数可用于确定估计流速下的流体类型（参见 5.1.1 节），利用流体粘度与温度（单位：℃）的相关关系，可以计算出流体的雷诺数：

$$\mu = \frac{0.1}{2.1482(T - 8.435 + \sqrt{8087.4 + (T - 8.435)^2}) - 120} \qquad (11.41)$$

将方程（5.6）的最后一项包括在内表示与管道循环中弯头、接头和其他管段上的限制相关的轻微摩擦损失。值得注意的是，尽管流动循环中的主要压力降出现在直径相对较小的集热器立管位置，但是将轻微的摩擦损失包括在内后可以增加流速估值的精确度。第 5 章 5.1.1 节和表 5.2 详细介绍了这些损失。

当流动循环中的流体以估计的流速流动时，所有摩擦水头损失成分在经过整合后并与先前计算出的热虹吸管水头比较。如果热虹吸管水头未能将摩擦损失平衡在 1% 以内，则需要逐次代换法重新估算流体经过连通管的流速。使用新的流速估值重复该程序，直至收敛性在 1% 以内。

由以下方程可以得出新的热虹吸管流速估值（Malkin，1985）：

$$\dot{m}_{new} = \rho A \sqrt{\frac{2gh_T}{\left(\frac{fl}{d} + k\right)_p + \left(\frac{fl}{d} + k\right)_r + \left(\frac{fl}{d} + k\right)_h}} \qquad (11.42)$$

其中的下标 p 表示连通管，下标 r 和 h 分别表示立管和集管。

通常，三次以内的迭代过程即可达到要求的收敛性，其中，得出的每月平均流速单个值平衡了流动循环中的热虹吸管水头和摩擦损失。在前文中，计算太阳能保证率时，我们假设了一个在等价主动式系统中运行的固定流速。标准的 F - 图法要求在一年中的各个月份均执行这一过程，且上一月的"当量平均"流速为下个月的初始流速估计值。太阳能提供的年度负荷为每月太阳能的贡献量与年度负荷的比值之和，如方程（11.12）所示。

有报告指出 TRNSYS 模拟和修改型 F - 图设计法之差的均方根误差为 2.6%（Malkin，1985）。我们将通过以下例子说明这一过程。

例 11.10

计算出位于塞浦路斯尼科西亚地区的热虹吸管太阳能热水系统在一月份时的太阳能贡献量。该系统的特征如下：

1. 集热器倾斜角 = 45°

2. 月均太阳能辐射量 = 8960 kJ/m² 天（见附录 7，表 A7.12）

3. 月均室温 = 12.1℃（见附录7，表 A7.12）

4. 月均晴空指数 = 0.49（见附录7，表 A7.12）

5. 集热器平板数量 = 2

6. 单个集热器平板的面积 = 1.35 m²

7. 集热器测试 $F_R U_L$ = 21.0 kJ/h m²℃

8. 集热器 FR（$\tau\alpha$）= 0.79

9. 集热器测试流速 = 71.5 kg/h m²

10. 单个集热器平板的立管数量 = 10

11. 立管直径 = 0.015 m

12. 单个平板的集管组合长度 = 1.9 m

13. 集管直径 = 0.028 m

14. 储罐 – 集热器的连通管长度 = 2.5 m

15. 控制器 – 储罐的连通管长度 = 0.9 m

16. 连通管直径 = 0.022 m

17. 连通管的弯头数量 = 2

18. 连通管的热损失系数 = 10.0 kJ/h m²℃

19. 储罐溶剂 = 160 l

20. 储罐高度 = 1 m

21. 储罐直径 = 0.45 m

22. 每日的负荷转移体积 = 150 l

23. 自来水温度 = 18℃

24. 辅助加热设定温度 = 60℃

25. 高度 H_1 = 0.05 m

26. 高度 H_2 = 1.12 m

27. 高度 H_3 = 2.1 m

28. 高度 H_5 = 1.27 m

解答

首先，需要知道集热器表面接收的辐射量，直接使用例 11.5 中的结果以节省篇幅。因此，由表 11.6 可知，结果为 14,520 kJ/m²。

当集热器面积为 2.7 m² 时，初始估算出的当量平均流速为 15 kg/h m²（或 40.5 kg/h，2.7 m²）。集热器性能参数 $F_R U_L$ 和 F_R（$\tau\alpha$）在假设流速条件下经过了修正，而假设流速有不同于使用方程（5.4b）和由方程（5.3）估算出参数 $F'U_L$ 得出的测试流速。因此：

由方程（5.3）可得：

$$F'U_L = \frac{-\dot{m}_T c_p}{A_C}\ln\left(1 - \frac{F_R U_L A_C}{\dot{m}_T c_p}\right) = \frac{-71.5 \times 2.7 \times 4.19}{2.7}\ln\left(1 - \frac{21 \times 2.7}{71.5 \times 2.7 \times 4.19}\right)$$

$$= 21.77 \text{kJ/hm}^2\text{℃}$$

由方程（5.4b）可得：

$$r = \frac{\dot{m}_t\left[1 - \exp\left(-\dfrac{F'U_L A_C}{\dot{m}_t c_p}\right)\right]}{\dot{m}_T\left[1 - \exp\left(-\dfrac{F'U_L A_C}{\dot{m}_T c_p}\right)\right]} = \frac{40.5\left[1 - \exp\left(-\dfrac{21.77 \times 2.7}{40.5 \times 4.19}\right)\right]}{2.7 \times 71.5\left[1 - \exp\left(-\dfrac{21.77 \times 2.7}{71.5 \times 2.7 \times 4.19}\right)\right]} = 0.876$$

以及

$$F_R U_L = 0.876 \times 21 = 18.40 \text{ kJ/h m}^2\text{℃}$$

$$F_R(\tau\alpha) = 0.876 \times 0.79 = 0.692$$

由方程（5.64b）和（5.64c）可以估算出连通管的热损失：

$$\frac{(\tau\alpha)'}{(\tau\alpha)} = \frac{1}{1 + \dfrac{U_p A_{p,o}}{(\dot{m}c_p)_c}} = \frac{1}{1 + \dfrac{10 \cdot \pi \times 0.022 \times 0.9}{40.5 \times 4.19}} = 0.996$$

$$\frac{U'_L}{U_L} = \frac{1 - \dfrac{U_p A_{p,1}}{(\dot{m}c_p)_c} + \dfrac{U_p(A_{p,1} + A_{p,o})}{A_C F_R U_L}}{1 + \dfrac{U_p A_{p,o}}{(\dot{m}c_p)_c}}$$

$$= \frac{1 - \dfrac{10 \times \pi \times 0.022 \times 0.9}{40.5 \times 4.19} + \dfrac{10(\pi \times 0.022 \times 0.9 + \pi \times 0.022 \times 2.5)}{2.7 \times 18.4}}{1 + \dfrac{10 \times \pi \times 0.022 \times 2.5}{40.5 \times 4.19}}$$

$$= 1.033$$

因此，

$$F_R U'_L = 1.033 \times 18.4 = 19.01 \text{kJ/hm}^2\text{℃}$$

$$F_R(\tau\alpha)' = 0.996 \times 0.692 = 0.689$$

为了简化，假设 $F_R(\tau\alpha) = F_R(\overline{\tau\alpha}) = 0.689$

由方程（11.21）可知：

$$X_{\text{mix}} = \frac{A_{\text{C}}F_{\text{R}}U'_{\text{L}}(11.6 + 1.18T_{\text{W}} + 3.86T_{\text{m}} - 2.32\overline{T}_{\text{a}})\Delta t}{L}$$

$$= \frac{2.7 \times 19.01(11.6 + 1.18 \times 60 + 3.86 \times 18 - 2.32 \times 12.1) \times 24}{150 \times 4.19(60 - 18)}$$

$$= 0.047(123.808) = 5.82$$

由方程（11.22）可知：

$$Y_{\text{mix}} = \frac{A_{\text{C}}F_{\text{R}}(\overline{\tau\alpha})\overline{H}_{\text{t}}N}{L} = \frac{2.7 \times 0.692 \times 14520}{150 \times 4.19(60 - 18)} = 1.03$$

应注意的是由于负荷是在一天的基础上估算出的，因此上述两个等式没有乘以一月中的天数。

储存容量 = 160/2.7 = 59.3l/m^2，由于该值与标准值75l/m^{2}不相等，因此需要按照方程（11.14）进行修正：$X_{\text{mix,c}} = 5.82 \times (59.3/75)^{-0.25} = 6.17$。

由方程（11.13）可知：$f_{\text{mix}} = 1.029Y_{\text{mix}} - 0.065X_{\text{mix}} - 0.245Y_{\text{mix}}^2 + 0.0018X_{\text{mix}}^2 + 0.0215Y_{\text{mix}}^3 = 1.029 \times 1.03 - 0.065 \times 6.17 - 0.245 \times (1.03)^2 + 0.0018 \times (6.17)^2 + 0.0215 \times (1.03)^3 = 0.49$。

集热器泵运行时间的估算过程需要用到许多参数。

由表11.10可知，$\beta_{\text{m}} = L + 29° = 35.15 + 29 = 64.15°$。

由方程（11.27）可得：

$\overline{K}'_{\text{T}} = \overline{K}_{\text{T}}\cos[0.8(\beta_{\text{m}} - \beta)] = 0.49 \times \cos[0.8 \times (64.15 - 45)] = 0.47$。

由方程（11.26b）可得：

$A = -4.86 \times 10^{-3} + 7.56 \times 10^{-3}\overline{K}'_{\text{T}} - 3.81 \times 10^{-3}(\overline{K}'_{\text{T}})^2$

$= -4.86 \times 10^{-3} + 7.56 \times 10^{-3} \times 0.47 - 3.81 \times 10^{-3}(0.47)^2 = -0.00215$

由方程（11.26c）可得：

$B = 5.43 \times 10^{-6} - 1.23 \times 10^{-5}\overline{K}'_{\text{T}} + 7.62 \times 10^{-6}(\overline{K}'_{\text{T}})^2$

$= 5.43 \times 10^{-6} - 1.23 \times 10^{-5} \times 0.47 + 7.62 \times 10^{-6}(0.47)^2 = 1.332 \times 10^{-6}$

由方程11.29可得：

$$\overline{I}_{\text{c}} = \frac{F_{\text{R}}U_{\text{L}}(\overline{T}_{\text{i}} - \overline{T}_{\text{a}})}{F_{\text{R}}(\overline{\tau\alpha})} = \frac{19.01(18 - 12.1)}{2.6 \times 0.689} = 45.22W/m^2$$

由方程11.28可得：

$\overline{N}_{\text{p}} = -\overline{H}_{\text{t}}(A + 2B\overline{I}_{\text{c}}) = -14,520(-0.00215 + 2 \times 1.332 \times 10^{-6} \times 45.22)/3.6 = 8.2h$

$(\overline{M}_{\text{c}}/M_{\text{L}})$的比值等于$(8.2 \times 40.5)/150 = 2.21$。

由方程 11.24 可得：

$$\frac{\Delta X}{\Delta X_{\max}} = \frac{1.040(\overline{M}_c/M_L)}{[0.726(\overline{M}_c/M_L) + 1.564f_{mix} - 2.760f_{mix}^2]^2 + 1}$$

$$= \frac{1.040 \times 2.21}{[0.726 \times 2.21 + 1.564 \times 0.49 - 2.760 \times (0.49)^2]^2 + 1} = 0.59$$

因此，

$$X_{str} = X_{mix}\left(1 - \frac{\Delta X}{\Delta X_{\max}}\right) = 6.17(1 - 0.59) = 2.5297$$

为了得出当 $F_R = 1$ 时的 $(\overline{\tau\alpha})$ 值，在流速非常高的条件下（假设为 10,000 kg/h），解出 $F_{R,high}/F_{R,use}$ 值。此时得出 $r = 1.04$ 和 $(\overline{\tau\alpha}) = 0.79 \times 1.04 = 0.8216$。

因此，由方程 11.23 可得：

$$Y_{\max} = \frac{A_c(\overline{\tau\alpha})\overline{H}_t H}{L} = \frac{2.7 \times 0.8216 \times 14520}{150 \times 4.19(60 - 18)} = 1.22$$

因此，由方程 11.24 可得：

$$Y_{str} = Y_{mix} + (Y_{\max} - Y_{mix})\frac{\Delta X}{\Delta X_{\max}} = 1.03 + (1.22 - 1.03) \times 0.59 = 1.1421$$

由方程 11.13 可得：$f_{str} = 1.0291Y_{str} - 0.065X_{str} - 0.245Y_{str}^2 + 0.0018X_{str}^2 + 0.0215Y_{str}^3 = 1.029 \times 1.1421 - 0.065 \times 2.5297 - 0.245 \times (1.1421)^2 + 0.0018 \times (2.5297)^2 + 0.0215 \times (1.1421)^3 = 0.73$。随后估算出 Phillips 分层系数：

由方程 11.32 可得：

$$M = \frac{A_{cyl}k}{\dot{m}c_p H} = \frac{[\pi(0.45)^2/4] \times 0.6}{40.5 \times 4.19 \times 1} = 0.00056$$

由方程 11.33 可得：

$$E = \frac{F_R U_L}{\dot{m}c_p} = \frac{2.7 \times 19.01}{40.5 \times 4.19} = 0.30$$

由方程 11.34 可得：

$$K_{str} = \frac{\ln(1/1 - E)}{E[1 + M\ln(1/1 - E)]} = \frac{\ln(1/1 - 0.3)}{0.3[1 + 0.00056\ln(1/1 - 0.3)]} = 1.19$$

由方程 11.30 可得：

$$\frac{\overline{T}_{tank} - T_m}{T_{set} - T_m} = 0.117f_{str} + 0.356f_{st}^2 + 0.424f_{str}^3$$

$$= 0.117 \times (0.73) + 0.356 \times (0.73)^2 + 0.424 \times (0.73)^3 = 0.440$$

因此：

由方程 11.36 可得：

$$\overline{T}_i = K_{str}\overline{T}_{tank} + (1 + K_{str})\left[\frac{F_R(\overline{\tau\alpha})}{(F_RU_L)(\overline{N}_P)}\overline{H}_t + \overline{T}_a\right]$$

$$= 1.19 \times 36.5 + (1 - 1.19)\left(\frac{0.692}{19.01 \times 8.2}14,520 + 12.1\right) = 28.9\,℃$$

同理，由方程 11.38 可得：

$$\overline{T}_o = \overline{T}_i + \frac{A_c}{\dot{m}c_p\overline{N}_p}[\overline{H}_tF_R(\overline{\tau\alpha}) - F_RU_L\overline{N}_p(\overline{T}_i - \overline{T}_a)]$$

$$= 28.9 + \frac{2.7}{40.5 \times 4.19 \times 8.2}[14,520 \times 0.689 - 19.01 \times 8.2(28.9 - 12.1)] = 43.2\,℃$$

随后，使用方程（11.40）估算出流体在两个温度时对应的比重分别为：$S_i = 0.995749$ 和 $S_o = 0.991014$。将各个高度值代入方程（11.39）中，注意 H_4 等于 H_5 加上罐体高度 $[= 1.27 + 1]$：

$$h_T = \frac{1}{2}(S_i - S_o)\left[2(H_3 - H_1) - (H_2 - H_1) - \frac{(H_3 - H_5)^2}{(H_4 - H_5)}\right]$$

$$= \frac{1}{2}(0.995749 - 0.9910414)\left[2(2.1 - 0.05) - (1.12 - 0.05) - \frac{(2.1 - 1.27)^2}{(2.27 - 1.27)}\right]$$

$$= 0.005543\,m$$

使用罐内平均温度，由方程（11.41）可得：$\mu = 0.000701$ kg/m²s。

液压方面的注意事项：

根据方程（11.40）得出的储罐内的平均温度，可以得出其中水的比重为 0.993439。假设罐内温度为流经连通管的流体温度。因此，连通管内的流体速度为：

$$v_c = \frac{\dot{m}_t}{3600S_t\rho A_c} = \frac{40.5}{3600 \times 0.993439 \times 1000 \times \pi(0.022)^2/4} = 0.0298\,m/s$$

从而得出：$\mathrm{Re} = \frac{S_t\rho v_c D_c}{\mu} = \frac{0.993439 \times 1000 \times 0.0298 \times 0.022}{0.000701} = 929$

由方程（5.7a）可得：$f = 64/929 = 0.069$。使用方程（5.7c）修正管内的流体：

$$f = 1 + \frac{0.038}{\left(\frac{L}{d\mathrm{Re}}\right)^{0.964}} = 1 + \frac{0.038}{\left(\frac{2.5 + 0.9}{0.022 \times 929}\right)^{0.964}} = 1.2141$$

因此，$f = 0.069 \times 1.2141 = 0.084$。

最后，管道的当量长度等于连通管的实际长度加上弯头数量乘以 30（表 5.2）再乘以管道直径，即（2.5 + 0.9）+ 2 × 30 × 0.022 = 4.72 m。由于管道的直径均相同，因此不存在收缩或扩张损失。同时只在储罐入口处存在 $k = 1$ 的损失（表 5.2）。

由方程（5.6）可得：

$$H_f = \frac{fLv^2}{2dg} + \frac{kv^2}{2g} = \frac{0.084 \times 4.72 \times (0.0298)^2}{2 \times 0.022 \times 9.81} + \frac{1 \times (0.0298)^2}{2 \times 9.81} = 0.000861\,\mathrm{m}$$

同理，立管的计算结果如下：

立管内的流速 = 2.025 kg/h；

立管内的速度 = 0.0032 m/s；

Re = 68；

$f = 0.965$ m；

$H_f = 5.147 \times 10^{-5}$ m；

得出的集管流量为：$\sum_{i=1}^{20} \dot{m}_r / 20 = 21.263\,\mathrm{kg/h}$；

立管内的流速 = 0.0097 kg/h；

集管内的速度 = 0.0096 m/s；

Re = 384.9；

$f = 0.0012$ m；

$H_f = 0.00106$ m。

因此，总摩擦水头 H_f 为：$H_f = 0.000861 + 5.147 \times 10^{-5} + 0.00012 = 0.00103$ m。

通过比较该值与先前得出的热虹吸管水头，可得百分数差为：

$$百分数差 = \frac{h_T - H_f}{h_T} \times 100 = \frac{0.005543 - 0.00103}{0.005543} \times 100 = 81.4\%$$

由于该百分数差大于 1%，因此需要方程（11.42）估算出一项新的流速值，结果为 93.8 kg/h。

根据新的流速值，重复这一过程，得出百分数差为 -29.5%。再次使用方程（11.42）后，估算出新的流速值为 82.4 kg/h，该值对应的百分数差为 5.8%。因此需要再进行一次估算，由此次估算的新流速值 83.7 kg/h 可以得出：

$f_{str} = 0.66$；

$h_T = 0.002671$；

$H_f = 0.002670$。

由此，得出的百分数差等于 0.04% 且小于 1%，为最终解。因此，该流速对应的太阳能贡献量为 0.66。此外，如果是按年完成的估算，该流速还可用作下一月太阳能贡献估算的初始估计值。

值得注意的是，该流速为 31 kg/h/m²[= 83.7 kg/h/2.7 m²]，约为测试流速值的43%。此外，所需的迭代次数取决于热虹吸管流速的估计值与实际值之前的偏离程度。

此外，先前的例子需要大量的计算，使用电子制表程序能够极大地简化计算过程，尤其是迭代阶段的计算过程。

11.1.5　总论

f-图设计法可用于快速估算出太阳能标准配置系统的长期性能。需要输入的数据有：月均辐射量和温度、建筑供暖或热水每月所需的负荷、由标准集热器测试得出的集热器性能参数。f-图法分析过程中进行了大量的假设，主要包括系统建造良好、系统的配置和控制、集热器中的流速均匀。如果研究的某项系统在这些条件下存在显著不同，那么F-图法将无法得出可靠的结果。

应当强调的是f-图法是为具备标准配置的住宅空间供暖和家用热水系统提供一种设计工具。这些系统的最低负荷温度约为20℃；因此，高于该温度的能量为有效能量。在设计最低温度显著不同于该温度值的系统时，不可使用f-图法。因此，f-图法不能用于使用吸收式制冷机的太阳能空调系统，因为此类系统的最小的负荷温度约为80℃。

此外，我们还应当了解到，f-图法所用的输入数据在本质上导致结果具有很多的不确定性。第一种不确定性与所用的气象数据有关，尤其是在将水平辐射数据转换为倾斜集热器表面上辐射量的过程中，由于使用的平均数据可能会显著不同于某一年中的实际值，并且认为一整天的数据均关于太阳正午对称。另一种不确定性与太阳能系统的假设有关，我们假设系统的建造和储罐的保温性能良好，并且不存在泄漏。但实际上空气系统存在不同程度的泄漏现象，并且这些泄漏多多少少会降低系统的性能。另外，我们还假设所有的液体储罐均处于完全混合的状态，这样会高估集热器的入口温度，进而在预测长期性能时得出保守的结果。最后一种不确定性与建筑物和热水负荷有关，二者强烈依赖多变的天气条件和用户习惯。

尽管存在诸多限制，但是在设计家用太阳能供暖系统时，f-图法仍是一种简便、快速的方法。在满足主要假设的前提下，可以得出十分精确的结果。

11.1.6　f-图法的程序

尽管f-图法的概念比较简单，但是辐射数据处理时需要进行长时间的计算。计算机的使用可以极大地减少所需的工作量。TRNSYS创始人开发出的F-图法程序

（Klein 和 Beckman，2005）具有使用简便和运行快速等特点。此时，需要再次强调的是只有当太阳能供暖系统与 F 图法中假设的系统类似时，该模型才具有足够的精确性。

f-图法程序采用 BASIC 编程语言，可用于预测包括平板真空管集热器、复合抛物面集热器和单轴或双轴跟踪型聚光集热器等在内的太阳能系统的长期性能。另外，该程序包括了一项主被动式储存系统，可以分析能量储存在建筑物结构内部的太阳能系统性能，以及游泳池加热系统，还可以估算游泳池的能量损失。以下为适用于该程序的太阳能系统：

- 卵石床蓄热型空间供暖和家用热水系统；
- 水箱蓄热型空间供暖和/或家用热水系统；
- 建筑储存主动式集热型空间供暖系统；
- 直接获取型被动系统；
- 集热蓄热墙被动系统；
- 水池供热系统；
- 通用型加热系统，如生产用热系统；
- 集成集热储存型家用热水系统。

此外，该系统还可用于系统的经济性分析。然而，该程序却不能像 TRNSYS 那样灵活地提供详细的模拟和性能研究。

11.2　可用性分析法

我们在前文介绍了 F-图法，并且了解到由于第 11.1.5 节中介绍的局限性，f-图法不可用于向负荷提供最低温度低于 20℃ 的系统。可用性分析法或增强型可用性分析法却可以模拟出多数不适用 f-图的系统。

作为一种设计方法，可用性分析法可用于计算某类系统集热器的长期性能。该方法由 Whillier（1953）首次提出，还被称作"Φ-曲线法"，该方法的基础是每月中太阳正午时的太阳辐射数据和必要的逐时计算。Liu 和 Jordan（1963）随后扩大了该方法在时间（1 年）和地理上的适用范围。他们推广后的 Φ-曲线根据每日数据绘制，并且可以在仅知道晴空指数 K_T 的情况下，计算出任何位置和倾斜角时的可用性曲线。Klein（1978）和 Collares-Pereira 和 Rabl（1979a）在后来的研究中消除了逐时计算的必要性。月均每日可用性 $\overline{\Phi}$ 极大地降低了该方法的复杂性并提高了实用性。

11.2.1 逐时可用性

可用性分析法的基础理念是只有超过某一临界或阈值强度的辐射才是有用的辐射。可用性 Φ 是指入射到集热器表面上的太阳辐射中超出某个阈值或临界值的部分。

由第 3 章 3.3.4 节中的方程（3.61）可知，太阳能集热器只能将高于某一临界值的太阳辐射转换为有效热量。当辐射入射到集热器的倾斜表面时，任何时候的可利用能量为 $(I_t - I_{tc})^+$，其中的 "+" 表示该能量只能是正值或零。该小时内总辐射中能量高出临界水平的辐射部分被称为该小时的可用性，如以下方程所示：

$$\Phi_h = \frac{(I_t - I_{tc})^+}{I_t} \tag{11.43}$$

此外，使用 G_t 和 G_{tc}，还可以速率的形式定义可利用性。但是由于可用的辐射数据通常为逐时型，因此最好是使用与该方法基础一致的逐时数值。

尽管某月内 N 天中某小时的可用性（该小时的平均辐射为 $\bar{I}_t$）非常有用（如以下方程所示），但是单个小时可用性的用处不大。

$$\Phi = \frac{1}{N} \sum_1^N \frac{(I_t - I_{tc})^+}{\bar{I}_t} \tag{11.44}$$

此时，由 $N\bar{I}_t\Phi$ 得出该月的平均可用能量。该月内的所有小时的计算结果相加后得出该月的可利用能量。另一个需要的参数为无量纲临界辐射水平，可表示为：

$$X_c = \frac{I_{tc}}{\bar{I}_t} \tag{11.45}$$

对于每一小时或两小时来说，入射到集热器上的月平均逐时辐射量为：

$$\bar{I}_t = (\bar{H}_r - \bar{H}_D r_d)R_B + \bar{H}_D r_d \left[\frac{1 + \cos(\beta)}{2}\right] + \bar{H}r\rho_G \left[\frac{1 - \cos(\beta)}{2}\right] \tag{11.46}$$

方程（11.46）除以 $\bar{H}$，由方程（2.82a）可得：

$$\bar{I}_t = \bar{K}_T \bar{H}_o \left\{ \left(r - \frac{\bar{H}_D}{H} r_d\right)R_B + \frac{\bar{H}_D}{H} r_d \left[\frac{1 + \cos(\beta)}{2}\right] + r\rho_G \left[\frac{1 - \cos(\beta)}{2}\right] \right\} \tag{11.47}$$

由方程（2.83）和（2.84）可以分别估计出 r 和 r_d 的值。

Liu 和 Jordan（1963）为不同的 $\bar{K}_T$ 值构建了一套 Φ 曲线。这些曲线可能使我们在仅知道长期平均辐射的前提下，预测出超出某一恒定临界水平的可利用能量。Clark 等人（1983）随后开发出一种可以估算广义 Φ 函数的简单程序，即：

$$\Phi = \begin{cases} 0 & \text{如果} \quad X_c \geqslant X_m \\ \left(1 - \dfrac{X_c}{X_m}\right)^2 & \text{如果} \quad X_m = 2 \\ \text{否则,} \\ \left| |g| - \left[g^2 + (1 + 2g)\left(1 - \dfrac{X_c}{X_m}\right)^2 \right]^{1/2} \right| \end{cases} \qquad (11.48a)$$

其中,

$$g = \frac{X_m - 1}{2 - X_m} \qquad (11.48b)$$

$$X_m = 1.85 + 0.169 \frac{\overline{R}_h}{\overline{k}_T^2} + 0.0696 \frac{\cos(\beta)}{\overline{k}_T^2} - 0.981 \frac{\overline{k}_T}{\cos^2(\delta)} \qquad (11.48c)$$

由方程 2.82c 可得,月均逐时晴空指数 $\overline{K}_T$ 为:

$$\overline{k}_T = \frac{\overline{I}_o}{\overline{\overline{I}_o}} \qquad (11.49)$$

此外,使用方程 2.83 和 2.84 也可以估算出 $\overline{K}_T$ 值:

$$\overline{k}_T = \frac{\overline{I}_o}{\overline{\overline{I}_o}} = \frac{r}{r_d}\overline{K}_T = \frac{r}{r_d}\frac{\overline{H}_o}{\overline{H}_o} = [\alpha + \beta\cos(h)]\overline{K}_T \qquad (11.50)$$

其中,由方程 2.84b 和 2.84c 可以分别估算出 α 和 β 值。如必要,可以由方程 2.79 估算或直接从表 2.5 中查出 $\overline{H}_o$ 值。

倾斜表面和水平表明上的月均逐时辐射比值为 $\overline{R}_h$,其计算方程如下:

$$\overline{R}_h = \frac{\overline{I}_t}{\overline{\overline{I}}} = \frac{\overline{I}_t}{rH} \qquad (11.51)$$

由于每小时使用一次 Φ 曲线,这意味着如果使用小时对,则每月需要 3 到 6 个逐时计算。朝向赤道的表面可以使用小时对,也可以使用以下小节中介绍的月均每日可用性,$\overline{\Phi}$,它是一种更简单的有效能量计算方法。然而,对于不朝向赤道的表面或者某个临界辐射水平在数天内变化一致的过程来说,需要每小时使用逐时 Φ 曲线。

11.2.2 每日可用性

我们从前文中了解到,在使用 Φ 曲线时需要大量的计算。为此,Klein(1978)提出了月均每日可用性 $\overline{\Phi}$ 的概念。每日可用性是指入射到斜面上的总辐射中在某月所有小时和天数内超出某一阈值或临界值的辐射总和。这与 Φ 概念中的定义类似,每日可用性除以每月的辐射量可得：

$$\overline{\Phi} = \sum_{\text{days}} \sum_{\text{hours}} \frac{(I_t - I_{tc})^+}{N\overline{H}_t} \qquad (11.52)$$

随后的结果 $N\overline{H}_t\overline{\Phi}$ 即为每月的可利用能量。某月中的值 $\overline{\Phi}$ 取决于当月内逐时辐射值的分布。Klein（1978）认为一天中的辐射值分布关于太阳正午对称。也就是说每月的可利用能量取决于每天总辐射的分布，即，当天辐射量低于每天辐射量的平均值、等于平均值和高于平均值等事件发生的相对频率。事实上，这一假设使得某些天中任何偏离这一对称的时间范围都会使 $\overline{\Phi}$ 值变大。这意味着计算出的 $\overline{\Phi}$ 值较为保守。

Klein 提出了 $\overline{\Phi}$ 是与 $\overline{K}_T$、无量纲临界辐射水平 X_c 和几何系数 $\overline{R}/R_n$ 相关的函数。其中，参数 $\overline{R}$ 为每月中倾斜表面与水平表面上辐射量的比值 $\overline{H}_t/\overline{H}$（参见方程 2.107）。$R_n$ 是指在某月内平均每天中以太阳正午左右的几小时时间范围内，倾斜表面与水平表面上辐射量的比值。将表达式改写为正午时间 $r_d H_D$ 和 rH 的形式外，R_n 的表达式与方程（2.99）类似：

$$R_n = \left(\frac{I_t}{I}\right)_n = \left(1 - \frac{r_{d,n}H_D}{r_n H}\right) R_{B,n} + \left(\frac{r_{d,n}H_D}{r_n H}\right)\left[\frac{1 + \cos(\beta)}{2}\right] + \rho_G\left[\frac{1 - \cos(\beta)}{2}\right]$$

$$(11.53)$$

由方程（2.83）和（2.84）可以分别得出太阳正午时（$h = 0°$）的 $r_{d,n}$ 和 r_n 值。值得注意的是在计算某天中的 R_n 值时，认为这一天中的总辐射量等于月均每天的总辐射量。即假如某天中 $H = \overline{H}$，则 R_n 值不是在正午时的月均值 R。根据 Erbs 等人（1982）的文献，H_D/H 的表达式如下：

当 $h_{ss} \leq 81.4°$ 时，

$$\frac{H_D}{H} = \begin{cases} 1.0 - 0.2727K_T + 2.4495K_T^2 - 11.9514K_T^3 + 9.3879K_T^4 & K_T < 0.715 \\ 0.143 & K_T \geq 0.715 \end{cases} \qquad (11.54a)$$

当 $h_{ss} > 81.4°$ 时，

$$\frac{H_D}{H} = \begin{cases} 1.0 + 0.2832K_T - 2.5557K_T^2 + 0.8448K_T^3 & K_T < 0.722 \\ 0.175 & K_T \geq 0.722 \end{cases} \qquad (11.54b)$$

如方程 11.55 所示，月均临界辐射水平 $\overline{X}_c$ 是指临界辐射水平与该月某天正午时辐射水平的比值，且该天中的辐射量等于该月中每天的平均值。

$$\overline{X}_C = \frac{I_{tc}}{r_n R_n \overline{H}} \qquad (11.55)$$

Klein（1978）之后的步骤是针对某一 $\overline{K_T}$ 值，确定 K_T 值恰当长期平均分布的一组天数。每天中的辐射量按序划分为逐时数据，并通过这些逐时辐射值得出倾斜表面上的总逐时辐射 I_t 值。随后，I_t 值在减去临界辐射水平并按照方程（11.52）相加后得出 $\overline{\Phi}$ 值。通过图形，或下列关系可得出 $\overline{\Phi}$ 曲线：

$$\overline{\Phi} = \exp\left\{\left[A + B\left(\frac{R_n}{R}\right)\right](\overline{X}_C + C\overline{X}_C^2)\right\} \tag{11.56a}$$

其中，

$$A = 2.943 - 9.271\overline{K_T} + 4.031\overline{K_T^2} \tag{11.56b}$$

$$B = -4.345 + 8.853\overline{K_T} - 3.602\overline{K_T^2} \tag{11.56c}$$

$$C = -0.170 - 0.306\overline{K_T} + 2.936\overline{K_T^2} \tag{11.56d}$$

例 11.11

某个平面位于南纬 $35°$，朝向北方且倾斜角度为 $40°$。四月份的 $\overline{H} = 17.56 \text{ MJ/m}^2$，临界辐射量为 117 W/m^2，$\rho_G = 0.25$。计算出 $\overline{\Phi}$ 和可利用能量。

解答

由表 2.1 可知，四月份平均每天的 $N = 105$ 和 $\delta = 9.41°$。由方程 2.15 可知日落时分时的 $h_{ss} = 83.3°$。由方程 2.84b、2.84c 和 2.84A 可得：

$$\alpha = 0.409 + 0.5016 \times \sin(h_{ss} - 60) = 0.409 + 0.5016 \times \sin(83.3 - 60) = 0.607$$

$$\beta = 0.6609 - 0.4767 \times \sin(h_{ss} - 60) = 0.6609 - 0.4767 \times \sin(83.3 - 60) = 0.472$$

$$r_n = \frac{\pi}{24}[\alpha + \beta\cos(h)]\frac{\cos(h) - \cos(h_{ss})}{\sin(h_{ss}) - \left(\frac{2\pi h_{ss}}{360}\right)\cos(h_{ss})}$$

$$= \frac{\pi}{24}[0.607 + 0.472\cos(0)]\frac{\cos(0) - \cos(83.3)}{\sin(83.3) - \left[\frac{2\pi(83.3)}{360}\right]\cos(83.3)} = 0.152$$

由方程 2.83 可得：

$$r_{d,n} = \left(\frac{\pi}{24}\right)\frac{\cos(h) - \cos(h_{ss})}{\sin(h_{ss}) - \left(\frac{2\pi h_{ss}}{360}\right)\cos(h_{ss})} = \left(\frac{\pi}{24}\right)\frac{\cos(0) - \cos(83.3)}{\sin(83.3) - \left[\frac{2\pi(83.3)}{360}\right]\cos(83.3)}$$

$$= 0.140$$

由方程 2.90a 可知，南半球（使用正号），

$$R_{B,n} = \frac{\sin(L + \beta)\sin(\delta) + \cos(L + \beta)\cos(\delta)\cos(h)}{\sin(L)\sin(\delta) + \cos(L)\cos(\delta)\cos(h)}$$

$$= \frac{\sin(-35 + 40)\sin(9.41) + \cos(-35 + 40)\cos(9.41)\cos(0)}{\sin(-35)\sin(9.41) + \cos(-35)\cos(9.41)\cos(0)} = 1.396$$

由方程 2.79 或表 2.5 可知，$H_{\mathrm{o}} = 24.84~\mathrm{kJ/m^2}$，由方程 2.82a 可知，

$$\overline{K}_{\mathrm{T}} = \frac{17.56}{24.84} = 0.707$$

在某天中 $H = \overline{H}$ 时，$K_{\mathrm{T}} = 0.707$，由方程 11.54b 可知，

$$\frac{H_{\mathrm{D}}}{H} = 1.0 + 0.2832 K_{\mathrm{T}} - 2.5557 K_{\mathrm{T}}^2 + 0.8448 K_{\mathrm{T}}^3$$

$$= 1.0 + 0.2832 \times 0.707 - 2.5557~(0.707)^2 + 0.8448~(0.707)^3 = 0.221$$

随后，由方程 11.53 可得，

$$R_{\mathrm{n}} = \left(1 - \frac{r_{\mathrm{d,n}} H_{\mathrm{D}}}{r_{\mathrm{n}} H}\right) R_{\mathrm{B,n}} + \left(\frac{r_{\mathrm{d,n}} H_{\mathrm{D}}}{r_{\mathrm{n}} H}\right) \left[\frac{1 + \cos(\beta)}{2}\right] + \rho_{\mathrm{G}} \left[\frac{1 - \cos(\beta)}{2}\right]$$

$$= \left(1 - \frac{0.140 \times 0.221}{0.152}\right) 1.396 + \left(\frac{0.140 \times 0.221}{0.152}\right) \left[\frac{1 + \cos(40)}{2}\right] + 0.25 \left[\frac{1 - \cos(40)}{2}\right]$$

$$= 1.321$$

由方程 2.109 可得，南半球（使用正号），

$$h'_{\mathrm{ss}} = \min\{h_{\mathrm{ss}}, \cos^{-1}[-\tan(L + \beta)\tan(\delta)]\}$$

$$= \min\{83.3, \cos^{-1}[-\tan(-35 + 40)\tan(9.41)]\} = \min\{83.3, 90.8\} = 83.3°$$

由方程 2.108 可得，南半球（使用正号），

$$\overline{R}_{\mathrm{B}} = \frac{\cos(L + \beta)\cos(\delta)\sin(h'_{\mathrm{ss}}) + (\pi/180) h'_{\mathrm{ss}} \sin(L + \beta)\sin(\delta)}{\cos(L)\cos(\delta)\sin(h_{ss}) + (\pi/180) h_{ss} \sin(L)\sin(\delta)}$$

$$= \frac{\cos(-35 + 40)\cos(9.41)\sin(83.3) + (\pi/180)83.3\sin(-35 + 40)\sin(9.41)}{\cos(-35)\cos(9.41)\sin(83.3) + (\pi/180)83.3\sin(-35)\sin(9.41)}$$

$$= 1.496$$

由方程 2.105d 可得，

$$\frac{\overline{H}_{D}}{\overline{H}} = 1.311 - 3.022\overline{K}_{\mathrm{T}} + 3.427\overline{K}_{\mathrm{T}}^2 - 1.821\overline{K}_{\mathrm{T}}^3$$

$$= 1.311 - 3.022 \times 0.707 + 3.427~(0.707)^2 - 1.821~(0.707)^3 = 0.244$$

由方程 2.107 可得，

$$\overline{R} = \frac{\overline{H}_{\mathrm{t}}}{\overline{H}} = \left(1 - \frac{\overline{H}_{\mathrm{D}}}{\overline{H}}\right) \overline{R}_{\mathrm{B}} + \frac{\overline{H}_{\mathrm{D}}}{\overline{H}} \left[\frac{1 + \cos(\beta)}{2}\right] + \rho_{\mathrm{G}} \left[\frac{1 - \cos(\beta)}{2}\right]$$

$$= (1 - 0.244) \times 1.496 + 0.244 \left[\frac{1 + \cos(40)}{2}\right] + 0.25 \left[\frac{1 - \cos(40)}{2}\right] = 1.376$$

此时，

$$\frac{\overline{R}_n}{\overline{R}} = \frac{1.321}{1.376} = 0.96$$

由方程 11.55 可知，无量纲的平均临界辐射水平为：

$$\overline{X}_C = \frac{I_{tc}}{r_n \overline{R}_n \overline{H}} = \frac{117 \times 3600}{0.152 \times 1.321 \times 17.56 \times 10^6} = 0.119$$

由方程 11.56 可知：

$$A = 2.943 - 9.271\overline{K}_T + 4.031\overline{K}_T^2 = 2.943 - 9.271 \times 0.707 + 4.031 (0.707)^2 = -1.597$$

$$B = -4.345 + 8.853\overline{K}_T - 3.602\overline{K}_T^2 = -4.345 + 8.853 \times 0.707 - 3.602 (0.707)^2 = 0.114$$

$$C = -0.170 - 0.306\overline{K}_T + 2.936\overline{K}_T^2 = -0.170 - 0.306 \times 0.707 + 2.936 (0.707)^2 = 1.081$$

$$\overline{\Phi} = \exp\left\{ \left[A + B\left(\frac{\overline{R}_n}{\overline{R}}\right) \right] \left[\overline{X}_C + C\overline{X}_C^2 \right] \right\}$$

$$= \exp\{ [-1.597 + 0.114(0.96)][0.119 + 1.081 (0.119)^2] \} = 0.819$$

最后，该月的可利用能量为：

$$N\overline{H}_t\overline{\Phi} = N\overline{H}\,\overline{R}\,\overline{\Phi} = 30 \times 17.56 \times 1.376 \times 0.819 = 593.7\text{MJ/m}^2$$

Φ 和 $\overline{\Phi}$ 的概念均可用于解决供暖系统和被动式供暖的建筑等多种设计问题，其中，可用估计出不能储存在建筑中的不可利用能量（剩余能量）。参见以下小节中的例子。

11.2.3　可用性分析法在主动式系统设计中的应用

可用性分析方法可以是逐时型或每天型。本章中将分别讨论这两种类型的分析方法。

逐时可用性

可用性还可被定义为入射太阳辐射中可被转换为有效热的辐射部分。集热器在固定入口与环境温度差条件下运行时，利用该部分能量时不存在光学损失，且热转移因子，即 $F_R(\tau\alpha) = 1$。值得注意的是由于集热器存在热损失，该集热器的可用性总是小于 1。

Hotel-Whillier 方程（Hottel 和 Whillier，1955）表示太阳能平板集热器收集的有效能量比例 Q_u 与集热器设计参数和气象条件之间的相关性。该方程（第 3 章 3.3.4 节的方程（3.60））还可以表示为关于集热器平面上入射逐时辐射 I_t 的形式，如以下方程所示：

$$Q_u = A_c F_R [I_t(\tau\alpha) - U_L(T_i - T_a)]^+ \tag{11.57}$$

其中，

    F_R = 集热器的热转移因子；

    A_c = 集热器面积（m^2）；

    $(\tau\alpha)$ = 有效透过率 – 吸收率的乘积；

    I_t = 入射在单位集热器面积上的总辐射量（kJ/m^2）；

    U_L = 能量损失系数（kJ/m^2K）；

    T_i = 集热器入口的流体温度（℃）；

    T_a = 环境温度（℃）。

辐射水平只有超出临界值后才能产生有效输出。在方程 11.57 中设定 Q_u 值后得出的临界值为 0。方程 3.61 可以得出这一点，但是当表达为关于集热器平面上入射逐时辐射的形式时：

$$I_{tc} = \frac{F_R U_L (T_i - T_a)}{F_R (\tau\alpha)} \qquad (11.58)$$

因此，获得的有效能量可以写成关于临界辐射水平的形式，如以下方程所示：

$$Q_u = A_c F_R (\tau\alpha)(I_t - I_{tc})^+ \qquad (11.59)$$

方程 11.57、11.59 和下列方程中的上标"＋"表示只考虑 I_{tc} 的正值。如果该月中（有 N 天）某小时内临界辐射水平为恒定值，则该小时内的月均逐时输出为：

$$\bar{Q}_u = \frac{A_c F_R (\tau\alpha)}{N} \sum_N (I_t - I_{tc})^+ \qquad (11.60)$$

由于该小时的月均辐射量为 $\bar{I}_t$，因此平均有效输出可以表示为：

$$\bar{Q}_u = A_c F_R (\tau\alpha)\bar{I}_t\Phi \qquad (11.61)$$

其中，Φ 值可由方程 11.44 得出。还可由广义的 Φ 曲线或方程 11.48 得出，对于前文中由方程 11.45 给出的无量纲临界辐射水平 X_c，由方程 11.58 可以将其表示为关于集热器参数的形式：

$$X_c = \frac{I_{tc}}{\bar{I}_t} = \frac{F_R U_L (T_i - T_a)}{F_R (\tau\alpha)_n \dfrac{(\tau\alpha)}{(\tau\alpha)_n} \bar{I}_t} \qquad (11.62)$$

通过表 2.1 中所示的某月平均天数和适当的时角可以确定 $(\tau\alpha)/(\tau\alpha)_n$ 值。其中，时角可由方程 4.25 中的入射角修正常数 b_o 得出。

已知 Φ，$\bar{I}_t\Phi$ 即为可利用能量。逐时可用性主要用于估算系统过程的输出能量，集热器入口温度的波动会使得一天中的临界辐射水平 X_c 发生显著变化。

例 11. 12

假设某个集热器系统向工业过程提供热量。集热器入口温度（工艺回流温度）的变化情况如表 11. 11 所示，但是该月中某一小时内的入口温度恒定。计算中的数据来自四月份，其中 $\overline{K}_T = 0.63$。该系统位于北纬 35°，集热器特征为：$F_R U_L = 5.92$ W/m²℃、$F_R(\tau\alpha)_n = 0.82$、倾斜角为 40°、入射角修正常数 $b_o = 0.1$。此外，该表还给出了天气条件。试计算集热器的输出能量。

表 11. 11　例 11. 12 中的集热器入口温度和天气条件

小时	T_i（℃）	T_a（℃）	$\overline{I}_t$（MJ/m²）
8 ~ 9	25	9	1. 52
9 ~ 10	25	11	2. 36
10 ~ 11	30	13	3. 11
11 ~ 12	30	15	3. 85
12 ~ 13	30	18	3. 90
13 ~ 14	45	16	3. 05
14 ~ 15	45	13	2. 42
15 ~ 16	45	9	1. 85

解答

首先计算出入射角，并从中估计出入射角修正系数。估计过程在半小时内完成。在 8 时至 9 时期间，时角为 $-52.5°$。由方程 2. 20 可得，

$$\cos(\beta) = \sin(L - \beta)\sin(\delta) + \cos(L - \beta)\cos(\delta)\cos(h)$$
$$= \sin(35 - 40)\sin(9.41) + \cos(35 - 40)\cos(9.41)\cos(-52.5)$$
$$= 0.584 \, or \, \theta = 54.3°$$

由方程 4. 25 可得，

$$K_\theta = \frac{(\tau\alpha)}{(\tau\alpha)_n} = 1 - b_o\left[\frac{1}{\cos(\theta)} - 1\right] = 1 - 0.1\left[\frac{1}{\cos(54.3)} - 1\right] = 0.929$$

由方程 11. 62 可得，无量纲临界辐射水平 X_c 为：

$$X_C = \frac{I_{tc}}{\overline{I}_t} = \frac{F_R U_L(T_i - T_a)}{F_R(\tau\alpha)_n \frac{(\tau\alpha)}{(\tau\alpha)_n}\overline{I}_t} = \frac{5.92(25 - 9)\times 3600}{0.82 \times 0.929 \times 1.52 \times 10^6} = 0.294$$

由表 2. 5 中可知 $\overline{H}_o = 35.8$ MJ/m²。由输入数据和方程 2. 82a 可得：

$$\overline{H} = \overline{K}_T\overline{H}_o = 35.8 \times 0.63 = 22.56 \, MJ/m^2$$

为了避免重复前文例子中的计算过程，可以直接使用这些数值。因此，h_{ss} = 96.7°、$\alpha = 0.709$，$\beta = 0.376$。由方程 2.84a 可得，

$$r = \frac{\pi}{24}[\alpha + \beta\cos(h)]\frac{\cos(h) - \cos(h_{ss})}{\sin(h_{ss}) - \left(\frac{2\pi h_{ss}}{360}\right)\cos(h_{ss})}$$

$$= \frac{\pi}{24}[0.709 + 0.376\cos(54.3)]\frac{\cos(-52.5) - \cos(96.7)}{\sin(96.7) - \left(\frac{2\pi(96.7)}{360}\right)\cos(96.7)} = 0.075$$

由方程 2.83 可得：

$$r_d = \left(\frac{\pi}{24}\right)\frac{\cos(h) - \cos(h_{ss})}{\sin(h_{ss}) - \left(\frac{2\pi h_{ss}}{360}\right)\cos(h_{ss})} = \left(\frac{\pi}{24}\right)\frac{\cos(-52.5) - \cos(96.7)}{\sin(96.7) - \left[\frac{2\pi(96.7)}{360}\right]\cos(96.7)}$$

$$= 0.080$$

由方程 11.51 可得，

$$\overline{R}_h = \frac{\overline{I}_t}{\overline{I}} = \frac{\overline{I}_t}{r\overline{H}} = \frac{1.52}{0.075 \times 22.56} = 0.898$$

由方程 11.50 可得，月均逐时晴空指数 $\overline{K}_T$ 为：

$$\overline{k}_T = \frac{\overline{I}}{\overline{I}_o} = \frac{r}{r_d}\overline{K}_T = \frac{r}{r_d}\frac{\overline{H}}{\overline{H}_o} = [\alpha + \beta\cos(h)]\overline{K}_T = [0.709 + 0.376\cos(-52.5) \times 0.63] = 0.591$$

由方程 11.48c 可得，

$$X_m = 1.85 + 0.169\frac{\overline{R}_h}{\overline{k}_T^2} + 0.0696\frac{\cos(\beta)}{\overline{k}_T^2} - 0.981\frac{\overline{k}_T}{\cos^2(\delta)}$$

$$= 1.85 + 0.169\frac{0.898}{(0.591)^2} + 0.0696\frac{\cos(40)}{(0.591)^2} - 0.981\frac{0.591}{\cos^2(9.41)} = 1.841$$

由方程 11.48b 可得，

$$g = \frac{X_m - 1}{2 - X_m} = \frac{1.841 - 1}{2 - 1.841} = 5.289$$

由方程 11.48a 可得，

$$\Phi = \left| |g| - \left[g^2 + (1 + 2g)\left(1 - \frac{X_c}{X_m}\right)^2\right]^{1/2} \right|$$

$$= \left| |5.289| - \left[5.289^2 + (1 + 2 \times 5.289)\left(1 - \frac{0.294}{1.841}\right)^2\right]^{1/2} \right| = 0.723$$

表 11.12　例 11.12 中所有小时的结果

小时	$h(°)$	$\theta(°)$	K_θ	X_c	r_d	r	$\overline{R}_h$	$\overline{K}_T$	x_m	g	Φ	UG
8 ~ 9	− 52.5	54.3	0.929	0.294	0.080	0.075	0.898	0.591	1.841	5.289	0.723	25.11
9 ~ 10	− 37.5	40.1	0.969	0.159	0.100	0.101	1.036	0.635	1.776	3.464	0.845	47.54
10 ~ 11	− 22.5	26.7	0.988	0.144	0.114	0.120	1.149	0.666	1.737	2.802	0.859	64.93
11 ~ 12	− 7.5	16.2	0.996	0.102	0.122	0.132	1.293	0.682	1.747	2.953	0.900	84.90
12 ~ 13	7.5	16.2	0.996	0.080	0.122	0.132	1.310	0.682	1.753	3.049	0.921	88.01
13 ~ 14	22.5	26.7	0.988	0.250	0.114	0.120	1.127	0.666	1.728	2.676	0.760	56.34
14 ~ 15	37.5	40.1	0.969	0.355	0.100	0.101	1.062	0.635	1.787	3.695	0.669	38.59
15 ~ 16	52.5	54.3	0.929	0.544	0.080	0.075	1.093	0.591	1.936	14.63	0.525	22.20
总计 = 427.6												

最后，集热器获得的有效能量（UG）为（四月份有 30 天）：

$$F_R(\tau\alpha)_n \frac{(\tau\alpha)}{(\tau\alpha)_n} N\overline{I}_t \Phi = 0.82 \times 0.929 \times 30 \times 1.52 \times 0.723 = 25.11 \, \text{MJ/m}^2$$

表 11.12 列出了其他小时的结果。

该月获得的有效太阳能能量为 427.6 MJ/m²。

尽管 Φ 曲线法是一种功能强大的工具，但仍要避免误用。例如，由于储存容量的限制，太阳能液基家用供暖系统集热器入口温度的临界水平会在某月内出现显著的变化，因此不能直接应用 Φ 曲线法。而冬季的空气供暖系统和具有季节性储存功能的系统则不会出现这样的情况，前者集热器的入口空气温度为房间内的回流空气温度，后者的尺寸使得储罐温度在一个月内的波动较小。

每天的可用性

如第 11.2.2 小节所述，Φ 曲线的使用涉及大量的计算。对于临界辐射水平适用于某月所有小时的系统来说，Klein（1978）和 Collares-Pereira 和 Rabl（1979b，c）等人简化了此类系统的计算过程。

每天的可用性是指某月中倾斜表面上的辐射量超出某临界水平时的所有小时和天数在相加后与该月辐射量的比值（如方程 11.52 所示）。临界水平 I_{tc} 与方程 11.58 类似，但是在这种情况下，使用的是月平均（τα）结果以及该月的代表性入口和环境温度：

$$I_{tc} = \frac{F_R U_L (T_i - \overline{T}_a)}{F_R(\tau\alpha)_n \dfrac{(\tau\alpha)}{(\tau\alpha)_n}} \tag{11.63}$$

使用方程 11. 11 可以估计出方程 11. 63 中的 $(\overline{\tau\alpha})/(\tau\alpha)_n$ 项。月均临界辐射比是指临界辐射水平 I_{tc} 与该月某天正午时分辐射水平的比值，其中该天的总辐射量等于月均辐射值，如以下方程所示，

$$\overline{X}_c = \frac{I_{tc}}{r_n R_n \overline{H}} = \frac{\dfrac{F_R U_L (T_i - \overline{T}_a)}{F_R (\overline{\tau\alpha})}}{r_n R_n \overline{K}_T \overline{H}_o} \tag{11.64}$$

月均每天获得的有效能量为：

$$\overline{Q}_u = A_c F_R (\overline{\tau\alpha}) \overline{H}_t \overline{\Phi} \tag{11.65}$$

由方程 11. 56 可知每天的可用性。

应注意的是尽管月均每日可用性可以降低该方法的复杂性，但在进行月均逐时计算时仍然需要十分冗长的计算过程。

此外，还需注意的是在上述计算太阳能可用性的方法中，多数适用于北美洲数据与晴空指数，其中晴空指数可以表示气候依赖性。Carvalho 和 Bourges（1985）将这些方法应用到欧洲和非洲地区，通过将结果与长期测量值进行比较。结果表明当知道研究表面上的月均每日辐射量时，这些方法可以得出可接受的结果。

下一节中给出了本方法的应用示例，其中联合了 $\overline{\Phi}$ 和 f - 图法。

11. 3 $\overline{\Phi}$, f - 图法

当已知集热器在某月内运行的临界辐射水平时，可用性设计概念非常实用。但是在实际的系统中，由于集热器与储罐连接，天气和负荷在每月内的时间序列分布会引起储罐温度波动，进而引起临界辐射水平的变化。另一方面，尽管 f - 图法的可以克服临界水平恒定的限制，但是该方法的适用范围仍被局限在负荷约为 20℃ 的系统。

Klein 和 Beckman（1979）将上文介绍的可用性概念与 F - 图法结合后，发展出适用于图 11. 11 所示闭合循环太阳能系统的 $\overline{\Phi}$, f - 图设计方法。该方法不再受到负荷为 20℃ 的条件限制。其中假设该系统的储罐在压力上升或液体超出沸点时，也不会出现能量由安全阀释放的现象。辅助加热器与太阳能系统并联。这些系统向负荷提供的能量必须高于某一最低有效温度 T_{min}，为了估算出太阳能系统的负荷，系统必须在热效率或性能系数恒定的条件下运行。负荷的返回温度一直等于或高于 T_{min} 值。由于热泵或热机的性能会随着供能温度的变化发生改变，因此这种设计方法不适用于此类系统。然而，该方法却可以有效用于吸收式制冷机、工业加热和空间供

暖系统。

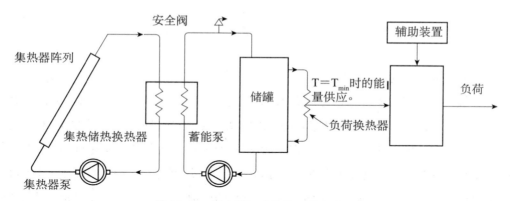

图 11.11　闭合循环太阳能系统示意图

图 11.11 所示的系统可以提供的最大每月日均能量为：

$$\sum \overline{Q}_{\mathrm{u}} = A_{\mathrm{c}} F_{\mathrm{R}} (\overline{\tau\alpha}) \overline{H}_{\mathrm{t}} \overline{\Phi}_{\mathrm{max}} \tag{11.66}$$

将方程 11.65 中的 $\overline{\Phi}$ 项改为 $\overline{\Phi}_{\mathrm{max}}$ 后即为方程 11.66。其中 $\overline{\Phi}_{\mathrm{max}}$ 为每天的最大可用性，可从最小月均临界辐射比中估算得出：

$$\overline{X}_{\mathrm{c,min}} = \cfrac{\cfrac{F_{\mathrm{R}} U_{\mathrm{L}} (T_{\mathrm{min}} - \overline{T}_{\mathrm{a}})}{F_{\mathrm{R}} (\overline{\tau\alpha})}}{r_{\mathrm{n}} R_{\mathrm{n}} \overline{K}_{\mathrm{T}} \overline{H}_{\mathrm{o}}} \tag{11.67}$$

针对具有不同储存容量 – 集热器面积比的系统（图 11.11 所示），Klein 和 Beckman（1979）建立了一项众多详细系统模拟结果与两个无量纲变量之间的相关性关系。这些变量与 F – 图法中所用变量相似但不相同。此处，由以下方程中的 $\overline{\Phi}_{\mathrm{max}}$ Y 代替 f – 图法中的无量纲参数 Y（绘制在 f – 图的纵坐标）：

$$\overline{\Phi}_{\mathrm{max}} Y = \overline{\Phi}_{\mathrm{max}} \frac{A_{\mathrm{c}} F_{\mathrm{R}} (\overline{\tau\alpha}) N \overline{H}_{\mathrm{t}}}{L} \tag{11.68}$$

由修改后的无量纲变量 X 代替 F – 图法中的无量纲参数 X（绘制在 f – 图的横坐标），其中 X′ 的表达式如以下方程所示：

$$X' = \frac{A_{\mathrm{c}} F_{\mathrm{R}} U_{\mathrm{L}} (100) \Delta t}{L} \tag{11.69}$$

实际上，经验常数 100 在取代参数（$100 - \overline{T}_{\mathrm{a}}$）后引起了 X 无量纲变量的变化。

由实际的图像或以下解析方程中均可得出 $\overline{\Phi}$，F – 图（Klein 和 Beckman，1979）：

$$f = \overline{\Phi}_{\mathrm{max}} Y - 0.015 [\exp(3.85f) - 1][1 - \exp(-0.15X')] R_{\mathrm{s}}^{0.76} \tag{11.70}$$

其中，R_{s} = 单位集热器面积的标准储存容量 350 kJ/m^2℃ 与实际储存容量的比值

（Klein 和 Beckman，1979）：

$$R_S = \frac{350}{\dfrac{M_{c_p}}{A_c}}$$ (11.71)

其中，M = 储存容量的实际质量（kg）。

尽管方程 11.70 的等号两侧都有 f，但通过试错法可以相对容易地求解出 f 值。由于 $\overline{\Phi}$，f - 图考虑了不同的储存容量，因此用户必须进行插值。由于方程 11.70 的使用更为方便，所以本书中未收录实际的图形。$\overline{\Phi}$，f - 图的使用方法与 f - 图相同。此外，需要根据某一位置的长期辐射数据和负荷类型计算出 $\overline{\Phi}_{max} Y$ 和 X' 值。我们在前文提到 fL 为太阳能系统的月均贡献量，每月的数值相加后除以年度总负荷得出年度太阳能保证率 F。

例 11.13

某工业加热系统的集热器面积为 50 m²。该系统位于塞浦路斯尼科西亚地区（北纬 35°），集热器特征为：$F_R U_L = 5.92$ W/m²℃、$F_R(\tau\alpha)_n = 0.82$、倾斜角度为 40°和集热器上为双层玻璃盖板。工业加热系统能够在一天内提供 10h、温度为 70℃ 和功率为 15 kW 的热量。试估计出每月和年度太阳能保证率。此外，$(\tau\alpha)_n = 0.96$、储存容量 = 5000L。表 11.13 中的天气条件来自附录 7，最后一列的值由方程 2.82a 估算得出。

表 11.13 例 11.13 中的天气条件

月份	$\overline{H}$（MJ/m²）	$\overline{T}_a$（℃）	$\overline{K}_T$	$\overline{H}_o$（MJ/m²）
1 月	8.96	12.1	0.49	18.29
2 月	12.38	11.9	0.53	23.36
3 月	17.39	13.8	0.58	29.98
4 月	21.53	17.5	0.59	36.49
5 月	26.06	21.5	0.65	40.09
6 月	29.20	25.8	0.70	41.71
7 月	28.55	29.2	0.70	40.79
8 月	25.49	29.4	0.68	37.49
9 月	21.17	26.8	0.66	32.08
10 月	15.34	22.7	0.60	25.57
11 月	10.33	17.7	0.53	19.49
12 月	7.92	13.7	0.47	16.85

从中可以看出该表中的 $\overline{H}_\mathrm{o}$ 值稍微不同于表 2.5 中北纬 35° 对应的 $\overline{H}_\mathrm{o}$ 值。这是因为塞浦路斯尼科西亚地区的实际位于北纬 35.15°（见附录 7）。

解答

为了简化解答，可以直接采用表 11.14 中的几个结果。由方程 2.108 得出 $\overline{R}_\mathrm{B}$ 值；由方程 2.105c 和 2.105d 得出 $\overline{H}_\mathrm{D}/\overline{H}$ 值；由方程 2.107 得出 $\overline{R}$ 值；由方程 2.84 和 2.83 分别得出正午（$h=0°$）时的 r_n 和 $r_{\mathrm{d,n}}$ 值；由方程 2.90a 得出正午时的 $R_{\mathrm{B,n}}$ 值；由方程 11.54 和 11.53 分别得出 H_D/H 和 R_n 值。

表 11.14　例 11.13 中的辐射系数结果

月份	$\overline{R}_\mathrm{B}$	$\overline{H}_\mathrm{D}/\overline{H}$	$\overline{R}$	r_n	$r_{\mathrm{d,n}}$	$R_{\mathrm{B,n}}$	H_D/H	R_n
1 月	1.989	0.40	1.570	0.168	0.156	1.716	0.590	1.283
2 月	1.624	0.36	1.381	0.156	0.144	1.429	0.505	1.225
3 月	1.282	0.36	1.162	0.144	0.133	1.258	0.469	1.119
4 月	1.000	0.35	0.982	0.133	0.123	1.074	0.450	1.018
5 月	0.827	0.29	0.867	0.126	0.116	0.953	0.336	0.955
6 月	0.757	0.25	0.812	0.122	0.112	0.929	0.235	0.921
7 月	0.787	0.25	0.834	0.124	0.114	0.924	0.235	0.939
8 月	0.921	0.27	0.934	0.130	0.120	1.020	0.276	1.008
9 月	1.160	0.29	1.103	0.140	0.129	1.180	0.316	1.117
10 月	1.503	0.34	1.316	0.152	0.141	1.400	0.432	1.216
11 月	1.885	0.36	1.548	0.164	0.153	1.648	0.505	1.311
12 月	2.113	0.42	1.620	0.171	0.159	1.797	0.630	1.285

随后，给出一月份数据。首先需要估算 $(\overline{\tau\alpha})/(\tau\alpha)_n$ 值，为此需要得出 S 值，且应用方程 11.10 得出所需参数。由方程 3.4a 和 3.4b 可得，

$$\theta_{\mathrm{e,D}} = 59.68 - 0.1388\beta + 0.001497\beta^2 = 59.68 - 0.1388 \times 40 + 0.001497 \times 40^2 = 57°$$

$$\theta_{\mathrm{e,G}} = 90 - 0.5788\beta + 0.00269302 = 90 - 0.5788 \times 40 + 0.002693 \times 40^2 = 71°$$

由图 3.27 可知，对于双层玻璃盖板的集热器来说，

$$(\overline{\tau\alpha})_\mathrm{D}/(\tau\alpha)_n = 0.87$$

和

$$(\overline{\tau\alpha})_\mathrm{G}/(\tau\alpha)_n = 0.57$$

因此，

$$(\overline{\tau\alpha})_\mathrm{D} = (\tau\alpha)_n \times 0.87 = 0.96 \times 0.87 = 0.835$$

$$(\overline{\tau\alpha})_G = (\tau\alpha)_n \times 0.57 = 0.96 \times 0.57 = 0.547$$

这些值在所有月份中均为常数。我们使用图 A3.8（a）和 A3.8（b）得出直射辐射在各个月份中的当量角度，以及通过图 3.27 得出 $(\tau\alpha)/(\tau\alpha)_n$ 值。从图 3.27 中选取的 12 个角度分别为 40、42、44、47、50、51、51、49、46、43、40 和 40，表 11.15 中列出了各角度对应的结果。下面为一月份的计算过程：

$$(\overline{\tau\alpha})_B = (\tau\alpha)_n \frac{(\tau\alpha)}{(\tau\alpha)_n} = 0.96 \times 0.96 = 0.922$$

由前文表格中的数据可知，

$$\overline{H}_D = \overline{H}\frac{\overline{H}_D}{\overline{H}} = 8.96 \times 0.40 = 3.58 \mathrm{MJ/m^2}$$

由方程（2.106）可得，

$$\overline{H}_B = \overline{H} - \overline{H}_D = 8.96 - 3.58 = 5.38 \mathrm{MJ/m^2}$$

表 11.15　例 11.13 中其他月份的 $(\overline{\tau\alpha})/(\tau\alpha)_n$ 结果

月份	$(\overline{\tau\alpha})/(\tau\alpha)_n$	$(\overline{\tau\alpha})_B$	$\overline{S}$ (MJ/m^2)	$(\overline{\tau\alpha})$	$(\overline{\tau\alpha})/(\tau\alpha)_n$
1 月	0.96	0.922	12.62	0.90	0.94
2 月	0.96	0.922	15.31	0.90	0.94
3 月	0.95	0.912	17.85	0.88	0.92
4 月	0.93	0.893	18.33	0.87	0.91
5 月	0.92	0.883	19.42	0.86	0.90
6 月	0.91	0.874	20.25	0.85	0.89
7 月	0.91	0.874	20.36	0.86	0.90
8 月	0.92	0.883	20.53	0.86	0.90
9 月	0.93	0.893	20.37	0.87	0.91
10 月	0.95	0.912	17.92	0.89	0.93
11 月	0.96	0.922	14.36	0.90	0.94
12 月	0.96	0.922	11.50	0.90	0.94

以及，

$$\overline{S} = \overline{H}_B\overline{R}_B(\overline{\tau\alpha})_B + \overline{H}_D(\overline{\tau\alpha})_D\left[\frac{1+\cos(\beta)}{2}\right] + \overline{H}\rho_G(\overline{\tau\alpha})_G\left[\frac{1-\cos(\beta)}{2}\right]$$

$$= 5.38 \times 1.989 \times 0.922 + 3.58 \times 0.835\left[\frac{1+\cos(40)}{2}\right] + 8.96 \times 0.2 \times 0.547\left[\frac{1-\cos(40)}{2}\right]$$

$$= 12.62 \mathrm{MJ/m^2}$$

由方程（11.10）可得，

$$(\overline{\tau\alpha}) = \frac{\overline{S}}{\overline{H}_t} = \frac{\overline{S}}{\overline{H}R} = \frac{12.62}{8.96 \times 1.570} = 0.90$$

表 11.15 中列出了其他月份的结果。

现在，我们可以继续进行 $\overline{\Phi}$，f-图法的计算过程。下文详细列出了一月份的估值。由方程 11.67 可得，最低月均临界辐射比为：

$$\overline{X}_{c,min} = \frac{\dfrac{F_R U_L (T_{min} - \overline{T}_a)}{F_R(\tau\alpha)}}{r_n R_n \overline{K}_T \overline{H}_o} = \frac{\dfrac{F_R U_L (T_{min} - \overline{T}_a)}{F_R(\tau\alpha)_n \dfrac{(\overline{\tau\alpha})}{(\tau\alpha)_n}}}{r_n R_n \overline{K}_T \overline{H}_o} = \frac{\dfrac{5.92 \times 3600(70 - 12.1)}{0.82 \times 0.94}}{0.168 \times 1.283 \times 0.49 \times 18.29 \times 10^6} = 0.83$$

由方程（11.56）可得，

$A = 2.943 - 9.271\overline{K}_T + 4.031\overline{K}_T^2 = 2.943 - 9.271 \times 0.49 + 4.031(0.49)^2 = -0.6319$

$B = -4.345 + 8.853\overline{K}_T - 3.602\overline{K}_T^2 = -4.345 + 8.853 \times 0.49 - 3.602(0.49)^2 = -0.8719$

$C = -0.170 - 0.306\overline{K}_T + 2.936\overline{K}_T^2 = -0.170 - 0.306 \times 0.49 + 2.936(0.49)^2 = 0.3850$

$$\overline{\Phi}_{max} = \exp\{[A + B(\underline{R}_n)][\overline{X}_c + C\overline{X}_c^2]\}$$

$$= \exp\left\{\left[-0.6319 - 0.8719\left(\frac{1.283}{1.570}\right)\right][0.83 + 0.3850(0.83)^2]\right\} = 0.229$$

一月份的负荷为：

$$15 \times 10 \times 3600 \times 31 = 16.74 \times 10^6 \text{kJ} = 16.74 \text{ GJ}$$

由方程 11.68 可得，

$$\overline{\Phi}_{max}Y = \overline{\Phi}_{max}\frac{A_c F_R(\overline{\tau\alpha})N\overline{H}_t}{L} = \overline{\Phi}_{max}\frac{A_c F_R(\tau\alpha)_n \dfrac{(\overline{\tau\alpha})}{(\tau\alpha)_n}N\overline{H}R}{L}$$

$$= 0.229\frac{50 \times 0.82 \times 0.94 \times 31 \times 8.96 \times 10^6 \times 1.570}{16.74 \times 10^9} = 0.230$$

由方程 11.69 可得，

$$X' = \frac{A_c F_R U_L(100)\Delta t}{L} = \frac{50 \times 5.92 \times 100 \times 24 \times 31 \times 3600}{16.74 \times 10^9} = 4.74$$

由方程 11.71 可得，储存参数 R_s 为：

$$R_s = \frac{350}{\dfrac{Mc_p}{A_c}} = \frac{350}{\dfrac{5000 \times 4.19}{50}} = 0.835$$

表 11.16 例 11.13 每月计算结果

月份	$\bar{X}_{c,min}$	$\bar{\Phi}_{max}$	$\bar{\Phi}_{max}Y$	X'	$L(GJ)$	f	$fL(GJ)$
1 月	0.83	0.229	0.230	4.74	16.74	0.22	3.68
2 月	0.68	0.274	0.334	4.74	15.12	0.32	4.84
3 月	0.57	0.315	0.445	4.74	16.74	0.42	7.03
4 月	0.51	0.355	0.519	4.74	16.20	0.48	7.78
5 月	0.45	0.390	0.602	4.74	16.74	0.55	9.21
6 月	0.39	0.445	0.713	4.74	16.20	0.64	10.37
7 月	0.35	0.494	0.804	4.74	16.74	0.71	11.89
8 月	0.35	0.497	0.809	4.74	16.74	0.71	11.89
9 月	0.37	0.478	0.771	4.74	16.20	0.68	11.02
10 月	0.47	0.398	0.567	4.74	16.74	0.52	8.70
11 月	0.65	0.300	0.342	4.74	16.20	0.32	5.18
12 月	0.89	0.222	0.203	4.74	16.74	0.20	3.35
					总计 = 197.10		总计 = 94.94

最后，由方程 11.70 可以计算出 f 值。则太阳能贡献量为 fL。表 11.16 列出了其他月份的计算结果。电子制表程序的使用可以极大地方便计算过程。

由方程 11.12 可得，年度太阳能保证率为：

$$F = \frac{\sum f_i L_i}{\sum L_i} = \frac{94.49}{197.10} = 0.482 \ \text{或} \ 48.2\%$$

应当指出的是，由于假设储罐不存在损失以及换热器的效率为 100%，导致 $\bar{\Phi}$，f - 图法高估了每月的太阳能保证率 f。因此需要对这些假设进行以下修正。

11.3.1 储热罐损失的修正

当环境温度为 T_{env} 时，储热罐向环境中损失能量的速率为：

$$\dot{Q}_{st} = (UA)_s(T_s - T_{env}) \tag{11.72}$$

假设 $(UA)_s$ 和 T_{env} 恒定，在该月时间范围内对方程 11.72 进行积分后可得，储罐损失为：

$$Q_{st} = (UA)_s(\bar{T}_s - T_{env})\Delta t \tag{11.73}$$

其中，$\bar{T}_s$ = 储罐的月均温度（℃）。

因此，太阳能系统的总负荷为处理所需的实际负荷和储罐损失之和。储罐通常具有良好的保温性能，因此储罐的损失较小且罐内温度很少会下降到最低温度以下。在包括储罐损失的总负荷中，太阳能系统提供的能量占总负荷的比例为：

$$f_{TL} = \frac{L_s + Q_{st}}{L_u + Q_{st}} \qquad (11.74)$$

其中，

L_s = 太阳能为负荷提供的能量（GJ）；

L_u = 有效负荷（GJ）。

因此，在估算出 Q_{st} 后，可以从 $\overline{\Phi}$，f – 图中得出 f_{TL} 值。太阳能保证率 f 还可以由 L_s/L_u 表示，例如将太阳能提供给负荷的能量除以有效负荷，则方程 11.74 可表示为：

$$f = f_{TL}\left(1 + \frac{Q_{st}}{L_u}\right) - \frac{Q_{st}}{L_u} \qquad (11.75)$$

假设在该月内，储罐的温度一直为 T_{min}，或者假设储罐平均温度等于集热器入口的月均温度 $\overline{T_i}$（可由 $\overline{\Phi}$ 图估算得出），则可以估算出储罐损失。最后，平均每天的可用性（Klein 和 Beckman，1979）为：

$$\overline{\Phi} = \frac{f_{TL}}{Y} \qquad (11.76)$$

当使用方程 11.73 估算储罐损失时，Klein 和 Beckman（1979）建议使用 T_{min} 和 $\overline{T_i}$ 的平均值。该过程为迭代过程，例如，假设 $\overline{T_i}$ 后可以从中估算出 Q_{st} 值。由此，从 $\overline{\Phi}$，f – 图中可以估算 f_{TL} 值；随后，由方程 11.76 估算出 $\overline{\Phi}$ 值。由 $\overline{\Phi}$ 图可以估算出 $\overline{X_c}$ 值，并由方程 11.67 从中估算出 $\overline{T_i}$ 值。随后对比新得出的 $\overline{T_i}$ 值和初始假设的值，必要时再进行一次迭代过程。最后，由方程 11.75 估算出太阳能保证率 f。

例 11.14

对于例 11.13 中的工业加热系统来说，假设储热罐所处位置的环境温度为 18℃ 且储罐的 $(UA)_s = 6.5$ W/℃，试估计六月份的储罐损失。

解答

为了解出该问题，必须假设储罐的平均温度。我们假设该值在六月份中为 72℃。由方程 11.73 估算出的储罐损失为：

$$Q_{st} = (UA)_s(\overline{T_s} - T_{env})\Delta t = 6.5(72 - 18) \times 30 \times 24 \times 3600 = 0.91 GJ$$

则总负荷 = 16.20 + 0.91 = 17.11 GJ。由于负荷与无量纲参数之间存在间接的比

太阳能能源工程工艺与系统（第二版）

例关系，因此新的数值为例 11.13 中数值的 16.20/17.11 倍。因此，

$$\overline{\Phi}_{\max} Y = 0.713 \frac{16.20}{17.11} = 0.675$$

和

$$X' = 4.74 \frac{16.20}{17.11} = 4.49$$

由方程 11.70 可得，$f_{TL} = 0.61$。由方程 11.68 可得，Y 值为：

$$Y = \frac{A_c F_R (\overline{\tau\alpha}) N \overline{H}_t}{L} = \frac{A_c F_R (\overline{\tau\alpha}) N \overline{H} R}{L}$$

$$= \frac{50 \times 0.82 \times 0.89 \times 30 \times 29.2 \times 10^6 \times 0.812}{17.11 \times 10^9} = 1.517$$

由方程 11.76 可得，

$$\overline{\Phi} = \frac{f_{TL}}{Y} = \frac{0.61}{1.517} = 0.402$$

六月份的 $\overline{K}_T$ 值为 0.70；因此，系数 A = −1.5715、B = 0.0871 和 C = 1.0544。通过试错法和方程 11.56a 可知，从初始值 0.39 得出新的 $\overline{X}_c$ 值（$\overline{X}_c = 0.43$）。

在方程 11.67 中，由于 $\overline{X}_c$ 与温差之间存在直接的比例关系，因此必须将初始温差（70 − 25.8） = 44.2℃增加 0.43/0.39 倍。因此，

$$\Delta T \frac{0.43}{0.39} = \overline{T}_i - \overline{T}_a$$

或者，

$$\overline{T}_i = \Delta T \frac{0.43}{0.39} + \overline{T}_a = 44.2 \frac{0.43}{0.39} + 25.8 = 74.5℃$$

储罐平均温度等于（74.5 + 70）/2 = 72.3℃。该值非常接近初始假设，因此不再需要迭代过程。

随后由方程 11.75 得出的太阳能保证率为：

$$f = f_{TL} \left(1 + \frac{Q_{st}}{L_u}\right) - \frac{Q_{st}}{L_u} = 0.61 \left(1 + \frac{0.91}{16.2}\right) - \frac{0.91}{16.2} = 0.59$$

因此，在考虑了储罐损失后，六月份的太阳能保证率由之前的 64% 降至 59%。

11.3.2 换热器的修正

通过在储罐和负荷之间增加一个热阻，换热器提高了储罐温度。由于更高的集热器入口温度和储罐损失，导致采集的有效能量减少。由以下方程可以得出负荷供

能所需的储罐温度平均增幅（Klein 和 Beckman，1979）：

$$\Delta T = \frac{fL/\Delta t_{\mathrm{L}}}{\varepsilon_{\mathrm{L}} C_{\min}} \tag{11.77}$$

其中，

Δt_{L} = 所需负荷在某月中持续的秒数（s）；

ε_{L} = 负荷换热器的有效性；

$C_{\min}$ = 换热器内两种液体流的最小容量（W/℃）。

将方程 11.77 得出的温差加上 $T_{\min}$ 后，可由方程 11.67 得出月均临界辐射。

例 11.15

在例 11.14 的基础上增加负荷换热器对例 11.13 中系统性能的影响（六月份期间）。换热器的效率为 0.48，容量为 3200 W/℃。

解答

我们此时需要假设在负荷换热器的作用下，储罐的温度增加了 5℃。由方程 11.67 可知，

$$\overline{X}_{\mathrm{c,min}}\frac{\dfrac{F_{\mathrm{R}}U_{\mathrm{L}}(T_{\min}-\overline{T}_{\mathrm{a}})}{F_R(\overline{\tau\alpha})}}{r_{\mathrm{n}}R_{\mathrm{n}}\overline{K}_{\mathrm{T}}\overline{H}_{\mathrm{o}}} = \frac{\dfrac{5.92\times3600(70+5-25.8)}{0.82\times0.89}}{0.122\times0.921\times0.70\times41.71\times10^6} = 0.44$$

六月份的 $\overline{K}_{\mathrm{T}}$ 值为 0.70；因此，各系数分别为：A = -1.5715、B = 0.0871 和 C = 1.0544。由方程 11.56a 可得 $\overline{\Phi}_{\max}$ = 0.387。由于换热器增加了储罐温度，因此我们需要像前文的例子那样，假设一个新的储罐温度，在此将其假设为 77℃。由方程 11.73 可得此温度对应的 Q_S = 0.99GJ，则总负荷为 16.20 + 0.99 = 17.19 GJ。因此，与上个例子相同：

$$Y = \frac{A_c F_R(\overline{\tau\alpha})N\overline{H}_t}{L} = \frac{A_c F_R(\overline{\tau\alpha})N\,\overline{H}R}{L}$$

$$= \frac{50\times0.82\times0.89\times30\times29.2\times10^6\times0.812}{17.19\times10^9} = 1.510$$

和

$$\overline{\Phi}_{\max}Y = 0.387\times1.510 = 0.584$$

由方程 11.69 可得，

$$X' = \frac{A_c F_R U_L(100)\Delta t}{L} = \frac{50\times5.92\times100\times24\times30\times3600}{17.19\times10^9} = 4.46$$

由方程 11.70 可得，f_{TL} = 0.54。之后，我们必须检查储罐温度假设的增幅。

由方程 11.76 可得，

$$\overline{\Phi} = \frac{f_{TL}}{Y} = \frac{0.54}{1.510} = 0.358$$

通过试错法，由方程 11.56a 可从初始值 0.39 得出新的 $\overline{X}_c = 0.47$。由方程 11.67 可得，

$$\overline{T}_i - \overline{T}_a = \frac{F_R(\overline{\tau\alpha}) r_n R_n \overline{K}_T \overline{H}_o \overline{X}_c}{F_R U_L}$$

$$= \frac{0.82 \times 0.89 \times 0.122 \times 0.921 \times 0.70 \times 41.71 \times 10^6 \times 0.47}{5.92 \times 3600} = 52.8\text{℃}$$

和

$$\overline{T}_i = 52.8 + 25.8 = 78.6\text{℃}$$

那么，储罐热损失后的平均温度等于（75 + 78.6）/2 = 76.8℃。这反映出该值与初始的假设值相同，因此不需要迭代过程。由方程 11.75 可得，

$$f = f_{TL}\left(1 + \frac{Q_{st}}{L_u}\right) - \frac{Q_{st}}{L_u} = 0.54\left(1 + \frac{0.99}{16.2}\right) - \frac{0.99}{16.2} = 0.51$$

最后，我们还需要检查由负荷换热器作用引起的储罐温度假设增幅（5℃）。由方程 11.77 可知，

$$\Delta T = \frac{fL/\Delta t_L}{\varepsilon_L C_{min}} = \frac{0.51 \times 16.2 \times 10^9/(10 \times 30 \times 3600)}{0.48 \times 3200} = 5\text{℃}$$

由于该值与最初的假设相同，因此可以认为计算完成且不再需要迭代。因此，负荷换热器的作用使六月份的太阳能保证率从 64% 下降到 51%。系统性能出现显著下降的原因罐内温度上升，以及温度升高后增加的储罐损失。

通过对比现有方法和 TRNSYS 程序得出的结果，Klein 和 Beckman（1979）还进行了一项验证研究。其中比较了 $\overline{\Phi}$，f-图法估算和 TRNSYS 计算在三种系统类型中的结果：空间供暖、空调（使用在 $T_{min} = 77$℃ 条件下运行的 LiBr 吸收式制冷机）和处理加热应用（$T_{min} = 60$℃）。对比结果表明，尽管 $\overline{\Phi}$，f-图在某些特定环境中得出的结果不够准确，但是该方法确实能够预测出多种太阳能系统的性能。

11.4 不可用性分析法

第 6 章的 6.2 节中介绍了被动式太阳能系统。设计人员十分关注如何预测被动系统的长期性能。并以此估算出吸收能量中存在多少不可利用的能量，因为有时会出现负荷满足或超出建筑储存容量的情况。

不可用性分析法是可用性分析法的延伸，适用于直接受益式系统、集热蓄热墙和具备被动（混合）蓄热的主动集热系统。以下几个小节将分别对这些系统进行介绍。Monsen 等人（1981，1982）将被动供暖的建筑看作是一个热容量有限的集热器，并在此概念的基础上发展出不可用性（称为"UU"）分析方法。与 f–图和 $\overline{\Phi}$ 图分析法一样，该方法中估算的时间范围也是以一个月为基础，通过得出的结果可以确定每年需要的辅助能量。该方法需要建筑的热负荷，因此可以使用第 6 章 6.1 节中的方法。这些方法既不同于详细的热平衡和传递函数方法，又不同于简单的度日法。

11.4.1　直接受益式系统

在被动式建筑供暖系统中使用大面积玻璃和大量蓄热结构，可以简单有效地采集并储存太阳能能量。Monsen 等人（1981）提出了此类系统的分析方法。不同于主动系统，被动系统在设计时不能固定设计室内温度。图 11.12 中展示了储存结构在每月中直接获得的能量流。从中可以看出，被动系统吸收的能量可以表示为：

$$\overline{H}_t N (\overline{\tau\alpha}) A_r = \overline{N S} A_r \tag{11.78}$$

其中，

A_r = 集热器（接收）窗口的面积（m^2）；

$(\overline{\tau\alpha})$ = 窗户的月均透过率和房屋吸收率的乘积。

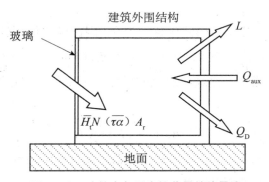

图 11.12　建筑在每月直接获得的能量流

使用月均项代替方程 3.1a 中的逐时直射和散射项后，可以得出月均吸收辐射量 $\overline{S}$，如第 3 章中的方程 3.1b 所示：

$$\overline{S} = \overline{H}_B \overline{R}_B (\overline{\tau\alpha})_B + \overline{H}_D (\overline{\tau\alpha})_D \left[\frac{1 + \cos(\beta)}{2}\right] + \rho_G (\overline{H}_B + \overline{H}_D)(\overline{\tau\alpha})_G \left[\frac{1 - \cos(\beta)}{2}\right]$$

$$\tag{11.79}$$

图 11.12 展示了经过建筑外围损失的能量（负荷 L）。在假设玻璃的透过率为 0 的基础上，L 的估计值为：

$$L = (UA)_h(T_b - T_a) \qquad (11.80)$$

其中，

$(UA)_h$ = 总传热系数和建筑结构的面积（包括直接获得能量的窗户）的乘积（W/℃）；

T_b = 室内基准温度（℃）。

当太阳能不能满足负荷的能量需求时，必须使用辅助能量 Q_{aux}。此外，还可能出现太阳能能量吸收过多的情况，由于不能储存能量，因此必须多余的这部分能量释放掉（以 Q_D 表示）。当建筑结构具有热容时，有时可能会出现此类结构储存或释放显热的情况。这些能量被称为储存能量，图 11.12 中并未表示出此类能量。

在此，我们需要分别研究两种极端情况。在第一种情况中，假设储存容量为无限大，第二种情况，假设储存容量为 0。在第一种情况中，建筑可以储存某月中所有吸收能量超出负荷的部分。建筑结构的无限储存容量意味着调节空间内具有恒定的温度。这一储存能量可以在需要时为负荷提供能量，从而弥补辅助能量。由每月的能量平衡原则，可以得出：

$$Q_{aux,i} = \left[L - \overline{H_t}N(\overline{\tau\alpha})A_r \right]^+ \qquad (11.81)$$

方程 11.81 中的上标 " + " 号表明只考虑正值。此外，不考虑当月结转到下月的能量。

第二种极端情况的建筑结构储存容量为 0，因此必须使用辅助能量补充任何可能出现的能量缺口。反之，当出现吸收的太阳能过剩时，又必须将其排放到建筑之外。通过增加或消除能量，建筑内的温度仍然为恒定值。根据瞬时能量平衡原则，能量的排放速率：

$$Q_{D,Z} = \left[I_t(\tau\alpha)A_r - (UA)_h(T_b - T_a) \right]^+ \qquad (11.82)$$

类似于主动太阳能系统中的太阳能集热器，此处的临界辐射水平可以被定义为能量获得与损失相当时的辐射水平：

$$I_{tc} = \frac{(UA)_h(T_b - T_a)}{(\tau\alpha)A_r} \qquad (11.83)$$

因为储存容量为 0，所以系统不能利用任何超出该临界水平的辐射，这部分能量将被排放到系统之外。因此，可由以下方程可得，系统在该月内排放的能量 Q_D 为：

$$Q_{D,Z} = A_r(\overline{\tau\alpha})\int_{月}(I_t - I_{tc})^+ \, dt \tag{11.84}$$

我们可以认为 I_{tc} 值在某月内为定值，从而由方程 11.83 得出 I_{tc} 值的月均值为：

$$I_{tc} = \frac{(UA)_h(T_b - \overline{T}_a)}{(\overline{\tau\alpha})A_r} \tag{11.85}$$

由于高于 I_{tc} 值的能量均被排放出，因此系统只能利用低于 I_{tc} 值的能量。根据月均可用性方程（11.52），可以将方程 11.84 表示为关于月均可用性的形式，且 Q_D 可以表示为：

$$Q_{D,Z} = \overline{H}_t N(\overline{\tau\alpha})A_r \overline{\Phi} \tag{11.86}$$

值得注意的是，可以衡量出被动太阳能供暖系统中不可用于减少辅助能量的太阳能数量，我们将其称为"不可用性"。

根据月内的能量平衡原则，可以估算出建筑储存容量为 0 时所需的辅助能量，即负荷与排放的能量相加后再减去吸收的太阳能，如以下方程所示：

$$Q_{aux,z} = L - (1 - \overline{\Phi})\overline{H}_t N(\overline{\tau\alpha})A_r \tag{11.87}$$

因此，由方程 11.81 和 11.87 得出了实际建筑所需辅助能量的上下极限值。针对太阳能能量承担负荷的比例（太阳能保证率），Monsen 等人（1981，1982）提出了一些修正方法。类似于主动太阳能系统，太阳能保证率 $f = 1 - (Q_{aux}/L)$。这些修正中需要规定两个无量纲参数 X 和 Y。无量纲参数 X 为太阳能与负荷的比值（Monsen 等人，1981）：

$$X = \frac{N\overline{S}A_r}{L} = \frac{\overline{H}_t N(\overline{\tau\alpha})A_r}{L} \tag{11.88}$$

对于热容无限大的系统来说，方程 11.81 中全部项在除以 L 值后得出 X 值等于太阳能保证率 f_i：

$$f_i = X = 1 - \frac{Q_{aux,i}}{L} \tag{11.89}$$

当储存容量为 0 时，

$$f_z = 1 - \frac{Q_{aux,z}}{L} \tag{11.90}$$

替代方程 11.87 中的 $Q_{aux,z}$，可得：

$$f_z = (1 - \overline{\Phi})X \tag{11.91}$$

当建筑的热容为 0 时，无量纲参数 Y 为每月中建筑最大储存容量与太阳能中排放部分的比值。因此又称为储存－排放比（Monsen 等人，1981），如以下方程所示：

$$Y = \frac{C_b \Delta T_b}{H_t (\tau\alpha) A_r \overline{\Phi}} = \frac{N C_b \Delta T_b}{Q_{D,z}} \qquad (11.92)$$

其中，

C_b = 有效热容，即，质量乘以热容（J/℃）；

ΔT_b = 上下限温度差，即，建筑内允许的温度浮动范围（℃）。

在这两种极端情况中，建筑储存容量为 0 和无限大时的 Y 值分别为 0 和无限大。Barakat 和 Sander（1982）得出轻型建筑的有效热容为 60 kJ/m²℃，中型建筑为 153 kJ/m²℃。重型建筑为 415 kJ/m²℃，超重型的建筑为 810 kJ/m²℃。

最后，Monsen 等人给出了每月中太阳能保证率与 X、Y 及 $\overline{\Phi}$ 值之间的相关性（Monsen 等人，1981），如以下方程所示：

$$f = \min \{ PX + (1 - P)(3.082 - 3.142\overline{\Phi})[1 - \exp(-0.329X)], 1 \}$$

$$(11.93a)$$

其中，

$$P = [1 - \exp(-0.294Y)]^{0.652} \qquad (11.93b)$$

如方程 11.94 所示，由太阳能保证率可以计算出辅助能量：

$$Q_{aux} = (1 - f)L \qquad (11.94)$$

例 11.16

某保温良好的住宅楼位于北纬 35°N 且安装有直接受益式被动太阳能系统。试估计出十二月中太阳能系统为负荷提供能量的比例和所需的辅助能量。其他信息如下：

窗户面积 = 10 m²。

建筑的有效热容 C_b = 60 MJ/℃。

建筑允许的温度波动范围 = 7℃。

温度设置下限 = 18.3℃。

无夜间保温型窗户的 U 值 = 5.23 W/m²℃。

建筑 UA 值（不包括直接获得能量的窗户）= 145 W/℃。

十二月份的日度值（由基准温度 18.3℃ 估算得出）= 928℃·天。

平均环境温度 $\overline{T}_a$ = 11.1℃。

月均每天总辐射 $\overline{H}$ = 9.1 MJ/m²。

月均 $(\overline{\tau\alpha})$ = 0.76。

解答

首先需要计算出热负荷。包括直接获得能量的窗户后，建筑的 UA 值为：

$$(UA)_h = 145 + (10 \times 5.23) = 197.3 \text{ W/℃}$$

由方程 6.24 可得，

$$L = (UA)_h (DD)_h = 197.3 \times 928 \times 24 \times 3600 = 15.82 \text{ GJ}$$

由于本例中建筑位置的纬度与例 11.13 相同，因此 $r_n = 0.171$，$r_{dn} = 0.159$。

由表 2.5 可知 $\overline{H}_o = 16.8 \text{ MJ/m}^2$，由方程 2.82a 得出 $\overline{K}_T = 0.54$。十二月的 $h_{ss} = 72.7°$；由方程 11.54a 可知 $H_D/H = 0.483$；由方程 2.105c 可知 $\overline{H}_D/\overline{H} = 0.35$；由方程 2.108 可知 $\overline{R}_B = 2.095$。通过使用 $\beta = 90°$（垂直面）并假设地面反射率为 0.2，$R_{B,n} = 1.603$，$R_n = 1.208$，$\overline{R} = 1.637$。

由方程 11.88 可得，

$$X = \frac{N S A_r}{L} = \frac{N \overline{H R}(\overline{\tau\alpha}) A_r}{L} = \frac{31 \times 9.1 \times 10^6 \times 1.637 \times 0.76 \times 10}{15.82 \times 10^9} = 0.222$$

由方程 11.85 可得，

$$I_{tc} = \frac{(UA)_h (T_b - \overline{T}_a)}{(\overline{\tau\alpha}) A_r} = \frac{197.3(18.3 - 11.1)}{0.76 \times 10} = 186.9 \text{ W/m}^2$$

下面需要计算参数 $\overline{\Phi}$。由方程 11.55 可知，

$$\overline{X}_c = \frac{I_{tc}}{r_n R_n \overline{H}} = \frac{186.9 \times 3600}{0.171 \times 1.208 \times 9.1 \times 10^6} = 0.358$$

由方程 11.56 可得，

$$A = 2.943 - 9.271 \overline{K}_T + 4.031 \overline{K}_T^2 = 2.943 - 9.271 \times 0.54 + 4.031(0.54)^2 = -0.888$$

$$B = -4.345 + 8.853 \overline{K}_T - 3.602 \overline{K}_T^2 = -4.345 + 8.853 \times 0.54 - 3.602(0.54)^2 = -0.615$$

$$C = -0.170 - 0.306 \overline{K}_T + 2.936 \overline{K}_T^2 = -0.170 - 0.306 \times 0.54 + 2.936(0.54)^2 = 0.521$$

$$\overline{\Phi} = \exp\left\{ \left[A + B\left(\frac{R_n}{\overline{R}}\right) \right] \left[\overline{X}_c + C\overline{X}_c^2 \right] \right\}$$

$$= \exp\left\{ \left[-0.888 - 0.615\left(\frac{1.208}{1.637}\right) \right] \left[0.358 + 0.521(0.358)^2 \right] \right\} = 0.566$$

由方程 11.92 可得，

$$Y = \frac{C_b \Delta T_b}{\overline{H}_t (\overline{\tau\alpha}) A_r \overline{\Phi}} = \frac{C_b \Delta T_b}{\overline{H R}(\overline{\tau\alpha}) A_r \overline{\Phi}} = \frac{60 \times 7}{9.1 \times 1.637 \times 0.76 \times 10 \times 0.566} = 6.55$$

由方程 11.93b 可得，

$$P = \left[1 - \exp(-0.294 Y) \right]^{0.652} = \left[1 - \exp(-0.294 \times 6.55) \right]^{0.652} = 0.902$$

由方程 11.93a 可得，

$$f = \min\{PX + (1 - P)(3.082 - 3.142\overline{\Phi})[1 - \exp(-0.329X)],1\}$$

$$= \min\{0.902 \times 0.222 + (1 - 0.902)(3.082 - 3.142 \times 0.566)$$

$$\times [1 - \exp(-0.329 \times 0.222)],1\} = \min\{0.21,1\} = 0.21$$

最后，由方程 11.94 可得，

$$Q_{aux} = (1 - f)L = (1 - 0.21) \times 15.82 = 12.50 \text{ GJ}$$

11.4.2 集热蓄热墙

我们在第 6 章 6.2.1 节中对集热蓄热墙进行了热力学分析，并以图表的形式展示了墙体和热量的获得与损失。由 Monsen 等人（1982）发展的不可用性概念也可以应用在本例中，它可以求解出太阳能系统供能短缺时所需的辅助能量。我们在本例中再次研究了两种极端情况：热容为 0 和无限大的建筑。对于热容无限大的情况，可以使用由方程 6.52 得出的每月内从蓄热墙获得的净热量 Q_g。方程 11.95 给出了热容无限大的建筑在每月内的能量平衡关系：

$$Q_{aux,i} = (L_m - Q_g)^+ \tag{11.95}$$

其中，根据方程 6.45，$L_m =$ 建筑在每月中的能量损失（kJ）。

对于热容为 0 的情况来说，蓄热墙和建筑结构均需要最多的辅助能量。集热蓄热墙在此情况中起到了辐射屏障的作用，它可以改变辐射振幅，但不可以改变太阳能获得量的时间。以下方程给出了热容为 0 的建筑在每月内的能量平衡关系：

$$Q_{aux,Z} = (L_m - Q_g + Q_D)^+ \tag{11.96}$$

为防止室温超出温控器设定的最高温度，必须将多余的能量排放到建筑之外。通过对 $\dot{Q}_D$ 进行积分后可以得出排放的能量 Q_D。在时间范围上积分后可以得出排放的能量 $\dot{Q}_D$。排放能量的速率 $\dot{Q}_D$ 为经过集热蓄热墙进入建筑内的传热速率和热量经过建筑结构损失速率的差值。如方程 11.97 所示：

$$\dot{Q}_D = [U_k A_w(T_w - T_R) - (UA)(T_b - T_a)]^+ \tag{11.97}$$

其中，由方程 6.50 可得，$U_k =$ 蓄热墙（包括玻璃）的总传热系数（W/m²℃）。

当集热蓄热墙的热容为 0 时，能量平衡关系如以下方程所示：

$$I_t(\tau\alpha)A_w = U_o A_w(T_w - T_a) + U_k A_w(T_w - T_R) \tag{11.98}$$

其中，$U_o =$ 在无夜间保温的前提下，热量从外墙表面经过玻璃传递到环境中的总传热系数（W/m²℃）。

解出方程 11.98，可得 T_w 的值为：

$$T_w = \frac{I_t(\tau\alpha) + U_o T_a + U_k T_R}{U_o + U_k} \qquad (11.99)$$

将方程 11.99 中的 T_w 代入到 11.97 中，可得：

$$\dot{Q}_D = \left[U_k A_w \left(\frac{I_t(\tau\alpha) - U_o(T_R - T_a)}{U_o + U_k} \right) - (UA)(T_b - T_a) \right]^+ \qquad (11.100)$$

假设某月内的 $\overline{(\tau\alpha)}$ 和 $\overline{T}_a$ 值恒定且等于该月的平均值 $(\tau\alpha)$ 和 T_a。对方程 11.100 在该月时间内积分，可以得出 Q_D 的值为：

$$Q_D = \frac{U_k A_w \overline{(\tau\alpha)}}{U_o + U_k} \sum (I_t - I_{tc})^+ \qquad (11.101)$$

其中，I_{tc} 为临界辐射水平，该值可使 $\dot{Q}_D$ 等于 0，如以下方程所示：

$$I_{tc} = \frac{1}{(\tau\alpha) A_w} \left[(UA)\left(\frac{U_o}{U_k} + 1 \right) \frac{T_b - \overline{T}_a}{T_R - \overline{T}_a} + U_o A_w \right] (T_R - \overline{T}_a) \qquad (11.102)$$

应注意的是方程 11.101 中的总和与方程 11.52 的每天可利用性 $\overline{\Phi}$ 总和相同；因此，方程 11.101 可表示为：

$$Q_D = \frac{U_k A_w N \overline{S\Phi}}{U_o + U_k} \qquad (11.103)$$

由方程 11.95 和 11.96 可以分别得出两种集热蓄热墙系统极端性能对应的太阳能保证率：

$$f_i = 1 - \frac{Q_{\text{aux,i}}}{L_m + L_w} = \frac{L_w + Q_g}{L_m + L_w} \qquad (11.104)$$

$$f_i = 1 - \frac{Q_{\text{aux,z}}}{L_m + L_w} = f_i - \frac{U_k}{U_o + U_k} \overline{\Phi} X \qquad (11.105)$$

其中，太阳能与负荷的比值 X 为：

$$X = \frac{N \overline{S} A_w}{L_m + L_w} \qquad (11.106)$$

随后需要用到两项参数：建筑的储存容量 S_b 和蓄热墙的储存容量 S_W，某月内建筑储存容量为（Monsen 等人，1982）：

$$S_b = C_b(\Delta T_b) N \qquad (11.107)$$

其中，

C_b = 建筑的有效储存容量（J/℃）；

ΔT_b = 可接受的温度波动，即温控器最高与最低设定温度的差值（℃）。

一个月内墙体的储存容量（Monsen 等人，1982）为：

$$S_w = c_p w A_w \rho (\Delta T_w) N \qquad (11.108)$$

其中，

c_p = 墙体的热容（J/kg℃）；

ρ = 墙体密度（kg/m^3）；

w = 墙体厚度（m）；

ΔT_w = 墙体内外两侧月均温度差值的一半（℃）。

根据 ΔT_w，穿过墙体进入供暖空间的热量 Q_g 为：

$$Q_g = \frac{2kA_w}{w}(\Delta T_w)\Delta t N \qquad (11.109)$$

解出方程 11.109 的 ΔT_w，将其代入方程 11.108 后可得：

$$S_w = \frac{\rho c_p w^2 Q_g}{2k\Delta t} \qquad (11.110)$$

此外，还需要说明无量纲参数储存－排放比。它是指当建筑热容为 0 时，建筑和墙的加权储存容量与排放能量的比值（Monsen 等人，1982），如以下方程所示：

$$Y = \frac{S_b + 0.047 S_w}{Q_D} \qquad (11.111)$$

太阳能保证率为：

$$f = 1 - \frac{Q_{aux}}{L_m + L_w} \qquad (11.112)$$

以下方程为模拟的太阳能保证率 f 与 f_i 和 Y 之间的函数关系（Monsen 等人，1982）：

$$f = \min\{Pf_i + 0.88(1-P)[1 - \exp(-1.26f_i)],1\} \qquad (11.113a)$$

$$P = [1 - \exp(-0.144Y)]^{0.53} \qquad (11.113b)$$

值得注意的是，此处的太阳能保证率相关性未使用 X，无量纲参数。该月内所需的辅助能量为：

$$Q_{aux} = (1-f)(L_m + L_w) \qquad (11.114)$$

每月的辅助能量需求相加后，得出建筑在一年中所需的辅助能量。

集热蓄热墙年度性能的估算步骤如下：

（1）估算出各个月份内吸收的太阳能辐射。

（2）在将内发热（若存在）考虑在内，由方程 6.45 和 6.46 分别估算出负荷 L_m

和 L_w 值。

（3）使用方程 6.52 估算出经由集热蓄热墙获得的热量 Q_g。

（4）使用方程 11.103 估算出每天的可用性和系统热容为 0 时必须排放的热量 Q_D。

（5）由方程 11.104、11.107 和 11.110 分别估算出 f_i、S_b 和 S_w 值。

（6）由方程 11.111 估算出值 Y。

（7）最后，估算出每月的部分 f 和辅助能量 Q_{aux}。

例 11.17

例 11.16 的建筑安装了集热蓄热墙。此处应用例 11.16 中的所有数据，以及如下集热蓄热墙信息：

密度 $= 2200$ kg/m^3。

热容 $= 910$ J/kg℃。

墙体厚度 $w = 0.40$ m。

墙体向环境损失热量的损失系数 $\overline{U_o} = 4.5$ W/m^2℃。

墙体（包括玻璃）的总传热系数 $U_w = 2.6$ W/m^2℃。

墙体的热导率 $k = 1.85$ W/m℃。

试估计出十二月份的太阳能保证率和该月所需的辅助能量。

解答

首先，需要计算出负荷 L_m 和 L_w。由方程 6.45 可得，

$$L_m = (UA)_h (DD)_h = 197.3 \times 928 \times 24 \times 3600 = 15.82 \text{ GJ}$$

由于环境温度与基准温度相同，所以（DD）h = （DD）$_R$。由方程 6.46 可得，

$$L_w = U_w A_w (DD)_R = 2.6 \times 10 \times 928 \times 24 \times 3600 = 2.08 \text{ GJ}$$

由方程 6.50 可得，

$$U_k = \frac{h_i k}{w h_i + k} = \frac{8.33 \times 1.85}{0.4 \times 8.33 + 1.85} = 2.97 \text{W/m}^2℃$$

（注：由第 6 章 6.2.1 节可得，$h_i = 8.33$ W/m^2℃）。

由例 11.16 可得，$\overline{R} = 1.637$。由方程 2.107 可知，

$$\overline{H_t} = \overline{RH} = 1.637 \times 9.1 = 14.9 \text{ MJ/m}^2$$

由方程 6.51 可得，

$$\overline{T}_w = \frac{\overline{H}_t(\overline{\tau\alpha}) + (\overline{U}_k\overline{T}_R + \overline{U}_o\overline{T}_a)\Delta t}{(\overline{U}_k + \overline{U}_o)\Delta t}$$

$$= \frac{14.9 \times 10^6 \times 0.76 + (2.97 \times 18.3 + 4.5 \times 11.1) \times 24 \times 3600}{(2.97 + 4.5) \times 24 \times 3600} = 31.5℃$$

因此，由方程 6.52 可得，热量穿过蓄热墙进入室内的总传热系数为：

$$Q_g = U_kA_w(\overline{T}_w - \overline{T}_a)\Delta tN = 2.97 \times 10(31.5 - 18.3) \times 24 \times 3600 \times 31 = 1.05 \text{ GJ}$$

由方程 11.102 可得，

$$I_{tc} = \frac{1}{(\overline{\tau\alpha})A_w}\Big[(UA)\Big(\frac{U_o}{U_k} + 1\Big)\frac{T_b - \overline{T}_a}{T_R - \overline{T}_a} + U_oA_w\Big](T_R - \overline{T}_a)$$

$$= \frac{1}{0.76 \times 10}\Big[145\Big(\frac{4.5}{2.97} + 1\Big)\frac{18.3 - 11.1}{18.3 - 11.1} + 4.5 \times 10\Big](18.3 - 11.1) = 388.1 \text{W/m}^2$$

由方程 11.55 可得，

$$\overline{X}_c = \frac{I_{tc}}{r_nR_n\overline{H}} = \frac{388.1 \times 3600}{0.171 \times 1.208 \times 9.1 \times 10^6} = 0.743$$

由例 11.16 可得，$A = -0.888$、$B = -0.615$ 和 $C = 0.521$。由方程 11.56 可得，

$$\overline{\Phi} = \exp\Big\{\Big[A + B\Big(\frac{R_n}{R}\Big)\Big][\overline{X}_c + C\overline{X}_c^2]\Big\}$$

$$= \exp\Big\{\Big[-0.888 - 0.615\Big(\frac{1.208}{1.637}\Big)\Big][0.743 + 0.521(0.743)^2]\Big\} = 0.251$$

由方程 11.103 可得，

$$Q_D = \frac{U_kA_wN\overline{S\Phi}}{U_o + U_k} = \frac{U_kA_wN\overline{HR}(\overline{\tau\alpha})\overline{\Phi}}{U_o + U_k}$$

$$= \frac{2.97 \times 10 \times 31 \times 9.1 \times 10^6 \times 1.637 \times 0.76 \times 0.251}{4.5 + 2.97} = 0.350 \text{GJ}$$

由方程 11.104 可得，

$$f_i = \frac{L_w + Q_g}{L_m + L_w} = \frac{2.08 + 1.05}{15.82 + 2.08} = 0.175$$

由方程 11.107 可得，

$$S_b = C_b(\Delta T_b)N = 60 \times 10^6 \times 7 \times 31 = 13.02 \text{ GJ}$$

由方程 11.110 可得，

$$S_w = \frac{\rho c_p w^2 Q_g}{2k\Delta t} = \frac{2200 \times 910 \times 0.4^2 \times 1.05 \times 10^9}{2 \times 1.85 \times 24 \times 3600} = 1.052 \text{GJ}$$

由方程 11.111 可得，

$$Y = \frac{S_b + 0.047 S_w}{Q_D} = \frac{13.02 + 0.047 \times 1.052}{0.350} = 37.34$$

由方程 11.113b 可得，

$$P = \left[1 - \exp(-0.144Y) \right]^{0.53} = \left[1 - \exp(-0.144 \times 37.34) \right]^{0.53} = 0.998$$

由方程 11.113a 可得，

$$f = \min \left\{ Pf_i + 0.88(1 - P) \left[1 - \exp(-1.26 f_i) \right], 1 \right\}$$

$$= \min \left\{ 0.998 \times 0.175 + 0.88(1 - 0.998) \left[1 - \exp(-1.26 \times 0.175) \right], 1 \right\}$$

$$= \min \left\{ 0.175, 1 \right\} = 0.175$$

最后，由方程 11.114 可得，

$$Q_{aux} = (1 - f)(L_m + L_w) = (1 - 0.175)(15.82 + 2.08) = 14.77 \text{ GJ}$$

11.4.3　主动集热式被动蓄热系统

不可用性分析法分析的第三种系统类型涉及主动空气或液体集热器系统，此类系统在为建筑供暖时使用建筑结构储存。其优势包括：太阳能集热器在集热时的可控性、不需要分离储存，降低了系统成本和复杂性、系统相对具有简易性。其劣势包括：建筑在提高蓄热功能时，不可避免地存在较大的温度波动、太阳能使建筑温度波动处于允许范围内的能力有限。Evans 和 Klein（1984）为此类系统发展出的估算方法类似于 11.4.1 节中 Monsen 等人（1981）为直接受益式被动系统开发的方法。这一系统中需要规定出两项临界辐射水平：一项为集热器系统，另一项为建筑。与前文中的系统一样，需要考虑两种极端情况中（例如，热容为 0 或无限大的建筑），系统的性能极限。与前文一样，通过基于模拟得出的相关性可以确定出建筑的实际性能。

如第 11.2.3 节所示，方程 11.65 可以表示主动集热器的能量输出。当表示某月内的能量输出时，方程 11.65 可以表示为：

$$\sum Q_u = A_c \overline{H}_t F_R (\overline{\tau \alpha}) N \overline{\Phi}_c = A_c \overline{S} F_R N \overline{\Phi}_c \tag{11.115}$$

其中 $\overline{\Phi}_c$ = 太阳能集热的月均可用性。

确定 $\overline{\Phi}_c$ 时所用的临界辐射水平与方程 11.63 中的类似，即：

$$I_{tc,c} = \frac{F_R U_L (\overline{T}_i - \overline{T}_a)}{F_R (\overline{\tau \alpha})} \tag{11.116}$$

其中，$\overline{T}_i$ = 入口的月均温度，采集期间的建筑温度（℃）。

值得注意的是，在热容为0和无限大的两种极端情况中，$\overline{T}_i$ 均为恒定值。在实际情况中，该温度高于最低建筑温度且会出现轻微变化，但并不会过多影响 $\sum Q_u$。当建筑的储存容量为无限大时，每月的能量平衡关系如以下方程所示：

$$Q_{aux,i} = \left(L - \sum Q_u \right)^+ \tag{11.117}$$

对于热容为0的建筑来说，必须排放出输入太阳能中超出负荷的部分能量。假设入射到集热器上的辐射能满足建筑负荷需求，同时还不需要排放多余的能量。那么该辐射强度被称为排放临界辐射水平，在月均值的基础上，该辐射水平为：

$$I_{tc,d} = \frac{(UA)_h(\overline{T}_b - \overline{T}_a) + A_c F_R U_L(\overline{T}_i - \overline{T}_a)}{A_c F_R(\overline{\tau\alpha})} \tag{11.118}$$

其中，

$(UA)_h$ = 总损失系数与建筑面积的乘积（W/K）；

$\overline{T}_b$ = 建筑的平均基准温度（℃）；

$\overline{T}_i$ = 建筑内部的平均温度（℃）。

因此，对于热容为0的建筑，在采集能量时需要辐射水平超过 $I_{tc,c}$ 值，集热器在满足建筑负荷且无需排放能量时，要求辐射水平为 $I_{tc,d}$。当辐射水平超出 $I_{tc,d}$ 时，被排放到建筑外的能量估计为：

$$Q_D = A_c F_R \overline{S} N \overline{\Phi}_d \tag{11.119}$$

其中，$\overline{\Phi}_d$ = 月均可用性，实际上，在 $I_{tc,d}$ 基础上为不可用性。

因此，对于热容为0的建筑来说，集热器系统提供给负荷的有效能量是采集到的总能量与排放能量的差值，如以下方程所示：

$$Q_{u,b} = \sum Q_u - Q_D = A_c F_R \overline{S} N(\overline{\Phi}_c - \overline{\Phi}_d) \tag{11.120}$$

对于热容为0的建筑，每月所需的辅助能量为：

$$Q_{aux,z} = \left(L - \sum Q_u - Q_D \right)^+ \tag{11.121}$$

由方程11.117和11.121可以得出辅助能量需求的上下限。由太阳能保证率 f 与无量纲系数 X（太阳能与负荷的比值）和 Y（储存－排放比值）之间的相关性，可以得出热容有限的建筑所需的辅助能量：

$$X = \frac{A_c F_R \overline{S} N}{L} \tag{11.122}$$

$$Y = \frac{C_b \Delta T_b}{A_c F_R \overline{S} \overline{\Phi}_d} = \frac{C_b N \Delta T_b}{Q_D} \tag{11.123}$$

最后，得出每月中的太阳能保证率 f 与采集可用性 $\overline{\Phi}_c$ 和排放可用性 $\overline{\Phi}_d$ 之间的相关性。如下所示：

$$f = PX\overline{\Phi}_c + (1 - P)(3.082 - 3.142\overline{\Phi}_u)[1 - \exp(-0.329X)] \quad (11.124a)$$

$$P = [1 - \exp(-0.294Y)]^{0.652} \quad (11.124b)$$

$$\overline{\Phi}_u = 1 - \overline{\Phi}_c + \overline{\Phi}_d \quad (11.124c)$$

参数 $\overline{\Phi}_u$ 为建筑热容为 0 时的不可用性，它来自集热器的能量损失和排放的能量损失 $\overline{\Phi}_d$。值得注意的是，f 的相关性与直接受益式系统的方程 11.93 非常相似，后者的 $I_{tc,c} = 0$ 和 $\overline{\Phi}_c = 1$。之后，X 和 Y 与方程 11.88 和 11.92 中的表达式相同。

例 11.18

例 11.16 中介绍的系统采用集热器 - 被动式蓄热混合系统供热。太阳能集热器为空气集热型且面积为 30 m^2。另外，集热器的 $F_R(\tau\alpha)_n = 0.65$、$F_RU_L = 4.95$ W/m^2℃ 且 $(\tau\alpha)_n = 0.91$。本例中的室温为 20℃。试估计出十二月的太阳能保证率和所需的辅助能量。

解答

由方程 11.116 可得，

$$I_{tc,c} = \frac{F_RU_L(\overline{T}_i - \overline{T}_a)}{F_R(\tau\alpha)} = \frac{4.95(20 - 11.1)}{0.65\left(\frac{0.76}{0.91}\right)} = 81.2W/m^2$$

由方程 11.118 可得，

$$I_{tc,d} = \frac{(UA)_h(\overline{T}_b - \overline{T}_a) + A_cF_RU_L(\overline{T}_i - \overline{T}_a)}{A_cF_R(\tau\alpha)}$$

$$= \frac{197.3(18.3 - 11.1) + 30 \times 4.95(20 - 11.1)}{30 \times 0.65\left(\frac{0.76}{0.91}\right)} = 168.4W/m^2$$

由方程 11.55 可得，

$$\overline{X}_{c,c} = \frac{I_{tc,c}}{r_nR_n\overline{H}} = \frac{81.2 \times 3600}{0.171 \times 1.208 \times 9.1 \times 10^6} = 0.156$$

由例 11.16 可得，$A = -0.888$、$B = -0.615$ 和 $C = 0.521$。由方程 11.56 可得，

$$\overline{\Phi}_c = \exp\left\{\left[A + B\left(\frac{R_n}{\overline{R}}\right)\right][\overline{X}_{c,c} + C\overline{X}_{c,c}^2]\right\}$$

$$= \exp\left\{\left[-0.888 - 0.615\left(\frac{1.208}{1.637}\right)\right][0.156 + 0.521(0.156)^2]\right\} = 0.797$$

和

$$\overline{X}_{c,d} = \frac{I_{tc,d}}{r_n R_n \overline{H}} = \frac{168.4 \times 3600}{0.171 \times 1.208 \times 9.1 \times 10^6} = 0.323$$

同理，$\overline{\Phi}_d = 0.603$。

由方程 11.122 可得，

$$X = \frac{A_c F_R \overline{S} N}{L} = \frac{A_c F_R \overline{H} R \overline{(\tau\alpha)} N}{L} = \frac{30\left(\frac{0.65}{0.91}\right) \times 9.1 \times 10^6 \times 1.637 \times 0.76 \times 31}{15.82 \times 10^9} = 0.475$$

由方程 11.123 可得，

$$Y = \frac{C_b \Delta T_b}{A_c F_R \overline{S} \overline{\Phi}_d} = \frac{C_b \Delta T_b}{A_c F_R \overline{H} R \overline{(\tau\alpha)} \overline{\Phi}_d} = \frac{60 \times 10^6 \times 7}{30\left(\frac{0.65}{0.91}\right) \times 9.1 \times 10^6 \times 1.637 \times 0.76 \times 0.603} = 2.871$$

由方程 11.124b 可得，

$$P = \left[1 - \exp(-0.294Y)\right]^{0.652} = \left[1 - \exp(-0.294 \times 2.871)\right]^{0.652} = 0.693$$

由方程 11.124c 可得，

$$\overline{\Phi}_u = 1 - \overline{\Phi}_c + \overline{\Phi}_d = 1 - 0.797 + 0.603 = 0.806$$

由方程 11.124a 可得，

$$f = PX\overline{\Phi}_c + (1 - P)(3.082 - 3.142\overline{\Phi}_u)\left[1 - \exp(-0.329X)\right]$$

$$= 0.639 \times 0.475 \times 0.797 + (1 - 0.693)(3.082 - 3.142 \times 0.806)$$

$$\times \left[1 - \exp(-0.329 \times 0.475)\right] = 0.287$$

最后，由方程 11.94 可得，

$$Q_{aux} = (1 - f)L = (1 - 0.287)15.82 = 11.28 \text{ GJ}$$

11.5 太阳能系统的建模与模拟

到本章为止，我们已经了解了一些简单的分析方法，包括利用 f-图法设计标准配置的主动太阳能系统和使用可用性方法分析其他太阳能过程。研究证明，这些方法可以获得足够精确的结果，同时还可以使用手工计算，但是要想更准确地评估太阳能过程的性能，需要用到更精确的模拟方法。

太阳能系统的组件分为可预测（集热器和其他性能特征）和不可预测（天气数据）两类，制定出这些组件的标准是个十分复杂的问题。系统建模的初始步骤是推导出系统的结构。但在表现某个系统的过程中，显然不存在唯一的方式。因为系统的表现方式常常会使人联想到具体的建模方法，在选择建模方法时，应当时刻考虑其他系统结构。系统的表现结构不可与实际系统混淆。这些结构永远不可能完美地表现出真实的系统。然而，建立一个系统结构本身能够培养我们对真实系统的理解。在系统结构建立过程中，应当首先建立与所分析问题一致的系统界限。通过说明系统内部和外部的项目、过程和影响，完成系统界限的建立过程。

简化分析方法具有如下优势：运算速度块、成本低、周转快速（在迭代设计阶段尤为重要）和易用性高（尤其是对技术经验少的操作人员）。劣势包括：设计优化时的灵活性有限、缺乏对假设的控制、可分析的系统有限。因此，如果所研究的系统在应用、配置或负荷特征等方面不够标准，则需要使用精细的计算机模拟得出精确的结果。

热力系统的计算机建模具有众多优势，以下为几个最重要的方面：

（1）节省了建立原型的费用。

（2）可以用易于理解的方式组织出复杂的系统。

（3）可以使读者完全理解系统运行和成分之间的相互作用。

（4）可能优化系统组件。

（5）可以估算出系统传递的能量值。

（6）可以提供系统温度变化情况。

（7）通过使用相同的天气条件，估算出系统性能的设计变量变化。

模拟方法可以提供太阳能系统长期性能和系统动力学等方面的重要信息。其中包括温度波动和水沸腾，前者的波动范围可能会超出降解性限制（例如，集热器吸热板的选择性涂层），以及随后会出现安全阀的热排放现象。通常，用户可以指定程序的输出细节或类型；输出结果的详细程度与计算强度成正比，结果越详细，得出结果所需的计算时间也就越长。

多年以来，研究人员已经开发出众多太阳能系统建模和模拟程序。本节将简要介绍其中一些最常用的程序，例如，著名的 TRNSYS、WATS UN 和 Polysun 等。本章在结尾部分简要介绍了人工智能技术近年来在太阳能和其他能源系统建模和性能评估中的应用。

11.5.1 TRNSYS 模拟程序

TRNSYS 的全称为"Transient System"，它是一种准稳态系统模拟程序。该程序最新的版本为 17.1（Klein 等人，2010），由威斯康星大学太阳能实验室成员采用

FORTRAN 计算机语言编写。自 1997 年首次开发出来，该程序经历了 12 次较大的改版。开发该程序的初衷是为了应用于太阳能系统，但是随后，它的使用范围扩大到多种热过程，比如氢气制造、光伏（PVs）等其他领域。该程序包括许多可以模拟子系统组件的子程序。通常以子系统组件的数学模型通常是常微分和代数方程的形式。TRNSYS 等程序可以以任意形式关联系统组件、解出微分方程和便于信息输出，系统模拟的整体问题只剩下如何确定某一系统的全部组件，以及针对各组件进行一般性的数学描述（Kalogirou，2004b）。此外，用户还可以创建出自己的程序。该过程不需要重新编译其他子程序，只需要将一个与任一 FORTRAN 编译器连接的动态链接库（DLL）文件放入指定的目录。

通常，模拟还需要一些看似不是系统部分的组件。此类组件为实用子程序和输出生成设备。各组件均具有唯一的型号，它们是组件与对应子程序之间的桥梁。单元号的作用则是识别各个组件（可多次使用）。尽管两个或多个系统组件可能拥有相同的型号，但是每个组件均具有唯一的单元号。在确定全部系统组件后，就可以得出各组件的数学描述，因此有必要建立系统的信息流程图。信息流程图的作用是便于识别组件及其之间的信息流。以方框表示各个组件，在得出时间依赖性输出结果的过程中需要许多恒定参数和时间依赖性输入。信息流程图可以展示全部系统组件之间的连接方式。此外，输出结果也可以作为其他众多成分的输入。我们必须由流程图建立一项 deck 文件，并包括全部系统组件的信息、天气数据文件和输出格式。

TRNSYS 中的子系统组件包括太阳能集热器、差动控制器、泵、辅助加热器、供暖和制冷负荷、恒温控制器、卵石床蓄热器、安全阀、热水缸、热力泵等等。表11.17 中列出了其中的主要组件。此外，还有一些用于处理辐射数据、执行整合、处理输入和输出方面的子程序。该程序在读取天气数据的时间步长可以小于 1/1000 h（3.6 s），这使得它可以非常灵活地在模拟中使用测量数据。此外，模拟的时间步长还可以是零点几小时。

除了 TRNSYS 的主要组件之外，热能系统专家（TESS）作为一家专门从事新型能源系统和建筑建模与分析的工程咨询公司，开发出了多个 TRNSYS 的组件库。目前，TESS 程序库内的 TRNSYS 组件已经超过了 500 种。每个组件库都有一份 TRN-SYS 模型文件（∗. tmf）和一个 TRNSYS 项目示例（∗. tpf），前者可在模拟工作室界面和源程序中使用，后者可用于演示库内组件模型的典型用法。TESS 发布的第 17.0 版组件库（编号系统与 TRNSYS 版本一致）与先前的 2.0 版相比，新增了 90

多个具有新示例的新模型。根据 TRNSYS 的官方网站（www. tmsys. com/tess-librar-ies/），TRNSYS 17 的 TESS 组件库可以分为如下 14 类：

表 11. 17　TRNSYS 17 标准程序库中的主要组件

建筑负荷和结构	循环式加热系统
能量/度 – 时房屋	泵
屋顶和阁楼	风扇
细节区域	水管
屋檐和翼墙阴影	管道
蓄热墙	各种配件（三通、分流器、调温阀）
阳光间	安全阀
详细的多区域建筑	**输出设备**
控制器组件	打印机
差动控制器	在线绘图机
三级房间温控器	柱状图绘图机
PID 控制器	模拟总结
微电脑控制器	经济性
集热器	**物理现象**
平板集热器	太阳辐射处理程序
性能图太阳能集热器	集热器阵列阴影
理论的平板集热器	干湿表
热虹吸管集成储存集热器	天气数据生成器
真空管太阳能集热器	制冷剂特性
复合抛物面集热器	无扰动地面温度剖面图
电气组件	**蓄热**
稳流器和逆变器	流体分层储罐
光伏阵列	卵石床储存
光伏光热采集器	代数储罐
风能转换系统	容积可变储罐
柴油发电机组	精细储罐
功率调节装置	**实用组件**
铅酸蓄电池	数据文件阅读器
换热器	时间依赖性强制函数
有效性恒定的换热器	数量积分器
逆流换热器	调用 Excell
交叉流式换热器	调用 EES
平行流换热器	调用 CONTAM
管壳式换热器	调用 MATLAB
余热回收	调用 COMIS
HVAC 设备	假日计算器
辅助加热器	重新调用输入值
双源热泵	**天气 – 数据的读取**
冷却塔	标准格式文件
热水型单效吸收式制冷机	用户格式文件

（1）应用组件。这是一种使用 TRNSYS Studio 插件的调度和设定应用，可用于创建每天、每周、每月的调度安排，标准化占用率、照明或设备调度和恒温器设定值。

（2）控制器组件。该库包括多个控制器，从简单的恒温控制器到复杂且开关次数最少的多级差动控制器，从调温阀控制器到户外空气重置控制器，几乎所有的 TRNSYS 模拟均能使用这些控制器。

（3）电气组件。该库包括 TRNSYS 中光伏（PV）和光伏光热（PV/T）的建模组件，以及集成光伏的建筑模型、光伏阵列阴影组件、设备停运组件和照明控制。

（4）地源热泵（GHP）组件。该库不仅包括广泛的地面换热器模型（水平多层地面换热器和垂直换热器），还包括埋藏的单根、双根管道和多种热泵模型。

（5）地面耦合组件。该库的组件可用于计算研究对象（建筑板材、地下室、埋藏式蓄热罐等等）和周围地面之间的能量传递。

（6）HVAC 设备组件。该库具备 60 多种不同的建模组件，它们几乎涉及建筑中所有的加热、通风和空调，以及民用、商业和工业 HVAC 组件。

（7）循环供暖组件。该库包括多种组件：风扇、泵、阀门、集气室、导管和管道。它们在 TRNSYS 模拟的流体循环工作中起到至关重要的作用。

（8）负荷和结构组件。该库包括了标准 TRNSYS 建筑模型组件的备份和包括一项综合建筑（负荷－曲线生成器）、一个简单的多区域建筑和将预先计算建筑负荷（不仅是 TRNSYS，其他软件也可以产生）应用到 TRNSYS 系统或电站模拟的方法。

（9）优化组件。该库也被称为"TRNOPT"，可通过耦合 TRNSYS 模拟和 GenOpt 程序得出最小的成本或误差函数（参见第 11.6.2 节）。TRNOPT 还可以根据真实系统的数据校正模拟的结果。

（10）太阳能集热器组件。该库包括了 18 种不同的太阳能集热器组件，包括不同理论、实测集热器和装有不同玻璃盖板的集热器。

（11）储罐组件。除了标准的垂直筒形储罐、球形、长方形和水平筒形储罐模型，该组件还包括一个环绕式换热器罐、水温自动调节仪、热泵式热水器和热水器。

（12）实用组件。该库集合了 TRNSYS 模拟中的有用组件，包括随机数发生器、"事件触发"打印机、风速计算器、经济学例程、建筑下渗模型等其他组件。

（13）热电联产（CHP）组件。该库包括许多蒸汽系统组件，例如泵、阀门、过热器、过热降低器、涡轮机等，它们可用于模拟不同规模的热电联产和热电冷三联产系统。

（14）高温太阳能组件。该库中的组件具有温度相关的热物理流体性质。例如，抛物面槽式集热器、阀门、泵、膨胀罐和管道。这些性质主要涉及集热器工质的比热容，尽管在低温应用中，可以认为该值为恒定，但是这一假设并不适用于高温集热器或这些集热器中常用的传热工质。

TRNSYS 开发出的太阳能热电组件（STEC）库同样引人关注。该库内包括了聚光太阳能发电（CSP）系统建模和模拟的必需组件，以及热力学特性模型、布雷登循环和兰金循环模型、太阳能热电模和储存子库。

通过模型验证研究，研究人员已经可以确定出 TRNSYS 程序对真实系统的有效模拟程度。作者还验证了 TRNSYS 在热虹吸管太阳能热水器建模中的应用，并且发现结果的精确度在 4.7% 以内（Kalogirou 和 Papamarcou，2000）。

以前，TRNSYS 程序的交互并不便利；但是，该程序最新版本（版本 16 和 17）的运行环境是一种被称为 "simulation studio"（模拟工作室）的形象化界面。在这种环境中，可以从清单中拖拽出现成的组件符号，并根据真实的系统配置及其内部组件连接的管道和控制线路，以类似的方式连接各个符号。每个符号均表示系统中各组件的程序细节，并且需要一套输入数据（来自其他组件或数据文件）和一套用户自行制定的恒定参数。每个组件均具备各自的输出参数集，它们可以以文件的形式保存，可用于绘图或者作为其他组件的输入值。因此，一旦确定了系统内的所有组件后，它们将被拖入工作项目区域，进而通过连接形成所需的系统模型。通过鼠标双击各个符号可以轻松地指定现成表格中的参数和输入值。另外，用户可以通过双击连接线指定某个组件的输出值作为另一个组件的输入值。此外，项目区域还包括一项天气处理组件、一些打印机和可以绘制或以数据文件形式保存输出数据的绘图机。图 11.13 为热虹吸管太阳能热水系统的模型图。

了解更多有关 TRNSYS 程序的详情，可以参阅程序手册（Klein 等人，2010）和 Beckman（1998）的论文。文献中提及了该程序的多种应用领域。一些典型的例子包括热虹吸管系统的建模（Kalogirou 和 Papamarcou，2000；Kalogirou，2009）、太阳能 DHW 系统的建模和性能评估（Oishi 和 Noguchi，2000）、负荷情况效果研究（Jordan 和 Vajen，2000）、工业处理加热应用的建模（Kalogirou，2003a；Benz 等人，1999；Schweiger 等人，2000）和溴化锂吸收制冷系统建模和模拟（Florides 等人，2002）。Kalogirou 以示例形式，给出了热虹吸管系统的建模结果（Kalogirou，2009）。

太阳能能源工程工艺与系统（第二版）

图 11.13 中展示了该系统模型的示意图，表 11.18 为该系统的技术参数。图 11.14 中展示了该系统在每月中的能量流，包括入射到集热器上的总辐射（Q_{ins}）、集热器提供的有效能量（Q_u）、热水能量的需求（Q_{load}）、辅助能量的需求（Q_{aux}）、储罐的热损失（Q_{env}）和太阳能保证率。

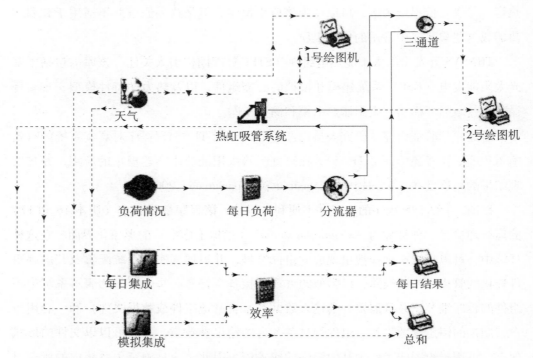

图 11.13　热虹吸管太阳能热水器系统在"simulation studio"中的模型示意图

　　该系统的模拟采用了塞浦路斯尼科西亚地区的典型气象年数据。通过入射到集热器的总辐射曲线（Q_{ins}），可以看出最大值出现在八月份（1.88 GJ）。集热器提供的最大有效能量（Q_u）则出现在四月份（0.62 GJ）。此外，还可以从图 11.4 中看出，五月份中出现了采集的有效能量随着入射太阳辐射减少而减少的现象。这与尼科西亚的气候条件特征有关，尤其在下午时，过多的地面热量引起了云层的形成，从而引起过多的对流现象。

　　由储罐的能量损失（Q_{env}）曲线，可以看出夏季时储罐向环境中损失的能量最多。因为夏季时的储罐温度比环境温度更高，因而损失的能量更多。

　　由热水负荷（Q_{load}）曲线会发现热水负荷的需求量在夏季时出现下降。这是因为夏季期间太阳辐射的总入射量更高，冷水储罐（位于太阳集热器顶部）的温度也随之更高。因此，热水储罐在这一期间的热水需求出现下降。

表 11.18　热虹吸管太阳能热水器系统的技术参数

参数	值
集热器面积（m²）	2.7（双面板）
集热器倾斜角（°）	40
储存容量（l）	150
辅助容量（kW）	3
换热器	内部
换热器面积（m²）	3.6
热水需求（l）	120（4 人）

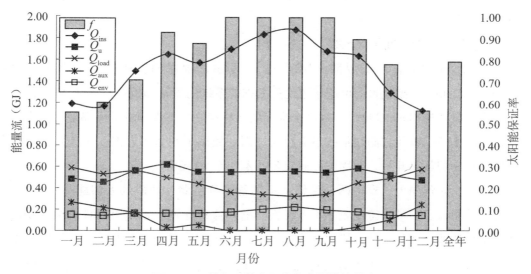

图 11.14　热虹吸管太阳能热水器的能量流

图 11.14 展示了太阳能保证率的年度波动。太阳能保证率 f 可以衡量相对于传统系统节省能量的比例。我们可以从中看出冬季时的太阳能保证率较低，夏季时则较高（达到 100%）。测定的年度太阳能保证率为 79%（Kalogirou，2009）。

11.5.2　WATSUN 模拟程序

WATSUN 可以模拟主动式太阳能系统，加拿大滑铁卢大学 Watsun 模拟实验室在 20 世纪 70 年代初和 80 年代期间首次研发出该程序（WATSUN，1996）。基于电子制表的简单工具具有评估快速的特点，而功能更加完整、完全的模拟程序具有灵活性大和使用难度高等特点，但是该程序的出现填补了二者之间的空白。以下为可以用原始程序模拟的系统的完整清单：

- 具备或不具备储存和换热器的家用热水系统。

- 安装有分层储罐的家用热水系统。
- 具有沸腾水的相变系统。
- 太阳能转换系统，装备了配有加热器的分层储罐。
- 游泳池加热系统（室内或室外）。
- 工业加热系统，在集热器之前改造。
- 工业加热系统，在集热器之后改造。
- 工业加热系统，在具备储存功能的集热器之前改造。
- 工业加热系统，在具备储存功能的集热器之后改造。
- 储罐容积可变型系统。
- 单间建筑的空间供暖系统。

最近，加拿大自然资源部（NRCan）开发出该程序的新版本 WATSUN 2009（NRCan，2009）。该版本还可用于主动式太阳能系统的设计和模拟，可从 NRCan 官网免费下载（NRCan，2009）。这两个程序的名称相同，二者的重点也都是太阳能系统的逐时模拟，以及它们在某些组件建模方面还使用了相似的方程；在新的程序的发展过程一切从零开始，使用了面向对象技术和 C + + 语言。

目前，该程序可以模拟两种系统：不具备和具备储存功能的太阳能热水系统。后者几乎覆盖了多种系统配置，不考虑换热器，这种配置可以使用内联加热器取代辅助罐加热器。此外，预热罐内的液体可以是完全混合或分层状态。由于使用了简单的输入格式，因此可以很容易地输入系统的主要参数（集热器尺寸和性能方程、罐体尺寸等等）。该程序可以以 1h 为基础，模拟出系统与周围环境之间的相互作用。然而，当数值求解器需要时，有时也会出现时间步长小于 1h 的情况。这一现象通常出现在开关控制器改变状态的时候。用户可以轻松学习和操作这一现成的程序。通过采集和储存用户提供的负荷信息与某地的逐时天气数据结合后，该程序可以以每 1h1 次的频率计算出系统状态。WATSUN 可为长期性能计算提供必要的信息。该程序可以模拟出系统的各个组件，例如，集热器、管道和各种罐体，并为计算这些组件的状态提供单独或全面的收敛性方法。

WATSUN 使用的天气数据包括水平平板上太阳辐射的逐时数值、干球环境温度，在集热器未安装玻璃盖板的条件下的风速值。目前，该程序可以识别 WATSUN TMY 文件和去除了逗号和空格的 ASCII 文件。

WATSUN 模拟程序可以通过一系列文件与外界互动。文件就是信息的集合，上面标注了文件存放的位置。该程序使用文件输入和输出信息。一旦在输入客户规定的"模拟数据文件"后，模拟程序就会生成三份输出文件：一份清单文件、一份逐时数据文件和一份每月数据文件。

　　系统中包括了采集设备、储存设备和用户需要评估的负荷设备。模拟数据文件规定了系统内容。该文件由包含了相关参数组的数据块组成，可以起到控制模拟的作用。文件中的参数指定了模拟时期、天气数据和输出选项。此外，模拟数据文件中还包括了集热器、储存设备、换热器和负荷等方面的物理特征信息。

　　程序的输出结果包括了模拟总结和一份含有月度模拟结果的文件。系统内每月的能量平衡包括获得的太阳能、交付的能量、辅助能量和源自泵体的寄生能量。我们可以很容易地将该文件输入到电子制表程序做进一步分析和绘图。此外，还可以选择程序输出数据的周期为 1h 或更短，这使得用户可以更加详细地分析模拟结果，便于与可能存在的监测数据对比。

　　该程序的另一个用途是模拟具有监测数据的主动式太阳能系统。这一用途既可以用于验证，又可以用于识别系统工作方式的改进方面。为此，用户可以使用单独文件（替补输入文件）向 WATSUN 输入监测数据。该程序可以从替补输入文件中读取气候监测数据、采集能量和许多其他数据，并能重写一些正常使用的数值。此外，为能与监测数值对比，该程序还能以小时为单位打印输出策略变量（例如，集热器温度或向负荷提供水的温度）。

　　该程序经过了多种测试场景 TRNSYS 程序的验证。该程序与 TRNSYS 之间的程序-程序对比具有非常好的效果；所有测试配置中年度交付能量预测偏差小于 1.2%（Thevenard，2008）。

11.5.3　Polysun 模拟程序

Polysun 程序可以模拟出光热系统的年度动态，以及帮助系统优化（Polysun，2008）。该程序界面友好，便于用户清晰地输入全部系统参数。模拟的所有方面均是基于无经验相关项的物理模型。该程序可以模拟的基本系统包括：

- 家用热水。
- 空间供暖。
- 游泳池。
- 过程加热。
- 制冷。

在与图 11.15 类似的现成图形界面中，可以非常简便地完成数据输入工作。通过双击各个组件，可以向系统输入各个组件的参数。这些模板适用于所有 Polysun 可以模拟的系统类型，用户还可以使用模板编辑器自行创建、定制符合具体产品要求的模板。颇具现代感的图形界面可以使用户方便快速地使用该软件。便捷的模块单元构建系统可以使用户仅通过简单的菜单提示就完成不同系统组件的结合和参数化处理。

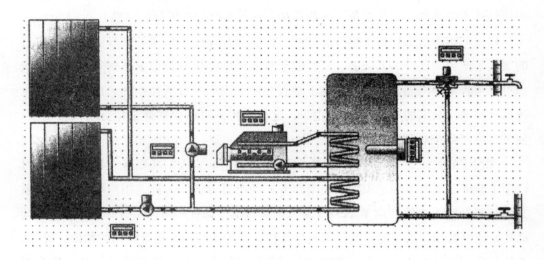

图 11.5　Polysun 图形环境

目前，最新的 5.10 版本的 Polysun 可使光热系统的设计变得简单而专业。Gantner（2000）通过验证 Polysun 的一个早期版本发现其结果可以精确到 5% ~ 10% 以内。现成的目录中包括了各种各样市场上现有的组件及其特征。此外，用于还可以自行添加组件（例如，目录里没有的集热器）特征。目录中包括的组件有：储罐、太阳能集热器、管道、锅炉、泵、换热器、热泵、建筑、游泳池、光伏模块、逆变器等其他更多组件。此外，该程序还能以图形和报告的形式进行简单分析和评估。除了其中全球 6300 处位置的气象数据之外，用户还可以单独定义新的位置。此外，该程序还支持指定冷水和储藏室温度。支持全部程序特点的语言有：英语、西班牙语、葡萄牙语、法语、意大利语、捷克语和德语。

用户可以指定储罐最多支持 10 个连接端口、6 个内部换热器、3 个内部加热器和 1 个内部罐和盘绕换热器。该程序的输出结果包括太阳能保证率、能量值（循环和组件层面的数值）、温度、以曲线形式表示的流速和全部组件状态、经济性分析和 PDF 文件形式记录的相关性最大的数值信息。

模拟算法可以提供动态模拟，包括可变时间步长、考虑压降在内的流速计算和具有温度依赖性的数学特性。

11.6　人工智能在太阳能系统中的应用

人工智能（AI）系统在解决复杂和难以识别等问题方面的能力已经得到了广泛认可。这些系统可以学习案例且具有容错性，这意味着它们能够处理噪声和不完整数据和解决非线性问题，一旦经过训练后，该系统就可以快速地执行预测和泛化（Rumelhart 等人，1986）。目前，该系统已经应用在多个领域，包括控制、机器人、模式识别、预测、医药、电力系统、制造业、优化、信号处理和社会/心理学。在复杂的制图和系统识别等系统建模领域中，它们的作用更强大。AI 系统包括的方面有人工神经网络、基因算法、模糊逻辑和两种或多种方法组成的混合系统。

人工神经网络（ANN）在某种程度上模仿了人类大脑的学习过程。ANN 是一类小型单独互联处理单元的集合。各单元之间的连接起到传递信息的作用。传入连接具有两个相关数值：输入值和权重。单元输出是总和值的函数。尽管需要在计算机中执行 ANN，但是它们的作用并不针对具体任务。相反，它们会接受关于数据集的训练，直至学会输入模式。一旦完成训练后，它们在完成预测和分类任务时可能会接受新的模式。从真实系统或物理模型、计算机程序或其他来源的数据中，ANN 可以自动学习识别其中的模式。它们可以处理多个输入，并以合适的形式生成设计者所需的结果。

基因算法（GA）受到了生物进化论的启发。在此过程中，该算法通过仅仅选择并繁殖适应性强的个体，模拟出群体的进化过程。因此，基因算法是一种基于"物竞天择、适者生存"理念的最佳搜索技术。基因算法的工作对象为一组规模固定的可能解，被称为"个体"。这些个体会随着时间不断进化。基因算法用到了三种基本的基因算子：选择、交叉和突变。

模糊逻辑（fuzzy logic）主要用于控制工程。作为模糊逻辑的基础，模糊逻辑推理采用了"如果—则语句"形式的语言规律。模糊逻辑和模糊控制具有控制方法描述相对简化的特色。这使得此类应用可以像"人类语言"那样描述出问题及其模糊解。在许多控制应用中，可能会出现未知的系统模型或者输入参数具有高度变异性和不稳定性等情况。在这些情况中，可以应用模糊控制器。它们比常规 PID 控制器更加稳定和便宜。模糊控制器规则不仅使用了人工操作员的策略，还采用了自然语言措辞的表达形式。这大大降低了模糊控制器规则的理解和修改难度。

混合系统结合了不止一种技术，它既可以作为问题求解综合方法的一部分，又可以执行具体的任务，而随后的第二种技术也可执行其他任务。例如，神经－模糊控制器可以在同一个任务（例如，控制某个过程）中使用神经网络和模糊逻辑；而在另一个混合系统中，可以在使用神经网络推导出一些参数后，使用基因算法找到问题的最优解。

在能量流和太阳能系统性能评估中常常用到计算机解析编码。通常，这些算法都十分复杂，其中涉及复杂微分方程的求解过程。为了计算出精确的预测结果，这些程序常常需要较高运算能力的计算机和大量的时间。人工智能系统能够在多维信息域内学习关键的信息模式，而非复杂的规律和数学套路。太阳能系统数据本身具有噪声，人工智能技术非常适合解决此类问题。

本节旨在举例说明在太阳能过程的性能、控制方面进行建模和预测过程中，人工智能技术起到重要作用，使读者理解如何设置人工智能系统。我们在参考文献中给出了多种太阳能系统示例，感兴趣的读者可以从中获得更多的详细信息。这些示例的结果证明了人工智能作为一种设计工具，在众多太阳能工程领域中具有发展潜力。

11.6.1　人工神经网络

尽管在 50 年前人们就提出了 ANN 分析的概念，但是在近 20 年中才发展出可以解决实际问题的应用软件。本节旨在简要概述神经网络的运行原理和介绍一些常见神经网络架构的基本特征。此外，还综述了 ANN 在太阳能系统中的应用。

ANN 只能很好地适用于某些任务，尤其是那些数据集不完整、模糊或信息不完整、问题高度复杂和难以鉴别的任务，并且人类在面临此类任务时，常常依靠直觉做出判断。ANN 可以学习示例且具备解决非线性问题的能力。此外，它们还表现出稳健性和容错性。然而。ANN 并不能有效地处理那些要求在逻辑和算法方面具有较高精确度和精密度的任务。目前，ANN 已经成功地应用在了多个领域。其中的一些重要领域（Kalogirou，2003b）有：

- 函数近似。建立多个输入单个输出的流程图。不同于大多数统计学方法，可以使用合适的无模型参数估计完成该过程。

- 模式联合和模式识别。这是一种模式分类问题。ANN 可以有效地解决该领域中的多种问题——例如，声音、图像或视频识别。即使是在不存在模式的先验定义，该程序也可能能够完成任务。在此类情况中，网络学会了识别全新的模式。

- 联想记忆。这是一种在只给出一个子集线索时，重新调用某种模式的问题。

这些应用中所用的网络结构常常由许多联系复杂的动态神经元组成。

● 新意义模式的生成。该应用领域相对较新。一些学者声称适当的神经元结构可以表现出基本的创造力元素。

目前，ANN 已经成功地应用在了数学、工程、医药、经济、气象、心理学、神经学等多种领域。其中最重要的有：模式、声音和语音识别；肌电图仪分析和其他医学签名；军事目标和乘客行李箱中爆炸物的识别。此外，它们还应用在了天气和市场趋势预报、矿产勘查现场预测、热力和电力负荷预测、自动匹配和机器人控制等其他众多领域。由于神经网络可以利用常规传感器采集的多维数据建立出预测模型，因此它们还可用于过程控制。

神经网络避免了使用复杂的数学方程、计算机模型和成本高且不实际的物理模型。以下为支持 ANN 成功的关键特征，并且使 ANN 有别于常规计算方法（Nannari-ello 和 Frike，2001）：

● ANN 采用直接获取信息的方式，并且通过"训练"阶段了解问题领域（学习感兴趣和可能的非线性关系）。

● ANN 采用"黑箱"式操作，用户不需要具备丰富的数学知识。

● ANN 获取的信息具有紧凑的格式，并且知识被储存在经过训练的网络中，可以轻易地评估和使用。

● 即使是在输入数据中存在"噪声"的情况中，ANN 同样具备稳健的求解能力。

● 当 ANN 用于概括来自问题域内未见过的数据集（未在"训练"过程中使用），可以得到较高精确度的报告。

在具备解决复杂问题能力的同时，神经网络它们同样具有许多缺点。其中一些最重要的缺点为：

● 理想条件下，要求在训练神经网络时使用的数据包含整个系统范围内均匀分布的信息。

● 辅助神经网络设计的理论较少。

● 不能保证可以找到一项可接受的问题解。

● 提供解的合理化机会有限。

下文各节中简要介绍了生物神经元如何形象化为人工神经和建立神经网络的步骤。另外，还介绍了一些常见神经网络架构的特征。

生物和人工神经元

图 11.16 展示的是生物神经元。大脑中的信息流在经过编码后（使用电化学介质，又称为"神经递质"）由突触传递到轴突。单个神经元的轴突可将信息传递给其他多个神经元。神经元的突触部分可以接收其他大量神经元发来的信息。据估计，单个神经元可以接收多达 10,000 个其他神经元的刺激。神经元分组可以形成子系统，这些子系统在集成后形成大脑。据估计，人类大脑中约有 1000 亿个相互连接的神经元。

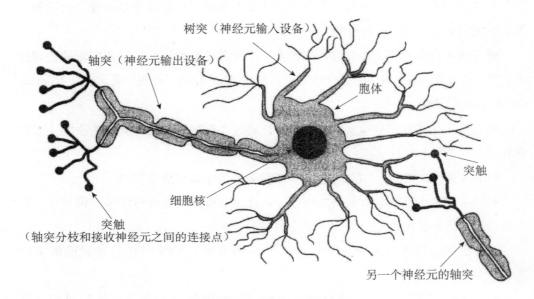

图 11.16　生物神经元示意图

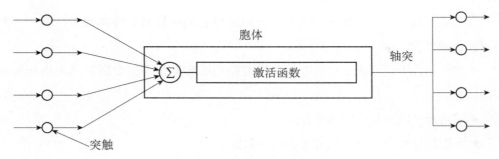

图 11.17　人工神经元的简化模型

图 11.17 以高度简化的形式展示了人工神经元模型，该模型可以模拟出真实生物神经元的一些重要方面。ANN 由一组相互连接的人工神经元组成，它们相互之间以一种协调的方式连接。在此类系统中，刺激是网络的输入。在经过一些合适的运

行之后，可以得出想要的输出结果。在突触位置存在电势积累现象，而在人工神经元中与之对应的是模拟出的连接权重。根据适当的学习规则，这些权重将被持续修改。

人工神经网络的原理

根据 Haykin（1994）的观点，神经网络是一种巨大的并行分布式处理器，具有储存经验知识和使用时调用的自然倾向。它与人类大脑的相似之处有如下两点：

- 神经网络通过学习过程获得知识。
- 使用被称为"突触权重"的中间神经元连接强度可用于储存知识。

ANN 模型可以作为一种备选方法，应用在工程分析和预测中。ANN 在某些方面模仿了人类大脑的学习过程。它们的运行方式类似于一个"黑箱"模型，且不需要系统的详细信息。相反，它们通过研究先前记录的数据，可能采用一种类似于非线性回归学习到输入参数和可控、不可控变量之间的关系。ANN 的另一优势是它们可以处理具有众多不相干参数的大型复杂系统。它似乎能够简单地忽略掉不太重要的额外输入参数，而且还能专注于更重要的输入参数。

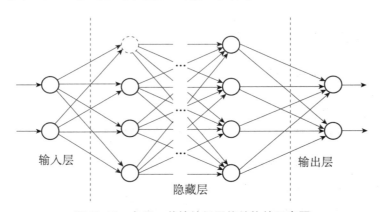

图 11.18　多层、前馈神经网络结构的示意图

图 11.18 为一种典型多层、前馈神经网络结构的示意图。通常，该网络由一个输入层、一些隐藏层和一个输出层组成。在它的简化形式中，单个神经元通过适用的突触权重与前一层中的其他神经元连接。通常，知识以一组相互连接的权重（大概对应着生物神经系统中的突触效能）的形式储存。训练是指通过使用合适的学习方法，采用某种秩序修改连接权重的过程。在神经网络使用的学习模式中，输入连同输出出现在网络中，网络通过调整权重生成所需的输出结果。经过训练后的权重包含了有意义的信息，而这些信息在训练之前具有随机性且毫无意义。

　　图 11.19 举例说明了单节点处理信息的工作原理。节点通过自身的传入连接接收来自其他节点的加权激活。首先，计算出这些加权激活之和（总和）。随后，将结果代入激活函数；所得结果即为节点激活。对于每个传出连接来说，激活值在乘以比重后传向下一节点。

　　训练集是一组可用于训练网络的输入和输出匹配模式，通常由合适的突触权重自适应完成。网络根据输入生成的对应输出结果为因变量。其中很重要的一点是，向网络提供的数据集中应当包括网络需要学习的全部信息。在读取各个模式后，网络使用输入数据得出一项输出结果，随后与训练模式（例如，正确或理想的输出结果）对比。如果二者存在差异，则应将连接权重（通常情况下需要）朝着误差减少的方向变化。如果网络在运行全部输入模式后，误差仍然大于期望限度最大值，则ANN 需要再次运行一遍全部输入模式，直至所有误差满足限度要求。当训练达到满意水平后，网络应保持权重恒定，训练后的网络可用于做决定、识别模式，或者确定新输入集（未用于网络训练）中的关联性。

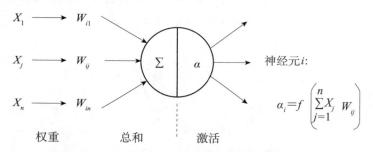

图 11.19　神经网络单元中的信息处理过程

　　经过学习后（即系统以某种方式适应，通常采用变化适当的可控参数），系统的某些部分会表现出一种有意义的行为，这一行为可能就是输出结果。可控参数具有多种名称，例如，突触权重、突触功效、自由参数等。

　　近似理论很好地解释并记录了学习的经典观点。此类理论将学习看作是寻找适合已知输入－输出数据点的超曲面，其中要求精确绘制超曲面。绘图过程通常采用用于组成所需函数的简单非线性函数完成（Pogio 和 Girosi，1990）。

　　Haykin（1994）采用了一种更普遍的学习方法，其中的学习过程是一种神经网络的自由参数通过网络环境内持续模拟而适应的过程。通过参数变化方式可以确定学习类型。

　　一般说来，网络内的特征出现任何变化后即可实现学习过程，进而获得有意义的结果，这意味着成功地满足了预期目标。因此，通过修改突触权重和网络结构、选择适当的激活函数或其他方式等可以完成学习过程。

通常，目标需要由一套合适标准和价值函数进行的量化过程。一般来说，这是一种误差函数最小化或利益函数最大化的过程。在这点上，学习类似于最优化。这就是为什么基因算法作为一种最优搜索方法（参见第 11.6.2 节），仍能应用于 ANN 训练。

目前，常用的几种算法可以在最短的时间内得出最小误差。此外，还存在其他多种形式的神经网络系统。在解决同一问题时，它们可能采用多种不同的应用方式。对于某种应用来说，某种合适范例和策略的适用性在很大程度上取决于待解决问题的类型。

最常见的学习算法有"反向传播"（BP）及其变种（Barr 和 Feigenbaum，1981；Werbos，1974）。反向传播算法在神经网络是一种最强大的学习算法。反向传播训练是一种梯度下降算法。它可以通过改变梯度中的权重实现降低总误差的目的，进而改进神经网络的性能。误差使用均方根值（RMS）来表示，其计算方式如下：

$$E = \frac{1}{2} \Big[\sum_P \sum_i |t_{pi} - o_{pi}|^2 \Big]^{1/2} \tag{11.125}$$

其中 E 为 RMS 误差、t 为网络输出（目标）、o 为所有模式下，p 中的输出矢量。当误差值为 0 时，表明 ANN 计算出的输出模式全部都能非常完美地匹配期望值，还表明网络收到了良好的训练。简单说来，反向传播训练首先需要向所有节点中的权重项（w_{ij}）分配随机数值。下标 j 是指节点前一层中所有节点的总和，下标 j 是指当前层的节点位置 ANN 每进行一次训练模式，都需要重新计算各节点的激活值 α_{pi}。在计算出该层的输出结果后，需要重新经过网络计算出各节点的误差项 δ_{pi}。该误差项为误差函数 E 和激活函数导数的乘积。因此，它可以衡量节点在权重值递增后生成网络输出结果的变化。对于输出层节点和逻辑 - 函数激活来说，误差项的计算如以下方程所示：

$$\delta_{pi} = (t_{pi} - \alpha_{pi})\alpha_{pi}(1 - \alpha_{pi}) \tag{11.126}$$

对于隐藏层中的某个节点，误差项为

$$\delta_{pi} = \alpha_{pi}(1 - \alpha_{pi}) \sum_k \delta_{pk} w_{kj} \tag{11.127}$$

在该表达式中，下标 k 表示下游层（与输出层方向相同的层）中所有节点的总和。它们的下标表明了各节点中的权重位置。最后，使用各节点的 δ 和 α 项计算出各权重项的递增量，如以下方程所示：

$$\Delta w_{ij} = \varepsilon(\delta_{pi}\alpha_{pj}) + mw_{ij}(\text{old}) \tag{11.128}$$

ε 项代表学习速率，决定了权重调整在各个练迭代中的力度。m 项也被称为"动量因子"，它可应用在前一训练迭代 W_{ij}（old）中所用的权重变化。在训练循环起始时指定的这两项常数决定了网络的速度和稳定性。一个训练数据集中所有模式的训练被称为"epoch"。

网络参数的选择

尽管大多数学者都在关注 ANN 架构的定义方法，但是研究人员却想要将 ANN 架构应用到模型和快速获得结果。"神经网络架构"是指神经元在各层内的排列方式以及在各层、激活函数和学习方法之间的连接模式。神经网络模型和神经网络的架构决定了网络中由输入到输出的转换方式。这一转换过程实际是一种计算过程。不论哪种网络架构，转换成功的关键通常取决于清楚地理解问题。然而，在确定哪种神经网络架构能够提供最佳预测的过程中，必须建立一个良好的模型。这在识别过程中最重要变量和生成最适模型的能力方面起到至关重要的作用。然而，在如何确认和定义最佳模型方面仍存在很大的争议。

尽管传统方法和神经网络之间存在诸多不同，但是二者均需要模型的准备工作。古典方法的基础是精确地定义出问题域，以及数学函数或一些可以描述描述出问题域的函数。然而，当系统为非线性和出现多种因素引起参数随时间变化的情况时，精确地确认数学函数的工作将变得非常困难。控制程序常常不具备适应参数变化的能力。通过学习系统行为，神经网络模拟和预测随后的行为。在定义神经网络模型的过程中，首先必须理解过程和过程控制限制。随后才能完成模型的确定和验证过程。

下列步骤在神经网络预测的过程中十分关键。首先，需要建立一项模拟过程行为的神经网络，并在该模型的基础上预测出输出值。第二，在第一阶段得出的神经网络模型基础上，使用多种场景模拟出模型的输出结果。第三，通过修改控制变量控制和优化输出结果。

神经网络模型的建立过程必须与输入和输出特征变量保持一致。输入值包括物理维度的测量值、环境或装备特定变量的测量值和操作员修改的控制变量。贡献因子表示各个输入参数对神经网络学习的贡献作用，通常由网络依据所用软件估算出贡献因子。通过不同输入参数的贡献因子，舍弃那些对输出测量值波动无影响的变量。

训练数据的选择在神经网络模型的性能和收敛方面起到至关重要的作用。在识别系统过程中重要的变量时，分析历史数据也十分重要。通过绘制图形，可以检验出不同变量是否反映有关过程运行的信息，并且非常有助于发现数据中的错误。

通常，为使数据集的总方差达到最小，需要对全部输入和输出值中的个体进行单独的缩放处理。输入和输出值经过标准化处理后，有助于加快学习速度。根据数据和所用激活函数的类型，缩放后的范围可以是 1~1 或 0~1。

ANN 成功处理某一问题的关键在于选择合适的架构和适当的学习速度、动量、各隐藏层中的神经元数量和激活函数。尽管寻找最佳架构和其他网络参数的过程是一项费时、费力的工作，但是操作人员在积累一些经验后，可以更容易地预测出某些参数，这将大大缩短工作时间。

第一步是采集所需数据，以多列的电子表格的形式准备好所需数据，其中各列代表输入和输出参数。如果输入数据文件存在大量可用的序列或模式，为了避免较长的训练时间，可以创建一个较小的训练文件。为了选择最终训练中所需的参数和使用完整的数据集，该训练文件中应尽可能多地包含可以代表整个问题域的代表性样本。

所需的数据文件有三种类型：训练数据文件、测试数据文件和验证数据文件。前者和后者中应当包括网络所需处理全部情况中的代表性样本，而测试文件中包含的情况可能只占到训练文件的 10% 左右。

在训练期间，使用测试文件确定网络的精确度。如果均方差在经过多个 "epoch" 后仍保持不变，则应停止训练。此举是为了避免过度训练，这种情况下的网络可以完全学习训练模式，但是遇到未知训练集时则不具备预测能力。

在反向传播网络中，隐藏神经元的数量决定了学习问题的良好程度。如果使用过多神经元，网络将更容易记住该问题且影响后期的推广。如果使用过少的神经元，网络可能会具备良好的推广性，但可能会欠缺学习模式的能力。确定隐藏神经元合适数量的过程是一种反复试验的问题，原因是缺乏这一方面的学科。通常，由方程 11.129 所示的经验方程可以估算出隐藏神经元的数量（A）（Ward systems 集团公司，1996）：

$$N = \frac{1+O}{2} + \sqrt{P_i} \qquad (11.129)$$

其中，

I = 输入参数的数量；

O = 输出参数的数量；

P_i = 训练模式的可用数量。

架构类型是神经网络中需要选择的最重要的参数。多种架构均可用于太阳能工程问题。本节将简要介绍其中最重要的一些架构：反向传播（BP）、广义回归神经网络（GRNNs）和数据组合处理方法（GMDH）。这几种方法将在以下小节中进行简要介绍。

反向传播架构

反向传播类的架构包括标准网络、递归、具有多个 slab 层的隐藏前馈和跨越连接网络。众所周知，反向传播网络可以很好地概括多种问题。它们是一种监督型网络，如输入和输出两种训练。由于反向传播网络常常具有良好的推广性，因此可用于大量的工作应用中。

第一类神经网络架构中的各层直接与前一层相连（参见图 11.18）。通常，三层（输入、隐藏和输出）网络就足以处理大多数问题。具有标准连接的 3 – 层反向传播网络几乎适用于所有问题。然而，我们可以根据问题特点选择 1、2 或 3 层隐藏层。此外，还应当避免总数超出 5 层，因为层数更多后并不能带来益处。

下一类架构为递归网络，此类架构中具有来自输入、隐藏或输出层中任一来源的抑制反馈。当先前模式经过训练后，它在出现时会包含多层中某一层的内容。该网络以此了解先前输入的知识。有时将这一额外层称为网络的"长期记忆"。长期记忆可以记住输入、输出或隐藏层，这些层中含有先前模式的输入、隐藏或输出层数据中已检测到的特征。递归神经网络尤其适用于序列预测，因此它们十分擅长处理时间序列数据。如前文所述，具有标准连接的反向传播网络每次在某一输入模式出现时，都能够完全使用同样的输出模式做出响应。而递归网络可能会在不同时候向同一输入模式做出不同的响应，这取决于刚刚输入的模式。因此，模式的顺序也具有十分重要的意义。除了提交模式的顺序必须相同之外，递归网络的训练与标准反向传播网络相同。其中的结构差异为正如其他输入层那样，输入层中的额外层也与隐藏层连接。当先前模式经过训练后，这一额外层在出现时会包含多层（输入、输出或隐藏）中某一层的内容。

第三类为具有多个隐藏 slab 层的前馈网络。当隐藏 slab 层中使用不同的激活函数时，这些网络架构在探测输入矢量的不同特征方面具有非常强大的功能。该架构已经广泛应用在多种工程问题的建模和预测，并取得了良好的结果（参见后文中"ANN 在太阳能系统中的应用"节）。如图 11.20 所示，该前馈架构具有 3 个隐藏层。如方程 11.130 所示，各节点的信息处理过程需要以一种加权平均值的形式结合上游节点中全部输入数值信息：

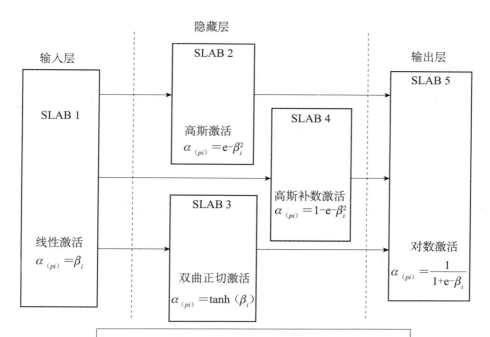

在这些层中，α（pi）为各节点的激活，βi为加权平均值，它是通过结合来自上游节点的全部输入数值信息得出。

图 11.20　具备多隐藏层的前馈架构

$$\beta_i \ = \ \sum_j w_{ij}\alpha_{pj} \ + \ b_1 \qquad (11.130)$$

其中，

$\alpha_{(pi)}$ = 各节点的激活；

b_1 = 被称为"偏差"的常数项。

通过激活函数可以计算出最终的节点输出结果。该架构在各层中具有不同的激活函数。由图 11.20 可知，输入 slab 层中具有线性的激活函数，例如 $\alpha_{(pi)} = \beta_i$（其中 β_i 为整合上游节点中全部输入数值信息后得出的加权平均值），如下为其他层使用的激活函数。

层（slab 2）中使用高斯形式，

$$\alpha_{(pi)} \ = \ e^{-\beta_i^2} \qquad (11.131)$$

层（slab 3）中为，

$$\alpha_{(pi)} \ = \ \tanh(\beta_i) \qquad (11.132)$$

层（slab 4）中为高斯补数，

$$\alpha_{(pi)} \ = \ 1 - e^{-\beta_i^2} \qquad (11.133)$$

输出层为对数形式，

$$\alpha_{(pi)} = \frac{1}{1 + e^{-\beta_i}} \qquad (11.134)$$

在网络处理某一模式时，为了找出模式中的不同特征，我们在隐藏层中使用了不同的激活函数。由方程 11.129 也可以计算出隐藏层中隐藏神经元的数量。然而，隐藏神经元的数量增加后可以得到更大的"自由度"并允许网络储存更多复杂的模式。通常在输入数据为高度非线性时才会采取这一措施。我们建议该架构在一个隐藏层中使用高斯函数探测中间范围数据的特征，在另一个隐藏层中使用高斯补数探测出上下极端数据的特征。通过在输出层中整合这两种特征集，可能得出更佳的预测结果。

广义回归神经网络结构

另一种架构类型为广义回归神经网络（GRNN），它们以快速训练稀疏数据集的能力而闻名。经过大量的测试，人们发现 GRNN 对多种问题类型的响应要明显优于反向传播。此类架构尤其适用于连续的函数近似。GRNN 可以具有多维输入并通过数据拟合多维表面。GRNN 在工作时需要测量某一样本模式与训练集模式在 N 维空间中的距离，其中 N 为问题的输入数量，通常采用欧几里得距离。

GRNN 是一种基于非线性回归理论的四层前馈神经网络，其中包括输入层（input layer）、模式层（pattern layer）、求和层（summation layer）和输出层（output layer）（参见图 11.21）。GRNN 中不存在反向传播中具有的学习速率和动量等训练参数，但在网络训练完成后会应用一个平滑系数。平滑系数决定了网络预测结果与训练模式数据的匹配层度。尽管头三层神经元处于完全连接状态，但是各个输出神经元仅仅连接了求和层中的某些处理单元。求和层具有两种类型的处理单元：求和单元和单一的除法单元。求和单元的数量总是等于 GRNN 输出单元的数量。除法单元仅仅求和隐藏层模式单元的加权激活，并不使用任何激活函数。

各个 GRNN 输出单元仅连接了对应的求和单元和除法单元（这些连接中不存在权重）。输出单元函数包括了一个求和单元信号与除法单元信号之间的简单除法。求和层和输出层一起基本上可完成输出矢量的标准化过程，从而在很大程度上降低 GRNN 对模式单元数量选择的敏感性。了解更多有关 GRNN 的信息，可以参阅 Tsoukalas 和 Uhrig（1997）和 Ripley（1996）等人的文献。

对于 GRNN 网络来说，由于训练集各模式中的隐藏层只含有一个神经元，因此隐藏模式层中的神经元数量常常等于训练集中的模式数量。通过增加该数值可以增加更多的模式，但是该数值却不能变小。

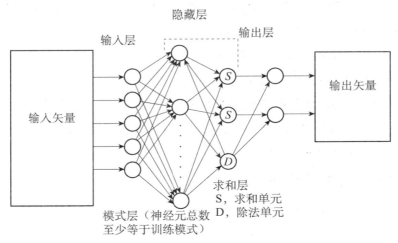

图 11.21　广义回归神经网络的架构

GRNN 的训练与其他神经网络存在很多不同之处。各个输入 – 输出矢量对只需由训练数据集到 GRNN 输入层出现一次后，即可完成训练过程。

基因算法（参见第 11.6.2 节）可以训练 GRNN。基因算法可以找出各个输入中适合的个体平滑系数以及综合平滑系数。基因算法通过使用一种"适应性"指标确定个体生存并繁殖。因此，最适解的存活能够得出良好的解。基因算法的工作原理为选择性繁殖问题潜在解的"个体"群体。此时，潜在解为一组平滑系数，基因算法寻求繁殖一个可以使测试集均方差最小化的个体，计算方法如以下方程所示：

$$E = \frac{1}{p} \sum_p (t_p - o_p)^2 \tag{11.135}$$

其中，

E = 均方误差；

t = 网络输出（目标）；

o = 测试集全部模式（p）的期望输出矢量。

繁殖池的尺寸越大，生成较好个体的可能性也就越大。然而，由于在每个繁殖周期中，每个个体产生的网络都必须应用测试集。因此，大型繁殖池会耗费更多时间。在完成繁殖池内所有个体的测试工作后，产生了"新一代"测试个体。反向传播算法中的误差会在网络内进行多次繁殖，试图在网络输出和真实输出或回答之间找到较低的均方差。与之不同的是，GRNN 训练模式仅向网络提交一次。

输入平滑系数可以调节修改整体的光滑程度，为各输入提供新的数值。在训练结束后，可将单个平滑系数作为一种敏感性分析工具；至少就测试集来说，当某个输入的平滑系数越大，则该输入对模型的重要程度也就越大。在随后的试验中，可将平滑系数较低的输入值列入候选的移除对象。

各个网络的个体平滑系数具有唯一性。某个网络内的数值均是彼此相关的，不能将它们用于对比不同网络的输入。

但是当输入、输出或隐藏神经元的数量出现变化时，网络必须接受重新训练。由于 GRNN 网络要求各训练模式中具备唯一的隐藏神经元，因此当需要增加更多训练模式时，就有可能出现这种情况。

数据组合处理方法神经网络的架构

数据组合处理方法（GMDH）神经网络是一种非常适用于的建模的神经网络类型。GMDH 技术是由来自乌克兰科学院控制论研究所的 A. G. Ivakhenko（Ivakhenko，1968 1971）发明的，并且由其他学者进一步发展了该方法（Farlow，1984）。该方法也被称为"多项式网络"。Ivakhenko 采用 GMDH 方法建立的模型能够更加精确地预测出河流和海洋中的鱼类种群。作为一种基于特征的映射网络，GMDH 能够很好地用于渔业建模和其他众多应用（Hecht-Nielsen，1991）。

GMDH 方法在工作时需要建立连续层，各层之间采用简单的多项式连接。通过使用线性和非线性回归，可以创建这些多项式。初始层为简单的输入层。通过选择最佳的输入变量并计算出回归，进而创建第一层。通过计算第一层中数值的回归和输入变量，创建第二层。该算法可以选择出最佳的"幸存者"。根据预先设定的选择标准，该过程将持续进行到网络不再得出更好的结果。了解更多关于 GMDH 方法的详情，请参阅 Hecht-Nielsen（1991）的著作。

由此生成的网络可以表现为一种以数学方程式形式对模型的复杂多项式描述。其中，多项式的复杂程度取决于训练数据的波动程度。尽管 GMDH 在某些方面非常类似回归分析，但前者具有更强大的功能。GMDH 网络在避免问题过度拟合的同时，还能够建立出非常复杂的模型。另外，GMDH 方法的优势之一是它可在培训时识别出最佳变量，并且可以舍弃多变量问题中贡献较低的变量。

GMDH 方法的中心思想是尝试建立一种函数（称为"多项式模型"），并且要求该函数尽可能地表现出模型输出预测值和实际值的方式。一般神经网络的工作原理类似"黑箱"模型，而多项式公式已经得到人们广泛的理解，因此许多终端用户在使用模型进行预测的过程中会感受到后者带来的便利性。回归分析是求解此类模型最常用的方法。第一步是决定回归可以找到的多项式类型。例如，可以是按照以下方程的形式选择多项式各项、输入变量的幂及其协变式和三变式：

$$\{x_1, x_2, x_3, \ldots, x_1^2, x_2^2, x_3^2, \ldots x_1 x_2, x_1 x_3, \ldots x_{n-1} x_n, x_1 x_2 x_3, \ldots\} \tag{11.136}$$

下一步是使用变量系数创建出多项式中全部项的线性组合。通过最小化所有样本中样本输出和模型预测之间差值的平方和，用算法确定这些系数值。

在使用回归的过程中，主要问题是如何正确地选择多项式的各项。另外，还需要决定多项式的次数。例如，必须决定各项的复杂程度，以及模型是否需要评估 x^{10} 项或是考虑将各项限制在 x^4 或更低。通过在尝试全部可能的组合之前回答这些问题，GMDH 方法的效果要优于回归。

此外，还必须通过使用一些数值标准决定各模型的质量。最简单的标准（该形式也应用在了线性回归分析中）是全部样本中实际输出（y_a）与模型预测值（y_p）差值平方和除以实际输出平方和。该标准被称为"标准均方根误差（NMSE）"，如以下方程所示，

$$\text{NMSE} = \frac{\sum_{i=1}^{N} (y_a - y_p)^2}{\sum_{i=1}^{N} y_a^2} \tag{11.137}$$

然而，只要是在真实数据上使用 NMSE，由于模型的精密度会随着复杂程度的升高而升高，因此 NMSE 值会随着模型增加更多的额外项而变得越来越小。这一规律总是适用于仅使用 NMSE 的情况，而通过评估用于建立模型的相同信息可以决定模型的质量。此举会导致模型出现"过度复杂"和过度拟合的情况，这意味着模型过度关注训练数据中的噪声而无法很好的泛化。这一现象类似于神经网络中的过度训练。

为了避免这一危险情况的发生，我们需要在用于建立待评估模型以外的信息的基础上建立更强大的标准。现有多种方式均可定义此类标准。例如，可能会用到某些其他试验数据集（测试集）中已知输出和模型预测之间差值的平方和。为了避免过度拟合，可以引入对模型复杂度的惩罚，被称为"预测平方误差标准"。

从理论上思考，当选择标准达到最小值时，应当停止增加模型的复杂度。这一最小值可以度量模型的可靠性。

这种在测试所有可能模型的基础上搜索最佳模型的方法常被称为"GMDH 组合算法"。为了节省计算时间，应当减少建模用多项式的评估数量。为此，应将模型选择的一次步骤改为多层步骤。在此过程中，首先取前两个输入变量并整合为简单的多项式各项集合。例如，如果前两个输入变量为 x_1 和 x_2，则多项式各项

的集合为 $\{c, x_1, x_2, x_1 \times x_2\}$，其中（c）为常数项。随后，对来自这些项的全部可能模型进行检查并从中选择最佳模型；任何一个接受评估的模型都可能是候选的幸存者。

然后取另一对输入变量并重复上述操作，得出另一个候选幸存者及其评估标准数值。通过对 n 对可能的输入变量重复上述操作，可以得出 $n(n-1)/2$ 个候选幸存者及其评估标准数值。

随后，通过比较这些数值选择出几个最接近输出变量的候选幸存者。幸存者的最佳候选数量常常为预先定义并储存在网络的第一层并为下一层保存。选定的候选者被称为"幸存者"。

我们将幸存者层用于建立下一层网络的输入。建立第一层时所用的原始网络输入可能也会被选为新一层的输入。因此，在建立下一层时使用了这一扩大输入集中的多项式。应注意的是由于一些输入本来就是多项式，因此下一层可能会包含非常复杂的多项式。

只要评估标准持续减小，GMDH 就应持续建立网络层的步骤。每次在建立出新的网络层后，GMDH 算法就需要检查新的评估标准是否低于上一网络层，如果答案是肯定的，则应继续训练过程。反之则停止训练过程。

ANN 在太阳能系统中的应用

作者已经将人工神经网络应用在了太阳能领域，例如，太阳能蒸汽发电厂中升温响应的建模（Kalogirou 等人，1998）、抛物槽式集热器截获因子评估（Kalogirou 等人，1996）、抛物槽式集热器局部集中度评估（Kalogirou，1996a）、太阳能蒸汽发生系统设计（Kalogirou，1996b）、热虹吸管太阳能热水器的性能预测（Kalogirou 等人，1999a）、太阳能家用热水系统建模（Kalogirou 等人，1999b）、强制循环太阳能家用热水系统的长期性能预测（Kalogirou，2000）和热虹吸管太阳能家用热水系统的长期性能预测（Kalogirou 和 Panteliou，2000）。Kalogirou（2001）的文章综述了这些模型与其他应用在可再生能源领域的应用。这些模型大多使用了如图 11.20 所示的多层隐藏层架构。文章中的报告误差处于可接受范围内，这清楚地表明 ANN 可以用于其他太阳能工程领域的建模和预测。这其中需要做的是具备一组表现系统的历史数据（最好是试验得出的数据集），从而使合适的神经网络在经过训练后学习输出期望对输入参数的依赖度。

11.6.2　遗传算法

遗传算法（GA）是一种机器学习模型，本质上学习模型的行为源自进化过程的表现。通过在机器或计算机内创建染色体表现的个体群体可以完成这一过程。其中的字符串在本质上类似于人类 DNA 中的染色体。群体中的个体随后将经历进化过程。

需要指出的是进化本质上是一种自发出现的过程，或者可以认为进化不是一种有意或被控制的过程。例如，没有证据表明进化的目的就是为了人类繁衍。确实，自然进程看似以不同的个体竞争环境资源为终点。一些优于其他个体的个体更有可能幸存并传播自身的基因。

在自然界中，以无性繁殖编码的遗传信息方式产生的后代常常具有与母体完全相同的基因。而有性繁殖却能产生基因完全不同，但仍属于同一物种的后代。

我们可以简单地认为在分子水平上，一对染色体遇到另一对染色体，并在交换遗传信息组块后分离。该过程属于一种重组操作，由于遗传物质从一个染色体交换到另一个染色体，因此常把 GA 中的这种操作称为"交叉"。

在交叉操作的发生环境中，选择谁来配对是个体适应度的函数。例如，个体在环境中的竞争能力如何？一些 GA 在选择个体（近亲）进行遗传操作（例如，交叉或无性繁殖）时使用了一种简单的适应度测量函数。例如，基因物质的传播未出现变化。这是一种适应度比例选择。其他手段则使用了一种模型，其中分组中某些随机选择的个体在经过竞争后选出适应度最好的个体。该过程被称为"锦标赛选择"。这两种对进化贡献最大的过程为交叉和基于适应度的选择/繁殖。此外，突变在该过程中也起到了重要作用。

GA 可用于多种应用领域，多维度优化问题就是一个例子，其中的染色体字符串可用于编码不同的待优化参数值。

因此，事实上可以通过数组或字符表现染色体，从而计算出遗传模式。简单的二元操作即可完成交叉、突变和其他操作。

GA 在执行过程中常常涉及如下循环。评估群体中所有个体的适应度。通过对刚刚完成适应度测量的个体进行交叉、适应度比例繁殖和突变，可以创建出新的群体。抛弃旧群体并使用新群体进行迭代过程。这一循环的一次迭代过程被称为"代（*generation*）"。图 11.22 中展示了标准 GA 架构（Zalzala 和 Fleming，1997）。

```
                      遗传算法
开始（1）
t = 0［从初始时间开始］
初始化群体，P（t）［初始化一项通常为随机个体的群体］
评估群体 P（t）的适合性［评估群体中所有个体的适应度］
当（代数＜总数）时，开始步骤（2）
t = t + 1［增加计时器］
        由群体 P（t-1）选出群体 P（t）［选择用于后代繁殖的群体分组］
        对群体 P（t）应用交叉处理
        对群体 P（t）应用突变处理
        评估群体 P（t）适应度［评估新群体的适应度］
结束（2）
结束（1）
```

图 11.22　标准遗传算法的架构

由图 11.22 可知，根据每一代群体中个体在适应度函数方面的性能选择繁殖个体。这一选择在本质上为优质个体提供了更多得的幸存机会。随后，通过遗传操作形成新的和可能更佳的后代。在繁殖一定数量的代数或找到最佳解后，均可终止这一算法。了解更多关于遗传算法的内容，请参阅 Goldberg（1989）、Davis（1991）、和 Michalewicz（1996）等人的文献。

本程序第一代（0 代）的操作对象为随机生成的个体群体。以此为起始，遗传算法连同适应度测量一同用于改善群体。

在繁殖过程的各个阶段，作为个体解决问题的能力指标，适应度函数值可用于评估当代的个体。随后，按照个体自身的适应度成比例繁殖各个体。个体的适应度越高，则具有越多配对（交叉）和产生后代的机会。少数新生后代需经过变异算子处理。经过许多代的繁殖后，只有最佳遗传（从适应度函数的角度考虑）的个体幸存。在规定适应度函数和约束条件的前提下，经过"适者生存"处理幸存下的个体代表最佳的问题解。

遗传算法适用于找出已知适应度函数的问题解。遗传算法使用"适应度"指标确定群体中哪些个体幸存并繁殖。因此，适者生存可以改进优良解。群体中的每一个个体都有可能是问题解，通过选择性繁殖"个体"群体，遗传算法得以有效地进行。遗传算法寻求繁殖最大、最小或是专注于某一问题特解的个体。

繁殖池的尺寸越大，产生更大个体的可能性就越大。由于在每个繁殖周期中均需要比较生成的适应度值和其他所有个体的适应度值，所以越大的繁殖池花费的时间越长。在完成池中全部个体的测试工作后，将产生新"一代"用于测试的个体。

在遗传算法的设置阶段，用户必须指定可调节染色体，例如在进化期间通过修改参数获得适应度函数的最大值。另外，用户还必须指定这些值的范围，即"约束"。

遗传算法不是基于梯度而是使用了一项隐含并行的解空间取样方法。群体方法和多重取样意味着该方法陷入局部最小值的程度要低于传统的直接方法，并能指导具有高效样本数量的大型解空间。尽管 GA 并不能保证提供全面的最优解，但是研究表明 GA 可以以一种高效计算的方式，从而得出非常接近最优解的解。

当出现最佳适应度经过多代繁殖后仍保持不变或达到最佳解时，常常即可停止遗传算法。

本书中第 3 章的例 3.2 为 GA 的一个应用案例，其中通过变化两个玻璃的温度从方程 3.15、3.17 和 3.22 中得出相同的 Q_t/A_c 值。在这种情况中，T_{g1} 和 T_{g2} 值为可调的染色体，并且适应度函数是各 Q_t/A_c 值与 Q_t/A_c 平均值的绝对差之和（由上述三个方程得出）。该问题的适应度函数应当等于 0，所有的 Q_t/A_c 均相等。下一节中介绍了 GA 在太阳能领域的其他应用。

GA 在太阳能系统中的应用

一些学者将遗传算法（GA）应用在许多优化问题中：平板太阳能集热器的优化设计（Kalogirou，2003c）、光伏供电系统最佳调整系数的预测（Mellit 和 Kalogirou，2006a）和建筑中门窗布局的优化选择（Kalogirou，2007）。此外，GA 还可以与 TRNSYS 和 ANN 联合用于优化太阳能系统（Kalogirou，2004a）。本系统在建模过程中，使用了 TRNSYS 计算机程序和塞浦路斯的气候条件。ANN 经过少量 TRNSYS 模拟结果的训练后，可以学习到集热器面积和储罐尺寸关于系统所需辅助能量的相关性，并从中估算出节省的寿命周期。随后，使用遗传算法估算这两项参数的最佳尺寸，实现最大程度地节省寿命周期；以此大幅减少设计时间。例如，（Kalogirou，2004a）中提出了一种平板集热器工业加热系统的优化。与传统试错法得出的解相比，由本方法得出的最优解可以在进行和不进行燃料价格补贴时分别增加 4.9% 和 3.1% 的寿命周期。本方法可以极大地减少设计工程师在找出最佳解过程中所需的时间，简单的建模程序或试错法大多取决于工程师的直觉，因此本方法在许多情况中可以得出前者难以轻易得出的解。

GENOPT 和 TRNOPT 程序

当使用模拟模型模拟和设计系统时，常常难以确定能够导致最优系统性能的参数值。有时是因为时间限制，由于更改输入值、运行模拟、解释新结果和猜测如何更改下一次尝试时的输入值等过程会花费用户大量的时间。有时时间反而不是问题，而是系统分析的复杂性，用户无法理解不同参数之间的非线性相互作用。然而，通过使用遗传算法和搜索方法却可能完成单个或多个参数优化。GenOpt 是一种为此类系统优化而开发的遗传优化程序，该程序由劳伦斯伯克利国家实验室设计，并可以免费获得（GenOpt，2011）。GenOpt 可用于找出用户选择的设计参数值，从而最小化所谓的目标参数。例如，年度能量消费、高峰用电需求或不满意人群的预测百分数（PPD 值），进而使系统处于最佳运行状态。TRNSYS 等外部模拟程序可以计算出目标参数（Wetter，2001）。GenOpt 还可以在数据拟合过程中识别出未知参数。只需通过修改简单的配置文件（无需修改编码），GenOpt 即可耦合任一模拟程序（例如，TRNSYS）和基于文本的输入 – 输出（I/O）。而且，它的开放式接口易于用户向库内增加定制的最小化算法。GenOpt 以此为优化算法提供发展环境（Wetter，2004）。

TRNopt 是另一种可用的工具，它作为一种接口程序可使 TRNSYS 用户快捷方便地使用 GenOpt 优化连续和离散变量组合。GenOpt 对模拟起到实际的控制作用，用户可以通过 TRNopt 预处理程序事先建立优化。

11.6.3　模糊逻辑

模糊逻辑是一种由多值逻辑延伸出的逻辑系统。另外，模糊逻辑具有与模糊集几乎相同的理论，该理论涉及的目标等级无明显界限且隶属度是一种程度问题。模糊逻辑全部与精确度的相对重要性相关。例如，完全正确的答案在粗糙答案有效时的重要性。模糊推理系统已经成功地应用在了自动控制、数据分类、决策分析、专家系统和计算机视觉等领域。模糊逻辑可以很快捷地建立出输入与输出空间之间的映射关系。例如，根据所需的热水温度到调整正确设定的数值，或是根据所需蒸汽出口的温度到调整锅炉里的燃料流速。我们从这两项示例中可以理解到模糊逻辑主要涉及控制器的设计问题。

常规控制基于电站数学模型的推导过程，其中可以得出控制器的数学模型。当建立不出数学模型时，就不可能通过经典控制发展出控制器。常规控制的其他限制有（Reznik，1997）：

- 电站的非线性。非线性模型具有计算密集性和复杂的稳定性问题。

● 电站的不确定性。不稳定性和知识不完备等因素使得我们难以建立出精确的模型。

● 多变量、多循环和环境约束。多变量和多循环系统具有复杂的约束和依赖性。

● 噪声引起的测量不稳定性。

● 时间行为。电站、控制器、环境等因素及其随时间变化的约束。另外，时间延迟也是一种难以模拟的因素。

模糊控制的优势有（Reznik，1997）：

● 由于模糊控制器可以覆盖范围更广的运行条件，并且在不同性质的噪声和扰动条件下运行，因此该控制器具有比 PID 控制器更好的稳健性。

● 在执行相同任务时，它们的研发成本低于基于模型或其他的控制器。

● 用户可以更容易理解该类控制器，并且可以修改其中以自然语言表达的规则。这使得用户可以定义该类控制器。

● 用户可以很容易地学会这些控制器的运行原理，以及如何在应用中设计和应用这些控制器。

● 它们可以模拟出任意复杂程度的非线性函数。

● 它们可以建立在专家的经验之上。

● 它们可与常规方法混合使用。

在常规控制理论能够得出满意结果或者已经存在或可以很容易地建立出充分、可解的数学模型等情况时，不应使用模糊控制。

Lofti Zadeh（1973）教授于 1965 年首次在美国研发出模糊逻辑。实际上，Zadeh 的理论不仅仅为模糊控制提供了理论基础，而且还是连接人工智能与控制工程的桥梁。作为一种控制工具，模糊逻辑的应用领域包括：工业生产过程、家用和娱乐电器、诊断系统和其他专家系统。模糊逻辑主要是一种多值逻辑，可以定义诸如是－否、真－假、黑－白、大－小等常规评估之间的中间值。这使得模糊逻辑能够以数学方程表示并在电脑中处理"相当温暖""十分冷"等概念。从而使电脑编程具有更接近人类的思考方式。

模糊控制器的设计过程具有与其他设计过程相同的步骤。首先需要选择架构和模糊控制器参数，以及测试模型或控制器本身，随后根据测试结果更改架构和/或参数（Reznik，1997）。在模糊控制的执行过程中，一项基本要求是应当配备一名可为控制问题提供必要知识的控制专家（Nie 和 Linkens，1995）。了解更多关于模糊控制与实际应用的详情，请参阅 Zadeh（1973）、Mamdani（1974，1977）和 Sugeno（1985）等人的文献。

　　我们可将受控过程动态特征的语言描述理解为过程的一种模糊模型。除了人类专家的知识之外，使用经验知识也可以推导出一组模糊控制规则。由于模糊控制器可以免于严格的数学模型，因此在数学模型不能或难以实现精确模拟的情况中，模糊控制表现出了比其他经典方法更强的稳健性。模糊规则可以使用语言措辞描述出两个或多个变量之间的数量关系。模糊规则的处理过程可以揭示它们在计算某一模糊控制器输入响应时的计算机理。

　　推理机负责输入模糊化、模糊处理和输出去模糊化等工作，它是模糊或任一模糊规则系统的基础。图 11.23 为推理机的原理图。模糊化是指实际输入被模糊化处理后得出模糊输入的过程。模糊处理是指根据规则设置处理输入、得出模糊输出的过程。去模糊化是指从模糊输出到明确实际值的产生过程，后者也是控制器输出。

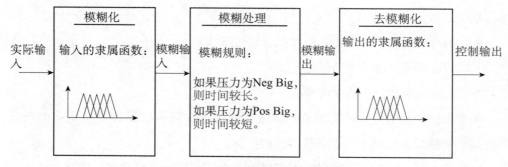

图 11.23　模糊控制器的运行示意图

　　模糊逻辑控制器的目标是获得令人满意的过程控制。在输入参数的基础上，可以确定控制器操作（输出）。图 11.24 展示了一种典型的模糊逻辑控制器设计方案（Zadeh，1973）。如下为此类控制器的设计步骤：

　　（1）定义输入和控制变量。

　　（2）定义条件界面。以模糊集合表示输入。

　　（3）设计规则库。

　　（4）设计计算单元。为此，可以使用许多现成的程序。

　　（5）确定去模糊化规则，例如，模糊控制输出到明确控制动作的转换规则。

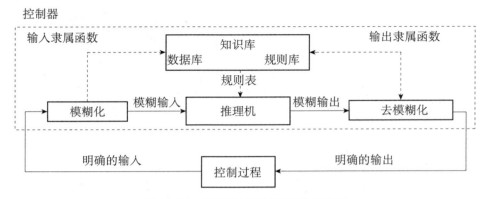

图 11.24　模糊逻辑控制器的基本配置

隶属函数

隶属函数以曲线形式定义了如何将输入空间的各个点映射到范围为 0~1 的隶属度值或隶属程度。输入空间在有的文献中也被称为"论域"。隶属函数必须满足的唯一条件是其数值范围必须是 0~1。另外，模糊集中还可能具有部分隶属关系，例如，"天气相当热"等。函数本身可能是一条任意曲线，它的形状可被定义为一个以简单、便捷、速度和效率等角度适应具体问题的函数。

我们通常需要在由传感器获得的信号和常识基础上，定义输入和输出变量的隶属函数。如图 11.25 所示，在描述输入时使用了"很高""高""良好""低""很低"等语言变量。值得注意的是不同问题可能会使用不同的传感器，从而表现出距离、角度、阻力、斜率等不同参数。

根据某些隶属函数可以采用图 11.26 所示的类似方式调节输出。在这两种情况中，可以使用除三角以外的隶属曲线，如梯形、二次方程式、高斯（指数）、余弦函数等其他多种形式。

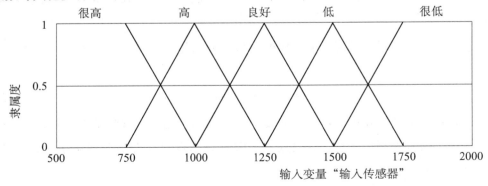

图 11.25　描述输入传感器的语言变量所具备的隶属函数

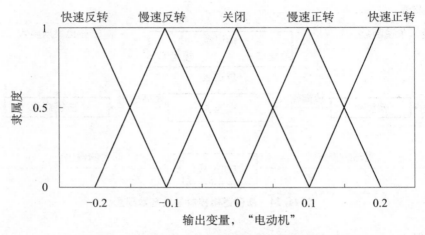

图 11.26　描述电动机运行的语言变量所具备的隶属函数

逻辑运算

关于模糊逻辑的推理，我们需要认识到最重要的一点是它是布林逻辑的超集。例如，如果模糊值位于极值 1（完全正确）和 0（完全错误）之间，则为标准逻辑运算。然而，模糊逻辑中任一陈述的真实性均是一种程度问题。输入值可以是 0 ~ 1 之间的实数。值得注意的是，通过使用 *min*（A，B）函数可以求解出陈述 A AND B 的结果，其中 A 和 B 的范围被限制在（0，1）。同理，*max* 函数在代替 OR 运算后，陈述 A OR B 就等于 *max*（A，B）函数，NOT A 运算等于 1-A 运算。考虑到这三个函数，通过使用模糊集和模糊逻辑运算 AND、OR 和 NOT，可以求解出任一结构。图 11.27 为在模糊集上的运算示例。

图 11.27 中仅为 AND、OR 和 NOT 的两个值和多值逻辑运算之间定义了一种具体的对应关系。而这一对应关系并不具备唯一性。我们可以采用更普遍的术语定义众所周知的模糊交集或合取（AND）、模糊并集或析取（OR）和模糊补集（NOT）。

通常由二元映射 T 指定两个模糊集 A 和 B 的交集，并集合为两种隶属函数，如以下方程所示：

$$\mu_{A \cap B}(x) = T[\mu_A(x), \mu_B(x)] \tag{11.138}$$

二元算子 T 可能表示出 $\mu_A(x)$ 和 $\mu_B(x)$ 的乘法。通常，这些模糊交集算子会被精炼为 T 三角模算子。同理，通常由二元映射 S 指定模糊交集中的模糊并集算子，如以下方程所示：

$$\mu_{A \cup B}(x) = S[\mu_A(x), \mu_B(x)] \tag{11.139}$$

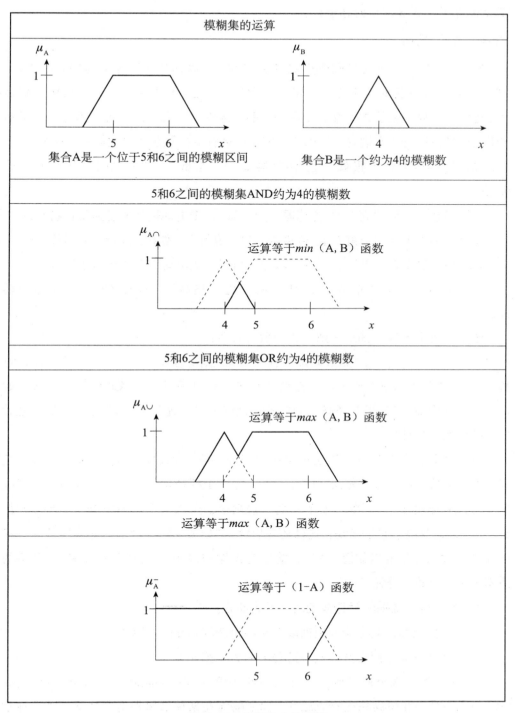

图 11. 27 模糊集上的运算

二元算子 S 可能表示出 $\mu_A(x)$ 和 $\mu_B(x)$ 的加法，这些模糊交集算子常被称为

"T 余模算子（或 S 三角模算子）"。

"如果 – 则" 规则

模糊集和模糊算子是模糊逻辑的主语和动词，而微分方程是常规控制的语言。"如果 – 则"规则起到确定处理受控方式的作用，是模糊控制的语言。模糊规则起到描述语言措辞中变量之间数量关系的作用。这些"如果 – 则"规则陈述可用于制定组成模糊逻辑的条件语句。可以开发出几种具有不同复杂度的规则库，例如：

如果传感器 1 为"很低"且 传感器 2 为"很低"，则电动机处于快速反转状态；

如果传感器 1 为"高"且 传感器 2 为"低"，则电动机处于慢速反转状态；

如果传感器 1 为"良好"且 传感器 2 为"良好"，则电动机处于关闭状态；

如果传感器 1 为"低"且 传感器 2 为"高"，则电动机处于慢速正转状态；

如果传感器 1 为"很低"且 传感器 2 为"很高"，则电动机处于快速正转状态。

通常，单个模糊"如果 – 则"的一般形式为：

$$如果\ x\ 为\ A\ 且\ y\ 为\ B，则\ z\ 为\ C \tag{11.140}$$

其中，A、B 和 C 分别是模糊集在范围（论域）X、Y 和 Z 中定义的语言值。在"如果 – 则"规则中，"如果"条件语句后的项被称为"前提"或"前件"，"则"之后的项被称为"后件"。

值得注意的是 A 和 B 可以表示为 0~1 之间的数，因此前件是一种返回 0~1 之间单个数字的解释。另一方面，C 可以表示为一个模糊集，因此后件可将整个模糊集 C 分配到输出变量 z。在"如果 – 则"规则中，可以采用两种完全不同的方式得出"为"，这取决于它是出现在前件还是后件。"如果 – 则"规则的输入通常是方程 11.140 中输入变量的当前值 x 和 y，输出是方程 11.140 中的整个模糊集 z。随后的去模糊化会向输出分配一个值。

"如果 – 则"规则的解释涉及两个不同部分：

（1）评估前件，其中涉及模糊输入和应用任何必要的模糊算子。

（2）将结果应用到后件，这一过程被称为"蕴涵"。

"如果 – 则"规则在二值或二元逻辑应用中存在很小的难度。如果前提为真，则结论也为真。在模糊陈述的情况中，如果前件在某种隶属程度上为真，则后件也会表现出相同程度的真；即，

在二元逻辑中，$p \rightarrow q$（p 和 q 为全真或全假）；

在模糊逻辑中，$0.5p{\rightarrow}0.5q$（部分前件提供部分蕴涵）。

需要指出的是，一条规则的前件和后件部分可能均会拥有多个组件。例如，前件部分可以是：

如果温度较高、阳光灿烂且压力下降时，则……

这种情况同时计算了前件的全部部分，并且使用前文中的逻辑算子求解出了单个数字。此外，规则的后件也可以具有多个部分，例如：

如果温度很高，则关闭锅炉阀门并打开自来水阀门。

这种情况中，前件的结果会对后件中所有部分产生相同的影响。后件指定了一个分配给输出的模糊集。随后，蕴涵函数按照前件指定的程度修改该模糊集。使用 min 函数的截短是最常用的输出集修改方法。

解释"如果 – 则"模糊规则一般具有如下三个步骤：

（1）模糊化输入。将前件中的全部模糊陈述求解为 0 ~ 1 之间的隶属度值。

（2）将模糊算子应用到多部分前件。如果前件具有多个部分，则应用模糊逻辑算子将前件求解为 0 ~ 1 之间的单个数字。

（3）应用蕴涵方法。对整个规则的支持度可用于形成输出模糊集。模糊规则的后件可将整个模糊集指定到输出。该模糊集可表示为一种被选为指示后件数量的隶属函数。如果只有部分前件为真，则应根据蕴涵方法截短输出模糊集。

模糊推理系统

模糊推理方法可以解释输入向量中的数值，并根据某些规则集将数值分配到输出向量。模糊逻辑中的任何陈述的真实性都将变成一种程度问题。

在模糊推理的过程中，通过使用模糊逻辑可以制定出给定输入到输出之间的映射。映射随后为决策制定和模式识别提供基础。模糊推理过程涉及了目前所述的全部内容，例如，隶属函数、模糊逻辑算子和"如果 – 则"规则。Mamdani 型（1977）和 Sugeno 型（1985）是两类主要应用的模糊推理系统。这两种类型的推理系统在确定输出的方式方面存在某些差异。

Mamdani 型推理期望输出隶属函数为模糊集。在聚集过程后，各输出变量会存在一个需要去模糊化的模糊集。单个高峰的输出隶属函数可能能够取代分布式模糊集，前者有时可能具有更高的效率。有时可将这一所谓的"单输出隶属函数"看作是一个预先去模糊化的模糊集。Mamdani 方法可以找到二维函数的几何中心且具有更高的普遍性，由于单输出隶属函数能够极大简化 Mamdani 方法所需的计算量，因而它可以增加去模糊化处理的效率。可以使用少量数据点的加权平均值找到几何中心，而非集成在二维函数中。

Sugeno 模糊推理的 Sugeno 方法与 Mamdani 方法存在很多相似之处。二者在模糊推理过程的前两部分（模糊化输入和应用模糊算子）完全相同。Sugeno 型模糊推理的输出隶属函数仅为线性或常量，这是与 Mamdani 型模糊推理的主要区别。以下为一阶 Sugeno 模糊模型中的一种典型模糊规则：

如果 x 为 A 和 y 为 B，则 $z = px + qy + r$ (11. 141)

其中，A 和 B 是前件中的模糊集，而 p、q 和 r 均为常量。尽管 Sugeno 模糊模型也可能具有高阶，但是此举引入的优点与显著的复杂程度相比显得微不足道。由于各规则对系统的输入变量具有线性依赖性，在多个分别到动态非线性系统不同运行条件的线性控制器插入监管方面，Sugeno 法具有较为理想的表现。Sugeno 模糊推理系统尤其适用于在输入空间内平滑插入线性增益的任务。例如，它是一种自然高效的增益调度程序。同理，Sugeno 系统可以通过插入多个线性模型，适用于非线性系统建模。

模糊系统在太阳能系统中的应用

模糊系统在太阳能领域的应用较少，其中涉及了模糊单轴跟踪机制控制器的设计（Kalogirou，2002）和光伏电源系统的神经模糊模型（Mellit 和 Kalogirou，2006b）。实际上，图 11.25 和 11.26 展示的隶属函数和前文给出的规则基础均源自第一种应用，我们将在下一节中介绍后者所属的混合系统。

11. 6. 4　混合系统

混合系统结合了两种和多种执行同一任务的人工智能方法。神经模糊控制是一种常见的混合系统，而结合了遗传算法和模糊控制或是人工神经网络和遗传算法等其他类型则是综合问题解的一部分或是分开执行同一问题中具体、单独的任务。由于这些方法大多具有问题确定性，因此我们在此更多地介绍第一类混合系统。

通过使用模糊集和以定性方式执行模糊推理和模糊逻辑，模糊系统在表现语言和结构化知识方面拥有强大的功能。此外，通常需要依赖领域专家就具体问题提供必需的知识。另一方面，神经网络能够特别有效地以计算方式表现出非线性映射关系。它们建立在作为样本接受训练的过程中。另外，尽管模糊系统的逻辑化结构和逐步推理步骤易于读者理解这些系统行为，但是神经网络常常起到"黑箱"的作用，并无需提供明确的解释设备。最近，有学者研究了将两种技术整合为一种新系统——"神经模糊控制"的可能性。这其中使用并恰当地结合了两种系统的几种优势。

具体说来，神经模糊控制是指（Nie 和 Linkens，1995）：

（1）该控制器具有一种源自模糊系统和 ANN 组合的架构。

（2）产生的控制系统包含模糊系统和神经网络，二者作为独立组件分别执行不同任务。

（3）创建各自控制器的混合设计方法学思路来自于模糊和神经控制。

在这种情况中，可将受训后的神经网络看作是一种知识表达的手段。模糊系统使用"如果－则"本地关联表达知识，而神经网络则是将知识储存在自身结构中，具体说来这些结构是以分布或本地化方式存在的连接权重和局部处理单元。许多商业软件（例如 Matlab）包含了神经模糊的建模惯例。

第 11.6.3 节中介绍了模糊推理系统的基本结构。该模型可以映射输入隶属函数，这一映射过程按照顺序分别为输入隶属函数到规则、规则到一组输出特征、输出特征到输出隶属函数、输出隶属函数到单值输出或与输出相关的决定。因此，隶属函数是确定的。模糊推理可以凭借这种方式应用到建模系统中，用户对模型变量特征的解释预先确定了建模系统规则的结构本质。

在某些建模情况中，不能仅凭观察数据就确定隶属函数的形状。通过选择（不是任意选择）隶属函数的相关参数可以修改输入－输出数据的隶属函数，进而说明数据值的变化类型。如果应用模糊推理的系统具有输入－输出历史数据，则这些数据可用于确定隶属函数。通过使用给定的输入－输出集可以构建模糊推理系统，使用神经网络可以调谐或调整其隶属函数参数。这就是所谓的"神经模糊系统"。

神经模糊方法背后的基本思路是为模糊建模程序提供一种可以学习数据集信息的方法，从而计算出隶属函数参数，使关联的模糊推理系统能够以最佳状态跟踪给定输入－输出数据。神经网络可以通过输入隶属函数和相关参数映射输入，随后通过输出隶属函数和相关参数映射到输出，从而用于说明输入－输出映射。与隶属函数相关的参数会在学习过程中出现变化。后续步骤常常类似于所有第 11.6.1 节中介绍的神经网络方法。

值得注意的是，如果向神经模糊系统提供的训练和评估隶属函数参数的数据能够代表受训模糊推理系统即将模拟的数据特征，则这种建模类型可以产生很好的效果。然而事实并非总是如此，由具有噪声的测量值采集的数据或训练数据不能代表模型接收数据的全部特征。为此，可以像任何神经网络系统那样使用模型验证。在模型验证的过程中，通过向受训后的系统提交神经模糊系统之前从未见过且来自输入－输出数据集的输入向量，可以检查模型预测对应数据集输出值的优良程度。

11.7　模拟的局限性

我们在前文介绍过，模拟在太阳能系统设计领域表现了强大的功能和多种优势。但是模拟在使用过程中仍存在一些限制。例如，很容易出现一些错误，假设了错误的常量和忽略了重要的因素。在产生正确、有效结果的过程中，模拟需要与其他工程计算类似的高水平技巧和科学判断（Kalogirou，2004b）。

模型可能会以较高的精确度模拟某个系统以提取所需信息。然而在实践中，模型可能难以详细地表现出真实系统中的某些现象。另外，模型很难模拟或说明管道堵塞、泄漏、系统安装劣质、换热器表面的水垢、控制器的问题运行、集热器和其他设备的劣质保温等物理问题。此外，模拟程序只能处理过程中的热行为，但是机械和水利考量也会影响太阳能系统的热力学性能。而人工智能系统则是一个例外，因为他们的数据来自真实系统，因此潜在问题可被嵌入到系统训练使用的数据中。

值得注意的是，认真执行的试验具有无可替代的重要性。另外，系统模拟和物理实验结合使用可使用户更好地理解各过程的工作原理和改善系统。这些可以揭示出理论是否充分和系统在哪些设计和/或运行过程中会出现难点。我们可以得出结论，模拟方法在太阳能系统建模、设计、性能预测、研发等领域表现出强大的能力。但是，我们必须在使用这些方法的过程中做到小心谨慎。

在未进行经济分析前，太阳能系统研究还不能算是一份完整的研究。为此，通常需要进行一项寿命周期分析，有关这一部分的内容，我们将在下一章中进行详细介绍。

练习

11.1　某房屋位于北纬45°且 $UA = 156$ W/℃，该房屋配备的太阳能系统包括 30 m^2 集热器和一个2250L的储罐。由标准的集热器测试得出集热器换热器参数为 $F'_R (\tau\alpha)_n = 0.80$ 和 $F'_R U_L = 4.25$ W/m²℃。负荷换热器的 $Z = 2.5$，集热器表面的辐射量 $\overline{H_t} = 13.5$ MJ/m² 且 $(\overline{\tau\alpha})/(\tau\alpha)_n = 0.94$。该系统的家用热水负荷每月为1.9 GJ。该地区一月份的平均环境温度和度日分别为3℃和730。试估计该系统在一月份的太阳能保证率和贡献量。

11.2　如果练习11.1中的 $Z = 0.75$ 且储热罐的容量减半，则新的太阳能保证率和贡献量为多少？

11.3 某空间供暖系统位于科罗拉多州博尔德地区，并且具有如下特征，试估计每月和年度太阳能保证率和贡献量：

集热器面积 $=40\ m^2$；

集热器 $F'_R(\tau\alpha)_n=0.78$；

集热器 $F'_R U_L=4.21\ W/m^2℃$；

$(\overline{\tau\alpha})/(\tau\alpha)_n=0.96$；

集热器倾斜角 $=45°$；

储存容量 $=150\ l/m^2$；

负荷换热器 $Z=2$（标准尺寸）；

建筑 $UA=250\ W/K$；

热水负荷 $=2.45\ GJ/月$（常量）；

地面反射率 $=0.2$。

11.4 某空间供暖系统位置的 $\overline{H_t}=13.5\ MJ/m^2$ 且 $\overline{T_a}=-2℃$，度日为 550。该系统使用具有标准配置和标准空气流速和储存容量的空间供暖系统。如果热水负荷为 $1.95\ GJ$ 且系统具有如下特征，试估计一月份的太阳能保证率和贡献量：

建筑 $UA=325\ W/℃$；

集热器面积 $=35\ m^2$；

$(\overline{\tau\alpha})/(\tau\alpha)_n=0.94$；

集热器 $F'_R(\tau\alpha)_n=0.78$；

集热器 $F'_R U_L=3.45\ W/m^2℃$。

11.5 在练习 11.4 中，当集热器承担 50% 负荷时所需的面积为多大？

11.6 某房屋位于伊利诺伊州斯普林菲尔德市，其中 $UA=350\ W/K$ 且配有一套空气空间供暖系统。该集热器具有双层玻璃盖板，倾斜角为 50° 且朝向东偏南 30° 方向。试估计每月和年度的太阳能保证率和系统的贡献量。其中使用的空气集热器具有如下特征：

集热器面积 $=50\ m^2$；

集热器 $F'_R(\tau\alpha)_n=0.65$；

集热器 $F'_R U_L=5.45\ W/m^2℃$；

空气流速 $=15\ 1/m^2 s$；

储存容量 $=0.2\ m^3/m^2 \cdot 块$；

热水负荷 $=1.95\ GJ/月$（常量）；

地面反射率 = 0.2。

11.7　计算某个位于纬度为40°的热虹吸管太阳能热水系统在三月份中的太阳能贡献量。该系统具有如下特征：

（1）集热器倾斜角 = 45°；

（2）集热器表面的月均太阳能辐射 = 15,900 kJ/m² · 天；

（3）月均环境温度 = 9.1℃；

（5）月均晴空指数 = 0.53；

（5）集热器平板数量 = 2；

（6）单个集热器平板的面积 = 1.5 m²；

（7）集热器测试 $F_R U_L$ = 19.0 kJ/h m² ℃；

（8）集热器 F_R（τα）= 0.82；

（9）集热器测试流速 = 71.5 kg/h m²；

（10）单个平板的立管数量 = 8；

（12）立管直径 = 0.012 m；

（12）单个平板的集管组合长度 = 2 m；

（13）集管直径 = 0.028 m；

（14）罐 – 集热器连接管长度 = 2.1 m；

（15）集热器 – 罐连接管长度 = 1.1 m；

（16）连接管直径 = 0.028 m；

（17）连接管的弯头数量 = 2；

（18）连接管的热损失系数 = 11.1 kJ/h m²℃；

（19）储罐容量 = 170 l；

（20）储罐高度 = 1 m；

（21）储罐直径 = 0.465 m；

（22）每日负荷转移量 = 160 l；

（23）自来水温度 = 16℃；

（24）辅助设定温度 = 60℃；

（25）高度 H_1 = 0.07 m；

（26）高度 H_2 = 1.09 m；

（27）高度 H_3 = 2.2 m；

（28）高度 H_5 = 1.31 m。

11.8　集热器的应用位置位于北纬 40° 且倾斜角为 45°。如果一月份月均水平辐射为 11.9 MJ/m²，集热器的临界辐射水平为 156 W/m²，试估计每日可用性和当月的可用能量（地面反射率 = 0.2）。

11.9　使用 Φ 方法估算位于北纬 35° 的集热器在三月份中收集的总能量，其中集热器具有如下特征：

集热器 $F_R(\tau\alpha)$ = 0.81（常量）；

集热器 $F_R U_L$ = 5.05 W/m²℃；

集热器倾斜角 = 40°；

地面反射率 = 0.3；

$\overline{K}_T$ = 0.55；

$\overline{H}_o$ = 29.6 MJ/m²；

$\overline{T}_a$ = 1℃；

T_i = 45℃。

11.10　使用 Φ 方法计算练习 11.9。

11.11　某集热器系统向工业过程供热。下表列出了集热器入口温度（工艺回流温度）的变化趋势，该值在一月中的某一小时为常量。在进行计算的三月份中，$\overline{K}_T$ = 0.55 且 ρ_G = 0.2。系统位于北纬 35°，集热器特征为：$F_R U_L$ = 5.44 W/m²℃、$F_R(\tau\alpha)_n$ = 0.79、倾斜角度为 40°、入射角修正常量 b_o = 0.1。该表同时给出了天气条件。试计算出集热器的能量输出。

小时	T_i（℃）	T_a（℃）	$\overline{I}_t$（MJ/m²）
8 ~ 9	45	-2	1.48
9 ~ 10	45	0	2.13
10 ~ 11	60	2	3.05
11 ~ 12	60	5	3.67
12 ~ 13	60	7	3.85
13 ~ 14	75	8	2.95
14 ~ 15	75	6	2.32
15 ~ 16	75	3	1.80

11.12　练习 11.11 中的集热器系统位于新墨西哥州阿尔帕克基，且面积为 60 m²、$(\tau\alpha)_n$ = 0.96、储罐容量为 4000L。如果工业过程的加热速率为每天 8h（80℃，12 kW）。试估计每月和年度太阳能保证率。

11.13　假设练习 11.12 中的环境温度为 20℃ 且 $(UA)_S$ = 4.5W/℃，试估计六

月份的储罐损失。此外，还需估算当换热器的换热有效性为 0.52 和热容为 4000 W/℃时，负荷对换热器的影响。

11.14　某建筑位于新墨西哥州阿尔帕克基（北纬 35°），具有一扇朝南且面积为 12.5 m^2 的窗户。该建筑的 UA = 325 W/℃、热容 = 18.9 MJ/℃。该窗户安装有双层玻璃且 U = 3.25 W/m^2℃。室内温度维持在 18.3℃且允许温度波动为 6℃。一月份的 ρG = 0.2 且月均 $(\overline{\tau\alpha})$ = 0.75，试估计该建筑需要的辅助能量。

11.15　某建筑位于北纬 35°且配备了主动集热–被动储存系统。该建筑的 UA = 500 W/℃、热容为 21.7 MJ/m^2，室内温度保持在 20℃，一月份的平均温度和度日分别为 8.9℃和 875℃·天。允许的温度波动为 5℃且 $\overline{K_t}$ = 0.63。当系统使用倾斜角为 45°且集热器具有如下特征时，试估计出该系统所需的辅助能量：

集热器面积 = 50 m^2；

集热器 $F_R(\tau\alpha)_n$ = 0.65；

集热器 $F_R U_L$ = 5.45 W/m^2℃；

$(\overline{\tau\alpha})/(\tau\alpha)_n$ = 0.85。

参考文献

[1] Barakat, S. A., Sander, D. M., 1982. Building Research Note No. 184. Division of Building Research, National Research Council of Canada.

[2] Barr, A., Feigenbaum, E. A., 1981. The Handbook of Artificial Intelligence, vol. 1. Morgan Kaufmann, Los Altos, CA.

[3] Beckman, W. A., 1998. Modern computing methods in solar energy analysis. In: Proceedings of EuroSun 598 on CD-ROM. Portoroz, Slovenia.

[4] Beckman, W. A., Klein, S. A., Duffie, J. A., 1977. Solar Heating Design by the f-Chart Method. Wiley-Interscience, New York.

[5] Benz, N., Gut, M., Belkircher, T., Russ, W., 1999. Solar process heat with non-concentrating collectors for food industry. In: Proceedings of ISES Solar World Congress on CD-ROM. Jerusalem, Israel.

[6] Carvalho, M. J., Bourges, B., 1985. Application of utilizability computation methods to Europe and Africa. In: Intersol 85, Proceedings of the 9th Biennial Congress ISES, 4, pp. 2439–2448.

[7] Clark, D. R., Klein, S. A., Beckman, W. A., 1983. Algorithm for evalua-

ting the hourly radiation utilizability function. ASME J. Sol. Energy Eng. 105, 281 – 287.

[8] Close, D. J., 1962. The performance of solar water heaters with natural circulation. Sol. Energy 6, 33 – 40.

[9] Collares-Pereira, M., Rabl, A., 1979. Derivation of method for predicting long term average energy delivery of solar collectors. Sol. Energy 23 (3), 223 – 233.

[10] Collares-Pereira, M., Rabl, A., 1979. The average distribution of solar radiation-correlations between diffuse and hemispherical and between daily and hourly insolation values. Sol. Energy 22 (2), 155 – 164.

[11] Collares-Pereira, M., Rabl, A., 1979. Simple procedure for predicting long term average performance of non-concentrating and concentrating solar collectors. Sol. Energy 23 (3), 235 – 253.

[12] Copsey, A. B., 1984. Modification of the *f*-Chart Method for Solar Domestic Hot Water Systems with Stratified Storage (MS thesis). University of Wisconsin.

[13] Davis, L., 1991. Handbook of Genetic Algorithms. Van Nostrand, New York.

[14] Erbs, D. G., Klein, S. A., Duffie, J. A., 1982. Estimation of diffuse radiation fraction for hourly, daily and monthly average global radiation. Sol. Energy 28 (4), 293 – 302.

[15] Evans, B. L., Klein, S. A., 1984. A design method of active collection-passive storage space heating systems. In: Proceedings of ASME Meeting. Las Vegas, NV.

[16] Evans, D. L., Rule, T. T., Wood, B. D., 1982. A new look at long term collector performance and utilisability. Sol. Energy 28, 13 – 23.

[17] Fanney, A. H., Klein, S. A., 1983. Performance of solar domestic hot water systems at the National Bureau of Standards. J. Sol. Energy Eng. 105, 311 – 321.

[18] Farlow, S. J. (Ed.), 1984. Self-organizing Methods in Modeling. Marcel Dekker, New York.

[19] Florides, G., Kalogirou, S., Tassou, S., Wrobel, L., 2002. Modeling and simulation of an absorption solar cooling system for Cyprus. Sol. Energy 72 (1),

43 - 51.

[20] Gantner, M., 2000. Dynamische Simulation Thermischer Solaranlagen (Diploma thesis). Hochschule für Technik Rapperswil (HSR), Switzerland.

[21] GenOpt, 2011. A Generic Optimization Program. Available from: http: //simulationresearch. lbl. gov/GO/index. html.

[22] Goldberg, D. E., 1989. Genetic Algorithms in Search Optimization and Machine Learning. Addison-Wesley, Reading, MA.

[23] Haykin, S., 1994. Neural Networks: A Comprehensive Foundation. Macmillan, New York.

[24] Hecht-Nielsen, R., 1991. Neurocomputing. Addison-Wesley, Reading, MA.

[25] Hottel, H. C., Whillier, A., 1955. Evaluation of flat plate collector performance. In: Transactions of the Conference on the Use of Solar Energy. Part I, vol. 2. University of Arizona Press, p. 74.

[26] Ivakhenko, A. G., 1968. The group method of data handling - a rival of stochastic approximation. Sov. Autom. Control 1, 43 - 55 (in Russian).

[27] Ivakhenko, A. G., 1971. Polynomial theory of complex systems. IEEE Trans. Syst. Man Cybern. SMC-12, 364 - 378.

[28] Jordan, U., Vajen, K., 2000. Influence of the DHW load profile on the fractional energy savings: a case study of a solar combi-system with TRNSYS simulations. In: Proceedings of EuroSun 2000 on CD-ROM. Copenhagen, Denmark.

[29] Kalogirou, S. A., 1996. Artificial neural networks for estimating the local concentration ratio of parabolic trough collectors. In: Proceedings of the EuroSun'96 Conference, vol. 1. Freiburg, Germany, pp. 470 - 475.

[30] Kalogirou, S. A., 1996. Design of a solar low temperature steam generation system. In: Proceedings of the EuroSun'96 Conference, vol. 1. Freiburg, Germany, pp. 224 - 229.

[31] Kalogirou, S. A., 2000. Long-term performance prediction of forced circulation solar domestic water heating systems using artificial neural networks. Appl. Energy 66 (1), 63 - 74.

[32] Kalogirou, S. A., 2001. Artificial neural networks in renewable energy sys-

tems: a review. Renewable Sustainable Energy Rev. 5 (4), 373 - 401.

[33] Kalogirou, S. A., 2002. Design of a fuzzy single-axis sun tracking controller. Int. J. Renewable Energy Eng. 4 (2), 451 - 458.

[34] Kalogirou, S. A., 2003. The potential of solar industrial process heat applications. Appl. Energy 76 (4), 337 - 361.

[35] Kalogirou, S. A., 2003. Artificial intelligence for the modelling and control of combustion processes: a review. Prog. Energy Combust. Sci. 29 (6), 515 - 566.

[36] Kalogirou, S. A., 2003. Use of genetic algorithms for the optimal design of flat plate solar collectors. In: Proceedings of the ISES 2003 Solar World Congress on CD-ROM. Goteborg, Sweden.

[37] Kalogirou, S. A., 2004. Optimisation of solar systems using artificial neural networks and genetic algorithms. Appl. Energy 77 (4), 383 - 405.

[38] Kalogirou, S. A., 2004. Solar thermal collectors and applications. Prog. Energy Combust. Sci. 30 (3), 231 - 295.

[39] Kalogirou, S. A., 2007. Use of genetic algorithms for the optimum selection of the fenestration openings in buildings. In: Proceedings of the 2nd PALENC Conference and 28th AIVC Conference on Building Low Energy Cooling and Advanced Ventilation Technologies in the 21st Century. Crete Island, Greece, September 2007, pp. 483 - 486.

[40] Kalogirou, S. A., 2009. Thermal performance, economic and environmental life cycle analysis of thermosiphon solar water heaters. Sol. Energy 38 (1), 39 - 48.

[41] Kalogirou, S. A., Neocleous, C., Schizas, C., 1996. A comparative study of methods for estimating intercept factor of parabolic trough collectors. In: Proceedings of the Engineering Applications of Neural Networks (EANN'96) Conference. London, pp. 5 - 8.

[42] Kalogirou, S. A., Neocleous, C., Schizas, C., 1998. Artificial neural networks for modelling the starting-up of a solar steam generator. Appl. Energy 60 (2), 89 - 100.

[43] Kalogirou, S. A., Panteliou, S., Dentsoras, A., 1999. Artificial neural networks used for the performance prediction of a thermosiphon solar water heater. Renewable Energy 18 (1), 87 - 99.

[44] Kalogirou, S. A. , Panteliou, S. , Dentsoras, A. , 1999. Modelling of solar domestic water heating systems using artificial neural networks. Sol. Energy 65 (6), 335 – 342.

[45] Kalogirou, S. A. , Panteliou, S. , 2000. Thermosiphon solar domestic water heating systems long-term performance prediction using artificial neural networks. Sol. Energy 69 (2), 163 – 174.

[46] Kalogirou, S. A. , Papamarcou, C. , 2000. Modeling of a thermosiphon solar water heating system and simple model validation. Renewable Energy 21 (3 – 4), 471 – 493.

[47] Klein, S. A. , 1976. A Design Procedure for Solar Heating Systems (Ph. D. thesis) . Chemical Engineering, University of Wisconsin, Madison.

[48] Klein, S. A. , 1978. Calculation of flat-plate collector utilizability. Sol. Energy 21 (5), 393 – 402.

[49] Klein, S. A. , Beckman, W. A. , 1979. A general design method for closed-loop solar energy systems. Sol. Energy 22 (3), 269 – 282.

[50] Klein, S. A. , Beckman, W. A. , 2005. F-Chart Users Manual. University of Wisconsin, Madison.

[51] Klein, S. A. , Beckman, W. A. , Duffie, J. A. , 1976. A design procedure for solar heating systems. Sol. Energy 18 (2), 113 – 127.

[52] Klein, S. A. , Beckman, W. A. , Duffie, J. A. , 1977. A design procedure for solar air heating systems. Sol. Energy 19 (6), 509 – 512.

[53] Klein, S. A. , et al. , 2010. TRNSYS Version 17 Program Manual. Solar Energy Laboratory, University of Wisconsin, Madison.

[54] Liu, B. Y. H. , Jordan, R. C. , 1963. The long-term average performance of flat-plate solar energy collectors. Sol. Energy 7 (2), 53 – 74.

[55] Malkin, M. P. , Klein, S. A. , Duffle, J. A. , Copsey, A. B. , 1987. A design method for thermosiphon solar domestic hot water systems. Trans. ASME 109, 150 – 155.

[56] Malkin, M. P. , 1985. Design of Thermosiphon Solar Domestic Hot Water Systems (MS thesis) . University of Wisconsin.

[57] Mamdani, E. H. , 1974. Application of fuzzy algorithms for control of simple

dynamic plant. IEE Proc. 121, 1585 - 1588.

[58] Mamdani, E. H., 1977. Applications of fuzzy set theory to control systems: a survey. In: Gupta, M. M., et al. (Eds.), Fuzzy Automata and Decision Process. North-Holland, Amsterdam, pp. 77 - 88.

[59] Mellit, A., Kalogirou, S. A., 2006. Application of neural networks and genetic algorithms for predicting the optimal sizing coefficient of photovoltaic supply systems. In: Proceedings of the IX World Renewable Energy Congress on CD-ROM. Florence, Italy.

[60] Mellit, A., Kalogirou, S. A., 2006. Neuro-fuzzy based modeling for photovoltaic power supply (PVPS) system. In: Proceedings of the IEEE First International Power and Energy Conference, vol. 1. Malaysia, pp. 88 - 93.

[61] Michalewicz, Z., 1996. Genetic Algorithms + Data Structures = Evolution Programs, third ed. Springer, Berlin.

[62] Mitchell, J. C., Theilacker, J. C., Klein, S. A., 1981. Calculation of monthly average collector operating timeand parasitic energy requirements. Sol. Energy 26, 555 - 558.

[63] Monsen, W. A., Klein, S. A., Beckman, W. A., 1981. Prediction of direct gain solar heating system performance. Sol. Energy 27 (2), 143 - 147.

[64] Monsen, W. A., Klein, S. A., Beckman, W. A., 1982. The unutilizability design method for collector-storagewalk. Sol. Energy 29 (5), 421 - 429.

[65] Nannariello, J., Frike, F. R., 2001. Introduction to neural network analysis and its applications to building services engineering. Build. Serv. Eng. Res. Technol. 22 (1), 58 - 68.

[66] Nie, J., Linkens, D. A., 1995. Fuzzy-Neural Control: Principles, Algorithms and Applications. PrenticeFfadL Englewood Cliffs, NJ.

[67] NRCan, Natural Resources Canada, WATSUN 2009. Program available for free download from: http: // canmetenergy. nrcan. gc. ca/software-tools/1546.

[68] Oishi, M., Noguchi, T., 2000. The evaluation procedure on performance of SDHW system by TRNSYS simulation for a yearly performance prediction. In: Proceedings of EuroSun 2000 on CD-ROM. Copenhagen, DenmaA.

[69] Phillips, W. F., Dave, R. N., 1982. Effects of stratification on the perform-

ance of liquid-based solar heating systea Sol. Energy 29, 111-120.

[70] Pogio, T., Girosi, F., 1990. Networks for approximation and learning. Proc. IEEE 78, 1481-1497.

[71] Polysun, 2008. User Manual for Polysun 4. Vela Solaris AG, Rapperswil.

[72] Reznik, L., 1997. Fuzzy Controllers. Newnes, Oxford.

[73] Ripley, B. D., 1996. Pattern Recognition and Neural Networks. Cambridge University Press, Cambridge, UK.

[74] Rumelhart, D. E., Hinton, G. E., Williams, R. J., 1986. Learning internal representations by error propagation chapter 8. In: Parallel Distributed Processing: Explorations in the Microstructure of Cognition, vol. 1. SOT Press, Cambridge, MA.

[75] Schweiger, H., Mendes, J. F., Benz, N., Hennecke, K., Prieto, G., Gusi, M., Goncalves, H., 2000. The potential solar heat in industrial processes. A state of the art review for Spain and Portugal. In: Proceedings of 2000 Copenhagen, Denmark on CD-ROM.

[76] Sugeno, M., 1985. Industrial Applications of Fuzzy Control. North-Holland, Amsterdam.

[77] Thevenard, D., 2008. A simple tool for the simulation of active solar systems: WATSUN reborn. In: Proceeding of the Third Solar Buildings Conference. Fredericton N. B, pp. 189-196.

[78] Tsoukalas, L. H., Uhrig, R. E., 1997. Fuzzy and Neural Approaches in Engineering. John Wiley & Sons, New York.

[79] Ward Systems Group, Inc., 1996. Neuroshell-2 Program Manual. Frederick, MD.

[80] WATSUN, 1996. WATSUN Users Manual and Program Documentation. 3V. 13. 3. University of W Waterloo, Canada. WATSUN Simulation Laboratory.

[81] Werbos, P. J., 1974. Beyond Regression: New Tools for Prediction and Analysis in the Behavioral Science (Ph. D. thesis). Harvard University, Cambridge, MA.

[82] Wetter, M., 2001. GenOpt: a generic optimization program. In: Proceedings of IBPSA's Building Simulation Conference. Rio de Janeiro, Brazil.

［83］　Wetter, M. , 2004. GenOpt: A Generic Optimization Program. User Manual. Lawrence Berkeley Laboratory, Berkeley, CA.

［84］　Whillier, A. , 1953. Solar Energy Collection and Its Utilization for House Heating (Ph. D. thesis) . Mechanical Engineering, Cambridge, MA.

［85］　Zadeh, L. A. , 1973. Outline of a new approach to the analysis of complex systems and decision processes. IEEE Trans. Syst. Man Cybern. SMC-3, 28 – 44.

［86］　Zalzala, A. , Fleming, R, 1997. Genetic Algorithms in Engineering Systems. The Institution of Electrical Engineers, London.

第 12 章　太阳能技术经济分析

尽管在太阳能系统中可以免费获得太阳辐射资源，但是通过设备收集并把太阳辐射转变成热能或者电力，这一过程是需要成本的。因此太阳能系统是初次投资成本高，运行成本低。选择运营一个太阳能系统，需要考虑集热器，其他必要的设备以及备用的传统燃料成本。太阳能系统完成相同的任务，其费用要比其他的传统能源低。因此，相比初次的投资，需要对未来的运营成本进行估计。其中包括运行和维持系统的成本，以及作为后备的辅助燃料成本。此外，还需考虑到贷款利息、任何有可能的税、保险的成本、任何需要转售的设备，或已经报废的设备的成本。

在之前的章节中，我们对大量的太阳能组件和系统进行了讨论研究，介绍了各种方法，以确定太阳能系统的长期热性能。为了说服客户安装太阳能系统，对这些系统的经济可行性进行分析和评估具有十分重要的意义。经济分析的目的是找到合适的特定应用程序系统，得到成本最低的太阳能和辅助能源组合。

由于可获得的太阳能资源具有间歇性且难以预测，因此让太阳能热力系统在一年里 100% 满足电力需要并不符合成本效益原则。这是因为，若要在最差的运行条件下使系统充分满足需求，则需要尺寸相当大的系统，那么在这一年的其他时间里，会造成能源的浪费，这是不符合成本效益的。通常，另一种有效的方法是对系统大小进行设计，要求在系统的最佳操作条件下，能完全满足夏季的热能需求，并在其他时间里作为太阳能系统的辅助能源。正如本章所述，实际的系统大小是根据经济分析来决定的。最佳的太阳能利用方式是联合使用其他类型的系统和备用的常规燃料。目标是设计一个可以满载运行或者大部分时间里接近满载，并在剩余的时间里可以使用辅助能源的太阳能系统。尽管每年覆盖的需求总百分比小于 100%，但可以容易地证明，这种系统比那种完全满足全年热负荷较大的系统更经济。辅助系统可以承担极端天气条件下的负荷，从而提高太阳能系统的可靠性。与总年度热负荷相比，太阳能承担的年度负荷因数称为太阳能保证率，F，它表示在没有太阳的能量时，供应到系统中的有用太阳能能源与加热水或供应给建筑空间所需总能量的比值。太阳能保证率 F 的表达式如下（用百分比表示）：

$$F = \frac{L - L_{\text{AUX}}}{L} \tag{12.1}$$

其中，

　　L = 负荷每年所需的能量（GJ）；

　　L_{AUX} = 辅助加热每年所需的能量（GJ）。

12.1　生命周期分析

　　太阳能与辅助能源的正确比例是由经济分析决定的。目前，有多种简单或复杂的分析是建立在热经济学原理的基础上。

　　对太阳能系统进行经济分析，确定满足能源需要的最小成本，这需要同时考虑太阳能系统方案和非太阳能系统。在书中所采用的经济分析方法叫作生命周期分析法。这种分析方法将货币的时间价值，以及成本的完整范围都考虑在内。当估算未来的支出时，它还需要考虑通货膨胀带来的影响。在这章节中，我们将给出几个例子，其中同时用到了美元和欧元。然而，货币的真实价值对于实际的方法不是最重要的，并且生命周期分析法适用于任何的货币体系。

　　有几个标准可以用来评估和优化太阳能系统。最重要的几个标准的定义如下：

　　（1）生命周期成本（LCC）是指在能源输送系统周期内与该系统有关的所有支出费用的总和，其中还考虑到了货币的时间价值。生命周期成本也可以用来估计所选时间的价值。生命周期成本的目的是以贴现的方式计算在未来收回预计的成本，即，按照市场贴现率计算投资额。市场贴现率是最好的收益率选择，即，把钱存入一家银行（作为投资）可能获得的最高利率。

　　（2）生命周期节省量（LCS），对于太阳能加辅助能源系统来说，生命周期节省量是指一个只有燃料的常规系统的生命周期成本与太阳能加上辅助系统的生命周期成本之差。与一个仅有燃料系统的系统相比，它等于太阳能系统获得的收益的现值总额（Beckman 等人，1977 年）。

　　（3）回收期有很多定义方法，但最普遍的一种就是累积的燃料储蓄等于总的初始投资所需要的时间，即，资本回收所需的时间等于太阳能系统的使用可以节约的燃料量。回收期的其他定义是指年度太阳能储存量为正数所需的时间，以及积累的太阳能储存量为零所需的时间。

　　（4）投资回报率（ROI）是指时生命周期储蓄为零的市场贴现率，即，使太阳能系统和非太阳能替代系统的现值相等的贴现率。

在第 11 章中，我们已经介绍了所有的软件程序，这些软件有例行的程序用于建模系统的经济分析。太阳能系统的经济分析可以用电子表格程序来执行。电子表格程序特别适用于经济分析，因为它的一般格式是具有单元格，可以包含数值或公式，并且内置了许多的函数。每年对在不同列中，所计算出的各种经济参数进行经济分析。例如可以用不同价值的市场贴现率来获得 ROI，通过试验和错误的数据分析，直到生命周期节省量为 0。作者详细描述了如何使用电子表格对太阳能系统进行经济分析（Kalogirou，1996 年）。

12.1.1 生命周期成本分析

事实上，生命周期成本分析反映了利用太阳能对节省燃油费用带来的好处。与传统化石燃料系统相比，太阳能系统具有相对较高的初始成本和较低的运行成本，而这与常规系统正好相反。因此，如果单独只对初始投资成本进行考虑，那么则没有人会使用太阳能系统。在本章中我们将会证明，进行生命周期分析时，要考虑到太阳能系统的寿命期间发生的所有费用。此外，随着资源日益匮乏，油价上涨，高消费的化石燃料将会被太阳能系统所取代，所以最好的分析还是经济因素，例如，LCS 和回收期。常规燃料的使用对环境带来的有害影响已经在第 1 章描述过了，这些影响不应被低估。作者对太阳能水热系统所带来的环境收益进行了分析（Kalogirou，2004 年）。

在生命周期循环分析中，初始投资成本和年度运营成本被认为是太阳能系统的整个生命成本。这些系统包括，燃料的运行成本为和泵运行所需的电、最初购买成本、借款的利息费用、维修费用及税款。此外，还有残余价值，当组件报废后，可以作为废金属进行回收。

最初的购买成本应包括实际设备成本、设计费、运输成本、安装系统的劳动力成本，支架和安装系统的成本，如果系统不是安装在建筑物的屋顶，还要考虑安装系统所需的空间的价值和支付给安装工人的费用。实际的设备成本包括太阳能集热器、储罐、泵或球阀、管道或导管、绝缘物、换热器和控件。

随着太阳能系统容量的增加，将会产生更多电力并花费更多的资金。因此，需要确定太阳能系统的最佳尺寸，来实现生命周期节省量最大化和得到最快的回收期。问题是在所有的系统和系统配置组件中，如何寻找一个最低成本的系统，有一些系统对其热性能和成本都有影响。在实践中，总的负荷都已知或给出。例如，在一个热水系统中，总的负荷等于热水需求量乘以供应补给水和供应热水的温差；因此，需要根据其他参数来找到一个合适的太阳能系统，例如能量的储存容量，合适的集热器面积。另外，太阳能系统集热器阵列面积大小的选择比任何其他组件的选择都要严谨得多，例如，储存容量。因此，为了简化分析，对于给定的负荷和系统特性，需要将集热器大小作为的优化参数进行分析，而其他参数则根据收集器的大小进行选择。太阳能设备的总成本 C_s 包括两项，一项与集热器面积（A_c）成正比，被称为面积依赖成本，C_A，另一项则独立于集热器面积，被称为面积独立成本 C_I。太阳能设备的总成本为：

$$C_s = C_A A_c + C_I \qquad (12.2)$$

在方程 12.2 中，成本 C_A 不仅仅包括与集热器系统采购和安装相关的成本，如集热器平板、支架和管道。还包括与集热器系统的大小有关的成本，如存储的部分成本和部分太阳能水泵的成本。面积独立成本的相关的组件中不包括集热器面积，如控制的成本和电气安装等。需要注意的是，如果申请任何补贴，这一部分应从总的系统成本中剔除，因为这不是真正的支出。例如，如果在初始系统成本中申请 40% 的补贴，那么系统总的成本为 10,000 欧元时，实际支出为 $0.6 \times 10,000 = 6000$ 欧元。因为补贴仅发生在系统初期，它不受时间对金钱的影响，并且是生命周期存储分析中的一个现值。

运行成本 C_o，它包括维护、寄生和燃料的成本。维护成本通常是占初始投资的百分之几，并且随着系统老化，假定维护成本每年以一定的速率增加。对于固定的集热器，假定维修成本占到初始投资的 1%，跟踪式集热器为 2%，它们每年随着系统的操作分别增加 0.5% 和 1%（Kalogirou，2003）。寄生成本取决于系统的类型，它来源于驱动太阳能泵或风机所需的能量（电力）而产生的成本。

将用于辅助能的传统燃料的年度成本从单一燃料系统的燃料需求中减去，就可以获得节省的燃料。第一年使用太阳能作为辅助能源的综合成本的计算表达式如下：

$$C_{AUX} = C_{FA} \int_0^t L_{AUX} \, dt \qquad (12.3)$$

第一年总负荷的综合成本，即没有使用太阳能的传统燃料系统成本为：

$$C_L = C_{FL} \int_0^t L \, dt \qquad (12.4)$$

其中，C_{FA}、C_{FL} 分别是辅助能源和常规燃料的成本率（单位：\$/GJ）。

如果两个系统中使用的是相同的燃料，那么 $C_{FA} = C_{FL}$。二者都等于燃料热值和加热器的效率的乘积。事实上，方程 12.4 给出了传统系统（非太阳能系统）的燃料成本。在方程 12.3 中，用总的热量负荷 L，而不是 L_{AUX}，乘以 $(1-F)$。

用方程的形式，太阳能系统和传统的备用系统承担的热负荷的能量需求的年度成本为：

$$年度成本 = 抵押付款 + 燃料成本 + 维护成本 + 寄生能源成本$$
$$+ 房产税 + 保险成本 - 所得税储蓄 \qquad (12.5)$$

需要指出的是，并不是所有的参数适用于所有可能的系统。只有那些适用于每种情况下的参数可以使用。例如，如果有可用的资金完全支付太阳能系统，那么就不需要年度抵押付款。这种情况适用于其他因素，如房产税、保险费用和所得税储蓄，它们在每个国家都不同或有的根本不需要，并且相关的保险政策也可能不同。有些因素在每个国家都不一样或不适用，对每个消费者来说都可能不同。因为每个国家的议事规则节省税款都不一样，就好像在美国，不同的州，他们的政策也经常在改变，在这一章中不会进行细节描述。作为设计中的一部分，设计者必须采用当地的政策来进行分析和安装太阳能系统。美国的所得税收益取决于系统的性质。例如家庭系统，它生产的是非收入性电力；而好像工厂那样的过程热力系统，生产的是收入性电力。适当的方程如下（Duffie 和 Beckman，2006）：

对于非收入性生产系统

$$所得税储蓄 = 有效所得税率 \times 利息支付 + 财产税 \qquad (12.6)$$

对于生产性收入系统

$$\frac{所得税}{储蓄} = 有效税率 \times (利息支付 + 财产税 + \frac{燃料}{费用} + 维护 + 保险 + 寄生能量 + 折旧)$$

$$(12.7)$$

计算联邦税时，州所得税可以从收入中扣除。以下情况，联邦税不能从州税中扣除，有效税收为（Duffie 和 Beckman，2006）：

$$有效税率 = 联邦税率 + 州税率 - (联邦税率 \times 州税率) \qquad (12.8)$$

根据 LCS 的定义，太阳能节省成本也可通过常规系统和太阳能系统之间的成本差求得：

$$太阳能节省成本 = 常规能源系统成本 - 太阳能系统成本 \qquad (12.9)$$

需要指出的是，如果系统的节能效果差，节能成本将出现负值（支出）。根据 Beckman 等人（1977）给出的资料，对常见的系统不进行太阳能的节省成本评价。例如，通常在太阳能和非太阳能系统中安装储罐，所以如果储罐的大小或其他设备在两个系统是不同的，那么费用的差异也要列入太阳能发电系统的成本费用当中。

因此，只有安装太阳能系统时带来了增量部件或额外成本时，才对这一概念进行考虑。太阳能节省成本可表示为：

太阳能节省成本 = 节省的燃油费 – 额外的抵押付款 – 额外的维护费

– 额外的保险费 – 额外的寄生能源成本

– 额外的财产税 + 所得税储蓄　　　　　　　　（12.10）

关于方程（12.10）的最后一项，类似于（12.6）和（12.7）的方程，都可以在不同的项前加上"额外"二字。

12.2　货币的时间价值

如前所述，在太阳能过程中常用的经济学方法是生命周期成本法，该方法将今天和未来的成本进行比较，并把未来的一切费用都考虑到了成本中。比较的方法就是将预计未来成本折算成共有基准基础上现值，即为了筹集将来费用的资金，要计算出今天需要投资的金额。

表 12.1　现值

年数(n)	市场贴现率（d）								
	2%	4%	6%	8%	10%	12%	15%	20%	25%
1	0.9804	0.9615	0.9434	0.9259	0.9091	0.8929	0.8696	0.8333	0.8000
2	0.9612	0.9246	0.8900	0.8573	0.8264	0.7972	0.7561	0.6944	0.6400
3	0.9423	0.8890	0.8396	0.7938	0.7513	0.7118	0.6575	0.5787	0.5120
4	0.9238	0.8548	0.7921	0.7350	0.6830	0.6355	0.5718	0.4823	0.4096
5	0.9057	0.8219	0.7473	0.6806	0.6209	0.5674	0.4972	0.4019	0.3277
6	0.8880	0.7903	0.7050	0.6302	0.5645	0.5066	0.4323	0.3349	0.2621
7	0.8706	0.7599	0.6651	0.5835	0.5132	0.4523	0.3759	0.2791	0.2097
8	0.8535	0.7307	0.6274	0.5403	0.4665	0.4039	0.3269	0.2326	0.1678
9	0.8368	0.7026	0.5919	0.5002	0.4241	0.3606	0.2843	0.1938	0.1342
10	0.8203	0.6756	0.5584	0.4632	0.3855	0.3220	0.2472	0.1615	0.1074
11	0.8043	0.6496	0.5268	0.4289	0.3505	0.2875	0.2149	0.1346	0.0859
12	0.7885	0.6246	0.4970	0.3971	0.3186	0.2567	0.1869	0.1122	0.0687
13	0.7730	0.6006	0.4688	0.3677	0.2897	0.2292	0.1625	0.0935	0.0550
14	0.7579	0.5775	0.4423	0.3405	0.2633	0.2046	0.1413	0.0779	0.0440
15	0.7430	0.5553	0.4173	0.3152	0.2394	0.1827	0.1229	0.0649	0.0352
16	0.7284	0.5339	0.3936	0.2919	0.2176	0.1631	0.1069	0.0541	0.0281
17	0.7142	0.5134	0.3714	0.2703	0.1978	0.1456	0.0929	0.0451	0.0225
18	0.7002	0.4936	0.3503	0.2502	0.1799	0.1300	0.0808	0.0376	0.0180
19	0.6864	0.4746	0.3305	0.2317	0.1635	0.1161	0.0703	0.0313	0.0144
20	0.6730	0.4564	0.3118	0.2145	0.1486	0.1037	0.0611	0.0261	0.0115
25	0.6095	0.3751	0.2330	0.1460	0.0923	0.0588	0.0304	0.0105	0.0038

年数(n)	市场贴现率（d）								
	2%	4%	6%	8%	10%	12%	15%	20%	25%
30	0.5521	0.3083	0.1741	0.0994	0.0573	0.0334	0.0151	0.0042	0.0012
40	0.4529	0.2083	0.0972	0.0460	0.0221	0.0107	0.0037	0.0007	0.0001
50	0.3715	0.1407	0.0543	0.0213	0.0085	0.0035	0.0009	0.0001	—

必须注意的是：今天到手的钱要比将来同样数额的钱值钱。因此，未来市值低的钱或现金要折算，它没有当前同样面值的钱值钱。从现在算起未来几年（n）发生的现金流（F）可以通过以下公式折算成目前的现值（P）：

$$P = \frac{F}{(1 + d)^n} \tag{12.11}$$

其中：d = 市场贴现率（%）。

因此，当市场贴现率为 6%，预计 6 年后一笔 100 欧元的费用等于今天 70.50 欧元的债券价值。6 年后要想拥有 100 欧元，那么今天必须投资 70.50 欧元，每年的投资回报率为 6%。

方程（12.11）表示一笔给定款项可以通过未来每年的换算因子 $(1 + d)^{-n}$ 折算成现值。因此可以利用 $(1 + d)^{-n}$ 估算未来任何年的现市值，PW_n 可表示为：

$$PW_n = \frac{1}{(1 + d)^n} \tag{12.12}$$

现市值可以根据方程（12.12）估算或直接从表 12.1 查得。现值可以乘以未来任何年（n）的现金流得出它相应的面值。生命周期分析中目前使用这个方法折算系统整个周期发生的成本和储蓄。

例 12.1

假设你在 3 年内将收到 500 欧元，有两种方法。第一种是第 1 年收到 100 欧元，第 2 年收到 150 欧元，第 3 年收到 250 欧元。第二种方法是第 1 年收到 0 欧元，第 2 年收到 200 欧元，第 3 年收到 300 欧元。如果利率是 8%，哪一种获益最大？

解答

根据表 12.1 或方程（12.12），各年的现值如下：

第 1 年 = 0.9259

第 2 年 = 0.8573

第 3 年 = 0.7938

如表 12.2 所示，每种方法的现值都可以通过每年收到的钱数乘以 PW_n 获得。

表 12.2　例 12.1 中每种方法获得的现值

年数（n）	PW_n	年度收益（€）		现值（€）	
		选项 1	选项 2	选项 1	选项 2
1	0.9259	100	0	92.59	0
2	0.8573	150	200	128.60	171.46
3	0.7938	250	300	198.45	238.14
总数		500	500	419.64	409.60

因此，早收回投资要比晚收回投资好。

如例 12.1 所示，对于投资者而言，8% 的折现率意味着，一年内现金的价值要比下一年的现金少 8%，即今年的 100 欧元与下一年的 108 欧元具有相同的价值。

同样，因为金钱的价值量降低了，购买项目需要大量资金。因此，当成本（C）每个时间段以速率（i）上升时，第一期期末的成本等于（C），第二期期末的成本等于 $C(1+i)$，第三期期末的成本等于 $C(1+i)^2$，等等。因此，根据公式：每年的通胀率（i）、采购成本（C）在（n）年底成为未来成本（F）由下可得：

$$F = C(1+i)^{n-1} \tag{12.13}$$

因此，在通胀率为 7% 时，第一期期末的成本为 1000 欧元，经过六期后的成本将是 $1000(1+0.07)^5 = 1402.6$ 欧元。

12.3　生命周期分析方法的说明

在生命周期成本（LCC）分析中，所有预期成本都要折成现值，LCC 是所有现值的增加量。每年现金流是可以计算的，将每年的现金流折合成现值并求出折现的现金流的总和可得到 LCC。生命周期成本，可以用来预计未来所需的所有费用，这种分析结果广泛依赖于对未来成本的预测。

一般情况下，当折现率为（d），利率为（i）的条件下，（n）年底的投资或成本（C）的现值（或贴现成本）可通过结合方程（12.11）和（12.13）获得：

$$PW_n = \frac{C(1+i)^{n-1}}{(1+d)^n} \tag{12.14}$$

当第一年末的成本或支出是（C）时，可由方程（12.14）得到未来（n）年底的成本或支出的现值。该方程可用于估计在通货膨胀下，任何一次付款的现值。因此，在一系列的年度支付中，如果第一次支付 1000 欧元，考虑到通货涨幅率（假设为 5%），那么第六次支付的金额会达到 1276.28 欧元，若是以 9% 的贴现率折现，其货币价值为 761 欧元。这一结果可由方程（12.14）获得：

$$PW_6 = 1000\frac{(1+0.05)^5}{(1+0.09)^6} = \text{\euro}761$$

方程（12.14）给出了一个单一未来付款现值。计算（n）次未来付款现值的总和，可以得出总的现值（TPW）：

$$TPW = C\Big[\sum_{j=1}^{n}\frac{(1+i)^{j-1}}{(1+d)^j}\Big] = C[PWF(n,i,d)] \tag{12.15}$$

其中，PWF（n，i，d）= 现值系数，可由以下方程得出：

$$PWF(n,i,d) = \sum_{j=1}^{n}\frac{(1+i)^{j-1}}{(1+d)^j} \tag{12.16}$$

方程（12.16）的解如下所示。

如果 $i = d$，则

$$PWF(n,i,d) = \frac{n}{1+i} \tag{12.17}$$

如果 $i \neq d$，则

$$PWF(n,i,d) = \frac{1}{d-i}\Big[1 - \Big(\frac{1+i}{1+d}\Big)^n\Big] \tag{12.18}$$

把参数（d）和（i）输入到单独的单元格中，并引用它们作为公式中的绝对单元格，可以容易地将方程（12.14）纳入电子表格中。利用这种方式，改变（d）或者（i）都会导致电子表格的自动重新计算。如果 PWF（n，i，d）乘以每年底的第一笔系列付款，将得到以市场贴现率（d）计算的（n）次付款折现总和。根据（i）和（d）的值，PWF（n，d）的值可以由公式（12.17）或（12.18）获得，或者通过查找附录 8 的表格，可以得到 PWF（n，i，d）最常用的参数范围。

例 12.2

如果第一次付款 600 美元，试求出连续 10 次支付款项的现值，预计每年的通胀率为 6%，市场折现率为 9%。

解答

由方程（12.18）可得，

$$PWF(10,0.06,0.09) = \frac{1}{0.09-0.06}\Big[1 - \Big(\frac{1+0.06}{1+0.09}\Big)^{10}\Big] = 8.1176$$

因此，现值为 $600 \times 8.1176 = 4870.56$ 美元。

抵押付款是指将分期付款期初的借款金额包含在内的年金额。其中包括需要支付的利息和本金。每年估计的抵押付款额可以用借款金额除以现值系数（PWF）得出。当通货膨胀率为 0（等额付款）且市场贴现率与贷款利率相等时，可得出

PWF。此外，还可以从表格（附录 8）或方程（12.18）计算得到：

$$\text{PWF}(n_\text{L},0,d_\text{m}) = \frac{1}{d_\text{m}}\Big[1 - \Big(\frac{1}{1+d_\text{m}}\Big)^{n_\text{L}}\Big] \tag{12.19}$$

其中，

d_m = 贷款利率（%）；

n_L = 等额分期付款的年数。

因此，如果贷款本金是 M，分期付款额为：

$$\text{分期付款额} = \frac{M}{\text{PWF}(n_\text{L},0,d_\text{m})} \tag{12.20}$$

例 12.3

太阳能系统的初始投资成本是 12,500 美元。如果这笔款项需要支付 20% 的定金，10 年期的余款利率为 9%，市场贴现率为 7%，计算每年需要支付的金额和利息，此外估计每年利息支付的现值。

解答

实际借款数额为 10,000 美元（ = 12,500 × 0.8），这是所有抵押付款的现值总额。根据方程（12.20），年度抵押付款估计为：

$$\text{PWF}(n_\text{L},0,d_\text{m}) = \frac{1}{d_\text{m}}\Big[1 - \Big(\frac{1}{1+d_\text{m}}\Big)^{n_\text{L}}\Big] = \frac{1}{0.09}\Big[1 - \Big(\frac{1}{1+0.09}\Big)^{10}\Big] = 6.4177$$

因此，年度抵押付款 = 10,000/6.4177 = 1558.20 美元

年度抵押付款包括支付本金和利息费用。随着年限的增长，剩余贷款本金减少，收取的利息随之降低。因此，每年都要估计年度抵押付款额。

第一年，

利息支出 = 10,000 × 0.09 = 900 美元

本金付款 = 1558.20 900 = 658.20 美元

第一年年末的剩余本金 = 10,000 − 658.20 = 9341.80 美元

由方程（12.11）可得，利息支出的现值 = $\dfrac{900}{(1+0.07)^1}$ = 841.12 美元

第二年，

利息支出 = 9341.80 × 0.09 = 840.76 美元

本金付款 = 1558.20 840.76 = 717.44 美元

第二年年末的剩余本金 = 9341.80 − 717.44 = 8624.36 美元

由方程（12.11）可得，利息支出的现值 = $\dfrac{840.76}{(1+0.07)^2}$ = 734.35 美元

重复该计算过程可得出其他年度利息支付现值，结果参见表12.3。

表12.3　计算例12.3的剩余年限

年份	抵押付款（$）	利息支付（$）	偿付本金（$）	剩余本金（$）	利息支付现值（$）
1	1558.20	900.00	658.20	9341.80	841.12
2	1558.20	840.76	717.44	8624.36	734.35
3	1558.20	776.19	782.01	7842.35	633.60
4	1558.20	705.81	852.39	6989.96	538.46
5	1558.20	629.10	929.10	6060.86	448.54
6	1558.20	545.48	1012.72	5048.14	363.48
7	1558.20	454.33	1103.87	3944.27	282.93
8	1558.20	354.98	1203.22	2741.05	206.60
9	1558.20	246.69	1311.51	1429.54	134.19
10	1558.20	128.66	1429.54	0.00	65.40
合计	\$15,582	\$5582	\$10,000		\$4248.66

根据例12.3可知，采用电子表格程序可以很容易地计算出结果。或者，所有的付款的现值总额可以由以下方程得到：

$$PW_i = M\left[\frac{PWF(n_{\min},0,d)}{PWF(n_L,0,d_m)} + PWF(n_{\min},d_m,d)\left(d_m - \frac{1}{PWF(n_L,0,d_m)}\right)\right]$$

(12.21)

其中，$n_{\min}$ = 最小值的经济分析期间。

需要注意的是，经济分析周期可能与贷款期限不一致；例如，在经济分析中，常规太阳能热水系统可能要运行20年，但这笔贷款要在前10年中完成支付。

例12.4

计算例12.3中支付的利息的现值（PW_i）总额。

解答

根据附录8的表格，可得：

$$PWF(n_{\min},0,d) = PWF(10,0,0.07) = 7.0236$$
$$PWF(n_L,0,d_m) = PWF(10,0,0.09) = 6.4177$$
$$PWF(n_{\min},d_m,d) = PWF(10,0.09,0.07) = 10.172$$

利用方程（12.21），

$$PW_i = M\left[\frac{PWF(n_{\min},0,d)}{PWF(n_L,0,d_m)} + PWF(n_{\min},d_m,d)\left(d_m - \frac{1}{PWF(n_L,0,d_m)}\right)\right]$$

$$= 10,000\left[\frac{7.0236}{6.4177} + 10.172\left(0.09 - \frac{1}{6.4177}\right)\right] = \$4248.99$$

与前文中的解答一样。

每年都需要进行生命周期分析。根据方程（12.10），评估以下内容，求出太阳能储蓄：

- 节省的燃油费。
- 额外抵押付款。
- 额外的维修成本。
- 额外的保险费用。
- 额外的寄生成本。
- 额外的财产税款。
- 额外的税金节约额。

如前所述，根据相关法律和每个国家或地区的不同情况，我们发现并不是所有费用都可能会出现。此外，项目中出现的"额外"是假设相关成本也出现在了燃料系统中。因此，太阳能系统安装发生的额外费用应包括在内。在经济分析期间，节省的燃料成本发生的通胀可由方程（12.13）和（i）等于燃料通胀率获得。寄生成本是指电源辅助项，如泵、风扇和控制器耗费的能量产生的成本。在通货膨胀条件下，该成本会增加，利用公式（12.13）以及令（i）等于电力价格的年度增长率可以得出该成本。

如方程（12.10）所示，每年的太阳能节省量为以上项目之和。事实上，节省量为正值，成本为负值。最后，根据方程（12.11）和（12.12）可以得出每年节约的太阳能现值，其结果因年而异。将这些年值加起来以得到生命周期节省量 LCS：

$$PW_{LCS} = \sum_{j=1}^{n} \frac{太阳能节省量}{(1+d)^j} \tag{12.22}$$

为了更好地理解这种方法，通过例子对各方面进行经济分析。在这种方法中，需要阐明生命周期分析的基本思想。应指出的是，各种例子中指定的费用是没有任何的意义。除此之外，它们的费用由系统的类型和规模，太阳能系统安装的位置，国家或地区的法律及其他条件因素，国际燃料价格和国际材料（如铜和钢）的价格决定。这些都是影响太阳能设备的因素。

12.3.1　非太阳能系统的燃料成本实例分析

第一个例子是关于非太阳能或常规能源系统的燃料成本。它检验了通货膨胀时，燃料成本的时间价值。

例 12.5

年度负荷总量为 114.9 GJ 、燃料消耗率是 17.2 美元/GJ、市场贴现率为 7% 以及每年的燃料通货膨胀率为 4%。试计算常规（非太阳）能源系统 15 年的燃料成本。

表 12.4　例 12.5 中各年的燃料成本

年份	燃料成本（$）	燃料成本现值（$）
1	1976.30	1847.01
2	2055.35	1795.22
3	2137.57	1744.89
4	2223.07	1695.97
5	2311.99	1648.42
6	2404.47	1602.20
7	2500.65	1557.28
8	2600.68	1513.62
9	2704.70	1471.18
10	2812.89	1429.93
11	2925.41	1389.84
12	3042.42	1350.87
13	3164.12	1313.00
14	3290.68	1276.18
15	3422.31	1240.40
总的燃料成本现值		$ 22,876

解答

由方程（12.4）可得，第一年的燃料成本为：

$$C_L = C_{FL} \int_0^t L dt = 17.2 \times 114.9 = \$ 1976.30$$

（总的年度负荷已给出，积分项等于 114.9GJ）。

每年的燃料成本如表 12.4 所示。每年的成本由方程 12.13，或者由前一年的成本乘以（1+i）获得。每个燃料成本对应的现值通过方程 12.11 获得。

另一种方法是从方程 12.18 中或附录 8 获取 PWF（n，i，d）。再乘以第一年的燃料成本。

由方程 12.18 可得：

$$\text{PWF}(n,i,d) = \frac{1}{d-i}\left[1 - \left(\frac{1+i}{1+d}\right)^n\right]$$

或者

$$\text{PWF}(15,0.04,0.07) = \frac{1}{0.07-0.04}\Big[1-\Big(\frac{1.04}{1.07}\Big)^{15}\Big] = 11.5752$$

燃料成本的现值 $= 1976.3 \times 11.5752 = 22,876$ 美元

可以看出，使用该方法可以更快得出结果，特别是如果进行手工计算，可以得到同样的结果，但是看不到中间值。

尽管在之前的例子中，固定的燃料通货膨胀率已经使用了好多年，但随着时间的推移，通胀率可能发生了变化。在电子表格计算，可以容易地设置单独的一列，代表每年的燃料通货膨胀率，并利用其进行年度估计。所以，在这本例中，可以在多年使用相同的值或者每年使用不同的值。如例 12.5 所示，这些估计量可以在 PWF 的协同下进行操作，但随着不同比率的数量的增加，估计的复杂程度也在增大。因为每次比率发生变化，都要计算 PWF，如以下例子所示。

例 12.6

计算 10 年期的燃料成本现值。如果第一年的燃料成本是 1400 欧元，4 年间的通胀率为 8%，余下的年份中通胀率为 6%。每年市场折现率是 7%。

解答

本题可按照不同的通胀率分别计算。第一次的首付款为 1400 欧元，通胀率为 8%。因此，结果可以从方程 12.18 中得到。

$$\text{PWF}(n,i,d) = \frac{1}{d-i}\Big[1-\Big(\frac{1+i}{1+d}\Big)^{n}\Big]$$

或者

$$\text{PWF}(5,0.08,0.07) = \frac{1}{0.07-0.08}\Big[1-\Big(\frac{1.08}{1.07}\Big)^{5}\Big] = 4.7611$$

注意，根据问题的定义，第一次计算的现值为五年期，即，第一年加上后四年。因此，第一次支付的现值为 $1400 \times 4.7611 = 6665.54$ 欧元

在第二种通胀率条件下，第六年的 $i = 6\%$/年。需要计算出首次付款金额，1400 欧元经过了四次 8% 的涨幅和一次 6% 的涨幅。因此，首次付款金额为 $1400(1.08)^{4}(1.06) = 2018.97$ 欧元。

与之前的计算公式相同，第二种通胀率下的付款额为：

$$\text{PWF}(n,i,d) = \frac{1}{d-i}\Big[1-\Big(\frac{1+i}{1+d}\Big)^{n}\Big]$$

或者

$$\text{PWF}(5,0.06,0.07) = \frac{1}{0.07-0.06}\Big[1-\Big(\frac{1.06}{1.07}\Big)^{5}\Big] = 4.5864$$

将支付款项经过折现得到的现值为：

$$PW = \frac{4.5864 \times 2018.97}{(1.07)^5} = € 6602.11 \text{ 欧元}$$

两种通胀率下计算的现值之和为：6665.54 + 6602.11 = 13,267.65 欧元

12.3.2　热水系统示例

在这一节的例子中包含一个复杂的太阳能热水系统。尽管不同的太阳能系统有不同的细节要求，但是处理的方法是一样的。

例 12.7

一个联合太阳能和辅助能源的系统，负荷参数与例 12.5 的相同。系统的总成本承担了 65% 的负荷（太阳能保证率），成本为 20,000 美元。业主首付 20%，其余部分将在 20 年内以 7% 利率分期完成支付，其中燃料成本每年上涨 9%。系统的寿命为 20 年，并且在期末将系统出售的收益为原始成本值的 30%。第一年，额外的维护、保险和寄生能量成本为 120 美元，额外的财产税为 300 美元，二者预计每年增长 5%。市场贴现率为 8%，额外财产税和抵押付款的利息将从收入税中扣除，固定税率为 30%。试计算出太阳能节省量的现值。

解答

在表 12.5 中对系统的整个寿命期中的各种成本和节约额进行估计。零年只包括首付款，而第一年支付的金额在问题中已给出。在表中我们可以看到，燃料节省量为正值，而费用（或付款）为负。首付款等于 0.2 × 20,000 = 4000 美元。根据方程 12.20，每年的抵押付款额为：

$$定期付款 = \frac{M}{PWF(n_L, 0, d_m)} = \frac{20,000 \times 0.8}{PWF(20, 0, 0.07)} = \frac{16,000}{10.594} = \$ 1510.29$$

表 12.5　例 12.7 中系统的估计成本和节约额

1	2	3	4	5	6	7	8
年份	额外的抵押付款（\$）	节省的燃料（\$）	额外保险费，维护和寄生成本（\$）	额外的财产税（\$）	收入税节约额（\$）	太阳能节省成本（\$）	太阳能节省成本现值（\$）
0	—	—	—	—	—	−4000.00	−4000.00
1	−1510.29	1284.70	−120.00	−300.00	426.00	−219.59	−203.32
2	−1510.29	1400.32	−126.00	−315.00	422.30	−128.66	−110.31
3	−1510.29	1526.35	−132.30	−330.75	418.26	−28.73	−22.80
4	−1510.29	1663.72	−138.92	−347.29	413.84	81.07	59.59
5	−1510.29	1813.46	−145.86	−364.65	409.01	201.66	137.25

续表

1	2	3	4	5	6	7	8
年份	额外的抵押付款（$）	节省的燃料（$）	额外保险费、维护和寄生成本（$）	额外的财产税（$）	收入税节约额（$）	太阳能节省成本（$）	太阳能节省成本现值（$）
6	−1510.29	1976.67	−153.15	−382.88	403.73	334.08	210.52
7	−1510.29	2154.57	−160.81	−402.03	397.98	479.42	279.74
8	−1510.29	2348.48	−168.85	−422.13	391.71	638.92	345.19
9	−1510.29	2559.85	−177.29	−443.24	384.88	813.91	407.16
10	−1510.29	2790.23	−186.16	−465.40	377.45	1005.83	465.89
11	−1510.29	3041.35	−195.47	−488.67	369.36	1216.29	521.64
12	−1510.29	3315.07	−205.24	−513.10	360.57	1447.01	574.63
13	−1510.29	3613.43	−215.50	−538.76	351.01	1699.89	625.05
14	−1510.29	3938.64	−226.28	−565.69	340.63	1977.01	673.10
15	−1510.29	4293.12	−237.59	−593.98	329.37	2280.63	718.95
16	−1510.29	4679.50	−249.47	−623.68	317.14	2613.20	762.77
17	−1510.29	5100.65	−261.94	−654.86	303.89	2977.44	804.71
18	−1510.29	5559.71	−275.04	−687.61	289.51	3376.29	844.91
19	−1510.29	6060.08	−288.79	−721.99	273.94	3812.95	883.51
20	−1510.29	6605.49	−303.23	−758.09	257.07	4290.95	920.62
20						6000.00	1287.29
太阳能节省成本现值总额							$ 6186.07

第一年的燃料节省量为 114.9 GJ × 0.65 = 74.69 GJ。根据例 12.5，这相当于 1284.70 美元。

$$第一年支付的利息 = 16,000 \times 0.07 = 1120 \ 美元$$

$$本金付款 = 1510.29 − 1120 = 390.29 \ 美元$$

$$本金余额 = 16,000 − 390.29 = 15,609.71 \ 美元$$

$$税金节约额 = 0.3 \ (1120 + 300) \ = \$ 426 \ 美元$$

每年的太阳能节省量是第 2 列到第 6 列的和值。根据 8% 的市场贴现率将其折现。20 年内将重复计算两次，包括转售的价值 20,000 × 0.3 = 6000 美元。实际的节约成本为正值。

最后一列中所有值的总和是太阳能节省金额的现值总额。这些都是业主安装和运行太阳能系统获得的节省额，而不是为常规系统购买燃料的成本。

通过分析可知，如表 12.6 所示，我们需要一份对借款（找到税金节约额）和累积的太阳能节省金额进行分析的补充表格。估计投资回收期需要用到最后一列的结果（参见第 12.3.4 节）。

表 12.6　例 12.7 的补充表

年份	支付的利息（$）	本金付款（$）	本金余额（$）	累积的太阳能节省额（$）
0	0	0	16，000.00	−4000.0
1	1120.00	390.29	15，609.71	−4203.3
2	1092.68	417.61	15，192.10	−4313.6
3	1063.45	446.84	14，745.26	−4336.4
4	1032.17	478.12	14，267.14	−4276.8
5	998.70	511.59	13，755.55	−4139.6
6	962.89	547.40	13，208.15	−3929.1
7	924.57	585.72	12，622.43	−3649.3
8	883.57	626.72	11，995.71	−3304.1
9	839.70	670.59	11，325.12	−2897.0
10	792.76	717.53	10，607.59	−2431.1
11	742.53	767.76	9839.84	−1909.5
12	688.79	821.50	9018.34	−1334.8
13	631.28	879.01	8139.33	−709.8
14	569.75	940.54	7198.80	−36.7
15	503.92	1006.37	6192.42	682.3
16	433.47	1076.82	5115.60	1445.0
17	358.09	1152.20	3963.41	2249.7
18	277.44	1232.85	2730.56	3094.7
19	191.14	1319.15	1411.41	3978.2
20	98.80	1411.49	0	4898.8
20				6186.1

　　另一种解决这个问题的方式是对太阳能和非太阳能能源系统的独立生命周期进行分析。在这种情况下，通过减去两个系统的现值总额可以得到太阳能储蓄的现值总额。然而，应该指出的是，在这种情况下，通常需要对设备和系统进行分析，从而需要获得更多的信息。

12.3.3　热水系统优化示例

　　在设计太阳能系统时，工程师试图找到一个合适的安装方案。由于用太阳能系统无需购买燃料，从而使系统成本降低，所以用户/业主都会接受这种储存系统。为了找到系统的最佳尺寸，得到使生命周期节省量最大的系统，需要对各种尺寸的系统进行了经济分析。对每个替代系统的所有未来成本现值进行估计，包括太阳能和非太阳能系统，其中收益率最低的生命周期成本或生命周期节省量最大的系统是最具成本效益的。

如图 12.1 所示为生命周期节省量与集热器面积之间的关系。在这幅图中，集热器面积以外的其他所有参数保持不变。我们可以看出，生命周期节省量在集热器面积等于 0 时为负值，它代表的是非太阳能系统中燃料所需要的资金总额。随着太阳能集热器面积增加，使生命周期节省量达到最大值，然后再慢慢减少。当集热器面积超过最大点时，生命周期节省量（相比最大值）降低。因为太阳能系统需要一个更大的初始支出，且无法偿还节省的燃料成本。甚至会导致生命周期节省量出现负值，它代表着业主在安装和经营太阳能系统的成本，而不是购买燃料的成本。

在前面的例子中，每年的负荷分数、太阳能热系统集热器面积都已给出，进而得到太阳能发电系统的成本。在以下示例中，根据热力性能计算可得出太阳能保证率 F 与集热器面积的关系，所以目标是要找到生命周期节省量最大的面积（系统尺寸）。

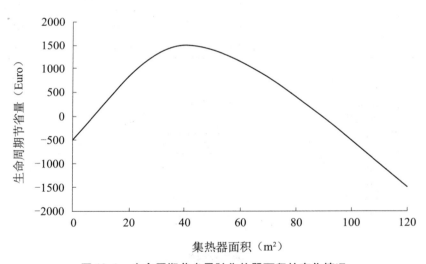

图 12.1　生命周期节省量随集热器面积的变化情况

例 12.8

在例 12.7 中，如果面积依赖成本是 250 美元/m^2 和面积独立成本是 1250 美元且所有其他参数保持不变，试求出太阳能系统生命周期节省量最大的最佳面积大小。根据太阳能过程热分析，集热面积和太阳能保证率的关系如表 12.7 所示。

表 12.7 例 12.8 中集热器面积与太阳能保证率的关系

面积（m²）	年度太阳能分数（F）
0	0
25	0.35
50	0.55
75	0.65
100	0.72
125	0.77
150	0.81

表 12.8 例 12.8 中第一年的燃料成本和太阳能节省成本

面积（m²）	每年太阳能保证率（F）	安装成本（$）	第一年的燃料节省量	太阳能节省成本（$）
0	0	1250	0	-5680.7
25	0.35	7500	691.8	3609.9
50	0.55	11,250	1087.1	6898.9
75	0.65	20,000	1284.7	6186.1
100	0.72	26,250	1423.1	4275.0
125	0.77	32,500	1521.9	1562.3
150	0.81	38,750	1600.9	-1551.2

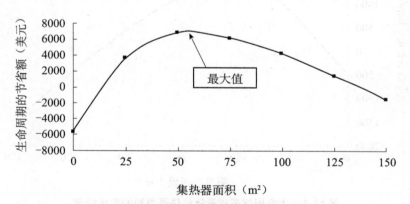

图 12.2 集热器单位面积的太阳能生命周期的节省量

解答

为了解决这些问题，生命周期节省量法需要应用在每个集热器面积上。通过电子表格计算，通过改变集热器面积和第一年燃料的节省量，可以很容易估算出年度太阳能保证率。完整的分析结果如表 12.8 所示。

根据图 12.2 绘制的太阳能储蓄的生命周期可以确定集热器面积。从中可以看出，最大面积值为 $A_c = 60 \ m^2$，LCS = 7013.70 美元。

12.3.4 投资回收期

投资回报时间可以有很多的定义方法。最有用的三种方法如 12.1 节所示。最常用的一种方法是累积燃料节省量等于总的初始投资成本所用的时间。即是说，从太阳能系统节省的燃料费中收回成本的时间。这个时间可根据节省的燃料系统或非节省系统来获得。

不贴现节省的燃料

最初，我们考虑节省的燃料都不进行贴现。在（J）年节省的燃油为：

$$j \ 年节省的燃油 = FLC_{F1}(1 + i_F)^{j-1} \qquad (12.23)$$

其中，

$F =$ 太阳能保证率，从方程（12.1）中获得；

$L =$ 负荷（GJ）；

$C_{F1} =$ 第一年来自燃料的单位能源成本（如参数 C_{FA} 和 C_{FL}，它是燃料的热值和加热器效率的乘积）（\$/GJ）；

$i_F =$ 燃料的通胀率。

需要注意的是，FL 表示因使用太阳能系统而节省的能源。求出（j）年的投资回报时间（n_P）之和，并使其等于初始系统成本（C_S），由方程（12.2）可得：

$$\sum_{j=1}^{n_P} FLC_{F1}(1 + i_F)^{j-1} = C_S \qquad (12.24)$$

求和公式：

$$C_S = \frac{FLC_{F1}\left[(1 + i_F)^{n_P} - 1\right]}{i_F} \qquad (12.25)$$

解出方程（12.25），可得回收期 n_P 为：

$$n_P = \frac{\ln\left(\dfrac{C_S i_F}{FLC_{F1}} + 1\right)}{\ln(1 + i_F)} \qquad (12.26)$$

另一种方式是使用附录 8 中的 PWF 值来确定投资回收期。在这里，燃料的节省量的总和由第一年的节省量 FLC_{F1} 和 PWF 的乘积得出（贴现率为零），如以下方程所示：

$$FLC_{F1} \times \text{PWF}(n_P, i_F, 0) = C_S \qquad (12.27)$$

因此，投资回收期可通过附录 8 的查值得到，其中 PWF $= C_S / FLC_{F1}$。

太阳能能源工程工艺与系统（第二版）

例 12.9

找到太阳能系统未贴现的投资回收期，其中系统承担了 63% 的年度负荷，即 185GJ 和 15,100 欧元的成本费用。第一年的燃料成本率为 9.00 欧元/GJ，每年的通胀率为 9%。

解答

利用方程 12.26，

$$n_P = \frac{\ln\left(\frac{C_S i_F}{FLC_{F1}} + 1\right)}{\ln(1 + i_F)} = \frac{\ln\left(\frac{15,100 \times 0.09}{0.63 \times 185 \times 9} + 1\right)}{\ln(1 + 0.09)} = 9.6 \text{ 年}$$

我们可以从附录 8 中得到相同的结果。在这种情况下，$PWF = C_S / FLC_{F1} = 15,100 / (0.63 \times 185 \times 9) = 14.395$。该值非常接近第一列的值（$d=0$），其中 $i = 9\%$ 和 $n = 10$（$PWF = 15.193$）。也可以用于插值法得到更正确的答案，但根据方程（12.26）还可以获得更准确的结果。

贴现的燃料节约成本

令贴现的燃料成本等同于初始投资。由方程（12.27）可得，贴现的燃料成本为：

$$FLC_{F1} \times PWF(n_P, i_F, d) = C_S \tag{12.28}$$

同样地，投资回收期为：

如果 $i_F \neq d$，

$$n_P = \frac{\ln\left[\frac{C_S(i_F - d)}{FLC_{F1}} + 1\right]}{\ln\left(\frac{1 + i_F}{1 + d}\right)} \tag{12.29}$$

如果 $i_F = d$，

$$n_P = \frac{C_S(1 + i_F)}{FLC_{F1}} \tag{12.30}$$

例 12.10

重复例子 12.9，其中燃料成本贴现率为 7%。

解答

由方程 12.29 可得，

$$n_P = \frac{\ln\left[\frac{C_S(i_F - d)}{FLC_{F1}} + 1\right]}{\ln\left(\frac{1 + i_F}{1 + d}\right)} = \frac{\ln\left[\frac{15,100(0.09 - 0.07)}{0.63 \times 185 \times 9} + 1\right]}{\ln\left(\frac{1.09}{1.07}\right)} = 13.7 \text{ 年}$$

其他的投资回收期的定义是指，年度太阳能节省量为正值时所需的时间和累积的太阳能节省额为零时所需的时间。这些可以通过生命周期分析来确定。使用例 12.7 的结果，投资回报的时间是：

（1）年度太阳能节省量为正值所需的时间 ≈ 4 年；

（2）累积的太阳能储蓄成本成为零所需的时间 ≈ 15 年。

12.4　P_1，P_2 法

例 12.7 中另一种计算方法求出每列的现值和合计额从而获得的太阳能节省成本的现值，在每一列使用适当的标志进行识别。因此相比传统系统，太阳能系统的生命周期节省量表示为燃料成本的减少量与太阳能系统增加的额外投资费用之间的差值。由下可得：

$$\text{LCS} = P_1 C_{\text{F1}} FL - P_2 C_{\text{S}} \tag{12.31}$$

其中，

P_1 = 生命周期燃料节省的成本与第一年燃料节省费用的比率。

P_2 = 额外投资发生的生命周期支出与初始投资的比率。

经济参数 P_1 给出：

$$P_1 = (1 - Ct_{\text{e}})\text{PWF}(n_{\text{e}}, i_{\text{F}}, d) \tag{12.32}$$

其中，

t_{e} = 有效的所得税率。

C = 系统为商业或非商业的标识，

$$C = \begin{Bmatrix} 1 \to 商业 \\ 0 \to 非商业 \end{Bmatrix} \tag{12.33}$$

例如，在美国，有效所得税率由方程（12.8）给出。

经济参数 P_2 内容包括七项：

（1）首付款，$P_{2,1} = D$

（2）抵押贷款本金和利息的生命周期成本，

$$P_{2,2} = (1 - D)\frac{\text{PWF}(n_{\min}, 0, d)}{\text{PWF}(n_{\text{L}}, 0, d_{\text{m}})}$$

（3）所得税扣除的利息，

$$P_{2,3} = (1 - D)t_{\text{e}}\left\{\text{PWF}(n_{\min}, d_{\text{m}}, d)\left[d_{\text{m}} - \frac{1}{\text{PWF}(n_{\text{L}}, 0, d_{\text{m}})}\right] + \frac{\text{PWF}(n_{\min}, 0, d)}{\text{PWF}(n_{\text{L}}, 0, d_{\text{m}})}\right\}$$

（4）维护、保险和寄生能源成本，

$$P_{2,4} = (1 - Ct_e)M_1 \text{PWF}(n_e, i, d)$$

（5）净财产税成本，

$$P_{2,5} = t_P(1 - t_e)V_1 \text{PWF}(n_e, i, d)$$

（6）直线折旧减免税，

$$P_{2,6} = \frac{Ct_e}{n_d}\text{PWF}(n'_{\min}, 0, d)$$

（7）转售的现值，

$$P_{2,7} = \frac{R}{(1 + d)^{n_e}}$$

因此，P_2 等于：

$$P_2 = P_{2,1} + P_{2,2} - P_{2,3} + P_{2,4} + P_{2,5} - P_{2,6} - P_{2,7} \qquad (12.34)$$

其中，

D = 首期付款与初始投资额的比率；

M_1 = 第一年杂项费用（维修费、保险费、和寄生能源成本）与初始投资的比率；

V_1 = 太阳能系统在第一年的估值与初始投资的比例；

t_p = 基于评估价值的财产税；

n_e = 经济分析期限；

$n'_{\min}$ = 系统折旧减免额的年数（通常为 n_e 和 n_d 的最小值，年折旧寿命）；

R = 系统报废转售的价值与初始投资的比率。

应该指出的是，并不是所有费用都有可能存在，这取决于国家或地区的法律、法规。另外，分析中考虑的贷款支付取决于 n_L 和 n_e，如果 $n_L \leqslant n_e$ 时，n_L 的所有金额将用来付款。如果 $n_L \geqslant n_e$ 时，只有 n_e 的款项将在分析期间使用。贷款偿还后，n_e 取决于特定性质的 n_e。如果 n_e 是估计现金流的折现周期，不考虑这一时期以外发生的费用，那么 $n_{\min} = n_e$。如果 n_e 是系统的预期运行寿命并且把所有的付款用来作为计划，那么 $n_{\min} = n_L$。如果 n_e 是作为随时间而改变的销售体系，那么 n_e 的剩余贷款本金将会在那段时间偿还，并且 n_e 生命周期的按揭成本将包括净现值的负载支付加上 n_e 的主要余额。本金余额根据转售价值进行推断。

例 12.11

重复例 12.7 并使用 P_1，P_2 法。

解答

如例 12.7 所述，系统不创造收益。因此，$C = 0$。P_1 的比率由方程（12.32）得到：

$$P_1 = \mathrm{PWF}(n, i_F, d) = \mathrm{PWF}(20, 0.09, 0.08) = 20.242$$

P_2 的各项参数如下：

$$P_{2,1} = D = 0.2$$

$$P_{2,2} = (1 - D)\frac{\mathrm{PWF}(n_{\min}, 0, d)}{\mathrm{PWF}(n_L, 0, d_m)} = (1 - 0.2)\frac{\mathrm{PWF}(20, 0, 0.08)}{\mathrm{PWF}(20, 0, 0.07)} = 0.8\,\frac{9.8181}{10.594} = 0.741$$

$$P_{2,3} = (1 - D)t_e\left\{\mathrm{PWF}(n_{\min}, d_m, d)\left[d_m - \frac{1}{\mathrm{PWF}(n_L, 0, d_m)}\right] + \frac{\mathrm{PWF}(n_{\min}, 0, d)}{\mathrm{PWF}(n_L, 0, d_m)}\right\}$$

$$= (1 - 0.2) \times 0.3\left\{\mathrm{PWF}(20, 0.07, 0.08)\left[0.07 - \frac{1}{\mathrm{PWF}(20, 0, 0.07)}\right]\right.$$

$$\left. + \frac{\mathrm{PWF}(20, 0, 0.08)}{\mathrm{PWF}(20, 0, 0.07)}\right\}$$

$$= 0.8 \times 0.3\left[16.977\left(0.07 - \frac{1}{10.594}\right) + \frac{9.8181}{10.594}\right] = 0.123$$

$$P_{2,4} = (1 - Ct_e)M_1\mathrm{PWF}(n_e, i, d)$$

$$= (120/20,000)\mathrm{PWF}(20, 0.05, 0.08)$$

$$= 0.006 \times 14.358 = 0.0861$$

$$P_{2,5} = t_p(1 - t_e)V_1\mathrm{PWF}(n_e, i, d)$$

$$= (300/20,000)(1 - 0.3) \times 1 \times \mathrm{PWF}(20, 0.05, 0.08)$$

$$= 0.015 \times 0.7 \times 14.358 = 0.151$$

$$P_{2,6} = \frac{Ct_e}{n_d}\mathrm{PWF}(n'_{\min}, 0, d) = 0$$

$$P_{2,7} = \frac{R}{(1 + d)^{n_e}} = \frac{0.3}{1.08^{20}} = 0.064$$

最后由方程（12.34）得到，

$$P_2 = P_{2,1} + P_{2,2} - P_{2,3} + P_{2,4} + P_{2,5} - P_{2,6} - P_{2,7}$$

$$= 0.2 + 0.741 - 0.123 + 0.0861 + 0.151 - 0.064 = 0.9911$$

由方程（12.31）得到，

$$\mathrm{LCS} = P_1 C_{F1}FL - P_2 C_S = 20.242 \times 17.2 \times 0.65 \times 114.9 - 0.9911 \times 20,000$$

$$= \$6180.50$$

这实际上例 12.7 中的结果一样。

从这个例子中，可以看出，利用 P_1，P_2 法可以快速、轻松地进行手工计算。

此外，方程（12.32）和（12.34）只包括 PWF 值和付款与系统初投资的比率，并不包括投入的集热面积和太阳能保证率。因此，P_1 和 P_2 都独立于 A_c 和 F，系统的主要设计变量为集热器面积（A_c），该变量可以利用方程（12.31）进行优化。关于这一点将在下一节中进行分析。

12.4.1　使用 P_1，P_2 法进行优化

正如我们所知，在太阳能系统设计时，当给定负荷和系统配置，集热器面积是主要的参数。集热器面积也是最优化的参数，也就是说，设计师试图找到生命周期节省量最大的集热器面积。一种经济优化方法在 12.3.3 节中已给出，其中的生命周期节省量是根据集热器面积（A_c）绘制的，从而可以找到最大节省量所对应的面积。如果生命周期节省量关于集热器面积可以用数学方法表示，那么可以简化优化程序。因此，最优条件为：

$$\frac{\partial(\text{LCS})}{\partial A_c} = 0 \tag{12.35}$$

或者，使用方程 12.31 和 12.2 分别计算生命周期节省量和 C_S，

$$P_1 C_{F1} L \frac{\partial F}{\partial A_c} - P_2 C_A = 0 \tag{12.36}$$

重新排列，当节省量最大时，集热面积和太阳能保证率之间的关系满足以下关系：

$$\frac{\partial F}{\partial A_c} = \frac{P_2 C_A}{P_1 C_{F1} L} \tag{12.37}$$

根据方程（12.37），最佳的集热器面积出现在 F—A_c 曲线的斜率 $P_2 C_A/P_1 C_{F1} L$ 处。如图 12.3 所示。

例 12.12

某一液基太阳能建筑采暖系统，相关信息如下：

每年的供暖负荷 = 161 GJ。

第一年燃料成本率，C_{F1} = \$ 8.34/GJ。

面积依赖成本 = \$ 210/m^2。

面积独立成本 = \$ 1150。

市场贴现率，d = 8%。

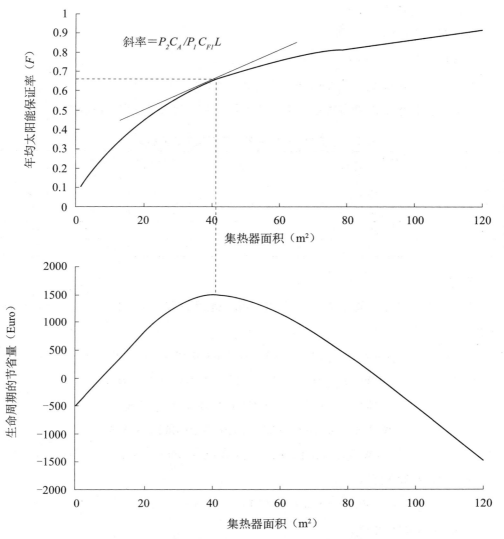

图 12.3　最优集热器面积由 F—A_c 曲线的斜率确定

贷款利息率，$d_m = 6\%$。

一般通胀率，$i = 5\%$。

燃料的通胀率，$i_F = 9\%$。

经济分析期限 = 20 年。

抵押贷款期限 = 10 年。

首期付款 = 20%。

第一年杂项费用与初始投资的比率，$M_1 = 0.01$。

第一年系统的估值与初始投资的比例，$V_1 = 1$。

转售价值的比率 = 0.3。

财产税，$t_p = 2\%$。

有效所得税，$t_e = 35\%$。

此外，该太阳能集热器面积分数变化如表 12.9 所示。

试确定使得生命周期节省量最大的集热器面积，以及生命周期节省量。

表 12.9　在例 12.12 中的太阳能集热器面积分数

面积（m²）	年度太阳能保证率（F）
0	0
20	0.29
50	0.53
80	0.68
100	0.72

解答

由于系统是住宅，那么 $C = 0$。PWFs 可以通过方程（12.18）或附录 8 的表格估计得出：

$$\text{PWF}(n_e, i_F, d) = \text{PWF}(20, 0.09, 0.08) = 20.242$$

$$\text{PWF}(n_{min}, 0, d) = \text{PWF}(10, 0, 0.06) = 6.7101$$

$$\text{PWF}(n_L, 0, d_m) = \text{PWF}(10, 0, 0.08) = 7.3601$$

$$\text{PWF}(n_{min}, d_m, d) = \text{PWF}(10, 0.06, 0.08) = 8.5246$$

$$\text{PWF}(n_e, i, d) = \text{PWF}(20, 0.05, 0.08)14.358$$

由方程 12.32 可得，

$$P_1 = (1 - Ct_e)\text{PWF}(n, i_F, d) = 20.242$$

P_2 的各项参数如下：

$$P_{2,1} = D = 0.2$$

$$P_{2,2} = (1 - D)\frac{\text{PWF}(n_{min}, 0, d)}{\text{PWF}(n_L, 0, d_m)} = (1 - 0.2)\frac{6.7101}{7.3601} = 0.729$$

$$P_{2,3} = (1 - D)t_e\left[\text{PWF}(n_{min}, d_m, d)\left(d_m - \frac{1}{\text{PWF}(n_L, 0, d_m)}\right) + \frac{\text{PWF}(n_{min}, 0, d)}{\text{PWF}(n_L, 0, d_m)}\right]$$

$$= (1 - 0.2) \times 0.3\left[8.5246\left(0.06 - \frac{1}{7.3601}\right) + \frac{6.7101}{7.3601}\right] = 0.064$$

$$P_{2,4} = (1 - Ct_e)M_1\text{PWF}(n_e, i, d) = 0.01 \times 14.358 = 0.1436$$

$$P_{2,5} = t_p(1 - t_e)V_1\text{PWF}(n_e, i, d) = 0.02(1 - 0.35) \times 1 \times 14.358 = 0.187$$

$$P_{2,6} = \frac{Ct_e}{n_d}\mathrm{PWF}(n'_{\min}, 0, d) = 0$$

$$P_{2,7} = \frac{R}{(1+d)^{n_e}} = \frac{0.3}{1.08^{20}} = 0.064$$

最后，由方程 12.34 可得

$$P_2 = P_{2,1} + P_{2,2} - P_{2,3} + P_{2,4} + P_{2,5} - P_{2,6} - P_{2,7}$$

$$= 0.2 + 0.729 - 0.064 + 0.1436 + 0.187 - 0.064 = 1.1316$$

由方程 12.37 可得，

$$\frac{\partial F}{\partial A_c} = \frac{P_2 C_A}{P_1 C_{F1} L} = \frac{1.1316 \times 210}{20.242 \times 8.34 \times 161} = 0.00874$$

绘制表 12.9 的数据，最佳的 A_c 值可以由曲线斜率得出，必须等于 0.00874。该值可以由图表或电子表格的趋势线得出（如图 12.4 所示），并让曲线方程的倒数等于斜率（0.00874）。通过这样的做法，唯一未知的是趋势线导数上的集热器面积，通过试错法或二阶方程进行求解，可求出集热器面积，所需的斜率值（0.00874）。

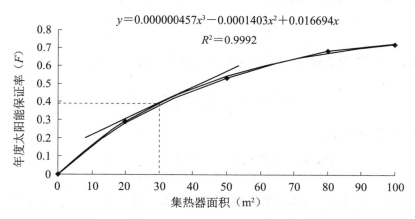

$$y = 0.000000457x^3 - 0.0001403x^2 + 0.016694x$$

$$R^2 = 0.9992$$

图 12.4　利用电子表格趋势线绘制表 12.9

可以看出，当集热器面积约为 30 m²，且 $F = 0.39$ 为最优解（精确解的 $A_c = 28.7$ m²，且 $F = 0.374$，因为要取整数，因此选择 30 m² 为最优面积）。在这种尺寸下，根据方程（12.2），太阳能系统的总成本为：

$$C_S = 210 \times 30 + 1150 = 7450 \ \text{美元}$$

由方程（12.31）可得，生命周期节省量为：

$$\mathrm{LCS} = P_1 C_{F1} FL - P_2 C_S$$

$$= 20.242 \times 8.34 \times 161 \times 0.39 - 1.1316 \times 7450$$

$$= 2170 \ \text{美元}$$

12.5　经济分析的不确定性

由于经济分析的性质，即，预测方式的不同，在太阳能系统寿命期内会产生各种成本，其中还涉及大量的不确定性。对太阳能系统进行经济分析的人必须要考虑大量的经济参数，并研究在未来几年这些参数的变化发展。通常的方法是找到这些参数在之前的几年是如何修改的，并预期相同的情况在未来几年都会出现。这两个时间段通常等同于该系统的预期寿命。此外，由于国际石油价格随石油生产国的供给量而变化，所以对未来的能源成本进行预测也是困难的。因此，它还需要对经济分析进行判断，得出不确定性的影响。

在一组给定的经济条件中，生命周期节省量的变化量是由某个特定的参数的变化引起的，即 Δ_{x_j}，由以下方程可得，生命周期节省量的变化量为：

$$\Delta \mathrm{LCS} = \frac{\partial \mathrm{LCS}}{\partial x_i} \Delta x_i = \frac{\partial}{\partial x_i} [P_1 C_{\mathrm{F1}} LF - P_2 (C_A A_c + C_1)] \Delta x_i \tag{12.38}$$

当存在多个不确定性参数时，最大可能的不确定性参数为：

$$\Delta \mathrm{LCS} = \sum_{i=1}^{n} \left| \frac{\partial \mathrm{LCS}}{\partial x_i} \right| \Delta x_i \tag{12.39}$$

因此，生命周期节省量 中最可能的不确定性可以表示为：

$$\Delta \mathrm{LCS}_{\mathrm{p}} = \sqrt{\sum_{i=1}^{n} \left(\frac{\partial \mathrm{LCS}}{\partial x_i} \Delta x_i \right)^2} \tag{12.40}$$

由方程 12.38 可得，

$$\frac{\partial \mathrm{LCS}}{\partial x_i} = \frac{\partial (P_1 C_{\mathrm{F1}} LF)}{\partial x_i} - \frac{\partial [P_2 (C_A A_c + C_1)]}{\partial x_i} \tag{12.41}$$

如下所示，P_1 和 P_2 比率的偏导数可以由方程（12.32）得到，最关键的参数可以由方程（12.34）得到。

燃料的通货膨胀率，

$$\frac{\partial P_1}{\partial i_{\mathrm{F}}} = (1 - Ct_e) \frac{\partial \mathrm{PWF}(n_e, i_{\mathrm{F}}, d)}{\partial i_{\mathrm{F}}} \tag{12.42}$$

一般的通胀率，

$$\frac{\partial P_2}{\partial i} = [(1 - Ct_e) M_1 + (1 - t_e) t_{\mathrm{p}} V_1] \frac{\partial \mathrm{PWF}(n_e, i, d)}{\partial i} \tag{12.43}$$

转售价值，

$$\frac{\partial P_2}{\partial R} = \frac{1 - Ct_e}{(1 + d)^{n_e}} \tag{12.44}$$

关于太阳能保证率生命周期节省量的偏导数为：

$$\frac{\partial \text{LCS}}{\partial F} = P_1 C_{\text{F1}} L \tag{12.45}$$

所有参数的偏导数参见（Brandemuehl 和 Beckman，1979）。

最后，有必要了解 PWF 值的偏导数。使用 Duffie 和 Beckma（2006 年）给定的方程（12.17）和（12.18），可以得到以下方程，

如果 $i = d$，

$$\frac{\partial \text{PWF}(n,i,d)}{\partial n} = \frac{1}{1+i} = \frac{1}{1+d} \tag{12.46}$$

$$\frac{\partial \text{PWF}(n,i,d)}{\partial i} = \frac{n(n-1)}{2(1+i)^2} \tag{12.47}$$

$$\frac{\partial \text{PWF}(n,i,d)}{\partial d} = \frac{n(n+1)}{2(1+d)^2} \tag{12.48}$$

如果 $i \neq d$，

$$\frac{\partial \text{PWF}(n,i,d)}{\partial n} = -\frac{1}{d-i}\left(\frac{1+i}{1+d}\right)^n \ln\left(\frac{1+i}{1+d}\right) \tag{12.49}$$

$$\frac{\partial \text{PWF}(n,i,d)}{\partial i} = \frac{1}{d-i}\left[\text{PWF}(n,i,d) - \frac{n}{1+i}\left(\frac{1+i}{1+d}\right)^n\right] \tag{12.50}$$

$$\frac{\partial \text{PWF}(n,i,d)}{\partial d} = \frac{1}{d-i}\left[\frac{n}{1+d}\left(\frac{1+i}{1+d}\right)^n - \text{PWF}(n,i,d)\right] \tag{12.51}$$

应该指出的是，为估算多个变量的不确定性，可以用相同的程序确定方程（12.39）和（12.40）中的项。更简单的方法是用电子表格计算确定不确定性参数。在这种情况下，在相应的单元格中（如包含的单元格 i、d、i_{F} 等）的一个或多个参数的变化，将会使系统自动重新计算的电子表格，并立即得到最新的生命周期节省量。

例 12.13

在国内的太阳能系统经济分析中，如果燃料通货膨胀率为 8%，若是燃料的通胀率为 ±2%，试求出生命周期节省量的不确定性。太阳能系统承担了 65% 的年负荷需求，第一年燃料成本是 950 美元，初始安装成本是 8,500 美元，$n_e = 20$ 年，$d = 6\%$，$P_1 = 21.137$ 和 $P_2 = 1.076$。

解答

由方程（12.31）可得，不存在不确定性的系统的生命周期节省量为：

$$\text{LCS} = P_1 C_{\text{F1}} FL - P_2 C_S = 21.137 \times 950 \times 0.65 - 1.076 \times 8500 = 3906 \text{ 美元}$$

燃料通货膨胀率只影响 P_1。因此，$C = 0$，由方程（12.42）可得，

$$\frac{\partial P_1}{\partial i_F} = \frac{\partial \mathrm{PWF}(n_e, i_F, d)}{\partial i_F}$$

由方程（12.50）可得，

$$\frac{\partial \mathrm{PWF}(n, i, d)}{\partial i} = \frac{1}{d-i}\left[\mathrm{PWF}(n, i, d) - \frac{n}{1+i}\left(\frac{1+i}{1+d}\right)^n\right]$$

$$= \frac{1}{0.06 - 0.08}\left[\mathrm{PWF}(20, 0.08, 0.06) - \frac{20}{1.08}\left(\frac{1.08}{1.06}\right)^{20}\right]$$

$$= 212.4$$

根据方程（12.38）—（12.41）可得出生命周期节省量中的不确定性，它们都给出了同样的结果。由于仅考虑一个变量。因此，由方程（12.38）可得，

$$\Delta\mathrm{LCS} = \frac{\partial\mathrm{LCS}}{\partial i_F}\Delta i_F = C_{F1}LF\frac{\partial P_1}{\partial i_F}\Delta i_F = 950 \times 0.65 \times 212.4 \times 0.02 = \$2623$$

因此，生命周期节省量中的不确定性是几乎等于原先估计的生命周期节省量的三分之二，是燃料通胀率中不确定性的 2%。

作业

要求学生要构造一个电子表格程序，并利用这个程序来计算这一章所有的习题。

练习

12.1   如果市场折现率为 6%，求 500 美元本金在 10 年后的现值？

12.2   当市场贴现率为 8%，通胀率为 4% 时，估计 7 年后 1000 欧元的现值。

12.3   如果太阳能系统的初始成本是 7500 欧元，抵押贷款期限为 12 年，利率为 9%，求每年需要支付的金额。

12.4   太阳能系统的初始成本是 14,000 欧元。这笔款项需要支付 30% 的定金，其余的金额按照 12 年以 8% 的利息支付。若市场利率为 6%，计算每年应付的款项和利息。此外，估计每年需要支付款项的现值。

12.5   计算例题 12.4 中利息支付的现值总额（PW_i）。

12.6   计算 10 期系列支付款项的现值，其中第一期期末支付的款项为 980 美元，每期按 6% 的速率增加，贴现率为 8%。

12.7   如果常规系统年度总负荷量是 152 GJ，燃料价格为 14 美元/GJ、市场贴现率为 8%，和燃料通货膨胀率每年为 5%，计算 12 年期常规（非太阳能）系统的

燃料成本。

12.8　计算超过 12 年期的燃料成本现值，如果第一年燃料成本是 1050 欧元，前四年的通胀率为 7%，剩下时间的通胀率为 5%。每年的市场折现率为 9%。

12.9　太阳能系统的面积依赖成本为 175 美元/m²，面积独立成本是 3350 美元。系统的首付款是初始成本的 25%，剩余款项在超过 20 年的时间以分期付款形式完成支付（利率为 7%）。备用燃料成本为 12 美元/GJ 并以每年 6% 的速率增长。如果集热器面积和负荷如下表所示（年度总负荷量是 980 GJ），试找出最佳的系统。系统的寿命一般是 20 年，并且系统在寿命期末报废转售的价值为其原始价值的 25%。在第一年里，额外的维护费，保险费，和寄生能源成本等于初始投资的 1%，额外的财产税为初始投资的 1.5%，预计它们都将以每年 3% 的速率增加。一般的市场贴现率为 8%。额外的房产税和贷款利息从个人所得税中扣除，固定利率为 30%。

集热器面积（m²）	覆盖的能量（GL）
0	0
100	315
200	515
300	653
400	760
500	843

12.10　将太阳能系统的年度现金流制成表格，分 12 年对其进行分析，系统的初始成本为 7000 美元，经济参数如下：

首期付款 =20%；

利率 =9%；

第一年节省的燃料成本 = $ 1250；

市场贴现率 =8%；

燃料的通胀率 =8%；

维护和寄生成本 =0.5%（每年增长 1%）；

转售价值 =25%。

此外，试估计生命周期节省量和投资回报率。

12.11　使用 P_1，P_2 法重复计算例题 12.10。

12.12　求出未贴现和贴现的太阳能系统投资回收期，该系统承担年度负荷（166 GJ）的 73%，成本为 13,300 欧元。第一年的燃料成本率为 11.00 欧元/GJ，年涨幅速度为 8%，燃料成本贴现率为 6%。

12.13　为住宅用太阳能空间加热系统，有关信息如下：

每年的供暖负荷 = 182 GJ；

第一年燃料成本率，C_{F1} = \$ 9/GJ；

面积依赖成本 = \$ 190/m²；

面积独立成本 = \$ 1200；

市场贴现率，d = 8%；

贷款利息率，d_m = 7%；

一般通胀率，i = 6%；

燃料的通胀率，i_F = 7%；

经济分析期限 = 12 年；

抵押贷款期限 = 8 年；

首期付款 = 15%；

第一年杂项费用与初始投资的比率，M_1 = 0.01；

系统在第一年的估值与初始投资的比例，V_1 = 1；

转售价值的比率 = 0.4；

财产税，t_p = 2%；

有效所得税，t_e = 40%。

此外，如下所示，该太阳能集热器面积分数各不相同。试确定使得生命周期节省量最大化的集热器面积以及生命周期节省量。

面积（m²）	年度太阳能保证率（F）
0	0
10	0.32
20	0.53
30	0.66
40	0.73

12.14　如果一般通胀率的不确定性是 ±3%，试估计题 12.13 中生命周期节省量的不确定性。

参考文献

[1]　Beckman. W. A. , Klein, S. A. , Duffie, J. A. , 1977. Solar Heating Design by the f-Chart Method. Wiley-Interscience, New York.

[2]　Brandemuehl, M. J. , Beckman, W. A. , 1979. Economic evaluation and opti-

mization of solar heating systems. SoL Energy 23 （1）, 1 – 10.

[3] Duffie, J. A. , Beckman, W. A. , 2006. Solar Engineering of Thermal Proces-
ses, third ed. John Wiley & Sons. New York.

[4] Kalogirou, S. A. , 1996. Economic analysis of solar energy systems using spread-
sheets. In: Proceedings of the World Renewable Energy Congress IV, Denver,
Colorado, vol. 2, pp. 1303 – 1307.

[5] Kalogirou, S. A. , 2003. The potential of solar industrial process heat applica-
tions. Appl. Energy 76 （4）, 337 – 361.

[6] Kalogirou, S. A. , 2004. Environmental benefits of domestic solar energy sys-
tems. Energy Convers. Manage. 45 （18 – 19）, 3075 – 3092.

第13章 风能系统

风是指气团在大气内的运动，是太阳辐射在到达地表过程中的间接作用。太阳能对空气层加热作用的差异使云层之间产生了温差，这是形成风的主因。因此，可以将风能看作是太阳能的一种形式，将其视为一种可再生能源。第 1 章中的 1.6.1 节简单介绍了风能及风能系统的发展历史。在本章中，我们详细地介绍了风的特性以及如何通过评估这些特性确定某个位置是否适合风能开发，风力发电机的空气动力分析的基础是轴向动量理论、风能经济学和风能开发问题。

如前文所述，单位面积上接收的太阳能取决于所在位置的维度。因此，地球上不同位置接收到的太阳能量不同，从而引起温差和压力梯度。温差和压力梯度在地球自转偏向力和向心力的共同作用下，前者使赤道之外的空气发生弯曲，后者使空气团运动，形成了所谓的"梯度风"。

风力发电的经济性对风的特性、风力和持续时间的依赖性很强。因此，通常在检验某个地点发展风能的适宜性时，首先考虑的是按照如下各节分析风的特性。

13.1 风的特性

正如前文所述，风是由温差引起的。通常，大范围风的驱动力主要来自两个方面：赤道和两极之间大气层加热的程度差异以及地球自转的影响。在距离地表更近的位置，摩擦力会使风速降低。

尽管在理论上，地表上的风由高压区流向低压区。然而，地球自转会影响中纬度和高纬度地区的风力方向。北半球的风围绕着气旋区域做逆时针旋转，围绕反气旋区域做顺时针方向旋转，而南半球的情况则相反。地球的常规压力系统产生的主要风被称为"盛行风"。图 13.1 中所示的大气环流可以用于识别最重要的全球风特性。

从图中可以看出，其中存在 3 个具有某些独特性的环流圈：热带环流圈（由 George Hadley 提出，又称"哈得来环流圈"）；温带环流圈（由 William Ferrel 提出，故得名"费雷尔环流圈");极地环流圈。这些环流圈像传动系统中的齿轮那样两两依靠着转动。此外,赤道面的低压区域—热带辐合区,将南北半球的热带环流圈分开。此外,亚热带高压区域隔开了热带环流圈和纬度为 30°N 和 30°S 附近的温带环流圈。而温带环流圈和北极圈附近的极地环流圈之间又被分隔开。在科里奥利效应的作用下,亚热带高压区域的气流在重新流回赤道的过程中,发生转向成为东北信风(右偏)和东南信风(左偏)。地面气流在由亚热带高压区域流向两极的过程中,在科里奥利加速度的作用下形成西风带。在纬度(包括南北纬)为 30°~66°之间的区域,高空气流通常流向两极。在此过程中,科里奥利力再次发挥作用,使其产生由西向东的偏向,从而在南北纬 66°附近的区域形成极地射流。在南北纬 66°附近的地表区域,亚热带西风带与来自两极的冷空气相遇。

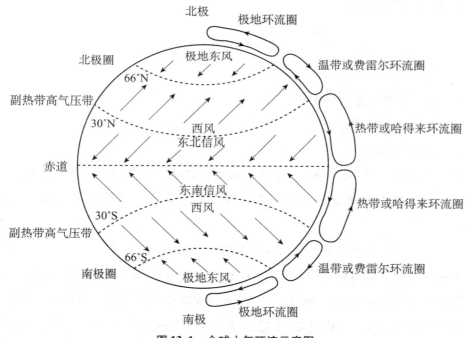

图 13.1 全球大气环流示意图

此外,由图 13.1 可以看出赤道附近气旋的厚度要远大于两极附近的气旋。由于陆地和海洋表面的加热不均,加之植被和使高低压区域发生变形的季节性变化,图 13.1 中描述的情况常常会发生变化。此外,偶尔由两极流向赤道的冷空气团还会引起额外的大气扰动。

一般说来,最适合风能发电的位置通常位于海岸附近或海上。

13.1.1 风速介绍

当考虑风能开发时，需要关注风速和地表至 150 m 高空之间的风力分布。在风经过之处，地形和其粗糙程度常常会对靠近地表的风产生摩擦效应。影响该效应的因素有：地表粗糙元的高度和间隔，通常用参数地面粗糙长度 z_0 表示。该参数的表示理论上近地面风速为零的高度（单位：m）。不同地形的典型 z_0 值为：海滩、冰、雪场景和洋面为 0.0051 m；较低草地、机场和空旷的作物区域为 0.032 m；较高的草地和较低的作物区域为 0.103；较高的行栽作物区域和较低的林地为 0.254 m；森林区域为 0.505 m。

由于地面粗糙度能够影响靠近地面的风速。研究发现风速会随着地表高度的升高而升高，根据幂词定律：

$$\frac{V_1}{V_2} = \left(\frac{z_1}{z_2}\right)^a \tag{13.1}$$

其中，

V_1 = 某一参考高度 z_1 的风速；

V_2 = 高度 z_2 的风速；

a = 赫尔曼指数。

赫尔曼指数（a）为常数，它取决于地表的性质、空气的稳定性、温度、一天当中的时间、季节和地表粗糙度。由方程 13.2 可以得出赫尔曼指数（Lysen，1983）：

$$a = 0.096[\ln(z_0)] + 0.016[\ln(z_0)^2] + 0.24 \tag{13.2}$$

方程（13.1）还可将某个高度记录的数据修正为所需高度的数据。测量风速的天气桅杆通常只有 10 m 高，而现在风力发电机的轮毂高度超过了 100 m，因此需要相应高度的风力数据。当检验某个位置是否适合安装风力发电机时，该方程具有极大的便利性。计算赫尔曼指数（a）的另一种方法为在同一时间的不同高度（假如选择 10 m 和 50 m）测量风速，将数据代入方程 13.1 后可以得出（a）值。随后，使用刚刚计算出的（a）值估算出另一高度（假如选择 150 m）的风速。如果没有详细说明，对于一般稳定的气流来说，可接受的（a）值为 1/7 或 0.143。详细的说明见以下例子。

例 13.1

下列的风速数据是按照表 13.1 中所列地点和高度测得。试确定最优匹配的赫尔曼指数，并使用计算出的值估算距离地面 150 m 高空的风速。

解答

将表 13.1 中的数据对绘制成图 13.2。使用 Excel 函数"线性趋势线"，并设置该线穿过 0，得出如下方程。可以从中看出数据的拟合性良好，其中 R^2 等于 0.9952。

表 13.1　例 13.1 中两个不同高度的风速数据（单位：m/s）

10 m	50 m
6	7.4
7.8	9.9
5.2	6.6
6.1	7.8
8.2	10.3
9.1	11.3
9.8	12.5
5.8	7.2

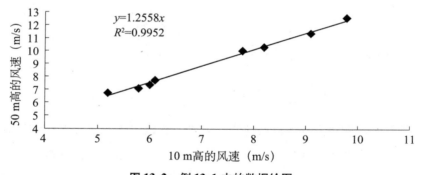

图 13.2　例 13.1 中的数据绘图

图 13.2 中的公式为 $V_{50} = SV_{10}$，其中 S 为斜率。而斜率等于 1.2558。因此由方程 13.1 可得：

$$S = \frac{V_{50}}{V_{10}} = \left(\frac{50}{10}\right)^a = 5^a$$

等号两边取自然对数：$a = \ln(S)/\ln(5) = \ln(1.2558)/\ln(5) = 0.1415 \approx 0.142$。可以看出，此时得出的值非常接近典型值 0.143。

由方程 13.1 可得，150 m 高处的数据为：

$$V_{150} = V_{50}\left(\frac{150}{50}\right)^{0.142}$$ 首次读数为：$V_{150} = 7.4\left(\frac{150}{50}\right)^{0.142} = 8.6\,\text{m/s}$

表 13.2 中列出了全部结果。

表 13.2　例 13.1 中 150 m 高的风速结果（单位：m/s）

50 m	150 m
7.4	8.6
9.9	11.6
6.6	7.8
7.8	9.0
10.3	11.9
11.3	13.2
12.5	14.6
7.2	8.3

应当注意到，可用的数据常常多于我们使用的数据，记录长时间的数据有助于提高预测的可靠性。

此外，还可以通过假设风速会随地面高度出现对数上升，使用高度 z 和地面粗糙长度 z_0 的函数式估算出某一高度的风速（de Jongh 和 Rijs，2004），如以下方程所示：

$$V(Z) = V_r \frac{\ln\left(\frac{z}{z_0}\right)}{\ln\left(\frac{z_r}{z_0}\right)} \tag{13.3}$$

其中，V_r 为参考高度 z_r（通常为 10 m）处的参考风速。

13.1.2　风速的时间波动性

为了理解和预测风力发电机的性能，需要了解风力的变化（波动和持续时间）。风力常随时间出现变化，并且取决于上文中的参数，但是主要的影响因素是局部的气候和地形学，以及关注地点附近的地表条件。图 13.3 展示了 3 个不同高度的风力计所记录的典型风速记录。可以从中看出，接近地面的紊流脉动在本质上具有随机性，无法使用确定的公式计算出预测值。因此，常常采用统计学方法。

对于风力发电机的设计者来说，下一分钟或小时的风速 - 时间变化或风速大小的不确定性是一个巨大的挑战。例如，突然出现强风或阵风会使风力发电机的输出功率出现快速变化，设计人员需要了解是否会出现此类现象，以及出现此现象时需要利用控制系统以调整转子转速，达到优化功率输出的目的。此外，设计人员还要知道低风速的时间分布，这对确定合适的蓄电设备容量至关重要（Nfaoui，2012）。

此外，除了重点关注风速在一天或一年中的分布，每个月或每年中风速达到某一水平的小时数也同等重要。例如，风速的频率分布。图 13.4 展示了某年某地的频率分布直方图。该图中的最大值对应着频率最高的风速（6 m/s）。

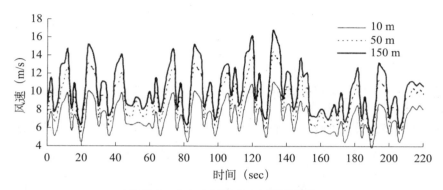

图 13.3 在 3 个不同高度记录的风速

此外，了解风力发电机不运行工作的小时数也十分重要。在这种情况中，需要将整个检验时期内超过给定风速区间内的小时数相加。从而得出持续时间的分布图（图 13.5 表示的是图 13.4 中的数据）。例如，历时曲线越平缓，某个风速的持续时间就越长，风况也就越稳定；历时曲线越陡峭，则风况越不规则（Nfaoui, 2012）。

诸多计算中需要用到风速的标准偏差，如以下公式所示：

$$\sigma_{\mathrm{W}} = \sqrt{\frac{1}{N-1}\sum_{i=1}^{N}(V_i - \overline{V})^2} \qquad (13.4)$$

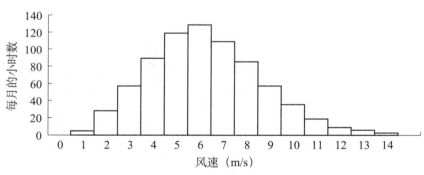

图 13.4 风速的频率数据

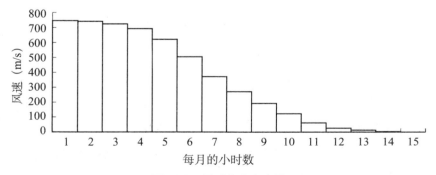

图 13.5 历时分布直方图

其中，平均风速为：

$$\overline{V} = \frac{1}{N} \sum_{i=1}^{N} (V_i) \qquad (13.5)$$

13.1.3　风速的统计表述

如前文所述，实时的风力数据会随时间变化，在评估某个地点开发风能的适宜性时可以使用大量的数据。因此，为使风力数据更加实用，通常使用统计方法在不损失任何信息的前提下减少数据量。该过程需要运用数学函数，使直方图中的风速频率数据尽可能地接近（如图 13.6 表示的是图 13.4 中的数据）。为此常常需要用到韦伯分布函数，因为它能很好地匹配经验数据。

韦伯分布是一项连续的概率分布函数，由 Waloddi Weibull 提出（Weibull，1951）。韦伯分布以一种紧凑结构表现出风速的频率分布。在实际应用中，基于风力发电机的功率曲线（参见 13.3.2 节）和轮毂高度的风速分布预测，估算出一整年的功率输出。

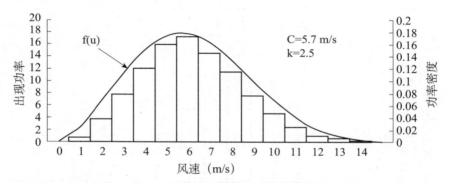

图 13.6　图 13.4 数据的功率密度函数

为此需要使用两参数韦伯分布，其数学表达式如下：

$$f(u) = \frac{k}{C} \left(\frac{u}{C} \right)^{k-1} \exp\left[-\left(\frac{u}{C} \right)^{k} \right] \qquad (13.6)$$

其中，

$F(u)$ = 某水平风速 u 出现的频率；

C = 尺度参数（m/s）；

k = 形状参数（—）。

图 13.7 中列出了不同的形状参数（k）值对 $f(u)$ 曲线形状的影响。韦伯分布的两个特例是：指数分布情况下，$k=1$ 和瑞利分布情况下，$k=2$。瑞利分布更适用

于计算风速。韦伯分布中的两个函数可由以下公式得出：

$$k = \left[\left(\frac{\sum\limits_{i=1}^{N} n_i V_i^k \ln(V_i)}{\sum\limits_{i=1}^{N} n_i V_i^k} \right) - \left(\frac{\sum\limits_{i=1}^{N} n_i V_i}{N} \right) \right]^{-1} \qquad (13.7a)$$

$$C = \left[\frac{\sum\limits_{i=1}^{N} n_i V_i^k}{N} \right]^{\frac{1}{k}} \qquad (13.7b)$$

其中，N 为观察到非零风速的次数。

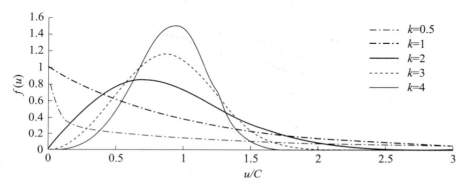

图 13.7　不同形状参数 k 对应的韦伯分布函数

累积分布函数 $F(u)$ 给出了风速超过 u 值的概率，即：

$$F(u) = 1 - \exp\left[- \left(\frac{u}{C} \right)^k \right] \qquad (13.8)$$

通过求解不同情况下的韦伯函数，可得：

$$通解为：\overline{u^m} = C^m \Gamma \left(1 + \frac{m}{k} \right) \qquad (13.9a)$$

$$平均值：\overline{u} = C \Gamma \left(1 + \frac{1}{k} \right) \qquad (13.9b)$$

$$均方：\overline{u^2} = C^2 \Gamma \left(1 + \frac{2}{k} \right) \qquad (13.9c)$$

$$均立方：\overline{u^3} = C^3 \Gamma \left(1 + \frac{3}{k} \right) \qquad (13.9d)$$

$$方差：C^2 \left[\Gamma \left(1 + \frac{2}{k} \right) - \Gamma^2 \left(1 + \frac{1}{k} \right) \right] \qquad (13.9e)$$

其中，

$$\Gamma(x) = 伽马函数。$$

根据函数 GAMMALN 给出的伽马函数的自然对数，由表 13.3 或 Excel 均可得出伽马函数。

伽马函数具有如下有用的特性：

$$\Gamma(1 + n) = n\Gamma(n) \tag{13.10}$$

13.1.4 风力资源

在评估某地的风力潜能时，最便捷就是计算该地的风能。在某个瞬间，已知空气团流经面积为 A、密度为 ρ、流速为 $\dot{m}$ 和动能 $V^2/2$，根据以下公式可得，风能 P_W 为：

$$P_W = \frac{1}{2}\dot{m}V^2 = \frac{1}{2}\rho A V^3 \tag{13.11}$$

功率密度 E 等于风能除以面积，如以下方程所示：

$$E = \frac{P_W}{A} = \frac{1}{2}\rho V^3 \tag{13.12}$$

因此，可用的功率密度与风速的三次方成正比，由方程 13.9d 可得：

$$E = \frac{1}{2}\rho C^3 \Gamma\left(1 + \frac{3}{k}\right) \tag{13.13}$$

因此，由以上公式可得出结论：功率密度与空气质量成正比，也就是说同等风速条件下，风力发电机的安装高度越高，产生的电能越少。此外，风能与风力发电机的扫掠面积（即转子直径的平方）成正比，更重要的是与风速成正比，意味着风速增加 10% 会使发电量增加 33%。

表 13.3　伽马函数

n	$\Gamma(n)$	n	$\Gamma(n)$	n	$\Gamma(n)$	n	$\Gamma(n)$
1.00	1.00000	1.25	0.90640	1.50	0.88623	1.75	0.91906
1.01	0.99433	1.26	0.90440	1.51	0.88659	1.76	0.92137
1.02	0.98884	1.27	0.90250	1.52	0.88704	1.77	0.92376
1.03	0.98355	1.28	0.90072	1.53	0.88757	1.78	0.92623
1.04	0.97844	1.29	0.89904	1.54	0.88818	1.79	0.92877
1.05	0.97350	1.30	0.89747	1.55	0.88887	1.80	0.93138
1.06	0.96874	1.31	0.89600	1.56	0.88964	1.81	0.93408
1.07	0.96415	1.32	0.89464	1.57	0.89049	1.82	0.93685
1.08	0.95973	1.33	0.89338	1.58	0.89142	1.83	0.93969
1.09	0.95546	1.34	0.89222	1.59	0.89243	1.84	0.94261
1.10	0.95135	1.35	0.89115	1.60	0.89352	1.85	0.94561
1.11	0.94740	1.36	0.89018	1.61	0.89468	1.86	0.94869
1.12	0.94359	1.37	0.88931	1.62	0.89592	1.87	0.95184
1.13	0.93993	1.38	0.88854	1.63	0.89724	1.88	0.95507
1.14	0.93642	1.39	0.88785	1.64	0.89864	1.89	0.95838

续表

n	$\Gamma(n)$	n	$\Gamma(n)$	n	$\Gamma(n)$	n	$\Gamma(n)$
1.15	0.93304	1.40	0.88726	1.65	0.90012	1.90	0.96177
1.16	0.92980	1.41	0.88676	1.66	0.90167	1.91	0.96523
1.17	0.92670	1.42	0.88636	1.67	0.90330	1.92	0.96877
1.18	0.92373	1.43	0.88604	1.68	0.90500	1.93	0.97240
1.19	0.92089	1.44	0.88581	1.69	0.90678	1.94	0.97610
1.20	0.91817	1.45	0.88566	1.70	0.90864	1.95	0.97988
1.21	0.91558	1.46	0.88560	1.71	0.91057	1.96	0.98374
1.22	0.91311	1.47	0.88563	1.72	0.91258	1.97	0.98768
1.23	0.91075	1.48	0.88575	1.73	0.91467	1.98	0.99171
1.24	0.90852	1.49	0.88595	1.74	0.91683	1.99	0.99581
						2.00	1.00000

然而，要得出风能的平均值，不能使用平均风速的三次方，而是要考虑风速分布，如以下公式所示：

$$\overline{P_{\mathrm{W}}} = \frac{A}{2N}\sum_{i=1}^{N}\rho_i V_i^3 \tag{13.14}$$

因此，正确地估计平均风能需要了解时期 N 时的风速分布。所以可以通过一个包含风速和风密度的时间序列估算出平均风能。此外，还可将平均风能与风力发电机的特性相结合，计算出任一时期产生的电能。此时的功率输出如以下公式所示：

$$P = \frac{1}{2}\rho V^3 A_{\mathrm{R}}\eta \tag{13.15}$$

其中，

A_{R} = 风力发电机的转子面积（m²）；

η = 组合功率系数。

综合功率系数是机械效率 η_{m}、电效率 η_{e} 和气动效率 C_{p} 的乘积。这三个效率均取决于风速和风能。贝茨定律（Betz law）表明气动效率的最大可能值为 59%（参见 13.2 节），因此即使不存在机械或电力损失，风力发电机最多只能将 59% 的风能转换为电能。

某个风力发电机的产生功率由其功率曲线决定（参见 13.3.2 节）。风力发电机的功率曲线和轮毂高度的风速分布结合后，可以估算出年发电量，如以下公式所示：

$$\mathrm{AEP} = N_0 \int_{V_{\mathrm{start}}}^{V_{\mathrm{stop}}} P(u)f(u)\,\mathrm{d}u \tag{13.16}$$

其中，

$P(u)$ = 功率曲线函数；

$f(u)$ = 风速概率函数；

V_{start} = 切入风速；

V_{stop} = 切断风速；

N_0 = 一年中的小时数（8760）。

由公式 13.9b 可以得出 C，再应用到公式 13.9e 中，可以得出标准偏差的平方—方差。经过整理后可得：

$$\sigma^2 = \overline{V}^2 \left[\frac{\Gamma\left(1 + \frac{2}{k}\right)}{\Gamma^2\left(1 + \frac{1}{k}\right)} - 1 \right] \qquad (13.17)$$

因此，一旦知道风速的平均和标准偏差后，联立方程 13.9b 和 13.17 解出参数 C 和 k。利用方程 13.11 或 13.12 可分别估算出风能和功率密度。方程 13.15 结合综合功率系数可以估算出风力发电机的功率。通过使用韦伯分布，可以得出风力发电机的平均风能，如以下公式所示：

$$\overline{P} = \eta E A_R = \eta \overline{\rho} A_R \frac{\overline{u^3}}{2} = \frac{1}{2} \eta \overline{\rho} A_R C^3 \Gamma\left(1 + \frac{3}{k}\right) \qquad (13.18)$$

例 13.2

假设某处安装有风力发电机，该地空气的平均密度为 1.23 kg/m³。风力发电机的直径为 36 m，轮毂高 80 m。该区域不存在任何障碍物且风力稳定，风力发电机的综合效率为 53.21%。距地面 10 m 高的平均风速为 4.23 m/s 且标准偏差为 2.21 m/s。则风力发电机的平均功率是多少？

解答

使用 10m 高度的标准偏差可以得出 80m 高度的韦伯参数。由于未给出其他参数，通常可以接受的稳定气流 Heilman 指数为 1/7（0.143）。

从公式 13.1 可得：

$$\frac{V_1}{V_2} = \left(\frac{z_1}{z_2}\right)^a = \left(\frac{80}{10}\right)^{0.143} = 1.346$$

因此，80 m 高处的平均风速为：$V_{80} = 4.23 \times 1.346 = 5.69$ m/s。

标准偏差 $\sigma_{80} = 2.21 \times 1.346 = 2.97$ m/s。

联立公式 13.9b 和 13.17 可解出两个韦伯参数 C 和 k。利用 EES 程序（工程方程求解器）可完成该过程，其中可以使用学生限制版（不可复制、粘贴和保存；下载地址：www.fchart.com），所需写入的指令如下：

```
u = C * gamma_ (1 + 1 /k)
sigma^2 = u^2 * ((gamma_ (1 + (2 /k))/(Gamma_ (1 + (1 /k)^2) - 1))
sigma = 2.97
u = 5.69
```

此外，还可使用 Excel 中的"目标搜索（goal seek）"功能估算出这两个参数。事实上，可以通过平均风速、参数 k 的随机值和由公式 13.17 计算出 σ^2 的差值，估算出参数 C。给出的随机 k 值和 σ^2 应为 0（使用"goal seek"），从而得出 k 值（给出的差值接近 0），并在 k 值的基础上同时估算出 C 值。

不论使用哪种步骤，得出的结果为：$C = 6.421$ 和 $k = 2.003$。

现在使用公式 13.18，可得：

$$\overline{P} = \frac{1}{2}\eta\overline{\rho}A_R C^3 \Gamma\left(1 + \frac{3}{k}\right) = \frac{1}{2} \times 0.5321 \times 1.23 \times \frac{\pi \times (36)^2}{4}$$

$$\times (6.421)^3 \times \Gamma\left(1 + \frac{3}{2.003}\right) = 117\text{kW}$$

应注意的是，由于 $3/2.003 = 1.4977$，所以上述公式的最后一项等于 2.4977，这不能从表 13.3 中直接估算出。因此公式 13.10 应当按如下方式使用：

$$\Gamma(1 + 1.4977) = 1.4977 \times \Gamma(1.1477) = 1.4977 \times 0.88623 = 1.3273$$

NCEP/NCAR再分析平均风力（1990—2010）

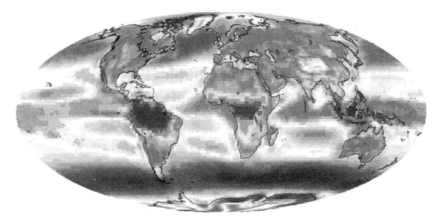

距地平面10 m高的风速（m/s）

图 13.8　RISO 使用 WAsP 绘制的全球风谱图，显示了距离地平面（AGL）10 m 高的风速。本图经丹麦技术大学（DTU）风能系许可使用

13.1.5 风能资源谱图

世界上的许多国家均在建模工具的基础上完成了风能应用和资源评估的测量工作。丹麦国家实验室（RISO）开发出了一项人性化的地形风流模型—WAsP，该模型为经验不足的用户提供了一个非常强大的流体动力学计算工具。它可以对局部气流生成可靠的结果，并被推广使用。在全球 100 多个国家和地区，通过该工具和 WAsP 程序对国家、地区和局部区域展开研究，从而绘制出了全球风谱图。了解更多详情，请访问 www. windatlas. dk。图 13.8 展示了距离地平面 10 m 高的风速（单位：m/s）的世界地图。

13.1.6 风速的重点研究

风能是一种具有高度变异性的能源，风速随着时间和空间出现随机变化。为了控制风能系统的动力学，从而为预测到的风速变化做出所需的调整，需要用到短期的风速预测，这对风电并网具有非常重要的意义。为此，预测风速会用到许多不同的方法，包括：统计方法、马尔可夫链模型和数值天气预报等物理方法。近来，人工神经网络（参见第 11 章）已经成功地用于风速预测。而这些方法不适用于手动计算，因此本书并未详细介绍。感兴趣的读者可以参阅其他相关专著。

13.2 风力发电机的一维模型

风力发电机是指可将风能转换为电能的设备。13.3 节详细介绍了风力发电机的特征。本节介绍的一维风力发电机模型，基于轴向动量理论。Betz 在 1926 年对该模型进行的相关分析成为了该理论的基础。Betz 为发展这一理论，并做出了如下假设：

- 不可压缩介质；
- 无摩擦阻力（非粘性流体）；
- 轴对称流；
- 理想转子具有无数个叶片；
- 均相流；
- 转子上的推力均匀；
- 不回转尾流区；
- 风轮前后远方的气流静压相等。

轴向动量理论的基础仍旧是风力发电机转子设计的支柱。风机转子通过减缓风速获取风能。例如，转子后方的风速小于前方。图 13.9 中的原理图说明了这一事实，可以用来解释该模型。

动量理论基本上包括控制质量守恒的体积积分、轴向和角动量平衡、能量守恒（Sorensen，2012）。从这一理论中可以推导出 Betz 极限，即风力发电机可以产生的最大功率。

Rankine 和 Froude 最初发展了简单轴向动量理论。在图 13.9 的基础上，假设轴向气流的速度为 V_∞，经过风力发电机的转子面积为 A_R 且具有恒定的轴向负载（推力）T。V_R 表示转子平面的轴向速度，V_∞ 表示未受扰动的空气轴向速度，ρ 表示空气密度，尾流区的空气重新得到未受扰动的压力值 $P_W = P_\infty$（Sorensen，2012）。如图 13.9 所示，该模型假设了环绕转子盘面的流管，以及以 A_∞ 和 A_W 表示的两个重要的面积，分别为转子上游和下游的气流截面积。连续性公式要求各个截面的气流速度均为恒定。因此，

$$\dot{m} = \rho V_\infty A_\infty = \rho V_R A_R = \rho V_W A_W \tag{13.19}$$

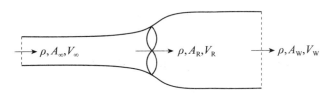

图 13.9　一维风力发电机模型的控制体积

由流管的轴向动量平衡，可以得出推力的方程为：

$$T = \dot{m}(V_\infty - V_W) = \rho V_R A_R (V_\infty - V_W) \tag{13.20}$$

使用伯努利方程可以估算出压力差。在转子前后方应用伯努利方程，则流管中的空气总压头将下降 ΔP，即：

$$\Delta P = \frac{1}{2}\rho(V_\infty^2 - V_W^2) \tag{13.21}$$

实际中的压强下降出现在经过转子时，推力为：

$$T = A_R \Delta P \tag{13.22}$$

因此，将公式 13.20 和 13.21 代入公式 13.22 中，可得：

$$V_R = \frac{1}{2}(V_\infty + V_W) \tag{13.23}$$

现在引入一项新的参数——轴向干扰因子，如以下公式所示：

$$\alpha = \frac{V_\infty - V_R}{V_\infty} \tag{13.24}$$

因此，使用公式 13.23 和 13.24，经各种替换整理后，可得：

$$V_R = (1 - \alpha)V_\infty \tag{13.25a}$$

$$V_W = (1 - 2\alpha)V_\infty \tag{13.25b}$$

从公式 13.25b 中可以明显看出轴向干扰系数 α 的最大取值可以是 0.5，否则尾迹速度可能出现负值。

在将公式 13.25b 代入到公式 13.20 后，我们得出推力的表达式如下：

$$T = 2\rho A_R V_\infty^2 \alpha(1 - \alpha) \tag{13.26}$$

同理，功率提取等于 $V_R T$，因此使用公式 13.25a 和 13.26，可得：

$$P = 2\rho A_R V_\infty^3 \alpha (1 - \alpha)^2 \tag{13.27}$$

最后，引入无量纲的推力和功率系数可得：

$$C_T \equiv \frac{T}{\frac{1}{2}\rho A_R V_\infty^2} \tag{13.28a}$$

$$C_P \equiv \frac{P}{\frac{1}{2}\rho A_R V_\infty^3} \tag{13.28b}$$

将公式 13.26 和 13.27 代入公式 13.28 中，可得：

$$C_T = 4\alpha(1 - \alpha) \tag{13.29a}$$

$$C_P = 4\alpha (1 - \alpha)^2 \tag{13.29b}$$

在对公式 13.29b 进行轴向干扰因子 α 的微分和设定倒数为 0 后，可以得出功率系数的最大值，即：

$$\frac{dC_P}{d\alpha} = \frac{d(4\alpha - 8\alpha^2 + 4\alpha^3)}{d\alpha} = 4 - 16\alpha + 12\alpha^2 = 0 \tag{13.30}$$

公式（13.30）为一个二阶公式，具有两个解；$\alpha = 1$ 和 $\alpha = 1/3$。$\alpha = 1$ 时得出的最小值为 $C_p = 0$。因此，$\alpha = 1/3$ 时为最大值，应用到公式 13.29b 后可得：

$$C_{P,max} = 4 \times \frac{1}{3} \times \left(1 - \frac{1}{3}\right)^2 = \frac{16}{27} = 0.593 \tag{13.31}$$

该值被称为 Betz 极限，表示风力发电机得到的最大功率为 59.3%。其中不包括尾迹旋转引起的损失，因此该值为保守的最大上限值。

我们前文介绍了风机转子通过减缓风速提取风能，例如，转子后面的风速小于前面。如果风速降低过多，则会使空气围绕转子区域流动，而非穿过该区域。上文介绍了当转子尾迹区的风速为未受扰动风速 V_∞ 的 1/3 时，能够提取到最大功率。

从公式 13.29 中可以看出，C_T 和 C_P 均仅与干扰因子 α 相关，在消除 α 后可以得出二者的关系，如以下公式所示：

$$C_P = \frac{C_T}{2}(1 \pm \sqrt{1 - C_T})\qquad(13.32)$$

因此，已知理想风力发电机中上述两个系数中的一个就可以估算出另一个的结果。通过使用试算表，可以得出更为易用的图 13.10 和图 13.11。应当注意到虽然公式 13.32 中保留了"±"号，但是二次方程的正值解才是正确的结果。

因子 16/27 被称为 Betz 系数，表示了理想风力发电机在给定条件下能够提取风力的最大分数。根据风力发电机的功率系数 $C_{P,real}$，实际功率输出 $C_{P,real}$ 为：

$$P_{real} = P_{Betz} \frac{C_{P,real}}{C_{P,Betz}}\qquad(13.33)$$

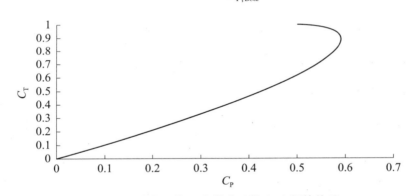

图 13.10　功率系数 C_P 和推力系数 C_T 之间的关系

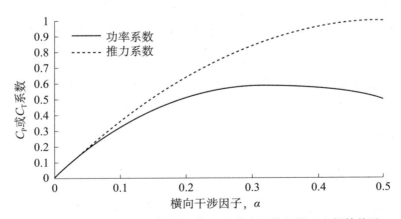

图 13.11　功率系数 C_P、推力系数 C_T 和轴向干涉因子 α 之间的关系

例 13.3

在大型风力发电机安装的区域，假设风速为 9.6 m/s，气压为 1 atm 和温度为 15 ℃。风力发电机的转子直径为 118 m。试估计出风力的功率密度、风力发电机的最大功率、最大功率运行时转子所受的推力和风力发电机实际功率系数为 0.45 的最大输出功率。

解答

在附录 5、表 A5.1 中采用内插法，得出 15 ℃时的空气密度 1.234 kg/m³。因此，风力的功率密度可从公式 13.12 中得出：

$$E = \frac{P_W}{A} = \frac{1}{2}\rho V^3 = \frac{1}{2} \times 1.234 \times (9.6)^3 = 546 \text{W/m}^2$$

在 Betz 极限处估算风力发电机的最大功率，只使用 $C_{P,Betz}$ 即可从公式 13.15 中得出 η 值：

$$P_{Betz} = \frac{1}{2}\rho V^3 A_R C_{P,Betz} = \frac{1}{2} \times 1.234 \times (9.6)^3 \times \frac{\pi(118)^2}{4} \times 0.593 = 3.54 \text{MW}$$

转子所受推力是指维持风力发电机正常工作所需的力。由于估算所受推力是在最大功率条件下进行，因此使用 $\alpha = 1/3$ 由公式 13.26 中得出 T。

$$T = 2\rho A_R V_\infty^2 \alpha(1 - \alpha) = 2 \times 1.234 \times \frac{\pi(118)^2}{4} \times (9.6)^2 \times \frac{1}{3}\left(1 - \frac{1}{3}\right) = 553 \text{kN}$$

应当注意到使用 $\alpha = 1/3$ 也可以从公式 13.27 中得出 P_{Betz} 值。最后，由公式 13.33 可以估算出风力发电机实际的最大功率：

$$P_{real} = P_{Betz}\frac{C_{P,real}}{C_{P,Betz}} = 3.54\frac{0.45}{0.593} = 2.69 \text{MW}$$

本书的范围不包括风力发电机空气动力学分析的详细内容。为了对风力发电机空气动力学进行分析，过去人们已建立了多种基于数值的空气动力转子模型，包括简单的提升线 - 尾迹模型到成熟的 Navier-Stokes-based CFD 模型（Sorensen，2012）。由于这些计算机模型不适合手动计算，所以本书未进行介绍。以下小节将介绍风力发电机的技术参数。

13.3　风力发电机

目前，风力发电机已经是一种成熟的技术，商业化的单机容量范围为 400 W ~ 7.5 MW。前文介绍了风力发电机将风能转换为机械能的最大空气动力转换效率为 59%。然而，即使大中型风力发电机的叶片使用了最先进、效率最高的翼形断面，其基本性质也会将可得到的最大功率峰值限制在 48% 左右。实际生产中，常常采用节省成本的细长叶片、峰值效率稍低于最佳值（例如，45%）的快速运行风力发电机。大多数风力发电机的全年平均效率约为该值的一半。这是因为在风速过低和过高时，为了限制功率超出额定值，需要关闭风力发电机。此外，发电机（和齿轮箱）损失以及机器不能一直在最佳工作点运行等原因均会降低平均效率（Beurskens 和 Garrad，1996）。

尽管风力发电机技术已经非常成熟，但是新型控制策略和改良后的蓄电系统也可以增加其电力产量。图 13.12 中列出了过去 30 年来风力发电机直径和功率的增长趋势。当前最大的单机设备的发电功率可以达到 7.5 MW，转子直径达到 170 m。预计在未来几年能够生产出直径 250 m、发电功率达到 20 MW 的风力发电机。如今，随着近来碳纤维强化型叶片的发展，人们已经可以生产出长而结实、轻质的叶片，从而使上述预期成为可能。

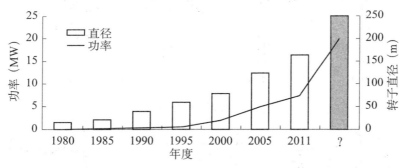

图 13.12　1980 年以来风力发电机转子直径和功率的演化过程

从公式 13.11 和其他公式中可以看出，风力发电机功率与转子面积成正比。因此，转子尺寸决定了功率输出，转子的直径越大，可从风力中捕获的能量也就越大。因此，由图 13.12 可知，600 kW 风力发电机需要直径为 60 m 的转子，而 5 MW 则需要直径为 124 m 的转子。

13.3.1　风力发电机的类型

风力发电机主要分为两大类：水平轴风力发电机（HAWT）和垂直轴风力发电机（VAWT）。通常，所有具体的风力发电机样式均属于这两类。但是，HAWT 是国际市场上的主流风力发电机。为了降低成本和增加效率，研究人员在过去曾提出了多种设计方案。

图 13.13 展示了风力发电机的主要类型。这些是众多风力发电机类型中发展潜

力较大的一些设计，其他未列出的设计均不够成功。如今，HAWT 的基础系统首先要将两叶、三叶或四叶大型转子安装到风电塔顶端管芯中的水平轴上。还有一种图 13.13（a）中未列出的单叶型转子，尽管它的成本和重量最低，但却需要偏置平衡重物。两叶型转子具有成本最低、可行性最高的特点，但是一叶、两叶型转子的缺点是运行时会产生很大的噪声。四叶型具有很好的平衡性，但是缺点是重量更大、经济性较差（Sorensen，2009）。现在最常使用的为三叶型转子，这是多种类型折中后的产物，该型转子具有旋转顺滑、低噪声、成本不是太高等特点。下图所示的最后一种 HAWT 被称为农场风机或加利福尼亚型风机，它在多年前就成功地用于驱动水泵。

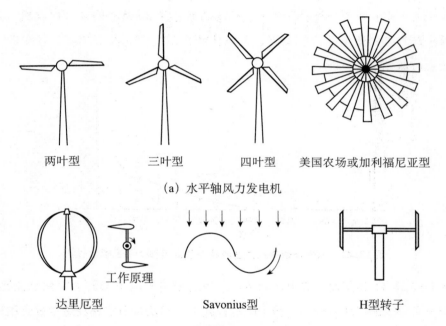

| 两叶型 | 三叶型 | 四叶型 | 美国农场或加利福尼亚型 |

（a）水平轴风力发电机

工作原理

| 达里厄型 | Savonius型 | H型转子 |

（b）垂直轴风力发电机

图 13.13　风力发电机的主要类型

　　另一种方案是 VAWT。此类方案中由地面轴承承重，齿轮箱和发电机均可以安装在地面，这使得它们比 HAWT 类型的风机更易于维护。VAWT 的另一项优点是它可以利用任意方向的风力（不同于 HAWT），且不需要指向机构对准风向。目前，研究人员提出了多种 VAWT 设计方案，其中最引人关注的有图 13.13（b）列出的达里厄（Danieus）型、Savonius 型和 H 型转子风力发电机。垂直轴机器能够很好地用于泵水，以及其他需要高扭矩、低速的应用，但不常用于连接电网的风力发电。

　　达里厄型风机是法国工程师 G. J. M. Darrieus 在 1931 年首次提出的，它由两个较薄的弯曲叶片和垂直轴组成。叶片为翼型。此外，它还可以具有 3 个或 4 个叶片。

　　作为最简单的一种风力发电机，Savonius 型风机由芬兰工程师 S. J. Savonius 在 1922 年发明。它是一种阻力型设备，由两或三个勺状物组成。在图 13.13（b）的剖视图中，两 – 勺型结构成"S"型。两个勺状物上的阻力差推动机构旋转。可行的一种方案是在另一个两 – 勺排列的顶部安装不同方向的两 – 勺结构，而不是在同一平面上增加更多的结构。另一种设计方案是使用一个很长的螺旋式勺状物，该结构也能平滑地输出力矩。该方案的结构常常应用在建筑物上，因为它还可以起到装饰作用。

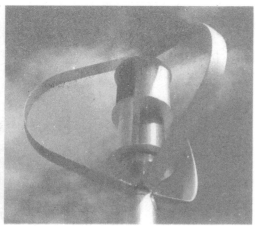

图 13.14　达里厄和 Savonius 联合型垂直风力发电机

　　由于 Savonius 型风机为阻力型设备，因此它们只能提取到比例非常小的风能。因此，研究人员提出了如图 13.14 所示的达里厄和 Savonius 联合型设计。

　　最后，图 13.13（b）中是 H 型转子设计可以具有三或四个叶片；而三叶设计更佳。该系统的叶片也是翼型形状，与达里厄型的弯曲叶片不同的是它们具有直叶片。

　　图 13.13（b）未列出的另一种 VAWT 类型，使用了半圆杯状物而非勺状物。该设计通常具有三个杯状物，此类系统主要用于测量风速的风速计。

　　其他可能的风力发电机类型可以根据下列特点进行划分：

- 旋转方向—顺时针旋转（从风的方向看）为市场主流。
- 转子控制是失速型（或固定叶片）或变距叶片。
- 发电机为感应式或直流（DC）发电机。

● 传动系统可能包括齿轮箱连接式感应发电机、直接驱动型无齿轮箱连接的多极感应或同步发电机，或是变速发电机。

图 13.15 中展示的为 HAWT 风电塔顶部防风雨设备隔间（机舱）的示意图。HAWT 主轴的转速较低，经过齿轮箱加速后传给发电机。如图所示，齿轮箱和发电机经由制动系统直接与主轴连接。发电机产生的电能经过穿过风电塔的线缆传输到变电站，最终并入电网。风电塔顶部有一个可以围绕垂直轴旋转或偏转的平台，上面安装有转子、齿轮箱和发电机，从而使转轴方向垂直于风向。

失速型风力发电机将转子叶片以一定角度固定在轮毂上。这一结构的优点是设计简单，但缺点是低风速时的效率较低，无辅助起动，以及在最大稳态速度下可能会由于风速、空气密度或电网频率的波动而出现功率输出波动。相反，变距控制风机的叶片可以通过控制使其叶片弦线与风向平行。此举解决了失速型机器的缺点，但会增加复杂程度和成本。

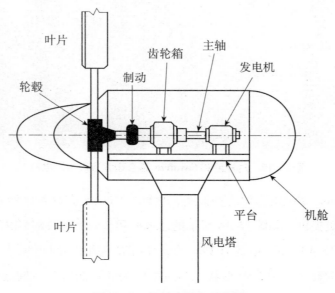

图 13.15　机舱内设备示意图

现代风力发电机的转速在 5 ~ 20 r/min 之间，而发电机的运行转速却在 800 ~ 3000 r/min 之间。因此，需要用到齿轮箱将转速提升到所需水平。此类齿轮箱在运行时不仅需要承受转子的角速度，而且还有与高度相关的风力变化会产生弯曲力矩、发电机在使其转速与电网频率同步时产生的力。因此，必须要求齿轮箱具备承重载能力。齿轮箱是整个系统中最容易出现故障或问题的部分，因此必须在轮毂高度对其进行润滑和频繁的维护工作。为此，研究人员开发出了转子直接与发电机连接的直驱型系统，上文风力发电机分类介绍了相关内容。如今，另一种正在发展的设计是变速发电机。变速系统的速度波动约为 10% ~ 20%，该设计会减轻齿轮箱承受的剧烈机械应力，以及增加风力发电机的综合效率。

　　风力发电机所有的风电塔有多种建造类型。最初的农场型风机使用晶格金属塔，现在被圆柱钢和混凝土设计取代。圆柱形金属设计是当前的市场主流。塔的直径取决于转子直径和塔高，这二者均取决于装机的额定容量，避免近地湍流影响的高度需要和高处可用的风速。塔的基座被固定在地下的大直径混凝土地基上，这在建设阶段需要大量的土方作业。塔身内部具有传输电力的线缆、控制和隔离系统，以及供维修人员到达机舱的电梯和楼梯。图 13.16 为塔身的内部图片。

图 13.16　风电塔的内部图片：输电线缆和楼梯（左图）、隔离和控制系统和电梯（右图）

13.3.2　风力发电机的功率特性

　　我们采用功率曲线描述风力发电机的特性。从公式 13.16 中可以看出，平均年发电量 AEP 取决于功率曲线函数 $P(u)$。风力发电机的功率曲线给出了风速和功率输出之间的关系。在图 13.17 中同时展示了某个风力发电机的功率曲线和效率。通常在风速为 7 ~ 9m/s 时可以达到最大效率。

　　此外，同一图中还绘制了 Betz 极限，表明了实际和理想效率的差异。通常在风速大于 12 m/s 时才能获得标称或额定功率。切入风速是指使转子转动的风速，切断风速是指由于安全原因需要停止风力发电机工作的风速。

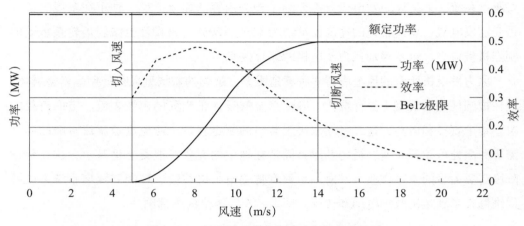

图 13.17　某个风力发电机的功率和效率特性

13.3.3　海上风力发电机

虽然建造海上风电场常常需要高昂的费用，但是由于海上的平均风速更高，因此较高的年发电量可以抵消相关成本。据估计，全球海上风能资源约为 37,500 TWh（Leutz 等人，2002）。尽管如今的技术已经能够实现在深水区安装风力发电机，但是最具可行性的方案仍是在浅水区和远离海岸线约为 25 km（超出陆上人员的视野）的位置安装。然而，风力发电机安装在距海岸线 15 km 时会呈现出适宜的视觉效果。

由于海面上不存在制造湍流的障碍物，因此海上的风力更加平滑并且受到的扰动较少。但波浪较大的海区却并非如此，因此这类海区不适合开发风力发电。

成本是海上风能开发的最大障碍。成本的高低取决于海岸距离和海水深度，海上风力发电的成本比陆上高出 40%～100%。这其中包括增加的安装成本和连接电网成本。此外，这还会增加维护成本，例如在正常的标准成本之外还需要海上运输成本。海上较高的可用风速和风力资源的稳定性，会使海上风电场比陆上相同装机容量的风电场每年多生产 50% 多的电力。这些收益可弥补上述成本。然而，为了更高的可行性和相同的功率输出，需要使用更大尺寸和较少数量的风力发电机。

海上安装风力发电机的方法众多。在浅水区可以使用普通的混凝土地基。更深的区域可以使用单柱或单桩支撑、三脚支撑或浮动支撑。本书不在此赘述相关细节。

最后，未来的海上能源系统可以结合海上风能系统和潮汐能系统。此类联合系统由于能够平滑发电波动因而具有较大的发展潜力，但是目前还未有人建设此类系统。

13.3.4　风电场

风电场还被称为风电站，是指许多风力发电机聚集的区域。图 13.18 展示了此类风电场。大型风电场的位置通常选在人烟稀少的地区或海上。尽管这会增加额外的电力输送成本，但是对于那些反对发展风能的公众来说，此举减少了他们的反应。将同一区域的大型风电场连接起来能够显著降低并入电网的成本。同一风电场中的风力发电机连接并入电网的过程中，需要变电站将电压升至电网电压（为降低输电损失，该电压常常很高）。因此，在连接同一区域多个风电场的情况下，为了连接到高压电网输送系统，每个风电场可能需要一个低压变电站和一个共用的大型变电站。

图 13.18　风电场图片

为了避免风力干扰效应，风电场中各个风力发电机间隔 5 ~ 10 转子直径的距离。这意味着尽管风力发电机的实际占地面积非常小，但安装许多风力发电机需要占据很大的面积。

13.4　经济问题

我们在前文介绍了风能与风速的三次方之间具有直接的正比关系。风能系统的经济性极大地取决于可用风速。因此，风速加倍后功率会提高 8 倍。例如，当某个 1.5 MW 风力发电机安装在平均风速为 5.5 m/s 的位置时，每年将产生 1000 MWh 的电力。当安装到风速为 8.5 m/s 和 10.5m/s 的位置时，年发电量将分别达到 4500 MWh 和 8000 MWh（Sorensen，2009）。因此，选择合适的安装位置对风能开发项目的经济性至关重要。其他影响经济性的重要因素有：电网距离、交通的便利性、某地的一般基础设施和地势类型。其中的地势类型不仅与风力湍流有关，还决定了风机的安装高度和该区域的自然栖息地。对于现代的风力发电机来说，陆地和海上具有经济开采性的最低风速标准分别为 5~5.5 m/s 和 6.5 m/s。后者要求的风速较大，是因为海上安装的成本较高（Sorensen，2009）。

风能开发，尤其是较大的风电场需要大量的资金投入。因此，需要对它们进行认真的规划、仔细的研究以及现场准备工作。其中所需的最重要研究是确认候选位置的可用风速。为此需要短期和长期的风速测量，以及使用至少一年的现场测量核实当地的风况。

风力发电机的安装成本通常包括：

- 风力发电机安装成本，包括了基础、运输和起重机；
- 道路建设成本；
- 风电场内部的地下线缆；
- 变电站成本；
- 控制和监测中心成本；
- 测试和调试成本；
- 管理、财务和法律成本。

然而，这其中的大部分成本并不全部取决于风电场的规模。因此包含众多风力发电机的大型风电场拥有规模效益。风力发电机的正常寿命为 20~25 年。

在世界上的许多国家，风能已经可以媲美化石能和包括了外部社会成本后的核能。人们通常认为风能（和太阳能）的缺点是它们具有间断性（随机变化）、不具备容量可信度、在大量电力生产时可能出现资源中断。这些认识均是不正确的。效用研究已经表明尽管核电站和化石燃料电厂的容量可信度比风电场高 2~3 倍，但是风能确实也具有一定的容量可信度。因此，风能取代化石燃料后可以减少其他类型电厂的装机容量。

风能技术在过去二十年间取得了长足的进步，根据具体的安装条件，陆地和海上每千瓦装机容量的资本成本分别降至 1000~1350 欧元和 1500~2000 欧元。就这一水平的资本成本来讲，一些风能资源丰富的地区已经具备了开发风力发电的经济性。因此，全球的风电装机容量在过去 5 年中增长了 30% 以上。2005 年的全球总风电装机容量达到 59 GW，截止到 2012 年 6 月底首次超过 250 GW 极限，达到 254 GW。其中的 16.5 GW 为 2012 年前半年新安装的容量。这一增速比 2011 年同期（增加了 18.4 GW）相比下降了 10%。2012 年前半年的全球风电装机容量增长了 7%，比 2011 年增长了 16.4%（2012 年中期与 2011 年中期比较）。相比之下，2011 年的年增长率为 20.3%（WWEA，2012）。第 1 章的 1.6.1 节对此已经进行了详细介绍。

2011 年年底全球风电的年发电量达到 500TWh，占全球耗电量的 3%。2011 年，风能行业的营业额达到 500 亿欧元/650 亿美元（WWEA，2012）。2010 年，北美地区最佳风电位置的电力平均成本为 0.04 ~ 0.05 美元/kWh（WWEA，2012）。

全球陆地风电总潜能的理论值约为 55 TW，实际潜能至少为 2TW，占到目前全球总发电量的三分之二。海上的风能潜力则更高。

风能只有在合适的风能和电网条件中才能与其他能源竞争（煤炭、石油和核能）。随着风电成本的进一步降低，风电系统的市场潜力将显著提升。降低风电成本的措施有：降低相关的资本投入、引入可靠的设计方法和最佳可用的风电选址。

13.5　风能开发中的一些问题

在风电的发展过程中，存在诸多阻碍因素。包括：公众的接受度、土地需求、视觉效果、声频噪声、电信干扰，以及对自然栖息地和多种野生动物的影响。

尽管风能系统利用的是成本很低的可再生能源，但我们不能只考虑它带来的益处。在那些风电系统高度发达的国家，很多游说集团正在力图阻止在陆地上建立更多的风电场。风电系统事实上确实存在上述一些问题；最严重的是视觉效果和噪声问题。风电场的占地面积很大，不可能进行遮挡。大型风电场的可视距离很远。众多反对风电建设的团体通常认为"风电确实很好，但就是不能安装在我的后院"。

对于远离风力发电机 500 m 的地方来说，噪声并不是个问题。现代风电设备的噪声远低于早期设备。这些噪声主要是叶片运动、齿轮箱和发电机产生的低频噪声。其中的叶片噪声又最为严重。在风力发电机的安装期间，还存在一些临时的噪声、尘土和其他干扰等问题。

从风电角度来看，风电发展可能会减少鸟类的栖息地、繁殖和捕食区域。此外，虽然鸟类碰撞风力发电机叶片等问题不像建筑物或车辆那样发生的致命碰撞。但这类问题确实存在。只有风电场位于鸟类迁徙线路上时才会出现鸟类碰撞问题，因此应当避开这些区域。

最后，风力发电机在某些情况下会产生电子干扰，影响电视信号传输和通讯。

通过在中继站安全距离之外选址等简单的补救措施可以缓解电子干扰问题。

尽管海上风力发电机也会干扰渔业、船运和海洋生物，但是却可以解决上述大部分问题。同时，在海上施工会对海底产生一些临时性的破坏。此外，虽然现代雷达系统的信号受到海上风电场的影响较低，但确实会产生一些影响。

练习

13.1 按照表中的高度，下列在某地测量的风速的单位为：m/s。确定最适赫尔曼指数，并将其用于预测距离地面 120 m 高度的风速。

10 m	40 m
8.0	9.8
9.7	11.9
7.6	9.4
7.0	8.9
7.2	8.8
9.1	11.9
9.8	12.1
6.8	8.6

13.2 机场附近的赫尔曼系数是多少？

13.3 海上某区域参考高度为 10 m 的风速为 6.9 m/s。那么 100 m 高度的风速是多少？

13.4 假设平均风速为 7 m/s，标准偏差为 2.2 m/s，试估计韦伯分布的两参数 C 和 k。

13.5 风力发电机安装位置的平均空气密度为 1.225 kg/m³。风力发电机的直径和轮毂高度分别为 46 m 和 100 m。该区域无明显障碍物且风力稳定，风力发电机的综合效率为 53.29%。10 m 高度的平均风速为 5.25 m/s 且标准偏差为 2.75 m/s。那么该风力发电机的平均功率是多少？

13.6 如果转子平面的轴向风速为 5.5 m/s，未受干扰的风速为 7.5 m/s。则推力和功率系数是多少？

13.7 大型风力发电机安装位置的风速为 12.2 m/s，压力和温度分别为 1 atm 和 20 ℃。风力发电机转子直径为 125 m。估算出风能的功率密度、风力发电机的最大最大功率，以及某个实际功率系数为 0.48 的风力发电机最大功率运行时所受的推力和最大功率输出。

参考文献

［1］Beurskens, J. , Garrad, A. , 1996. Wind energy. In: The Proceedings of Euro-Sun'96 Conference, Freibuig, Germany, vol. 4, pp. 1373 - 1388.

［2］de Jongh, J. A. , Rijs, R. P. P. （Eds. ）, 2004. Wind Resources. Arrakis, p. 34.

［3］Leutz, R. , Ackerman, T. , Suzuki, A. , Akisawa, A. , Kashiwagi, T. , 2002. Technical offshore wind energy potential around the globe. In: Proceedings of the European Wind Energy Conference, Copenhagen, Denmark.

［4］Lysen, E. H. , 1983. Introduction to Wind Energy. CWD 82 - 1, Amersfoort, Netherlands.

［5］Nfaoui, H. , 2012. Wind energy potential. In: Sayigh, A. （Ed. ）, Comprehensive Renewable Energy, Chapter 2. 04. Major Reference Works, vol. 2. Elsevier, pp. 73 ~ 92.

［6］Sorensen, B. （Ed. ）, 2009. Renewable Energy Focus Handbook, ISBN: 978 - 0 - 12 -374705 - 1. Wind power （Chapter 9. 1） . Academic Press, Elsevier, pp. 435 - 444.

［7］Sorensen, J. N. , 2012. Aerodynamic analysis of wind turbines. In: Sayigh, A. （Ed. ）, Comprehensive Renewabk Energy, Chapter 2. 08. Major Reference Works, vol. 2. Elsevier, pp. 225 - 240.

［8］Weibull, W. , 1951. A statistical distribution function of wide applicability. J. Appl. Mech. 18 （3）, 293 - 297. WWEA, 2012. World Wind Energy Association. Available from: www. wwindea. org.

附录 1 术语

本书在首次使用某一符号时，均对其进行了解释。当读者遇到疑问时，可以查询收录在本附录内的清单。然而，下表中只包括了常见或最常用的一些符号，并未包括那些常标有下标的符号。本附录首先列出了辐射相关的术语，随后是符号的总目录，最后给出了缩写词清单。

辐射相关的术语

G	辐照度（W/m^2）
H	一天的辐射（J/m^2）
I	一小时的辐射（J/m^2）
R	辐射倾斜系数

下标

B	直射辐射
D	漫反射
G	地面反射
n	法向
t	倾斜平面上的辐射
c	临界

符号

A	采光口面积（m^2）
a	赫尔曼系数
A_a	吸收器面积（m^2）
A_c	集热器采光口的总面积（m^2）
A_f	集热器的几何系数
A_r	接收器面积（m^2）
A_R	转子面积（m^2）

b_o	入射角修正因子的一阶常数
b_1	入射角修正因子的二阶常数
C	集热器聚光比 $=A_a/A_r$；电容率；光速；有效蓄电容量（Wh）；质量浓度（$kg_盐/kg_水$）；尺度参数
C_A	单位集热器面积或与面积相关的成本（\$/m^2）
C_b	键合电导率（W/m ℃）
C_{F1}	运行初年的燃料成本（\$）
C_I	面积独立成本（\$）
c_p	定压比热（J/kg ℃）
C_P	功率系数
C_S	太阳能设备的总成本（\$）
C_T	推力系数
c_o	拦截效率 $=F_R(\tau\alpha)$
c_1	集热器效率的一阶系数（W/m^2℃）
c_2	集热器效率的二阶系数（W/m^2℃^{2}）
D	升管的外直径（m）；能量需求（J）
d	市场贴现率（%）；利率（%）；管道直径（m）
D_1	管道内直径（m）
d_m	贷款利率（%）
D_o	管道外直径（m）
d_r	接收器与焦点之间的位移（m）
d^*	由接收器错位和反射器配置误差引起的普遍非随机误差参数 $d^* = d_r/D$
E	发射功率（W/m^{2}μm）；能量（W）；电压电源（V）；均方根误差；功率密度（W/m^2）；集热器的有效性
E_P	光子能量（J）
E_{PV}	光伏阵列交付的能量（J）
E_{in}	火用输入（W）
E_{out}	火用输出（W）
F	年度太阳能指数；视角系数；翅片效率；现金流（\$）；夜间隔热所占的比例；窗口的阴影部分

f	焦距（m）；月均太阳能指数；摩擦系数；汽轮机抽气的蒸汽部分
F'	集热器的效率系数
F''	流动系数
F_R	排热系数
F'_R	集热器换热器的效率系数
f_{TL}	太阳能提供的总负载部分（包括储存罐损失）
g	重力加速度（m/s）
G_r	格拉斯霍夫数
G_{on}	在垂直面上测量的地外辐射（W/m^2）
G_{sc}	太阳常数 = 1366.1 W/m^2
h	时角（度）；比焓（kJ/kg）；普朗克常量 = 6.625×10^{-34}（J s）；形状参数
H	焓（J）
h_{c}	对流传热系数（W/m^2℃）
h_{fi}	吸收器内部管道或管路的传热系数（W/m^2℃）
H_{o}	一天中到达地外水平面上的总辐射（J/m^2）
H_{p}	Locus rectum 抛物线（m）= 抛物线在焦点位置处的开口
h_{p}	抛物线的高度（m）
h_{r}	辐射的传热系数（W/m^2℃）
H_{t}	塔架高度（m）
h_{T}	热虹吸管的水头（m）
$\overline{H}_{t}$	入射到单位面积集热器表面上的月均每日辐射（J/m^2）
h_{SS}	日落时角（度）
H_{SS}	日落时间
h_{v}	体积传热系数（W/m^3℃）
h_{W}	风的传热系数（W/m^2℃）
I	不可逆性（W）；电流（A）
i	通货膨胀率（%）
i_{F}	燃料的通货膨胀率（%）
I_{o}	暗饱和电流（A）

I_{ph}	光电流（A）
I_{sc}	短路电流（A）
J	光能传递（W/m^2）；质量流量（$kg/m^2 s$）
K	消光系数
k	热导率（$W/m\ ℃$）；摩擦压头（m）
K_{star}	分层系数
K_T	每日晴空指数
k_T	逐时晴空指数
K_θ	入射角修正因子
k_o	拦截效率 $= F_R \eta_o$
k_1	集热器效率的一阶系数（$W/m^2℃$）$= c_1/C$
k_2	集热器效率的二阶系数（$W/m^2℃^2$）$= c_2/C$
L	两个相邻升管间距的一半（m）$= (W-D)/2$；集热器长度（m）；纬度（度）；年度负荷所需能量（J）；玻璃盖板厚度（m）；管道长度（m）；日均耗电量（Wh）
L_{AUX}	辅助加热所需的年度能量（J）
L_m	每月负荷（J）
L_S	太阳能承担的负荷（J）
M	质量流数量；储存容量的质量（kg）；摩尔质量（kg/mol）；混合数量
m	大气质量
$\dot{m}$	流体的质量流速（kg/s）
N	某月的天数；摩尔数；管带式集热器中的弯头数量
n	年数；折射率；反射数量
N_g	玻璃盖板的数量
N_p	集热器的日均运行时间（h）
n_p	回收期（年）；光子数量
N_s	熵产生数
N_u	努塞尔特数
P	侧视角（度）；功率（W）；压力（Pa）
P_a	空气的水蒸气分压（Pa）

P_h	集热器压头降（Pa）
P_r	普朗特数
P_s	空气温度为 t_a 时的饱和水蒸气压（Pa）
P_W	空气温度为 tw 时的饱和水蒸气压（Pa），风电功率（W）
PW_n	n 年后的现值
P_1	寿命周期内节省的成本与第一年燃料能量成本的比值
P_2	负债成本与初始成本的比值
Q	能量（J）；（单位时间内的能量）传热速率（W）
q	单位长度或面积在单位时间内的能量（W/m 或 W/m^2）；热损失（J/m^2 天）
Q_{aux}	辅助能量（J）
Q_D	剩余能量（J）
q'_{fin}	单位翅片长度传导的有效能量（J/m）
Q_g	每月从蓄热墙中获得的净热量（J）
Q_1	负荷或所需能量（J）；储存罐排放能量的速率（W）
Q_o	向环境中损失热量的速率（W）
q_o^*	落在接收器上的辐射（W/m^2）
Q_S	交付的太阳能量（J）
Q_s	太阳发射的辐射（W/m^2）
Q_{tl}	储存罐的能量损失速率（W）
q'_{tube}	单位长度管道传导的有效能量（J/m）
Q^*	入射到集热器的太阳辐射（W）
Q_u	采集的有效能量（J）；向储存罐交付采集能量的速率（W）；集热器交付有效能量的速率（W）
q'_u	单位长度获得的有效能量（J/m）
q^*	集热器单位面积上的辐射（W/m^2）
R	接收器半径（m）；斜面和水平面上总辐射的比值；热阻（m^2℃/W），膜盐废品率
r	某小时的总辐射与当天中总辐射的比值，抛物面反射器的半径（m）；水回收率
Ra	瑞利数

r_d	某小时的散射辐射与当天中散射辐射的比值
Re	雷诺数
R_s	单位面积标准蓄热容量与实际容量的比值 = 350 kJ/m²℃
R_{total}	总热阻（m²℃/W）
S	单位面积吸收的太阳辐射（J/m²）；赛贝克系数
s	比熵（J/kg℃）
S_{gen}	生成的熵（J/℃）
S_M	膜的有效面积（m²）
T	绝对温度（K）
t	时间
T_a	环境温度（℃）
$\bar{T}_a$	环境的月均温度（℃）
T_{av}	集热器流体的平均温度（℃）
T_b	局部基准温度（℃）
T_C	光伏电池的绝对温度（K），冷源温度（K）
T_c	盖板温度（℃）
T_f	局部的流体温度（℃）
T_{fi}	流体进入集热器时的温度（℃）
T_H	热源温度（K）
T_i	集热器的入口温度（℃）
T_m	自来水温度（℃）
T_o	环境温度（K）；流体离开集热器时的温度（℃）
T_{oi}	集热器出口的初始水温（℃）
T_{ot}	时间 t 后的集热器出口水温（℃）
T_p	吸收表面的平均温度（℃）；滞止温度（℃）
T_r	吸收器温度（℃）；接收器温度（℃）
T_{ref}	经验推导出的基准温度 = 100 ℃
T_s	太阳的表面黑体温度，~6000 K
T_w	可接受的最低热水温度（℃）
T_*	作为火用源的太阳表面温度，~4500 K
U	总传热系数（W/m²℃）

U_h	底部的热损失系数（W/m²℃）
U_e	边缘的热损失系数（W/m²℃）
U_L	太阳能集热器的总热损失系数（W/m²℃）
U_o	流体到环境空气的传热系数（W/m²℃）
U_r	基于 A_r 的接收器 – 环境传热系数（W/m²℃）
U_t	顶部的热损失系数（W/m²℃）
V	风速（m/s）；体积消耗（1）；电压（V）
v	流体速度（m/s）
V_L	储存罐流出的负载流速（kg/s）
V_{oc}	开路电压（V）
V_R	转子平面的轴向速度（m/s）；储存罐的回流流速（kg/s）
V_w	尾迹区的空气流速（m/s）
V_∞	未扰动的风速（m/s）
W	升管间的距离（m）；净输出功（J/kg）
W_a	集热器采光口（m）
X	集热器损失率，无量纲
x	溶液中溴化锂的质量浓度；摩尔分数
X_c	X 的修正值；临界辐射水平，无量纲
X'	集热器损失修正比，无量纲
Y	能量吸收比，无量纲
Y_c	Y 的修正值
Z	负荷换热器参数，无量纲
z	太阳方位角（度）
z_0	地面粗糙长度（m）
z_r	基准高度（m）
Z_s	表面方位角（度）

希腊字母

α_α	吸收器的吸收率
α	到达表面的太阳能中被吸收的部分（吸收率）；太阳能高度角；热扩散系数（m²/s）；干扰系数（度）
β	集热器倾斜角（度）；偏心角误差（度）

β'	膨胀的体积系数（1/K）
β^*	由角度误差引起的普遍非随机误差参数，$\beta^* = \beta C$
γ	集热器的拦截系数；平均粘合厚度（m）；散射辐射的校正系数（CPC 集热器）
δ	吸收器（翅片）的厚度（m）；赤纬（度）
Δ	集热器阵列的膨胀或收缩（mm）
ΔT	温差 $= T_i - T_a$
Δx	主翅片或升管距离（m）
ε	火用比（J/kg）
ε_g	玻璃盖板的发射率
ε_p	吸收器平板的发射率
λ	波长（m）
η	效率；综合功率系数
η_o	集热器的光学效率
η_p	电厂效率
η_t	塔效率
ν	频率（每秒）；动力粘度（m^2/s）
π	跨膜渗透压
ρ	密度（kg/m^3）；反射比；反射率
ρ_m	镜面反射比
θ	无量纲温度 $= T/T_o$；入射角（度）
θ_c	CPC 集热器的接受半角（度）
θ_e	有效入射角（度）
θ_m	集热器的接受半角（度）
σ	斯蒂芬玻尔兹曼（Stefan-Boltzmann）常数 $= 5.67 \times 10^{-8} W/m^2 K^4$
σ^*	通用随机误差参数，$\sigma^* = \sigma C$
σ_{sun}	能量分布在阳光垂直入射时的标准偏差
σ_{slope}	局部斜坡误差分布在垂直入射时的标准偏差
σ_{mirror}	反射材料的扩散率变化在垂直入射时的标准偏差
τ	透射率
τ_α	吸收器的透射率

$(\tau\alpha)$	透射率与吸收率的乘积
$\overline{(\tau\alpha)}$	透射率与吸收率的月均乘积
$(\tau\alpha)_B$	用于评估光束辐射入射角修正因子的透射率与吸收率乘积
$(\tau\alpha)_D$	用于评估天空（散射）辐射入射角修正因子的透射率与吸收率乘积
$(\tau\alpha)_G$	用于评估地面反射辐射入射角修正因子的透射率与吸收率乘积
Φ	天顶角（度）；可用性
φ	抛物线角（度），即轴线与抛物线焦点出反射光束的夹角
φ_r	集热器边缘角（度）

注意：符号上的横杠表示月均值。

缩写词

AEP	年度能量产量
AFC	碱性燃料电池
AFP	先进平板
ANN	人工神经网络
AST	视太阳时
BIPV	光伏建筑一体化
BP	反向传播
CLFR	紧凑型线性菲涅尔反射器
COP	性能系数
CPC	复合抛物面集热器
CPV	聚光光伏
CSP	聚光式太阳能发电
CTC	圆柱形槽式集热器
CTF	传导传递函数
DAS	数据采集系统
DD	度日
DS	夏令时
ED	电渗析
ER	能量回收
ET	时间方程

ETC	真空管集热器
E – W	东 – 西
FF	填充系数，污垢系数
FPC	平板集热器
GA	遗传算法
GMDH	数据组合处理方法
GRNN	广义回归神经网络
HFC	定日镜场集热器
HVAC	暖通空调
ICPC	一体化复合抛物面集热器
ISCCS	一体化太阳能联合循环系统
LCC	寿命周期成本
LCR	当地的聚光度
LCS	寿命周期的节省成本
LFR	线性菲涅尔反射器
LL	当地经度
LOP	负荷损失概率
LST	当地标准时
LTV	长管垂直
MCFC	熔融碳酸盐燃料电池
MEB	多效沸腾
MES	多效堆栈
MPP	最大功率点
MPPT	最大功率点跟踪器
MSF	多级闪蒸
MVC	蒸汽机械压缩
NIST	美国国家标准与技术研究院
NOCT	电池的标称运行温度
N – S	南 – 北
NTU	传递单元的数量
PAFC	磷酸燃料电池

PDR	抛物面反射器
PEFC	聚合物电解质燃料电池
PEMFC	燃料电池质子交换膜
PTC	抛物槽型集热器
PV	光伏，压力容器
PWF	现值系数
RES	可再生能量系统
RH	相对湿度
RMS	均方根
RMSD	均方根差
RO	反渗透
ROI	投资利润率
RTF	房间传递函数
SC	遮阳系数
SEGS	太阳能发电系统
SHGC	太阳能得热系数
SL	标准经度
SOC	电荷状态
SOFC	固体氧化物燃料电池
SRC	标准的额定条件
TCF	温度修正系数
TDS	总溶解固体
TFM	传递函数法
TI	透明绝缘
TPV	热光伏
TVC	热力蒸汽压缩
VC	蒸汽压缩

附录2 定义

本附录介绍了多种太阳工程术语的定义。这些定义的一个重要来源是 ISO 9488:1999 标准，该标准中以三种语言规定了太阳能词汇。

吸收器 是太阳能集热器的一个部件，可以采集并尽可能多地保留太阳辐射。传热流体在吸收器或与吸收器连接的管道中流动。

吸收率 吸收的太阳辐射与入射太阳辐射的比值。所有材料均不同程度地具备吸收辐射的性质。

吸收式空调 在无需大量轴向功输出的前提下，通过吸附与解吸过程达到制冷效果。

大气质量 直射太阳辐射穿过地球大气的路径长度。

采光口 辐射在被太阳能集热器吸收前所经过的开口。

辅助系统 在阴天或夜间为太阳能系统提供支援的系统。

方位角 某一位置上南北线与日地线水平投影的夹角。

电池 一种使用了可逆化学反应的电能储存装置。

光束辐射 入射到某一平面上的辐射，来自以太阳盘面为中心的小立体角。

布雷登循环 一种在喷气式发动机（燃气轮机）中应用且使用热力循环的热机。

硫化镉（CdS） 一种产自镉合金的橘黄色化学化合物。Cds 在作为半导体时，总是为 n-型。

资本成本 设备、建设、土地和其他必要设施建设的成本。

空腔接收器 一种采用了空腔形式的接收器，太阳辐射通过一个或多个开孔（采光口）进入内部，并被内置的吸热表面吸收。

集热器 任何可以采集太阳辐射，并将其转换为有效能形式的设备。

集热器效率 太阳能集热器采集的能量与集热器表面入射辐射能量的比值。

集热器效率系数 当吸收器整体温度等于集热器内部流体的平均温度时，太阳能集热器交付的能量与即将交付能量的比值。

集热器流动系数 当集热器内部流体的平均温度等于入口流体的温度时，太阳能集热器交付的能量与即将交付能量的比值。

集热器倾斜角 集热器－采光口平面与水平面之间的倾斜夹角。

聚光比 太阳能集热器采光口与接收器面积的比值。

聚光型集热器 一种通过使用反射器或透镜使太阳辐射改变方向或聚集，并经过采光口到达吸收器。

盖板 用于覆盖集热器－吸收器平板的透明材料，以此通过"温室效应"捕获太阳能。

CPC 集热器 复合抛物面集热器，一种非成像集热器，包含了两个互相面对的抛物面。

赤纬 太阳光线和地球赤道面的夹角（北半球为正）。

散射辐射 在到达某个平面或方向上的太阳辐射中，受到大气散射作用形成的部分辐射。

直射辐射 在地球表面上以很小的立体角中测得的接收太阳辐射。

直接系统 用户使用的热水直接流经集热器的太阳能供暖系统。

效率 预期效果的测量值与输入效果（二者单位相同）的比值。

发射率 实际表面发射的辐射与理想辐射体（黑体）在同一温度下发射辐射的比值。

真空管集热器 在管道与吸收器之间安装了真空玻璃管的集热器。

蒸发器 一种内部流体会经历由液态变为气态的换热器。

地球外辐射 地球大气层极限顶端表面接收到的太阳辐射。

平板集热器 一种通过采集直射和散射辐射加热水或空气的固定式集热器。平板集热器的两种基本设计为集管立管型和蛇管型。

菲涅耳集热器 一种使用菲涅耳透镜将太阳辐射聚焦到接收器的聚光型集热器。

几何系数 一种可以度量由于不规则入射效应引起的聚光器采光口有效面积减少程度的指标。

上釉 将玻璃、塑料或其他透明材料覆盖到集热器吸收器表面的过程。

总辐射 水平面上接收到的半球形太阳辐射，如总的光束辐射和散射辐射。

温室效应 通过抑制对流损失控制表面热损失的传热效应，通常被错误地归因于抑制了闭合环境内的辐射。

换热器 一种在不混合两种流体的前提下进行流体间传热的设备。

热导管　一种采用了蒸发和凝结原理传热的高效被动式换热器。

热泵　一种通过输入轴功使热量由低温容器传到高温容器。

热转移因子　当吸收器整体温度等于流体入口温度时，太阳能集热器交付的能量与将要交付能量的比值。

定日镜　一种可将阳光指向固定目标的设备。

空穴　一种价带中的空电子状态—行为类似于带正电荷的电子。

时角　某一时间太阳在赤道面上投影与太阳正午时太阳在同一面上投影的夹角。

入射角　太阳光线与受辐射表面法线的夹角。

间接系统　该类型太阳能供暖系统中的传热流体（不同于被使用的水）在集热器内循环，并通过换热器将热量传递给被使用的水。

日射量　太阳能辐射领域的专用术语（J/m^2）。

一体化集热器储存　太阳能集热器在太阳能供暖系统中也起到了储存装置的作用。

拦截系数　接收器拦截的能量与聚焦装置反射的能量的比值。

辐射照度（G）　单位面积入射辐射能量的速率（W/m^2）。

辐射　由辐射照度在某一时间范围内（常常为一小时或一天）积分得出的单位面积上的入射能量（J/m^2）。

纬度　赤道北侧（＋）或南侧（－）的角距离，单位为"度"。

线聚焦集热器　一种可以将太阳辐射聚集到一个平面，并得到线性焦点的聚光型集热器。

当地太阳时　在天文时间系统中，太阳总是在正午 2 点穿过南北子午线。该时间系统不同于依据经度、时区、时差得的本地时钟时间。

n-型　一种通过掺杂以使导电带具有自由电子的半导体。

非成像集热器　一种可将太阳辐射聚焦到面积相对较小的接收器上，同时不在接收器上进行太阳成像的聚光型集热器。

开路电压　在开路中形成的光伏电压，这是辐射照度不变情况下可得到的最大电压。

光学效率　接收器吸收的能量与入射到聚光器上采光口的能量的比值。这是一个集热器可以具有的最大效率。

p-型　一种通过掺杂以使价带具有空位（空穴）的半导体。

抛物线　点在平面内移动的轨迹形成的曲线，曲线上各点与固定点（焦点）的

太阳能能源工程工艺与系统（第二版）

距离与到固定直线（准线）的距离相等。

抛物面反射器 一种具有双轴跟踪系统的太阳能抛物面集热器，可将辐射能聚焦到附加的点状焦点接收器或引擎－接收器单元。

抛物面槽式集热器 一种具有单轴跟踪功能的抛物面槽状（线状焦点集热器）集热器，它可将辐射能聚焦到附属的线性焦点接收器。

寄生能量 太阳能供暖系统中的泵、风扇，和控制系统等消耗的能量（通常为电能）。

被动式系统 无机械系统支持的条件下利用太阳能的系统。

回收期 项目投资产生累积效益达到收回投资所需的时间。

光电效应 当辐射能落在紧密接触的不同物质之间时生成电动势的现象。

p-n 结 不同的半导体材料连接在一起，其中电子在某种条件下由一种类型的半导体移动到另一种类型的半导体。

点聚焦集热器 一种可将太阳辐射聚焦到一个点的聚光型集热器。

现值 未来的现金流折算到现在的价值。

辐射 以电磁波形式发射或传递的能量。

热辐射 单位表面面积上辐射能以发射、反射和传递等综合形式离开的速率（W/m²）。

朗肯循环 一种具有多种部件的闭合－循环型热机循环，包括压力将工作流体泵送至加热锅炉，使其在生成功的涡轮机内膨胀，在冷凝器中凝结，并将低品位热量排放到环境中。

反射比 某表面反射的能量与入射到该表面上能量的比值。所有材料均不同程度地具有反射辐射的特性，在大气参考条件下被称为"反射率"。

选择性表面 该类表面的反射比、吸收率、透射率和发射率等光学特性与波长具有相关性。

硅电池 以半导体材料硅为主要原料制得的光伏电池。

太阳高度角 观测点与太阳圆面中心的连线与太阳经过该观测点时与水平面的瞬时夹角。

太阳能集热器 一种可以吸收太阳辐射、传送热量，并使流体流过其中的装置。

太阳常数 在日地平均距离位置，地球大气层外垂直于太阳光线处的太阳辐射强度。

太阳能蒸馏 该过程可将太阳能用于纯化海水、咸水或劣质水。使用温室效应滞留的能量蒸发液体。形成的蒸汽在盖板处冷凝并采集备用。

太阳能　由太阳内部聚变反应产生，并以电磁能的形式发射的一种能量。

太阳能指数　太阳能系统供应的能量除以系统的总负荷，例如，太阳能系统承担的负荷部分。

太阳池　采集和保留热量的分层水体水池。通常采用密度梯度稳定的溶解盐抑制池中出现的对流现象。

太阳辐射　接收到源自太阳的辐射能量，包括了直射光束、天空散射和地面反射的能量。

太阳正午　太阳经过观察者上方最高点时的当地时间。

太阳模拟器　配备了可以模拟太阳辐射的人造辐射能量源的装置。

太阳时　根据太阳穿过天空的角向运动而制定的时间。

滞止　集热器或系统出现传热流体不传热时的状态。

太阳位置图　太阳高度角与太阳方位角的图表，表明了太阳位置与一年中不同日期时间的函数关系。

热虹吸管　该闭合系统内会出现流体的对流循环，其中密度较低的温暖流体上升，被同一系统内密度较高的冷流体代替。

跟踪系统　该系统包含了电动机、齿轮和必要的控制装置，可使设备（通常为聚光器）处于朝向太阳的焦点位置。

透射率　某一材料传输的辐射能量与入射到该材料表面上的辐射能量的比值，该值取决于入射角。

无玻璃盖板集热器　吸收器上方无玻璃覆盖的太阳能集热器。

天顶角　太阳入射光线与天顶垂直方向的角距离。

附件3 太阳图

本附录包含各种用于快速读取不同设计参数的图表。

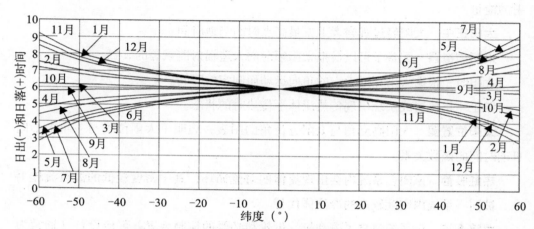

图 A3.1 若干纬度上不同月份的日落角度和日出角度

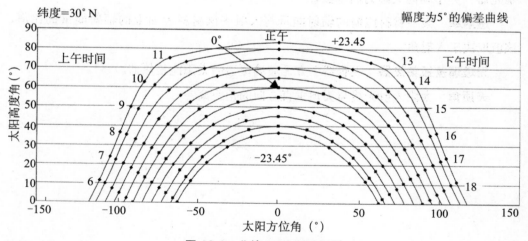

图 A3.2 北纬30°太阳路径图

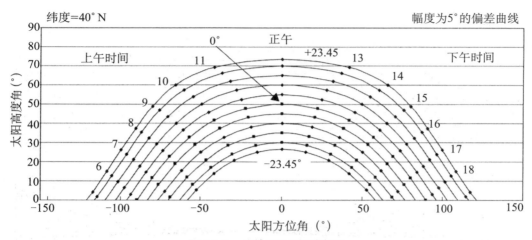

图 A3.3　北纬 40°太阳路径图

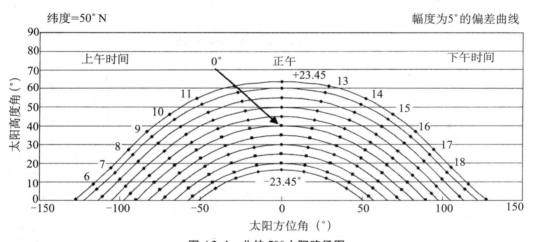

图 A3.4　北纬 50°太阳路径图

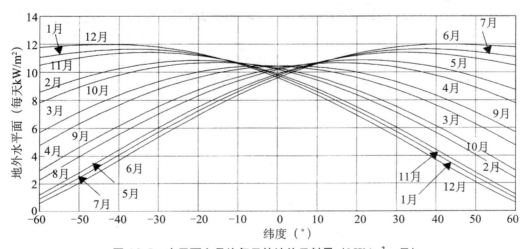

图 A3.5　水平面上月均每日的地外日射量（kW/m² · 日）

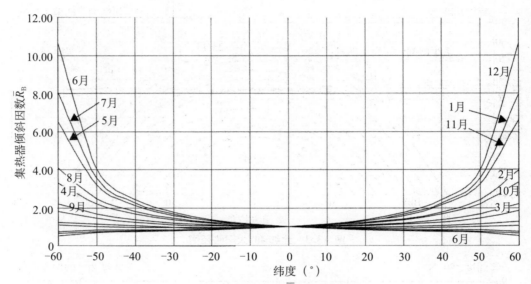

图 A3.6 集热器斜率$\overline{R}_B$值等于纬度

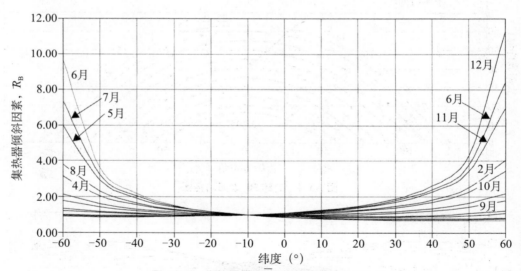

图 A3.7 集热器斜率$\overline{R}_B$值等于纬度 $+10°$

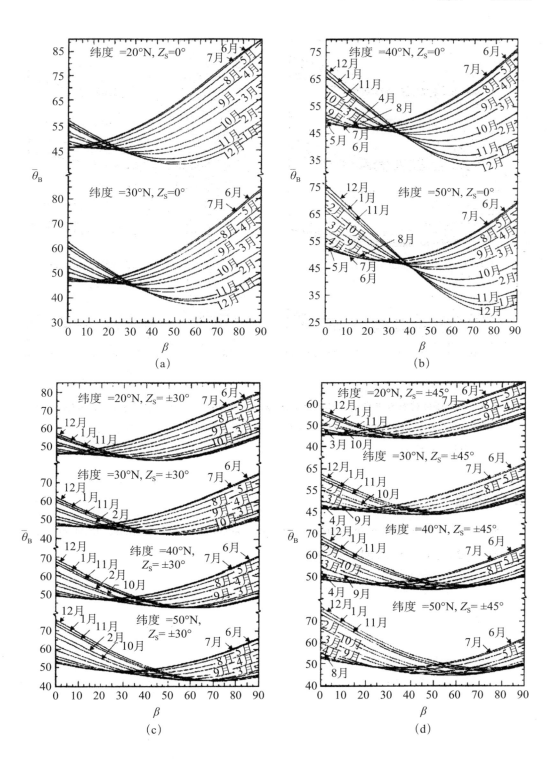

(a)

(b)

(c)

(d)

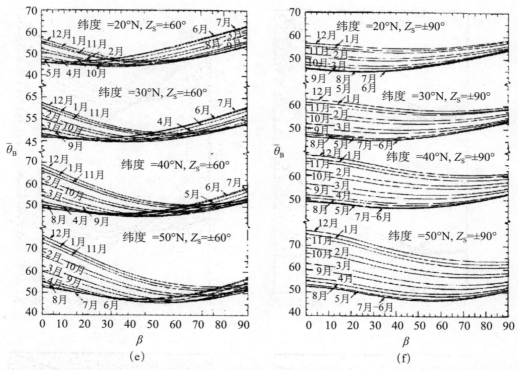

图 A3.8　不同表面位置与方向的月均光束入射角（由 Klein 于 1979 年重印；经 Elsevier 许可）

注意事项：如果是南半球的太阳路径图，则分别将图中一月到六月的标注更换为七月到十二月，将七月到十二月与一月到六月互换。

参考文献

Klein SA：Calculation of monthly-average transmittance-absorptance product，*Sol. Energy*23（6）：547-551，1979.

附件4 地球光谱辐照度

地球太阳能的吸收率、反射率和透射率均是太阳热力系统性能、光伏系统性能、材料研究、生物量研究和太阳模拟活动的重要因素。这些光学特性通常是波长的函数，要求在计算太阳能加权特性之前必须已知太阳辐射通量的光谱分布情况。为了比较竞争产品的性能，参考标准太阳光谱辐照度分布应符合要求。该附件中的表 A4.1 根据 ISO 9845-1：1992（《在地面不同接收条件下的太阳光谱辐照度标准》第一部分 大气质量 1.5 的法向直接日射辐照度和半球向日射辐照度；详见图 A4.1）中的数据创建。

表 A4.1　大气质量 1.5 的法向直接日射辐照度

$\lambda(\mu m)$	$E(W/m^2\mu m)$	$\lambda(\mu m)$	$E(W/m^2\mu m)$	$\lambda(\mu m)$	$E(W/m^2\mu m)$
0.3050	3.4	0.7100	1002.4	1.3500	30.1
0.3100	15.8	0.7180	816.9	1.3950	1.4
0.3150	41.1	0.7240	842.8	1.4425	51.6
0.3200	71.2	0.7400	971.0	1.4625	97.0
0.3250	100.2	0.7525	956.3	1.4770	97.3
0.3300	152.4	0.7575	942.2	1.4970	167.1
0.3350	155.6	0.7625	524.8	1.5200	239.3
0.3400	179.4	0.7675	830.7	1.5390	248.8
0.3450	186.7	0.7800	908.9	1.5580	249.3
0.3500	212.0	0.8000	873.4	1.5780	222.3
0.3600	240.5	0.8160	712.0	1.5920	227.3
0.3700	324.0	0.8230	660.2	1.6100	210.5
0.3800	362.4	0.8315	765.5	1.6300	224.7
0.3900	381.7	0.8400	799.8	1.6460	215.9
0.4000	556.0	0.8600	815.2	1.6780	202.8
0.4100	656.3	0.8800	778.3	1.7400	158.2
0.4200	690.8	0.9050	630.4	1.8000	28.6
0.4300	641.9	0.9150	565.2	1.8600	1.8
0.4400	798.5	0.9250	586.4	1.9200	1.1
0.4500	956.6	0.9300	348.1	1.9600	19.7
0.4600	990.0	0.9370	224.2	1.9850	84.9
0.4700	998.0	0.9480	271.4	2.0050	25.0

续表

λ(μm)	E(W/m²μm)	λ(μm)	E(W/m²μm)	λ(μm)	E(W/m²μm)
0.4800	1046.1	0.9650	451.2	2.0350	92.5
0.4900	1005.1	0.9500	549.7	2.0650	56.3
0.5000	1026.7	0.9935	630.1	2.1000	82.7
0.5100	1066.7	1.0400	582.9	2.1480	76.5
0.5200	1011.5	1.0700	539.7	2.1980	66.4
0.5300	1084.9	1.1000	366.2	2.2700	65.0
0.5400	1082.4	1.1200	98.1	2.3600	57.6
0.5500	1102.2	1.1300	169.5	2.4500	19.8
0.5700	1087.4	1.1370	118.7	2.4940	17.0
0.5900	1024.3	1.1610	301.9	2.5370	3.0
0.6100	1088.8	1.1800	406.8	2.9410	4.0
0.6300	1062.1	1.2000	375.2	2.9730	7.0
0.6500	1061.7	1.2350	423.6	3.0050	6.0
0.6700	1046.2	1.2900	365.7	3.0560	3.0
0.6900	859.2	1.3200	223.4	3.1320	5.0

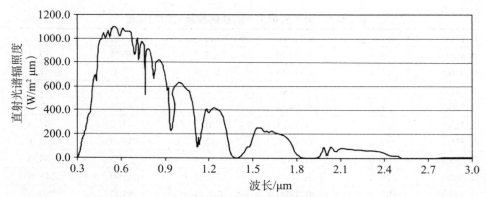

图 A4.1 大气质量 1.5 的法向直接日射辐照度

附件 5　材料的热物理特性

本附件包含介绍各类材料热物理特性的表格。

表 A5.1　大气压力条件下空气的物理特性

$T(K)$	$\rho(kg/m^3)$	$C_p(kJ/kg℃)$	$\mu(kg/ms \times 10^{-5})$	$\nu(m^2/s) \times 10^{-6}$	$k(W/m℃)$	$\alpha(m^2/s) \times 10^{-4}$	Pr
100	3.6010	1.0266	0.692	1.923	0.00925	0.0250	0.770
150	2.3675	1.0099	1.028	4.343	0.01374	0.0575	0.753
200	1.7684	1.0061	1.329	7.490	0.01809	0.1017	0.739
250	1.4128	1.0053	1.488	9.490	0.02227	0.1316	0.722
300	1.1774	1.0057	1.983	16.84	0.02624	0.2216	0.708
350	0.9980	1.0090	2.075	20.76	0.03003	0.2983	0.697
400	0.8826	1.0140	2.286	25.90	0.03365	0.3760	0.689
450	0.7833	1.0207	2.484	31.71	0.03707	0.4222	0.683
500	0.7048	1.0295	2.671	37.90	0.04038	0.5564	0.680
550	0.6423	1.0392	2.848	44.34	0.04360	0.6532	0.680
600	0.5879	1.0551	3.018	51.34	0.04659	0.7512	0.680
650	0.5430	1.0635	3.177	58.51	0.04953	0.8578	0.682
700	0.5030	1.0752	3.332	66.25	0.05230	0.9672	0.684
750	0.4709	1.0856	3.481	73.91	0.05509	1.0774	0.686
800	0.4405	1.0978	3.625	82.29	0.05779	1.1951	0.689
850	0.4149	1.1095	3.765	90.75	0.06028	1.3097	0.692
900	0.3925	1.1212	3.899	99.30	0.06279	1.4271	0.696
950	0.3716	1.1321	4.023	108.2	0.06225	1.5510	0.699
1000	0.3524	1.1417	4.152	117.8	0.06752	1.6779	0.702

注：T = 温度；ρ = 密度；c_p = 比热容；μ = 黏度；ν = μ/ρ = 动力黏度；k = 热导率；α = c_pρ/k = 热扩散率；Pr = 普朗特数

表 A5.2　饱和液态水的物理特性

$T(℃)$	$\rho(kg/m^3)$	$c_p(kJ/kg℃)$	$v(m^2/s) \times 10^{-6}$	$k(W/m℃)$	$\alpha(m^2/s) \times 10^{-7}$	Pr	$\beta(K^{-1}) \times 10^{-3}$
0	1002.28	4.2178	1.788	0.552	1.308	13.6	
20	1000.52	4.1818	1.006	0.597	1.430	7.02	0.18
40	994.59	4.1784	0.658	0.628	1.512	4.34	
60	985.46	4.1843	0.478	0.651	1.554	3.02	

太阳能能源工程工艺与系统（第二版）

续表

$T(℃)$	$\rho(kg/m^3)$	$c_p(kJ/kg℃)$	$v(m^2/s) \times 10^{-6}$	$k(W/m℃)$	$\alpha(m^2/s) \times 10^{-7}$	Pr	$\beta(K^{-1}) \times 10^{-3}$
80	974.08	4.1964	0.364	0.668	1.636	2.22	
100	960.63	4.2161	0.294	0.680	1.680	1.74	
120	945.25	4.250	0.247	0.685	1.708	1.446	
140	928.27	4.283	0.214	0.684	1.724	1.241	
160	909.69	4.342	0.190	0.680	1.729	1.099	
180	889.03	4.417	0.173	0.675	1.724	1.004	
200	866.76	4.505	0.160	0.665	1.706	0.937	
220	842.41	4.610	0.150	0.652	1.680	0.891	
240	815.66	4.756	0.143	0.635	1.639	0.871	
260	785.87	4.949	0.137	0.611	1.577	0.874	
280	752.55	5.208	0.135	0.580	1.481	0.910	
300	714.26	5.728	0.135	0.540	1.324	1.019	

注：T = 温度；ρ = 密度；c_p = 比热容；μ = 黏度；$v = \mu/\rho$ = 动力黏度；k = 热导率；$\alpha = c_p\rho/k$ = 热扩散率；Pr = 普朗特数

表 A5.3 材料特性

材料	比热（kJ/kg K）	密度（kg/m³）	热导率（W/m k）	容积比热（kJ/m³K）
铝	0.896	2700	211	2420
混凝土	0.92	2240	1.73	2060
铜	0.383	8795	385	3370
玻璃纤维	0.71 ~ 0.96	5 ~ 30	0.0519	4 ~ 30
玻璃	0.82	2515	1.05	2060
聚氨酯	1.6	24	0.0245	38
鹅卵石	0.88	1600	1.8	1410
钢	0.48	7850	47.6	3770
水	4.19	1000	0.596	4190

表 A5.4 建筑材料和隔热材料的热特性

材料	密度（kg/m³）	热导率（W/m²k）
花岗岩	2500 ~ 2700	2.80
结晶岩	2800	3.50
玄武质岩	2700 ~ 3000	3.50
大理石	2800	3.50
软石灰岩	1800	1.10
硬石灰岩	2200	1.70
特硬石灰岩	2600	2.30
石膏（水泥 + 沙子）	—	1.39
石膏板	700	0.21
	900	0.25

材料	密度（kg/m³）	热导率（W/m²k）
中等密度混凝土	2000	1.35
高密度混凝土	2400	2.00
空心砖	1000	0.25
实心砖	1600	0.70
纤维棉	50	0.041
发泡聚苯乙烯	Min. 20	0.041
挤塑聚苯乙烯	>20	0.030
聚氨酯	>30	0.025
空气	1.23	0.025
氩	1.70	0.017
氪	3.56	0.0090
氙	5.58	0.0054

表 A5.5 静止空气的热阻和表面电阻（m²K/W）

空气层厚度（mm）	热流方向		
	侧面	向上	向下
5	0.11	0.11	0.11
7	0.13	0.13	0.13
10	0.15	0.15	0.15
15	0.17	0.16	0.17
25	0.18	0.16	0.19
50	0.18	0.16	0.21
100	0.18	0.16	0.22
300	0.18	0.16	0.23
表面电阻			
内表面	0.11		
外表面	0.044（适用于所有方向）		

表 A5.6 小数乘以倍数

倍数	前缀	符号
10^{24}	yotta	Y
10^{21}	zeta	Z
10^{18}	exa	E
10^{15}	peta	P
10^{12}	tera	T
10^{9}	giga	G
10^{6}	mega	M
10^{3}	kilo	k
10^{2}	hecto	h
10^{1}	deca	da

续表

倍数	前缀	符号
10^{-1}	deci	d
10^{-2}	centi	c
10^{-3}	milli	m
10^{-6}	micro	μ
10^{-9}	nano	n
10^{-12}	pico	p
10^{-15}	femto	f
10^{-18}	atto	a
10^{-21}	zepto	z
10^{-24}	yocto	y

表 A5.7 饱和水与饱和水蒸气的曲线拟合

范围	关系	相关性
饱和水与饱和水蒸气，温度单位为℃，如输入内容		
$T = (1 - 100)℃$	$h_f = 4.1861(T) + 0.0836$ $h_g = -0.0012(T^2) + 1.8791(T) + 2500.5$ $s_f = -2.052 \times 10^{-5}(T^2) + 1.507 \times 10^{-2}(T) + 2.199 \times 10^{-3}$ $s_g = 7.402 \times 10^{-5}(T^2) - 2.515 \times 10^{-2}(T) + 9.144$	$R^2 = 1.0$ $R^2 = 1.0$ $R^2 = 1.0$ $R^2 = 0.9999$
饱和水与饱和水蒸气，压力单位为 bar，如输入内容。		
$P = (0.01 - 1) \, \text{bar}$	$h_f = -15772.4(P^6) + 52298.1(P^5) - 67823.6(P^4)$ $\quad + 43693.9(P^3) - 14854.1(P^2) + 2850.04(P) + 21.704$ $h_g = -6939.53(P^6) + 22965.64(P^5) - 29720.13(P^4) + 19105.32$ $(P^3) - 6481.2(P^2) + 1232.74(P) + 2510.81$ $S_f = -55.76(P^6) + 184.508(P^5) - 238.5798(P^4) + 153.024$ $(P^3) - 51.591(P^2) + 9.6043(P) + 0.0869$	$R^2 = 0.9981$ $R^2 = 0.9978$ $R^2 = 0.9973$ $R^2 = 0.9955$
$P = (1.1 \sim 150)$ bar	$s_g = 92.086(P^6) - 304.24(P^5) + 392.33(P^4) - 250.3(P^3)$ $\quad + 83.356(P^2) - 14.841(P) + 8.9909$ $h_f = -3.016 \times 10^{-10}(P^6) + 2.416 \times 10^{-7}(P^5) - 7.429 \times 10^{-5}(p^4)$ $\quad + 0.01(P^3) - 0.85596(P^2) + 37.0458(P) + 442.404$ $h_g = -3.48 \times 10^{-10}(P^6) + 2.261 \times 10^{-7}(P^5) - 5.6965 \times 10^{-5}$ $(P^4) + 6.9969 \times 10^{-3}(P^3) - 0.441(P^2) + 12.458(P) + 2685.153$ $S_f = -9.656 \times 10^{-12}(P^6) + 4.743 \times 10^{-9}(p^5) - 9.073 \times 10^{-7}$ $(P^4) + 8.565 \times 10^{-5}(P^3) - 4.213 \times 10^{-3}(P^2) + 0.1148(P)$ $\quad + 1.3207$ $S_g = 9.946 \times 10^{-12}(P^6) - 4.8593 \times 10^{-9}(P^5) + 9.225 \times 10^{-7}$ $(P^4) - 8.602 \times 10^{-5}(P^3) + 4.13 \times 10^{-3}(P^2) - 0.1058(P)$ $\quad + 7.3187$	$R^2 = 0.9984$ $R^2 = 0.9961$ $R^2 = 0.9976$ $R^2 = 0.9955$

附件6 图3.38~图3.40曲线方程式

需要较高准确度时，可采用下列方程式代表图3.38-图3.40中绘制的曲线图。图A6.1中列出了所用的各种符号。下标T表示截短复合抛物面集热器（CPC）设计。

下列方程式适用于全复合抛物面集热器和截短（下标T）复合抛物面集热器（Welford和Winston，1978）：

$$f = \alpha' \left[1 + \sin (\theta_c) \right] \tag{A6.1}$$

$$\alpha = \frac{\alpha'}{\sin (\theta_c)} \tag{A6.2}$$

$$h = \frac{f\cos (\theta_c)}{\sin^2 (\theta_c)} \tag{A6.3}$$

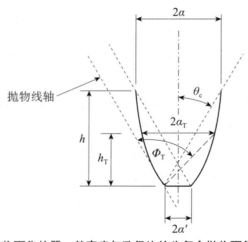

图A6.1 截短复合抛物面集热器，其高度与孔径比约为复合抛物面集热器完整高度的一半

$$\alpha_T = \frac{f\sin (\Phi_T - \theta_c)}{\sin^2 \left(\dfrac{\Phi_T}{2}\right)} - \alpha' \tag{A6.4}$$

$$h_T = \frac{f\cos (\Phi_T - \theta_c)}{\sin^2 \left(\dfrac{\Phi_T}{2}\right)} \tag{A6.5}$$

截短复合抛物面集热器的方程式为：

$$C = \frac{\alpha_T}{\alpha'} \tag{A6.6}$$

完整复合抛物面集热器的方程式为：

$$C = \frac{\alpha}{\alpha'} \tag{A6.7}$$

替换方程式 A6.2 中的 a，得出：

$$C = \frac{1}{\sin(\theta_c)} \tag{A6.8}$$

根据下面的方程式计算截短复合抛物面集热器每单位深度的反射器面积 A_{RT}：

$$\frac{A_{RT}}{2\alpha_T} = \frac{f}{2}\left[\frac{\cos(\Phi/2)}{\sin^2(\Phi/2)} + \text{lncot}\left(\frac{\Phi}{4}\right)\right]\Big|_{\theta_c + \pi/2}^{\Phi_T} \tag{A6.9}$$

根据方程式 A6.9，如果 $\Phi_T = 2\theta_c$，则 $A_{RT} = A_R$。

根据下面的方程式（Rabl, 1976）计算反射平均数 n：

$$n = \max\left\{C\frac{A_{RT}}{4\alpha_T} - \frac{x^2 - \cos^2(\theta)}{2[1 + \sin(\theta)]}, \ 1 - \frac{1}{C}\right\} \tag{A6.10}$$

其中，

$$x = \left[\frac{1 + \sin(\theta)}{\cos(\theta)}\right]\left\{-\sin(\theta) + \left[1 + \frac{h_T}{h}\cot^2(\theta)\right]^{1/2}\right\} \tag{A6.11}$$

参考文献

［1］Rabl, A., 1976. Optical and thermal properties of compound parabolic concentrators. Sol. Energy 18 (6), 497 −511.

［2］Welford, W. T., Winston, R., 1978. The Optics of Non-imaging Concentrators. Academic Press, New York.

附件7 气象数据

本附件列出了不同观测位置的气象数据。由于气象数据可通过互联网获取，因此仅介绍了几个选定位置的数据，主要用于本书中列举的实例和阐述的问题。美国观测位置的数据来自 http：//www. nrel. gov/rredc 网站，除月均晴空指数是由方程 2.82a 计算得出的以外，地外水平辐射由方程 2.79 估算得出，如表 2.1 中所示的日均值。对于其他观测位置，可利用美国国家航空航天局的官方网站 http：//eosweb. larc. nasa. gov/cgi-bin/sse/grid. cgi? email =（requires free registration），通过输入每一个观测位置的经纬度（经纬度可由 www. infoplease. com/atlas/latitude-longitude. html 网站获得）可获得所需数据。对于介绍的度日法，美国观测位置的冷却与加热基准温度为 18.3℃，而其他位置则为 18℃。

已记录的数据包括：

$\overline{H}$ = 水平面上的月均辐射（MJ/m^2）；

$\overline{K}_T$ = 月均晴空指数；

$\overline{T}_a$ = 月均环境温度（单位：℃）；

HDD = 采暖度日数（℃ - 天）；

CDD = 制冷度日数（℃ - 天）。

报告的数据为下列观测位置的数据。

美国的观测位置：新墨西哥州阿尔伯克基；科罗拉多州巨石城；内华达州拉斯维加斯；加利福尼亚州洛杉矶；威斯康星州麦迪逊；亚利桑那州凤凰城；德克萨斯州圣安东尼奥；伊利诺伊州斯普林菲尔德。

欧洲的观测位置：西班牙阿尔梅里亚；希腊雅典；英国伦敦；塞浦路斯尼科西亚；意大利罗马。

世界其他国家的观测位置：澳大利亚阿德莱德；加拿大蒙特利尔；印度新德里；南非比勒陀利亚；巴西里约热内卢。

美国

表 A7. 1　新墨西哥州阿尔伯克基：北纬 **35. 05°**，西经 **106. 62°**

	1 月	2 月	3 月	4 月	5 月	6 月	7 月	8 月	9 月	10 月	11 月	12 月
$\bar{H}$	11. 52	15. 12	19. 44	24. 48	27. 72	29. 16	27. 00	24. 84	21. 24	16. 92	12. 60	10. 44
$\bar{K}_T$	0. 63	0. 65	0. 66	0. 68	0. 69	0. 70	0. 66	0. 67	0. 67	0. 67	0. 65	0. 62
$\bar{T}_a$	1. 2	4. 4	8. 3	12. 9	17. 9	23. 4	25. 8	24. 4	20. 3	13. 9	6. 8	1. 8
HDD	531	389	312	167	49	0	0	0	10	144	345	512
CDD	0	0	0	4	36	155	233	188	70	6	0	0

表 A7. 2　科罗拉多州巨石城：北纬 **40. 02°**；西经 **105. 25°**

	1 月	2 月	3 月	4 月	5 月	6 月	7 月	8 月	9 月	10 月	11 月	12 月
$\bar{H}$	8. 64	11. 88	15. 84	20. 16	22. 32	24. 84	24. 12	21. 60	18. 00	13. 68	9. 36	7. 56
$\bar{K}_T$	0. 57	0. 58	0. 58	0. 58	0. 56	0. 60	0. 59	0. 59	0. 60	0. 61	0. 57	0. 55
$\bar{T}_a$	− 1. 3	0. 8	3. 9	9. 0	14. 0	19. 4	23. 1	21. 9	16. 8	10. 8	3. 9	− 0. 6
HDD	608	492	448	280	141	39	0	0	80	238	433	586
CDD	0	0	0	0	6	71	148	113	35	4	0	0

表 A7. 3　内华达州拉斯维加斯：北纬 **36. 08°**；西经 **115. 17°**

	1 月	2 月	3 月	4 月	5 月	6 月	7 月	8 月	9 月	10 月	11 月	12 月
$\bar{H}$	10. 80	14. 40	19. 44	24. 84	28. 08	30. 24	28. 44	25. 92	22. 32	16. 92	12. 24	10. 08
$\bar{K}_T$	0. 61	0. 63	0. 67	0. 70	0. 70	0. 73	0. 70	0. 70	0. 71	0. 69	0. 65	0. 62
$\bar{T}_a$	7. 5	10. 6	13. 5	17. 8	23. 3	29. 4	32. 8	31. 5	26. 9	20. 2	12. 8	7. 6
HDD	336	216	162	79	8	0	0	0	0	34	169	332
CDD	0	0	12	64	163	332	449	408	258	91	0	0

表 A7. 4　加利福尼亚州洛杉矶：北纬 **33. 93°**；西经 **118. 4°**

	1 月	2 月	3 月	4 月	5 月	6 月	7 月	8 月	9 月	10 月	11 月	12 月
$\bar{H}$	10. 08	12. 96	17. 28	21. 96	23. 04	23. 76	25. 56	23. 40	19. 08	15. 12	11. 52	9. 36
$\bar{K}_T$	0. 53	0. 54	0. 58	0. 61	0. 58	0. 57	0. 63	0. 62	0. 59	0. 59	0. 57	0. 54
$\bar{T}_a$	13. 8	14. 2	14. 4	15. 6	17. 1	18. 7	20. 6	21. 4	21. 1	19. 3	16. 4	13. 8
HDD	143	119	124	88	53	30	5	3	12	18	71	143
CDD	0	4	4	6	14	42	76	98	94	49	14	4

表 A7.5 威斯康星州麦迪逊：北纬 **43.13°**；西经 **89.33°**

	1 月	2 月	3 月	4 月	5 月	6 月	7 月	8 月	9 月	10 月	11 月	12 月
$\bar{H}$	6.84	10.08	13.32	16.92	20.88	23.04	22.32	19.44	14.76	10.08	6.12	5.40
$\bar{K}_T$	0.52	0.54	0.51	0.50	0.53	0.55	0.55	0.54	0.51	0.48	0.42	0.46
$\bar{T}_a$	−8.9	−6.3	0.2	7.4	13.6	19.0	21.7	20.2	15.4	9.4	1.9	−5.7
HDD	844	691	563	327	163	38	7	21	93	277	493	746
CDD	0	0	0	0	17	58	110	78	7	0	0	0

表 A7.6 亚利桑那州凤凰城：北纬 **33.43°**；西经 **112.02°**

	1 月	2 月	3 月	4 月	5 月	6 月	7 月	8 月	9 月	10 月	11 月	12 月
$\bar{H}$	11.52	15.48	19.80	25.56	28.80	30.24	27.36	25.56	21.96	17.64	12.96	10.80
$\bar{K}_T$	0.60	0.64	0.65	0.71	0.72	0.73	0.67	0.68	0.68	0.68	0.64	0.61
$\bar{T}_a$	12.0	14.3	16.8	21.1	26.0	31.2	34.2	33.1	29.8	23.6	16.6	12.3
HDD	201	126	101	42	4	0	0	0	0	9	74	192
CDD	4	12	53	123	242	387	491	457	343	173	23	4

表 A7.7 德克萨斯州圣安东尼奥：北纬 **29.53°**；西经 **98.47°**

	1 月	2 月	3 月	4 月	5 月	6 月	7 月	8 月	9 月	10 月	11 月	12 月
$\bar{H}$	11.16	14.04	17.28	19.80	21.60	24.12	24.84	23.04	19.44	16.20	12.24	10.44
$\bar{K}_T$	0.52	0.54	0.54	0.54	0.54	0.59	0.61	0.61	0.58	0.58	0.54	0.52
$\bar{T}_a$	9.6	11.9	16.5	20.7	24.2	27.9	29.4	29.4	26.3	21.2	15.8	11.2
HDD	274	184	93	18	0	0	0	0	0	17	100	227
CDD	4	6	36	89	181	287	344	343	238	106	23	7

表 A7.8 伊利诺伊州斯普林菲尔德：北纬 **39.83°**；西经 **89.67°**

	1 月	2 月	3 月	4 月	5 月	6 月	7 月	8 月	9 月	10 月	11 月	12 月
$\bar{H}$	7.56	10.44	13.32	18.00	21.60	23.40	23.04	20.52	16.56	12.24	7.92	6.12
$\bar{K}_T$	0.49	0.51	0.48	0.52	0.54	0.56	0.57	0.56	0.55	0.54	0.48	0.44
$\bar{T}_a$	−4.3	−1.8	4.9	11.8	17.5	22.7	24.7	23.2	19.6	13.1	6.1	−1.3
HDD	703	564	417	201	92	4	0	4	24	174	368	608
CDD	0	0	0	4	67	136	198	154	63	12	0	0

欧洲

表 A7.9 西班牙阿尔梅里亚：北纬 35.83°；西经 2.45°

	1月	2月	3月	4月	5月	6月	7月	8月	9月	10月	11月	12月
$\bar{H}$	9.83	12.89	17.35	22.03	24.48	27.40	27.54	24.52	19.44	14.08	10.26	8.57
$\bar{K}_T$	0.56	0.56	0.58	0.61	0.61	0.65	0.67	0.66	0.61	0.56	0.54	0.53
$\bar{T}_a$	11.0	11.8	13.7	15.8	18.7	22.5	25.1	25.5	22.8	19.0	15.0	12.2
HDD	210	168	128	70	20	0	0	0	0	10	88	172
CDD	0	0	1	5	41	133	221	237	147	45	3	0

表 A7.10 希腊雅典：北纬 37.98°；东经 23.73°

	1月	2月	3月	4月	5月	6月	7月	8月	9月	10月	11月	12月
$\bar{H}$	7.70	10.37	14.40	19.33	23.15	26.86	26.50	23.83	18.76	12.38	7.85	6.23
$\bar{K}_T$	0.45	0.46	0.49	0.54	0.57	0.64	0.65	0.64	0.60	0.51	0.42	0.40
$\bar{T}_a$	10.2	10.1	12.2	16.2	21.1	25.7	28.1	27.9	24.5	20.1	15.2	11.5
HDD	234	218	179	71	6	0	0	0	0	13	87	195
CDD	0	0	0	10	95	225	308	305	195	81	9	0

表 A7.11 英国伦敦：北纬 51.50°；经度 0.00°

	1月	2月	3月	4月	5月	6月	7月	8月	9月	10月	11月	12月
$\bar{H}$	2.95	5.26	8.82	13.39	16.96	17.89	17.93	15.62	10.56	6.44	3.56	2.23
$\bar{K}_T$	0.35	0.37	0.39	0.42	0.44	0.43	0.45	0.46	0.41	0.38	0.36	0.32
$\bar{T}_a$	4.1	4.3	6.6	8.8	12.8	16.2	18.8	18.9	15.7	11.9	7.4	4.9
HDD	429	381	348	273	163	73	22	22	76	183	316	405
CDD	0	0	0	0	2	15	44	50	9	1	0	0

表 A7.12 塞浦路斯尼科西亚：北纬 35.15°；东经 33.27°

	1月	2月	3月	4月	5月	6月	7月	8月	9月	10月	11月	12月
$\bar{H}$	8.96	12.38	17.39	21.53	26.06	29.20	28.55	25.49	21.17	15.34	10.33	7.92
$\bar{K}_T$	0.49	0.53	0.58	0.59	0.65	0.70	0.70	0.68	0.66	0.60	0.53	0.47
$\bar{T}_a$	12.1	11.9	13.8	17.5	21.5	25.8	29.2	29.4	26.8	22.7	17.7	13.7
HDD	175	171	131	42	3	0	0	0	0	1	36	128
CDD	0	0	1	26	112	234	348	353	263	146	29	0

表 A7. 13　意大利罗马：北纬 41.45°；东经 12.27°

	1 月	2 月	3 月	4 月	5 月	6 月	7 月	8 月	9 月	10 月	11 月	12 月
$\bar{H}$	7.13	10.51	15.55	19.73	24.41	27.50	27.61	24,16	18.29	12.24	7.60	6.08
$\bar{K}_T$	0.49	0.52	0.56	0.57	0.61	0.65	0.68	0.66	0.61	0.55	0.47	0.47
$\bar{T}_a$	9.6	9.5	11.2	13.1	17.6	21.4	24.7	25.1	21.8	18.6	14.2	10.9
HDD	247	233	204	146	37	2	0	0	0	17	108	207
CDD	0	0	0	0	23	99	202	221	118	42	2	0

世界其他地区

表 A7. 14　澳大利亚阿德莱德：南纬 34.92°；东经 138.60°

	1 月	2 月	3 月	4 月	5 月	6 月	7 月	8 月	9 月	10 月	11 月	12 月
$\bar{H}$	24.66	22.36	17.96	13.61	9.94	8.32	9.22	11.92	15.73	19.69	22.75	24.19
$\bar{K}_T$	0.57	0.57	0.55	0.54	0.52	0.51	0.53	0.53	0.54	0.54	0.54	0.54
$\bar{T}_a$	22.8	23.0	20.5	17.4	13.9	11.2	10.1	10.9	13.3	16.0	19.3	21.5
HDD	2	2	13	50	124	190	228	206	142	85	33	10
CDD	152	147	90	32	6	0	0	0	7	24	73	118

表 A7. 15　加拿大蒙特利尔：北纬 45.50°；西经 73.58°

	1 月	2 月	3 月	4 月	5 月	6 月	7 月	8 月	9 月	10 月	11 月	12 月
$\bar{H}$	5.69	9.07	13.03	16.06	18.32	20.20	19.87	17.68	13.57	8.57	5.22	4.61
$\bar{K}_T$	0.47	0.51	0.51	0.48	0.46	0.48	0.49	0.50	0.48	0.42	0.38	0.44
$\bar{T}_a$	−11.2	−9.6	−4.2	4.7	12.6	18.5	21.0	19.9	15.1	7.7	0.7	−7.1
HDD	912	788	689	397	178	43	7	17	103	317	519	783
CDD	0	0	0	0	7	53	97	80	23	0	0	0

表 A7. 16　印度新德里：北纬 28.50°；东经 77.20°

	1 月	2 月	3 月	4 月	5 月	6 月	7 月	8 月	9 月	10 月	11 月	12 月
$\bar{H}$	13.68	16.85	20.88	22.68	23.11	21.85	18.79	17.28	18.18	17.39	15.05	12.67
$\bar{K}_T$	0.61	0.62	0.64	0.60	0.57	0.53	0.46	0.45	0.53	0.60	0.64	0.60
$\bar{T}_a$	13.3	16.6	22.6	28.0	31.1	31.7	29.2	28.0	26.7	23.7	19.3	14.7
HDD	129	48	2	0	0	0	0	0	0	0	5	79
CDD	2	19	149	295	399	405	346	311	269	190	62	4

表 A7.17　南非比勒陀利亚：南纬 24.70°；东经 28.23°

	1月	2月	3月	4月	5月	6月	7月	8月	9月	10月	11月	12月
$\bar{H}$	23.76	22.10	20.16	17.89	16.60	15.23	16.52	18.68	21.96	22.57	23.04	23.40
$\bar{K}_T$	0.55	0.55	0.57	0.60	0.68	0.69	0.72	0.69	0.67	0.59	0.55	0.54
$\bar{T}_a$	23.2	23.1	22.1	19.4	16.0	12.6	12.4	15.5	19.4	21.3	22.0	22.5
HDD	0	0	0	8	59	148	161	80	18	6	2	0
CDD	163	145	130	56	10	0	0	9	62	109	122	142

表 A7.18　巴西里约热内卢：南纬 22.90°；西经 43.23°

	1月	2月	3月	4月	5月	6月	7月	8月	9月	10月	11月	12月
$\bar{H}$	18.76	19.48	17.14	15.48	13.18	13.14	13.18	15.55	15.05	17.06	17.89	18.04
$\bar{K}_T$	0.44	0.48	0.48	0.51	0.52	0.57	0.55	0.55	0.45	0.44	0.43	0.42
$\bar{T}_a$	24.6	24.7	23.7	22.5	20.6	19.6	19.4	20.5	21.3	22.3	22.8	23.6
HDD	0	0	0	0	2	8	17	10	6	3	1	0
CDD	212	196	189	148	98	74	72	98	110	142	153	187

附件8 现值因子

该附件所有表格的列表示利率（%），行则表示市场贴现率（%）。

表 A8.1　$n=5$

d	i										
	0	1	2	3	4	5	6	7	8	9	10
0	5.0000	5.1010	5.2040	5.3091	5.4163	5.5256	5.6371	5.7507	5.8666	5.9847	6.1051
1	4.8534	4.9505	5.0495	5.1505	5.2534	5.3585	5.4655	5.5747	5.6859	5.7993	5.9149
2	4.7135	4.8068	4.9020	4.9990	5.0980	5.1989	5.3018	5.4067	5.5136	5.6226	5.7336
3	4.5797	4.6695	4.7610	4.8544	4.9495	5.0466	5.1455	5.2463	5.3491	5.4538	5.5606
4	4.4518	4.5382	4.6263	4.7161	4.8077	4.9010	4.9962	5.0932	5.1920	5.2927	5.3954
5	4.3295	4.4127	4.4975	4.5839	4.6721	4.7619	4.8535	4.9468	5.0419	5.1388	5.2375
6	4.2124	4.2925	4.3742	4.4574	4.5423	4.6288	4.7170	4.8068	4.8984	4.9916	5.0867
7	4.1002	4.1774	4.2561	4.3363	4.4181	4.5014	4.5864	4.6729	4.7611	4.8509	4.9424
8	3.9927	4.0671	4.1430	4.2204	4.2992	4.3795	4.4613	4.5447	4.6296	4.7162	4.8043
9	3.8897	3.9614	4.0346	4.1092	4.1852	4.2626	4.3415	4.4219	4.5038	4.5872	4.6721
10	3.7908	3.8601	3.9307	4.0026	4.0759	4.1506	4.2267	4.3042	4.3831	4.4636	4.5455
11	3.6959	3.7628	3.8309	3.9003	3.9711	4.0432	4.1166	4.1913	4.2675	4.3451	4.4241
12	3.6048	3.6694	3.7351	3.8022	3.8705	3.9401	4.0109	4.0831	4.1566	4.2314	4.3077
13	3.5172	3.5796	3.6432	3.7079	3.7739	3.8411	3.9095	3.9792	4.0502	4.1224	4.1960
14	3.4331	3.4934	3.5548	3.6174	3.6811	3.7460	3.8121	3.8794	3.9480	4.0177	4.0888
15	3.3522	3.4104	3.4698	3.5303	3.5919	3.6546	3.7185	3.7835	3.8498	3.9172	3.9858
16	3.2743	3.3307	3.3881	3.4466	3.5061	3.5668	3.6285	3.6914	3.7554	3.8206	3.8869
17	3.1993	3.2539	3.3094	3.3660	3.4236	3.4823	3.5420	3.6028	3.6647	3.7277	3.7918
18	3.1272	3.1800	3.2337	3.2885	3.3442	3.4010	3.4587	3.5176	3.5774	3.6384	3.7004
19	3.0576	3.1087	3.1608	3.2138	3.2677	3.3227	3.3786	3.4355	3.4934	3.5524	3.6124
20	2.9906	3.0401	3.0905	3.1418	3.1941	3.2473	3.3014	3.3565	3.4126	3.4697	3.5277

表 A8.2　$n=10$

d	i										
	0	1	2	3	4	5	6	7	8	9	10
0	10.000	10.462	10.950	11.464	12.006	12.578	13.181	13.816	14.487	15.193	15.937
1	9.4713	9.9010	10.354	10.832	11.335	11.865	12.425	13.014	13.635	14.289	14.979
2	8.9826	9.3825	9.8039	10.248	10.716	11.209	11.728	12.275	12.851	13.458	14.097
3	8.5302	8.9029	9.2954	9.7087	10.144	10.603	11.085	11.594	12.129	12.692	13.286

续表

d	i										
	0	1	2	3	4	5	6	7	8	9	10
4	8.1109	8.4586	8.8246	9.2098	9.6154	10.042	10.492	10.965	11.462	11.986	12.537
5	7.7217	8.0464	8.3881	8.7476	9.1258	9.5238	9.9425	10.383	10.846	11.334	11.847
6	7.3601	7.6637	7.9830	8.3188	8.6720	9.0434	9.4340	9.8447	10.277	10.731	11.208
7	7.0236	7.3078	7.6065	7.9205	8.2506	8.5976	8.9624	9.3458	9.7488	10.172	10.618
8	6.7101	6.9764	7.2562	7.5501	7.8590	8.1836	8.5246	8.8828	9.2593	9.6547	10.070
9	6.4177	6.6674	6.9298	7.2053	7.4946	7.7984	8.1176	8.4527	8.8047	9.1743	9.5625
10	6.1446	6.3791	6.6253	6.8837	7.1550	7.4398	7.7388	8.0526	8.3820	8.7279	9.0909
11	5.8892	6.1097	6.3410	6.5837	6.8383	7.1055	7.3858	7.6800	7.9887	8.3126	8.6524
12	5.6502	5.8576	6.0752	6.3033	6.5425	6.7934	7.0566	7.3326	7.6221	7.9257	8.2442
13	5.4262	5.6216	5.8263	6.0410	6.2660	6.5018	6.7491	7.0083	7.2801	7.5651	7.8638
14	5.2161	5.4003	5.5932	5.7953	6.0071	6.2291	6.4616	6.7053	6.9607	7.2284	7.5089
15	5.0188	5.1925	5.3745	5.5650	5.7646	5.9736	6.1926	6.4219	6.6621	6.9137	7.1773
16	4.8332	4.9973	5.1691	5.3489	5.5371	5.7341	5.9404	6.1564	6.3826	6.6194	6.8674
17	4.6586	4.8137	4.9760	5.1458	5.3235	5.5094	5.7040	5.9076	6.1207	6.3437	6.5772
18	4.4941	4.6409	4.7943	4.9548	5.1227	5.2983	5.4819	5.6741	5.8751	6.0853	6.3053
19	4.3389	4.4779	4.6232	4.7750	4.9338	5.0997	5.2733	5.4547	5.6444	5.8429	6.0504
20	4.1925	4.3242	4.4618	4.6056	4.7558	4.9128	5.0769	5.2484	5.4277	5.6151	5.8110

表 A8.3　$n=15$

d	i										
	0	1	2	3	4	5	6	7	8	9	10
0	15.000	16.097	17.293	18.599	20.024	21.579	23.276	25.129	27.152	29.361	31.772
1	13.865	14.851	15.926	17.098	18.375	19.767	21.285	22.942	24.748	26.718	28.867
2	12.849	13.738	14706	15.759	16.906	18.156	19.517	21000	22.616	24.377	26.297
3	11.938	12.741	13.614	14.563	15.596	16.719	17.942	19.273	20.722	22.300	24.017
4	11.118	11.845	12.634	13.492	14.423	15.436	16.536	17.733	19.035	20.451	21.991
5	10.380	11.039	11.754	12.530	13.372	14.286	15.279	16.357	17.529	18.802	20.187
6	9.7122	10.311	10.960	11.664	12.426	13.254	14.151	15.125	16.182	17.329	18.575
7	9.1079	9.6535	10.244	10.883	11.575	12.325	13138	14.019	14.974	16.010	17.134
8	8.5595	9.0573	9.5954	10.177	10.807	11.488	12.225	13.024	13.889	14826	15.842
9	8.0607	8.5159	9.0073	9.5380	10.111	10.731	11.402	12.127	12.912	13.761	14.681
10	7.6061	8.0230	84726	8.9576	9.4811	10046	10.657	11.317	12.030	12.802	13.636
11	7.1909	7.5735	7.9856	84297	8.9085	9.4249	9.9822	10.584	11.233	11.935	12.694
12	6.8109	7.1627	7.5411	7.9485	8.3872	8.8598	9.3693	9.9187	10.511	11.151	11.842
13	6.4624	6.7864	7.1346	7.5090	7.9116	8.3450	8.8116	9.3143	9.8560	10.440	11.070
14	6.1422	6.4412	6.7621	7.1067	7.4769	7.8750	83031	8.7638	9.2598	9.7940	10.370
15	5.8474	6.1237	6.4200	6.7378	7.0789	7.4451	7.8386	8.2616	8.7165	9.2060	9.7328
16	5.5755	5.8313	6.1053	6.3989	6.7136	7.0512	7.4135	7.8025	8.2205	8.6697	9.1527
17	5.3242	5.5615	5.8153	6.0869	6.3778	6.6895	7.0236	7.3820	7.7667	8.1796	8.6233
18	5.0916	5.3120	5.5475	5.7992	6.0685	63567	6.6654	6.9962	7.3507	7.7310	8.1392

续表

d	i										
	0	1	2	3	4	5	6	7	8	9	10
19	4.8759	5.0809	5.2998	5.5335	5.7832	6.0501	6.3357	6.6414	6.9688	7.3196	7.6957
20	4.6755	4.8666	5.0703	5.2875	5.5194	5.7671	6.0318	6.3148	6.6176	6.9417	7.2887

表 A8.4　$n=20$

d	i										
	0	1	2	3	4	5	6	7	8	9	10
0	20.000	22.019	24.297	26.870	29.778	33.066	36.786	40.995	45.762	51.160	57.275
1	18.046	19.802	21.780	24.009	26.524	29.362	32.568	36.190	40.284	44.913	50.150
2	16.351	17.885	19.608	21.546	23.728	26.186	28.958	32.084	35.612	39.594	44.093
3	14.877	16.221	17.727	19.417	21.317	23.453	25.857	28.564	31.613	35.050	38.926
4	13.590	14.771	16.092	17.571	19.231	21.093	23.185	25.536	28.180	31.156	34.506
5	12.462	13.503	14.665	15.965	17.419	19.048	20.874	22.922	25.222	27.806	30.710
6	11.470	12.391	13417	14.562	15.840	17.269	18.868	20.659	22.665	24.916	27.442
7	10.594	11.411	12.320	13.332	14.459	15.717	17.122	18.692	20448	22.414	24.617
8	9.8181	10.546	11.353	12.250	13.247	14.358	15.596	16.977	18.519	20.242	22.169
9	9.1285	9.7785	10.498	11.296	12.181	13.164	14.258	15.476	16.834	18.349	20.039
10	8.5136	9.0959	9.7390	10.450	11.238	12112	13.082	14.160	15.359	16.694	18.182
11	7.9633	8.4866	9.0632	9.6998	10.403	11.182	12.044	13.001	14.063	15.243	16.556
12	7.4694	7.9410	8.4596	9.0307	9.6607	10356	11.125	11.977	12.920	13.967	15.129
13	7.0248	7.4509	7.9186	8.4326	8.9983	9.6218	10.310	11.070	11.910	12.841	13.872
14	6.6231	7.0094	7.4323	7.8962	8.4057	8.9660	9.5830	10.263	11.014	11.844	12.762
15	6.2593	6.6103	6.9939	7.4137	7.8738	8.3788	8.9338	9.5445	10.217	10.959	11.779
16	5.9288	6.2487	6.5975	6.9784	7.3951	7.8514	8.3520	8.9017	9.5062	10.172	10.905
17	5.6278	5.9199	6.2379	6.5845	6.9628	7.3764	7.8291	8.3252	8.8697	9.4680	10.126
18	5.3527	5.6203	5.9110	6.2271	6.5715	6.9472	7.3577	7.8067	8.2985	8.8379	9.4301
19	5.1009	5.3465	5.6128	5.9019	6.2162	6.5584	6.9316	7.3389	7.7843	8.2718	8.8061
20	4.8696	5.0956	5.3402	5.6052	5.8928	6.2053	6.5453	6.9159	7.3202	7.7619	8.2452

表 A8.5　$n=25$

d	i										
	0	1	2	3	4	5	6	7	8	9	10
0	25.000	28.243	32.030	36.459	41.646	47.727	54.865	63.249	73.106	84.701	98.347
1	22.023	24.752	27.929	31.633	35.958	41.014	46.933	53.869	62.003	71.550	82.762
2	19.523	21.832	24.510	27.622	31.245	35.470	40.401	46.164	52.906	60.800	70.051
3	17.413	19.375	21.644	24.272	27.322	30.867	34.994	39.804	45.417	51.974	59.639
4	15.622	17.298	19.229	21.459	24.038	27.028	30.498	34.531	39.224	44.693	51.071
5	14.094	15.532	17.184	19.085	21.277	23.810	26.740	30.137	34.079	38.660	43.990
6	12.783	14.024	15.444	17.072	18.943	21.098	23.585	26.458	29.784	33.639	38.112
7	11.654	12.729	13.954	15.356	16.961	18.803	20.923	23.364	26.183	29.440	33.210
8	10.675	11.611	12.674	13.885	15.269	16.851	18.666	20.750	23.148	25.912	29.103

太阳能能源工程工艺与系统（第二版）

续表

d	i										
	0	1	2	3	4	5	6	7	8	9	10
9	9.8226	10.641	11.568	12.620	13.817	15.182	16.743	18.530	20.580	22.936	25.648
10	9.0770	9.7960	10.607	11.525	12.566	13.749	15.097	16.636	18.396	20.412	22.727
11	8.4217	9.0560	9.7693	10.574	11.482	12.512	13.682	15.012	16.530	18.264	20.248
12	7.8431	8.4051	9.0349	9.7426	10.540	11.440	12.459	13.615	14.929	16.425	18.133
13	7.3300	7.8300	8.3884	9.0138	9.7159	10.506	11.398	12.406	13.548	14.846	16.322
14	6.8729	7.3195	7.8167	8.3716	8.9926	9.6892	10.473	11.356	12.353	13.483	14.764
15	6.4641	6.8646	7.3089	7.8033	8.3547	8.9713	9.6625	10.439	11.314	12.301	13.417
16	6.0971	6.4575	6.8562	7.2983	7.7898	8.3377	8.9500	9.6357	10.406	11.272	12.249
17	5.7662	6.0918	6.4508	6.8476	7.2875	7.7763	8.3207	8.9286	9.6090	10.372	11.230
18	5.4669	5.7620	6.0864	6.4439	6.8390	7.2766	7.7626	8.3036	8.9072	9.5822	10.339
19	5.1951	5.4635	5.7576	6.0809	6.4370	6.8303	7.2657	7.7489	8.2864	8.8857	9.5555
20	4.9476	5.1924	5.4600	5.7532	6.0753	6.4300	6.8215	7.2547	7.7351	8.2692	8.8642

表 A8.6　n=30

d	i										
	0	1	2	3	4	5	6	7	8	9	10
0	30.000	34.785	40.568	47.575	56.085	66.439	79.058	94.461	113.283	136.308	164.494
1	25.808	29.703	34.389	40.042	46.878	55.164	65.225	77.462	92.367	110.545	132.735
2	22.396	25.589	29.412	34.002	39.529	46.201	54.270	64.050	75.922	90.353	107.916
3	19.600	22.235	25.374	29.126	33.624	39.029	45.541	53.404	62.914	74.435	88.413
4	17.292	19.481	22.076	25.163	28.846	33.254	38.541	44.900	52.563	61.813	73.000
5	15.372	17.203	19.363	21.919	24.955	28.571	32.891	38.065	44.276	51.746	60.748
6	13.765	15.307	17.116	19.246	21.765	24.751	28.302	32.537	37.601	43.668	50.953
7	12.409	13.716	15241	17.028	19.131	21.612	24.549	28.037	32.190	37.147	43.076
8	11.258	12.372	13.667	15.176	16.942	19.017	21.461	24.351	27.778	31.851	36.704
9	10.274	11.230	12335	13.618	15.111	16.856	18.904	21.313	24.157	27.523	31.518
10	9.4269	10.253	11.202	12.299	13.569	15.046	16.771	18.792	21.166	23.965	27.273
11	8.6938	9.4112	10.232	11.175	12.262	13.520	14.982	16.687	18.681	21.022	23.776
12	8.0552	8.6819	9.3954	10.211	11.147	12.225	13.472	14.918	16.603	18.572	20.879
13	7.4957	8.0462	8.6699	9.3795	10.190	11.119	12.188	13.423	14.855	16.520	18.464
14	7.0027	7.4888	8.0371	8.6578	9.9694	10.169	11.091	12.151	13.375	14.792	16.438
15	6.5660	6.9975	7.4819	8.0278	8.6456	9.3473	10.147	11.063	12.115	13.327	14.729
16	6.1772	6.5620	6.9921	7.4748	8.0185	8.6332	9.3310	10.126	11.035	12.078	13.279
17	5.8294	6.1742	6.5579	6.9868	7.4677	8.0091	8.6208	9.3146	10.104	11.007	12.041
18	5.5168	5.8271	6.1710	6.5538	6.9813	7.4604	7.9995	8.6082	9.2981	10.083	10.979
19	5.2347	5.5150	5.8247	6.1679	6.5496	6.9757	7.4531	7.9896	8.5956	9.2816	10.061
20	4.9789	5.2333	5.5132	5.8222	6.1646	6.5453	6.9700	7.4456	7.9801	8.5828	9.2649